装备综合保障工程技术

葛哲学　沈国际　杨拥民　徐永成　编著

国防工業出版社

·北京·

内容简介

装备综合保障是一体化联合作战的重要支柱,是装备战斗力保持和恢复的重要手段。本书主要围绕装备的全寿命、全系统保障需求,系统、全面地介绍了装备综合保障工程的基本概念、发展现状、基本理论和工程方法,重点讲述了使得装备"好保障"的装备保障通用质量特性设计与评估相关技术,以及使得装备"保障好"的装备保障系统设计和装备保障作业技术,并介绍了装备保障智能化方面的一些新发展。

本书可作为军内外院校机械工程、可靠性工程、维修工程、兵器工程、系统工程等相关专业本科生的教材,也可作为从事军、民用装备管理、研制、运维和保障工作相关人员的参考资料。

图书在版编目(CIP)数据

装备综合保障工程技术/葛哲学等编著.—北京:
国防工业出版社,2024.8
ISBN 978-7-118-12954-0

Ⅰ.①装… Ⅱ.葛… Ⅲ.①武器装备—军需保障
Ⅳ.①E237

中国国家版本馆 CIP 数据核字(2023)第 187220 号

※

国防工业出版社 出版发行
(北京市海淀区紫竹院南路 23 号 邮政编码 100048)
天津嘉恒印务有限公司印刷
新华书店经售

*

开本 710×1000 1/16 **印张** 21¾ **字数** 395 千字
2024 年 8 月第 1 版第 1 次印刷 **印数** 1—1500 册 **定价** 116.00 元

前　言

现代战争不仅是作战能力的对抗,也是保障能力的对抗。随着新型作战样式的不断涌现以及时空范围不断拓展,作战理念逐渐从“打什么样的战争,就需要什么样的保障”过渡到“能提供什么样的保障,就能打什么样的战争”,作战进程和效能对装备保障的依赖性越来越强,装备保障成为决定战争胜负的重要因素,装备的保障力就是战斗力。

装备综合保障技术是装备快速形成保障力和战斗力、保持和恢复战备完好率的重要支撑技术。当今世界军事领域机械化、信息化的进程不断向纵深发展,智能化大潮逐步来临,对装备保障的理念、模式、理论、技术、手段都产生了重大而深刻的影响,迫切要求我们在加强装备综合保障工程技术基础和应用研究的基础上,着眼装备建设与未来战争需求,为部队和国防工业部门培养新型、高素质装备综合保障工程技术人才和工程管理人才。

“装备综合保障工程技术”是研究装备“全寿命”“全系统”“多特性”保障工程理论和技术方法的技术门类。近些年,我们在消化、吸收国内外先进综合保障工程技术的基础上,围绕新型装备的保障特性“优生”和装备保障能力的“优育”“优用”开展了大量技术研究和工程应用,形成了一批重要的理论和技术研究成果。为此,我们紧密结合装备保障工程实际,充分梳理了所取得的科研工作积累,注重基础性、重要性和可读性,借鉴国内外装备保障工程应用案例,系统地阐述装备综合保障工程的基本概念、基本原理、基本方法、发展现状和综合应用。

装备综合保障工程体系是“系统之系统”,其突出特点是体系复杂、多学科深度交叉融合,当前国内外关于装备综合保障技术体系划分有多种形式,围绕装备综合保障技术也萌生和发展了一些相对独立的技术专业和学科。本书内容组织正是按装备综合保障学科专业进行划分,包括装备可靠性工程技术、装备测试性工程与故障诊断技术、装备维修性与维修工程技术、装备保障性工程技术、装备保障系统设计与保障作业技术、装备保障智能化等内容。

本书的着眼点在于培养装备保障领域的工程应用型人才,由于装备保障涉及的工程范围广、知识面宽泛、技术更新快，因此在内容体系上强调基本概念与理论、工程技术与手段、发展应用等方面成果。在各章内容中，一方面要讲清概念内涵、基本原理和理念、关键的技术环节，另一方面强调各项装备综合保障工程技术在国内外的运用过程和军事效果，介绍了国内外工程案例，便于理解理论与方法的工程运用过程，体现理论与实践的结合，力争做到深入浅出、融会贯通。每章后面安排了习题，有些综合研讨题需要读者结合本书内容查阅技术文献、创造性地研究才能顺利完成，这有利于工程应用能力和创新思维能力的培养。

本书是在国防科技大学本科生教材《装备综合保障技术》、国防工业出版社出版的《装备保障工程学》基础上进一步拓展、修改完善的，感谢前版教材的编著者徐永成、杨拥民教授等所做的大量工作。在本书编写过程中，利用了国防科技大学装备综合保障技术重点实验室多年来的教学和科研积累，向为实验室创建和发展做出重要贡献的领导和老师们表示衷心的感谢，特别感谢国防科技大学前校长温熙森教授的指导和关心，感谢温激鸿研究员的关心和帮助。重点实验室相关专业方向的老师和研究生对本书的编写提出了大量建设性意见和建议，本书相关章节部分地参考借鉴了相关学科领域的科研成果，在此谨表示真挚谢意。数十年来，国内外学者在装备可靠性工程、维修工程、综合保障工程领域进行了卓有成效的工作，编写了大量教材和著作，制定了大量标准，发表了大量论文，在工程实践中取得了显著成效，本书参考借鉴了其中的部分成果，在此谨对国内外同行的杰出工作表示感谢。本书出版得到了国防工业出版社的大力支持，在此表示衷心感谢。

随着国内外军民用重大装备的不断发展，新的装备综合保障工程需求和技术挑战不断涌现，装备综合保障工程中的科学问题、关键技术、工程方法还需要不断研究解决。由于作者知识水平所限，恳请读者对书中的疏漏、不足和不妥之处提出宝贵意见和建议，以便不断修改提高，共同为我国军民用装备综合保障工程的人才培养、科学研究和工程实践做出不懈的努力。

作者

2022 年 8 月

目　　录

第1章　绪　论

1.1　装备综合保障的由来

装备保障是军事装备工作的重要部分，是保证军事装备处于完好状态和可靠完成任务的保证性工作。现代高技术战争的特点表现在战斗准备时间缩短、战斗节奏加快、战场投入的装备和损伤量都显著加大，能否使受损装备的性能及时而有效地得到恢复，以维持装备的数量和规模是赢得战争胜利的决定性因素之一，这在很大程度上取决于对装备能否提供强有力的保障。现代战争对装备及其保障能力提出了更高的要求，既要求所设计服役的装备安全可靠、便于使用和维修，又要求在装备使用中能提供必需的保障。

第二次世界大战前后，由于作战需求的牵引和科学技术进步的推动，美军武器装备快速发展，一大批技术先进、结构复杂的军用飞机、坦克和军舰相继问世，技术性能和复杂程度的提高不仅导致装备研制费用大幅度上升，而且造成装备的使用和保障费用急剧增长，当时美军每年国防预算的1/3都消耗在装备的使用和维修方面，装备使用保障费用占全寿命费用比率高达60%，有的甚至为70%～80%。在这些装备的研制过程中，往往只考虑主装备本身的战术技术性能，没有全面、综合地考虑装备的保障需求，这些武器装备投入部队使用后，虽然战术技术性能比较先进，却难以发挥其应有的作战效能，迟迟不能形成战斗力，主要表现在可靠性低、备件需求量大、使用和维修保障困难、战备完好率不高等方面。上述事实迫使美军开始转变其装备的发展策略，在20世纪60年代首先提出了“综合后勤保障”（Integrated Logistics Support，ILS）的概念，明确规定要在装备设计中同步开展综合后勤保障的管理和技术活动，M1坦克、F－15飞机等一批武器装备都不同程度地开展了综合后勤保障工作，并逐步要求武器装备的发展必须从全系统全寿命的高度，追求武器装备的总体作战效能，将装备保障性要求纳入装备设计，在研制主装备的同时，考虑装备使用和维修所需的保障需求，进行保障性和保障系统设计，并且在交付主装备时同步交付装备保障所需的资源,建立保障系统,使装备部署后能尽快形成保障能力和战斗力。

我军的"装备综合保障"正是源于美军 ILS 的概念。在我国,较长时间以来,由于后勤有其独特的含义,所谓的"综合后勤保障"包括我军的装备保障和后勤保障两个方面,所述"装备综合保障"针对的主要对象是装备,属于装备保障的范畴。20 世纪 80 年代以前,我军的装备建设和发展基本上采用传统的序贯模式,先研制出主装备,再考虑保障问题。进行装备保障所需资源的设计,需经过较长周期装备才能形成战斗力。自从 20 世纪 80 年代末开始,国内的一批学者和专家开始把国外综合后勤保障的概念引进国内,并提出了"装备综合保障"概念,逐步开始重视装备及其保障能力的同步设计。之后,我国对于装备综合保障技术的理论研究和实践不断深入,陆续制定并颁布有关综合保障的国家军用标准,同时诸多新型装备在研制中都不同程度地开展了装备综合保障工程,取得了良好的军事应用效果,有效地保证了我国军事装备的完好性和任务成功率。

近年来,随着国际形势的深刻变化,我国家安全利益面临严峻威胁,国防与军队建设面临新的挑战,军事战略调整、高性能武器装备发展、新型作战力量建设对装备综合保障提出了新的更高要求。应对新需求、新挑战,大力推进装备综合保障技术创新发展,增强装备综合保障技术对装备研制和有效运用的核心支撑能力,是实现新型武器装备快速形成并持续保持战斗力的重要条件。为此,要在充分借鉴国外特别是美军关于综合后勤保障的新理念和新技术基础上,不断加强对装备综合保障理论研究和实践应用。当前装备综合保障工程已初步形成一个相对独立且比较完整、科学的理论体系。认真学习和研究装备综合保障工程技术,对于促进装备保障工作的开展,全面提升装备保障能力,具有重要的军事价值和实践意义。

1.2 装备保障的作用和地位

1.2.1 保障对于民用装备的作用

大飞机、大型制造装备、高速列车、航天器、大型火(水、核)电机组和盾构掘进机等民用重大装备是国家综合实力的重要体现,对于发展国民经济、改善人民生活发挥重要作用。然而,这些民用重大装备往往具备组成结构复杂、零部

件数量众多、功能性能突出、运行环境恶劣等特点,导致故障容易发生,存在一定的使用性、安全性和经济性风险。例如:

(1)高速:高档数控机床的主轴转速达到每分钟几十万转。

(2)重载:盾构掘进机必须适应 500 ~ 125000kN · m 范围内的突变载荷,采用多达 30 多组液压缸、50 台液压马达、24 台泵和 12 台电机组成的并联冗余驱动系统来完成任务。

(3)高温:推重比 15 ~ 20 以上的航空发动机,其涡轮前进口温度可达 1980 ~ 2080℃。

(4)高压:制造出 A380 客机横截面直径达 ϕ5. 5m 的承载框架需要采用 7. 5 万 t 压力机。

(5)高精度:现代连轧机可使轧制材料在 1km 长度范围内的纵向延伸偏差控制在 1mm 以内;超精密加工的加工精度可以达到 0. 01μm。

(6)高效率:超超临界机组最高热效率已达 47%,等效可用系数超过了 95%。

(7)大功率:目前先进核电机组的最大单机功率可高达 1500MW。

(8)极端服役环境:可重复使用空天飞行器需要经历大气层再入、跨大气层飞行、空间极端冷热温差等特殊服役环境。

为了保障这些大型复杂装备长期安全、可靠运行,保障其使用效能得到充分发挥,并降低全寿命周期费用,需要针对这些装备的技术性能特点,通过科学的保障活动保证其安全、可靠、高效、经济地长期服役,也就是说必须要通过发展保障技术,为装备健康使用“保驾护航”。在这方面涌现了较多的成功案例,例如:

(1)超高运行可靠性:超临界机组强迫停机率 <0. 5%;重型燃气轮机联合循环机组可靠性接近 94% ~96%。

(2)高安全性:日本东京电力福岛核电站事故之后,世界各国对核电机组的安全性高度重视,我国在核设施设计和建造中充分遵循“确保绝对安全”的核安全管理标准。

(3)超长运行寿命:一般核电站设备设计寿命为 40 年,目前最先进的 AP1000 已达 60 年;重型燃气轮机联合循环机组的叶片寿命高达 2. 4 万 h,整机寿命约为 30 年。

(4)易维护:深海资源开发装备的作业环境为水下 2000 ~ 8000m,水压力 20 ~ 80MPa,这种极端服役环境下的装备运行需要尽量减少维护工作,最好实现免维护,我国“蛟龙”号当前可以实现下潜深度达 7020m;为保证载人空间站的长期在轨运行,国际空间站和我国空间站都开展了大量的设计关键技术攻关,使得空间站尽量减少检查、维护和修理等工作。

1.2.2 装备保障在军事斗争中的作用

保障对于军事斗争的重要性,古今中外有许多著名论述。“兵马未动,粮草先行”。孙武说:“军无辎重则亡,无粮食则亡,无委积则亡。”隆美尔说:“战斗在第一枪打响之前是由军需官决定的。”陈毅说:“淮海战役的胜利,是人民群众独轮车推出来的。”邓小平指出,“现代战争在一定意义上说,就是打钢铁、打装备、打后勤”。习近平强调,打仗在某种意义上讲就是打保障。

1.2.2.1 装备保障对于战争胜负的重要作用

除了以上至理名言,一些战争案例也说明装备保障对于战争胜负的重要作用。

1. 装备保障案例 1——第二次世界大战苏德战场

第二次世界大战期间,在苏德战场,苏军先后修复了战伤坦克、装甲车 43 万辆,修复数量是同期生产总量的 4 倍。苏联军队通过过硬的维修保障技术保证了武器装备的规模,从而成为战争取胜的一大法宝。

2. 装备保障案例 2——中东战争

1973 年,第四次中东战争,叙以双方争夺戈兰高地。战争开始时,叙利亚坦克部队分三路突破以军防线,发生激战交战,双方损失惨重。

由于叙军装备保障能力弱,损伤坦克仅有数十辆得到修复,其余数百辆战损坦克全部丢弃;同时又得不到后方的大量补充。经过几天激战,叙军可作战的坦克急剧减少。

以军在头 18h 内就有约 77% 的坦克丧失了战斗力。但是以军装备保障能力强,实施了大量战场抢修,使 80% 战损坦克不到 1 天就恢复了战斗力。有些坦克甚至修复、损坏又修复达 5 次之多,还把叙军抛弃的大量战伤坦克修复并成为己有。

以军出色的装备保障能力使其保持了持续的作战能力,“坦克越打越多”,扭转了不利战局。

3. 装备保障案例 3——马岛战争

1982 年英阿马岛战争中,阿根廷虽然在家门口作战,却遭受失败,原因很多,战后战争分析家认为,保障不力是其中非常重要的原因:在战争准备上,阿方虽有夺占马岛的决心却无长期坚守的物质准备，导致驻岛阿军缺衣少食，弹药匮乏；阿根廷没有自己的国防工业，缺乏战略物资储备，遭禁运后飞机、导弹方面弹尽援绝；士兵平时保障训练及战术训练薄弱，不适应马岛严寒气候，野战保障能力差。

另一方面，英军劳师远征，本是兵家大忌，却能获胜，其中一个重要原因是保障的高效率：英军后勤舰船 80% 从民船中征用，在两三天内就完成了征用改装，惊人的高效；远离本土的英军后勤保障指挥十分出色，建立中途补给、前进补给、滩头补给基地，运用现代化的海空运输工具，通过周密科学的计划组织，对部队进行源源不断的补给；英军野战维修队和修械分队常年坚持专业训练及与部队合练，且每年到挪威北部训练 3 月，装备保障技能高、适应性强。

马岛战争从正反两个方面说明了装备保障对战争胜负的巨大影响。

4. 装备保障案例 4——伊拉克战争

回顾伊拉克战争，这是现代战争中“打后勤、打保障”的综合案例。伊拉克战争是一场非对称作战，美军在作战能力方面具有压倒性的优势，同时其强大的装备保障能力也为美军整个作战进程发挥了重要作用，其呈现出 4 个方面的特点：

(1)全资产可视化。全资产可视化可为保障过程中的决策和管理人员提供全部资源有关位置、运动和状况的准确信息，随时掌握部队、人员、装备和补给的能力，从而提高保障工作的整体性能。利用射频识别技术，美军在装备、物资上安装电子标签，在物资集结点、码头、机场等路口安装读取装置，指挥官和作战单位能够实时获取物资信息，实现保障透明化。全资产可视化使美军可以从工厂到一线部队全程跟踪发运物资和装备的位置、状况，形成并提供及时、准确的各类保障物资和装备信息。

(2)保障优化决策。根据保障需求态势，美军保障指挥部门依据作战要求、保障资源、保障能力、运输条件等进行决策分析，寻求较好的保障方案，以提高保障效率，能在较短的时间内做出反应，以最快的速度满足保障需求。同时采取灵活多样的保障策略，包括：①固定保障。依托大型航空母舰、预置舰、战场后方建立前进保障基地。②机动伴随保障。实施“弹弓”式保障。陆军师保障力量占 17%，作战旅设前方保障营，作战营设前方保障连。③垂直保障。例如，利用直升机对快速推进部队“跳蛙”式保障。④野战综合保障。例如，飞机保养连可以对师航空旅各型直升机提供各个系统抢修。

(3)精确保障。海湾战争期间，美军运到海湾地区的约 4 万个集装箱中有价值27亿美元的8000多个集装箱没有开封就运回国内,造成了很大的浪费。在伊拉克战争中,美军总结海湾战争教训,只在海湾地区前置了一少部分物资和弹药,后勤物资主要通过空中和海上投送,美军充分利用以信息技术为核心的高科技手段和各种先进的快速投送平台,力求在准确的时间、地点为部队提供准确的人员、物资和技术保障,实现了适时、适地、适量的精确保障。例如,美军运用GPS技术给每辆供给运输车安装了能随时发送信号、精确显示其所在位置的无线电传感器。

(4)先进保障作业技术支持。在伊拉克战争中,美军采用了多种较为先进的保障作业信息化技术支持手段。一是数字化维修,大部分主战装备都安装了监控系统和损伤评估系统,并配备了交互式电子技术手册,维修人机交互接口也更为方便,士兵在战斗间隙利用数字工具箱即可对坦克进行维护,大大降低了对维修操作技能的要求。二是远程支援,对于士兵难以诊断和修复的某些故障,可通过无线微波数字通信网,向远程的维修专家申请实时指导,通过远程支援来排查并修复故障,尽快恢复装备的战斗力。

1.2.2.2 保障技术在战争史中的作用

科学技术是社会生产发展变化的强大动力,也是战争和军队保障发展的巨大推动力。纵观人类战争发展的历史,科学技术的每一次重大突破,都会推动保障领域发生巨大变革。伴随社会生产力的进步与战争形态、样式的发展变化,保障从技术形式、保障内容及其对战争的影响都进入了一个新的发展阶段。保障技术在战争史中的作用如图1-1所示。

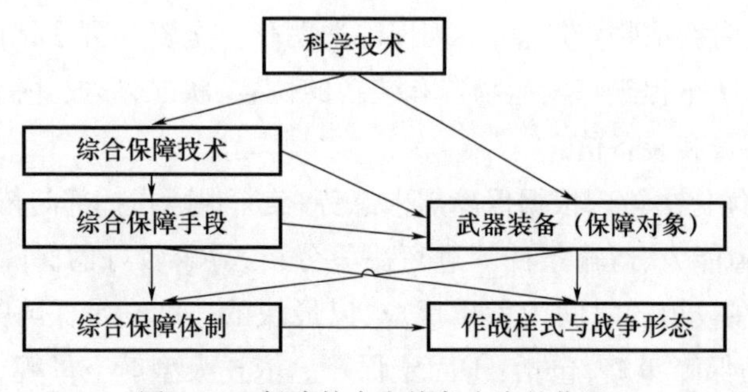

图1-1 保障技术在战争史中的作用

其中,保障技术的发展不仅能够推动保障物质手段、人员素质发展变化,促进保障体制发生巨大变革,而且能够对作战方式的变化和军队体制编制的变革产生积极的影响:

(1)推动保障手段的更新换代。保障技术的发展极大地改变了保障手段的形态和性能。比如,人员以及装备物资投送手段由冷兵器时代的马车、木船,经历机械化运输平台,发展到当今的各类现代化高速运输工具。

(2)促进保障体制的巨大变革。保障的物质要素主要包括两大类,一类是保障手段,包括实施综合保障的所有设备、设施等;另一类是保障内容,包括满足军队需要的所有物资、装备。保障手段对军队保障编制体制影响更直接。例如,出现无人机之后,才可能建立无人机营、无人机团的保障编制。信息化保障技术的广泛应用,使得指挥人员可以在更大空间内直接实施指挥,从而导致保障体制发生巨大变革,形成"扁平形网状"的保障指挥体制。

(3)影响作战样式和战争形态的演变进程。保障技术手段的进步促使军队保障能力极大增强,保障效率大幅提高,保障空间显著拓展,从而使得作战样式更加丰富,并推动了战争形态的演变。例如,掌握了重装空投技术之后,使空降兵具备了空中快速机动、地面快速集结、火力快速准备、地面远程打击以及弹药物资持续保障等能力,从而为空降兵成规模空降作战打下了坚实的基础,传统的空降作战理论、作战样式乃至训练内容和方法都面临着变革性挑战。

1.2.3　信息化、智能化条件下联合作战装备保障的作用和地位

信息化和智能化条件下联合作战是体系与体系的对抗,基本作战形式是一体化联合作战,战争进程加快、时间空间缩小、战争损耗巨大,同时作战中大量运用高技术装备,各种高技术装备种类多、型谱大、技术水平高、功能结构复杂、故障模式多样、出动强度大对装备保障的依赖性越来越强,保障任务极其繁重。

以信息化、智能化为突出特点的世界新军事革命和大量高技术装备的应用使得装备保障呈现以下特点:

(1)装备保障技术难度显著加大。

保障对象由以机械为主,逐渐转向以机械、光、电子、电气和软件等系统为主。大量现代高技术装备自身技术密度高,在复杂电磁环境下,装备损伤机理由原来单一的硬摧毁发展为软杀伤与硬摧毁相结合的综合性破坏,使得装备保养、检测、诊断、维修的技术难度大大提高。高技术装备保障专业分工细密、保障力量构成复杂;战场形势瞬息万变,装备保障体系中每个要素都可能对作战胜负产生重要影响,使得诸军兵种武器系统和装备体系的一体化保障组织指挥更加复杂。

(2)装备保障工作量显著增加。现代战争面临的是高精度、远距离、高毁伤的火力打击,高技术装备投入量大和作战强度日趋增大,装备战损剧增,保障物

资、器材的种类和数量都急剧增长。高技术装备结构复杂、故障模式多样,出动强度大,要保证装备战备完好率和任务成功率,装备保障面临严峻挑战。

(3)装备保障时效性要求更高。现代战争快节奏、高速度的特点,使得战争对装备保障的时效性要求大大提高,诸如战斗机等高技术装备的出动强度要求更高,装备保障能否做到及时、高效,对整个战争的进程和结局将产生重大影响。

综上所述,信息化、智能化战争不仅仅是作战能力的对抗,而且也是保障能力的较量。装备保障成为决定战争胜负的重要因素,装备保障能力是打赢未来信息化和智能化战争的重要保证。"装备的保障力就是战斗力"。综合保障与情报信息、指挥控制、火力打击并列,成为支撑一体化联合作战的四大支柱。随着科学技术的进步,高新技术被不断引入装备保障领域当中,并在各军事大国的军队现代化建设进程以及近年来世界上发生的几次局部战争中得到广泛应用,使保障效能大大提高,为赢得战争胜利发挥了重要作用。

1.2.4 装备保障工程的人才培养需求

如何为装备管理、使用与保障单位培养一大批适应世界新军事革命需求、"懂高科技知识、懂军事指挥、懂装备保障"新型复合型军事人才、为国防工业部门培养一大批装备综合保障工程专业技术人才和管理人才是当前我国面临的紧要问题。

新型保障人才必须具备哪些装备保障方面的专业知识基础和科学素养?采取何种教学方式才能有效培养这些素质和能力?在军民用装备保障相关领域,无论是工程技术类、指挥管理类本科生,还是硕士生、博士生以及在职培训,都会涉及装备综合保障素质和能力的培养。这就要求相关院校在装备综合保障工程技术的教学要求基础上,结合当前人才培养现状、军事斗争和民用重大装备保障需求进行综合分析,研究其教学内容、教学方法和教学规律,探索新型培养模式,建设新型装备综合保障工程技术教学体系,以满足我国装备保障工程技术人才的急迫需求。

美国在装备保障工程领域的理论和技术已经发展得比较成熟,许多科研院所在装备保障工程领域开展了大量卓有成效的研究工作。美国许多大学都开设了装备保障工程的学位与职业教育。例如,马里兰大学可靠性工程的教育与技术研究很有特色,可靠性工程专业是马里兰大学材料与核工程系中的一个跨系、跨学科专业,目前,拥有可靠性工程中心、技术风险研究中心两个学术机构,美国国家可靠性工程信息中心也设在马里兰大学。加州理工大学伯克利分校、佛罗里达大学、国防大学等开设了保障系统分析、保障网络设计和供应链管理、军事保障和动员策略、系统安全性工程、可靠性工程、可靠性工程的数学技术、可靠性工程管理、高级可靠性与维修性工程、可靠性模型的高级方法、贝叶斯可靠性分析、维修性工程、微电路的可靠性与质量等装备保障工程领域的研究生课程。另外,英国、法国、瑞典等西欧国家的许多大学开设了大量装备保障系统设计与分析仿真方面的课程。

同时,国外相关军事研究机构和国防工业集团,如美国空军技术研究院采办与后勤保障研究所、国防后勤局、诺斯罗普·格鲁曼公司、洛克希德·马丁公司、英国 BAE 系统公司等联合相关大学,结合军队和工业部门的人才培养需求,开展装备保障工程相关的联合办学和继续教育,为军队培养保障指挥与技术复合型人才,为工业部门培养技术研发和科研管理人才。

目前,国内装备保障工程技术蓬勃发展,国内学术界跟踪、翻译、分析了国外大量装备保障工程相关的标准规范和应用案例,特别是近 10 年来,随着大型军民用重大装备保障工程需求的日益提高,装备保障工程领域呈现井喷式快速发展,教材专著和研究论文不断涌现,对于推进我国军民用装备保障工程的理念推广、技能培训、科学研究和工程应用发挥了重要作用,但还是远远不能满足我国军民用重大装备的建设和发展需求,装备保障工程领域的专门人才缺口非常大,装备管理机关、国防工业部门、装备使用单位急需大量装备保障工程领域理论基础扎实、技术手段熟练、工程经验丰富的专门人才。

1.3　装备保障工程概念与内涵

装备保障工程是一个较为广泛的技术领域,由于技术发展的历史原因、国内外军队编制体制不同,对该领域的一些专业术语容易产生歧义。下面就该技术领域的一些重要概念,依据我国最新版本的国军标等文献对其基本概念和内涵进行界定。

1.3.1　保障

通俗地说,保障就是保证完成任务的服务性活动。

《中国人民解放军军语》(2011 年出版)规定,保障是指“军队为遂行任务和满足其他需求而在有关方面组织实施的保证性和服务性的活动”。

按层次,保障分为战略保障、战役保障、战斗保障等。按任务类型,保障可以分为作战保障、后勤保障、装备保障。

(1)作战保障:是指“军队各级指挥机关为满足作战需要而组织实施的直接服务于作战行动的保障。包括侦察情报、警戒、通信、机要、信息防护、目标、伪装、核生化防护、测绘导航、气象水文、战场管制、电磁频谱管理、航海、声呐、防险救生、领航等方面的保障”。

(2)后勤保障:是指“军队为满足作战、建设和生活需要而在后勤方面组织实施的保障。包括财务、物资、卫勤、军事交通运输、基建营房等方面的保障”。

1.3.2 装备保障

装备保障是指“军队为使所编配的武器装备顺利遂行各种任务而采取的各项保证性措施与进行的活动的统称”。装备保障可以分为使用保障和维修保障。

使用保障是指“为保证装备正确操作使用,发挥其作战性能所进行的一系列保障工作”。以某型导弹保障为例,通过火车运送导弹、导弹使用前检查、导弹的储存、导弹的装填等都属于使用保障。

维修保障是指“为保持和恢复装备规定技术状态所进行的全部技术和管理活动”。维修保障通常又简称为维修,它既包括技术性活动(如检测、隔离故障、拆卸、安装、更换或修复零部件、校正、调试等),也包括管理性活动(如制定维修方案、确定维修制度、维修备件供应管理)。

(1)规定状态:可理解为良好的可运行状态或设计最佳状态,或完成规定功能所必需的状态。

(2)保持:对没有故障或损坏的装备,应采取预防性措施,保持它的规定状态,防止出现故障。

(3)恢复:对于已经发生故障、发生损坏的装备,应采取措施,尽快恢复它的规定状态。

(4)从范围来讲,装备维修涉及维修中的“物”、维修中的“事”和维修中的“人”各个方面。

以某型导弹的保障为例,飞控系统故障检测、拆换故障陀螺、维修技能训练、维修信息管理等活动都属于维修保障。

过去,装备保障还曾被划分为供应保障和技术保障。其中,供应保障指的是军事装备及维修器材的筹措、储备、供应等各种活动的统称;而技术保障指的是从装备接收到退役报废,为达到和保持规定技术状态所采取的管理和技术措施。目前这种划分方法已经不太常用。

1.3.3　装备综合保障

1.3.3.1　基本定义

从前,装备保障主要是从使用阶段描述装备的保障能力和行为。然而各国在装备的使用过程中,经常会暴露出保障难度大、保障费用高、形成保障能力周期长等突出问题。而如果要达到好的装备保障效果,需要什么条件? 客观地说,应满足 3 个必要条件:从装备角度来说,装备自身要好保障;从保障系统角度来说,保障系统要能把装备保障好;另外,主装备与保障系统要协调配套。在系统概括和融入这些条件基础上,形成了装备综合保障的概念。

所谓“综合”,主要体现为以下 3 个方面的综合和集成:一是主装备与装备保障系统之间的综合,即“全系统”;二是装备论证、设计、生产、使用、保障、退役等全寿命周期各个阶段装备保障工作的综合,即“全寿命”;三是装备可靠性、维修性、测试性、保障性、安全性等保障相关特性的综合,即“多特性”(或称为装备通用质量全特性)。相比于装备保障的基本概念,综合保障的重要出发点不是头痛医头、脚痛医脚,而是注重从系统的角度和全局的高度来解决装备保障中的问题,从而使得保障效能达到全局优化。

关于装备综合保障的定义比较多,说法不尽相同,但内涵大同小异。本书综合考虑装备综合保障的全系统、全寿命周期、多特性等特点,给出的定义为:装备综合保障是指在装备的全寿命周期内,为满足战备完好性要求,降低寿命周期费用,综合考虑装备执行全时空任务的保障问题,科学论证装备保障性要求和基本保障方案,开展装备通用质量全特性并行设计、分析与试验评估,研制装备及其保障全要素,建立装备保障集成系统,准确感知装备保障需求并进行保障决策,及时提供装备保障资源并开展保障作业所涉及的一系列管理和技术的统称。

装备综合保障的概念可以概括成“1 + 2 + 4”。“1”是指一个边界条件:全寿命周期,包括装备“从生到死”“从摇篮到坟墓”的生命周期过程,通常包括论证、方案、工程研制与定型、生产、使用与保障以及退役等阶段;“2”是指两个目标:即战备完好性要高,寿命周期费用要低;“4”是指四项工作任务:①科学论证装备保障性要求和基本保障方案;②开展装备保障通用质量全特性并行设计、分析与试验评估,研制装备及其保障全要素;③建立装备保障集成系统;④准确感知装备保障需求、进行保障决策,及时提供装备保障资源并开展保障作业。进一步,可以对装备综合保障的主要工作任务进行分析,明确各个任务的工作阶段、工作主体和工作目的,如表1-1所示。

表1-1 装备综合保障各阶段主要工作任务

工作任务	装备保障性要求和基本保障方案论证	装备保障通用质量全特性设计与试验评估,装备及其保障全要素研制	建立装备保障集成系统	感知装备保障需求、进行保障决策,提供装备保障资源并开展保障作业
工作阶段	论证阶段	研制阶段	列装与部署阶段	使用阶段
工作主体	装备管理部门(通常委托装备研究院等单位)	工业部门	研制部门、使用部队	使用部队
工作目的	优生“好保障”		优育“好保障”	优用“保障好”

1.3.3.2 相关定义

与“装备综合保障”概念相关的术语定义如下:

(1)装备系统:是指“装备及其保障系统的有机组合”。

(2)联合保障:是指“两个以上军兵种或两支以上军队,在统一的计划下共同组织实施的保障”。

(3)保障性:是指“系统的设计特性和计划的保障资源能满足平时和战时使用要求的能力”。保障性是装备系统的固有属性,包含两方面内容:①与保障有关的装备自身设计特性,包含可靠性、维修性、测试性、运输性、人素工程特性、生存性、安全性、自保障特性、能源、标准化、可部署性、战场抢修性等;②装备保障资源的充足和适用程度。

(4)保障系统:是指“装备使用和保障所需各类保障资源的有机组合,是为达到保障性目标使所需保障资源相互关联相互协调而形成的一个系统”。

1.3.4 通用质量特性及其关系

1.3.4.1 质量及通用质量特性

装备质量指的是装备的优劣程度或满足用户使用要求的程度,可以通过若干固有特性进行描述和评价。

武器装备质量特性包含了专用质量特性和通用质量特性,其中专用质量特性反映的是不同系统或者装备自身的特点和个性特征,如某型飞机的最大飞行速度、巡航速度、飞行高度、载重、载荷强度等指标;通用质量特性则表征不同装备的共性特征,如可靠性、维修性、测试性、保障性、安全性、电磁兼容性等。装备通用质量特性是装备具有的重要性能,对装备的作战能力、生存能力、部署机动性、维修保障和寿命周期费用等具有重大影响。

在不同装备领域和装备发展的不同时期,通常对通用质量特性所覆盖的内容有不同的定义。例如,有的定义认为这些通用质量特性中比较基础、经典的为可靠性、维修性、测试性(Reliability,Maintainability and Supportabibliy,RMS);有的定义从保障的角度出发,将可靠性、维修性、测试性、保障性、安全性统称为保障特性;有的定义将其简称为“五性工程”,即可靠性、维修性、测试性、保障性、安全性;有的定义则加上环境适应性或者电磁兼容性,称为“六性工程”;等等。需要指出的是,本书描述的通用质量全特性实质上指的是全部的通用质量特性,并侧重于可靠性、维修性、测试性、保障性工程技术的介绍,同时有些具体技术根据其称呼的习惯,也保留了 RMS、“五性工程”等说法。

可靠性、维修性、测试性、保障性等应该通过设计赋予,并在生产中予以保证。提高装备的这些设计特性,是实现装备“优生”的重要标志。装备一旦通过研制定型,这些特性将作为设计属性固化在装备中,并将影响装备寿命周期的各项正常任务。可靠性、维修性、测试性、保障性、安全性等在装备保障工程中关系密切、相互影响,需要从系统工程、并行工程的角度来看待、处理其耦合问题,共同服务于装备战备完好率和任务成功率,提高装备保障力和战斗力。

1.3.4.2　各通用质量特性的理解及关系

关于各通用质量特性在本书具体章节有详细的定义和解释。通俗地说,装备可靠性描述了装备在使用中不出、少出故障的质量特性,主要取决于设计,同时与使用、储存、维修等因素也有关;装备不可能完全可靠,发生故障是必然的,维修性反映了装备是否好修的能力;装备维修保障需要依据装备的技术状态进行状态识别和故障诊断,这两者都离不开测试,测试性反映了装备状态是否便于快速检测的特性;保障性通过可靠性、维修性、测试性及保障系统设计来保证,使装备的设计特性与保障资源、主装备与装备保障系统的配合最佳,实现最佳费效比和可用度,保障性反映装备全系统是否便于快速保障的综合能力;安全性反映装备拥有、使用及其保障过程中是否能够避免发生各种事故的设计特性。

这些通用质量特性之间联系密切,相互耦合、相互影响,甚至存在一定的冲突,例如:

(1)可靠性是其他质量属性的基础。可靠性水平的提高,特别是基本可靠性的提高将有助于减少装备使用中的维修、测试、保障活动,缓解装备使用对维修性、测试性、保障性的需求矛盾。可靠性水平提高意味着故障危险的可能性降低,一般安全性也相应地得到增强。

(2)维修性是可靠性的重要补充。有些产品或者零部件受制于空间、成本和周期等因素的制约,可靠性无法进一步提高,则需要通过维修性加以弥补,将其设计成易检查、易维修的对象;有些难维修甚至是不可维修的重要零部件,必须充分保证可靠性。

(3)良好的测试性将提升装备的状态感知和战备转换能力;可减少故障检测及隔离时间,进而减少维修时间,改善维修性。测试性最初是维修性的组成部分,由于其研究内容的广度与深度的增强而日益独立,成为一项专门的设计属性。另外,测试性有助于可靠性水平的提高,任何不能被检测出的故障将直接影响装备的可靠性。

(4)测试和维修都需要保障系统提供后勤支持,因此保障性是测试性和维修性的前提和约束,同时又受两者的影响。

(5)装备的安全性与可靠性密切相关,而且装备的测试过程、维修过程、保障过程本身也都需要进行安全性设计,装备的安全性影响战备完好率等保障性综合指标的实现。

这些关系还有很多,不胜枚举。实质上任何装备的各质量特性不可能无限提高,也不一定有太大的必要。在装备研制和装备管理过程中,要注重从整体上梳理、分析各通用质量特性之间的关系,要根据装备的顶层要求和使用特点,尽量抓住主要矛盾和主要特性进行设计和分析,避免带来过大的设计负担。

1.4 装备综合保障技术体系

装备综合保障技术体系划分主要有 3 种形式。一是按装备综合保障主要特征的关联关系进行划分;二是按装备综合保障的行为逻辑关系进行划分;三是按装备综合保障学科专业进行划分。这些划分形式对于理解装备综合保障的内涵、技术和作用都有帮助。

1.4.1　按组成要素的关联关系进行划分

装备综合保障是非常复杂的系统工程，所涉及的物理和时空因素可以按装备系统组成、装备质量特性、装备时间历程来进行组织，表现为全系统、全寿命和多特性，按这些特征之间的关联关系可以进行装备综合保障划分，如图1－2所示。

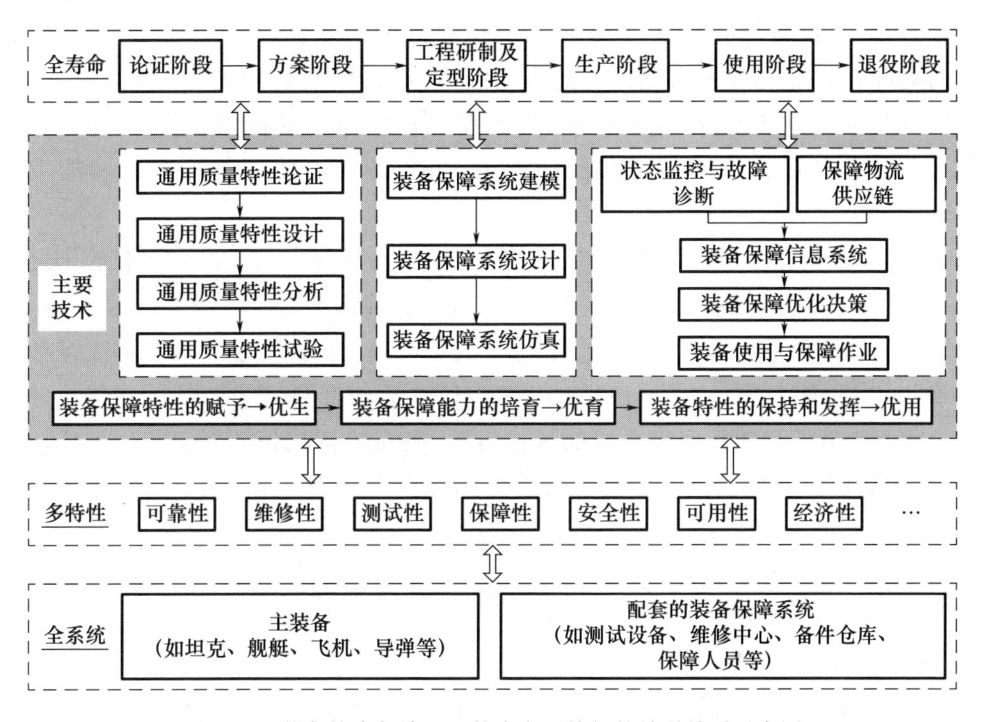

图1－2　装备综合保障工程技术主要特征的关联关系示意图

装备的可靠性、维修性、测试性、保障性、安全性等与装备使用与保障密切相关，这些保障特性在装备设计中被“赋予”——“优生”、在装备部署阶段得到“培育”——“优育”、在装备使用中得到“发挥”——“优用”。由此来看，“装备综合保障工程技术”是围绕装备保障特性“优生”“优育”“优用”过程中保障能力的形成、培育和发挥，研究装备“全寿命”“全系统”“多特性”保障工程所涉及的理论和技术方法的技术门类，重点包含装备研制阶段的装备保障工程技术、装备服役阶段的装备保障系统运用技术3方面技术内涵：

(1)装备质量特性工程技术：是指“装备在论证、设计、研制、定型、生产、试验过程中的通用质量特性技术”,包含了传统意义上的装备可靠性、维修性、测试性、保障性、安全性工程等,重点是通用质量特性的论证、分析、设计、试验与评估,主要目的是保证装备的“优生”,即使得装备自身具有良好适用的各项保障特性、具备“好保障”的前提条件。

(2)装备保障系统建立技术:是指在武器装备系统在列装和部署过程当中,根据部队的编制体制、力量编成对装备及其保障要素进行科学配置和动态组织,使得部队的装备保障力量和资源要素能够健壮生成,具备良好的保障初始能力和运用基础。其主要技术内容涉及装备保障系统的设计、仿真与评估等技术,以保证装备的“优育”,即使得装备能够“茁壮成长”并具有综合保障的基础动能和行为能力,为装备投入使用创造物质和能力基础。

(3)装备保障系统运用技术:是指“主装备及其保障系统投入部署使用之后,装备保障系统运用流程中装备状态监控与故障诊断、装备保障物流供应链、装备保障信息系统、装备保障优化决策、装备使用与保障等主要环节的支撑技术”。其主要目的是立足装备“优生”“优育”之后的良好保障能力,通过装备健康状态的最佳管理和保障系统的最佳运用,提高装备战备完好率和任务成功率,保证装备的“优用”,实现装备效能的充分发挥和“保障好”的军事运用目标。

1.4.2 按装备综合保障的行为逻辑关系进行划分

按照装备保障所涉及的行为逻辑关系,特别是研制前端和装备使用后端进行划分,装备综合保障技术分为装备综合保障系统设计与评估、装备通用质量特性设计与评估、装备保障态势感知、装备保障信息集成与决策、装备保障作业支持等技术方向,如图1-3所示。装备综合保障系统设计与评估重点关注装备体系当中综合保障系统的构建和规划问题,从体系的角度提出武器装备综合保障要求与基本方案;装备通用质量特性设计与评估重点关注单个武器装备与综合保障相关的通用质量特性的设计与评估问题。在上述两方面工作的基础上,从装备服役过程中的综合保障活动流程来看,分为态势感知、信息集成与决策、保障作业支持等三个技术方向,这三个方向分别包含了大量装备综合保障技术内容,共同为装备服役过程中保持、恢复战备完好率和任务成功率服务。

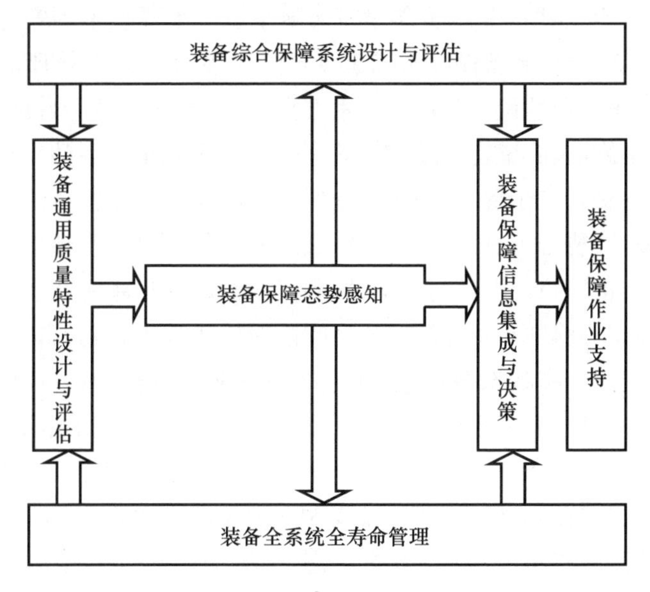

图1-3　按行为逻辑关系的装备综合保障技术结构

相应地,装备保障综合工程的理论和技术体系如图1-4所示。

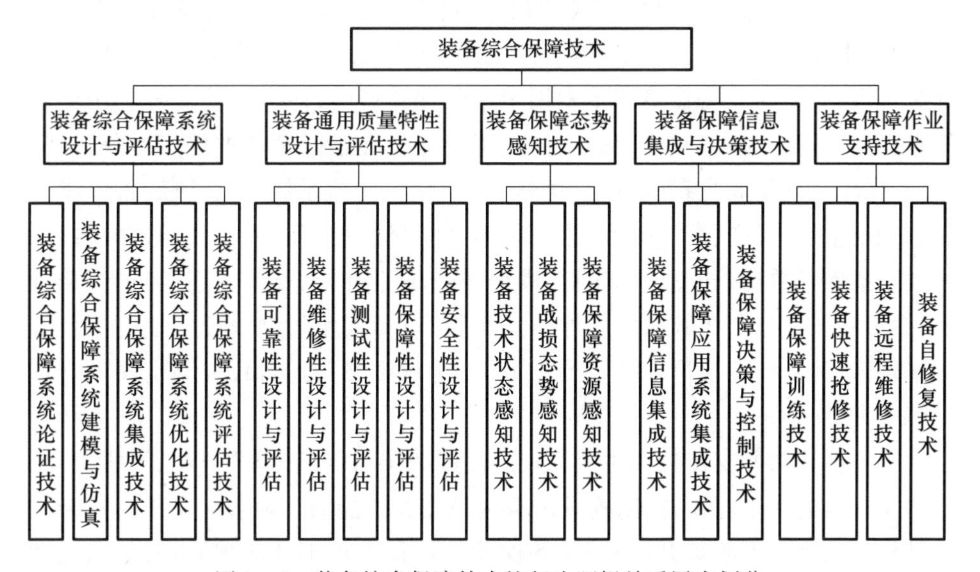

图1-4　装备综合保障技术按行为逻辑关系层次划分

装备综合保障系统设计与评估技术方向,重点关注装备体系当中综合保障系统的构建和规划问题,主要面向装备体系、系统层面进行装备综合保障系统建模分析、优化设计与性能评估,通过同步规划、合理配置装备所需的保障系统和资源,使装备能及时获得科学合理的保障系统。主要技术内容包括:装备综合保障系统论证技术、装备保障系统建模与仿真、装备保障系统评估技术等。

装备通用质量特性设计与评估技术方向,主要面向装备平台层面研究解决装备可靠性、维修性、测试性、保障性、安全性等通用质量特性的分析、设计与评估问题,使装备具有易于保障的固有特性。主要技术内容包括:装备通用质量特性一体化设计、装备可靠性设计与评估、装备维修性设计与评估、装备测试性设计与评估、装备保障性设计与评估、装备安全性设计与评估等。

装备保障态势感知是指在战时或平时的时空条件下,对装备自身的技术状态、装备保障资源分布状态等信息实时、准确掌握的过程。它包括状态信息获取、精确状态信息控制、一致性状态信息理解和未来状态信息预测等要素,这些要素涵盖了传感器状态信号获取、状态特征提取、状态信息传递、状态识别、状态信息趋势分析与预测等装备保障态势感知中的问题。该方向将提升装备物理状态特征信息的提取与处理、健康状态评估、故障诊断和预测、战场损伤评估、保障资源供应态势可视化的能力,为精确化装备保障决策提供准确描述装备当前和未来技术状态的信息支撑。

装备保障信息集成与综合决策技术方向,紧密围绕我军装备发展与信息化、智能化战争条件下装备保障的现实和发展需求,以及物联网、“大数据”“云计算”等新技术对装备保障技术发展带来的深刻影响,研究如何充分利用信息技术,将装备保障各相对独立的工作过程及分散在不同地域的保障对象、保障资源、保障要素集成为有机整体,发挥“1 +1 >2”的体系优势,解决装备保障在需求捕获、快速反应、资源配置、力量部署和精确管控等方面的难题,并通过对各类装备保障数据(包括使用运行、维护维修、研制生产、试验鉴定等)的综合分析,探寻和洞察蕴含在数据背后的装备运行、故障发生发展及资源使用消耗等内在规律,为新研装备论证设计提供依据,为现役装备遂行任务制定科学合理保障方案。

装备保障作业支持技术主要为装备使用和维修保障过程提供各种机械化、信息化和智能化手段支持,以提升装备保障作业的能力。随着装备技术复杂度和结构复杂度的不断提升,新型装备保障作业技术也不断涌现,向着信息化和智能化方向发展。例如,便携式维修辅助设备、交互式电子技术手册等得到大力推广,使用多年的传统纸质技术支持手册已经逐步被各种智能终端上的数字化技术支持手册所取代,增材制造、基于增强现实的维修引导也在维修保障领域得到越来越多的应用。

装备综合保障工程技术的上述关键技术具体涉及一系列紧密相关的学科领域,如材料失效学(用于失效机理和故障物理分析)、破坏力学(用于故障模式与失效机理分析)、概率论与数理统计(用于寿命试验、预测与可靠性评估)、设计学(用于装备 RMS 设计)、仪器仪表学(用于状态监测与故障诊断的传感器设计)、信号处理(用于故障诊断与寿命预测的特征提取与分析)、数学建模(用于复杂装备保障系统建模)、运筹学(用于装备维修保障决策与优化)、系统工程学(用于装备 RMS 一体化并行工程与管理)等。

1.4.3 按装备综合保障学科专业进行划分

装备综合保障工程技术的突出特点是多学科深度交叉融合,这种划分形式主要考虑当前装备综合保障的主要技术领域。当前在国内国外,围绕装备综合保障技术萌生和发展了一些相对独立的技术专业和学科,有些也逐步形成并发展了相应的学术组织和期刊杂志出版物等。

按这些专业进行划分,装备综合保障技术包括装备可靠性工程技术、装备测试性工程与故障诊断技术、装备维修性与维修工程分析技术、装备保障性工程技术、装备保障系统设计与保障作业技术、装备保障智能化技术等,还包括装备保障新理念与新手段,如图 1-5 所示。一些高校的专业设置以及出版的教材、专著都是按这种形式进行划分。

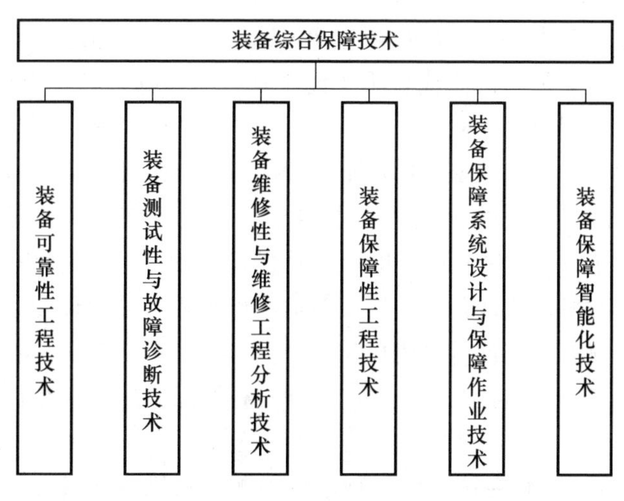

图 1-5 按学科专业的装备综合保障技术结构

应该说,上述“装备综合保障技术”的三种技术体系各有侧重,虽然划分的思路和角度不一致,但都有助于读者对装备综合保障工程技术全貌的理解,帮助建立关于装备综合保障的知识框架,并分析其中的技术环节和模块对完成装备保障工程总体目标的作用,了解各种相关技术的学科根基和理论来源。随着国内外装备综合保障工程相关理论、技术和工程应用的不断发展和成熟,该理论和技术体系也将不断演变和完善。

1.5 装备保障技术的发展阶段和现状

1.5.1 保障技术的发展阶段

保障技术的发展历程与装备和战争形态的发展历程相对应,也大致分为 4 个阶段:冷兵器战争阶段、热兵器和机械化战争阶段、信息化战争阶段及智能化战争阶段,这 4 个阶段的保障对象、保障内容和保障装备均呈现不同特点。

1. 冷兵器战争阶段

由于生产力尚不发达,生产资料比较匮乏,用于军事活动的武器、物资在种类、效力上都非常有限。从保障对象来看,冷兵器战争阶段的人员是保障的主要对象,保障内容以粮草为主、器械为辅,“断敌粮道”往往是作战双方的兵法要诀。冷兵器战争阶段的保障装备主要有简单运输装置和铁木器维修工具等。

2. 热兵器和机械化战争阶段

这个时期由于火药、蒸汽机、内燃机、飞机等技术的相继问世和大量运用,使人类历史上发生了以机器代替手工的工业技术革命。各种复杂庞大的机械化装备投入战争当中。机械化大大提高了部队的火力强度、快速反应能力和生存能力,与此同时,作战物资、油料和弹药的巨大消耗对后勤、装备保障提出了很高的要求。除了作战人员,各种机械化装备成为保障的主要对象,其保障内容主要包含两个方面:一方面是油料、弹药、器械、备件等军需物资和器材保障;另一方面是各类机械化装备及相关设备的维修保养等技术保障。相应地,此阶段保障技术最显著的特征就是机械化,产生了诸如汽车、舰船、飞机、铁路、公路等物资运输投送技术装备及设施,催生了装备故障诊断、快速维修、战场抢修等维修保障新技术。

在装备保障方面,在该阶段出现了很多测试和维修设备,已经萌芽并逐步形成了装备保障工程技术学科。装备维修策略较为简单,主要是事后维修和预防性维修,对于一般性的故障,不造成重大安全事故和经济损失,采用事后维修方式;否则采用预防性维修提前“防范”。

3. 信息化战争阶段

信息是除物质、能源之外的又一重要军事资源，它既能改变装备和战争的形态，也能决定保障的形式与内容。在信息化战争中，保障的内容由机械化战争阶段的物资保障和维修技术保障延伸到信息资源保障，不仅需要提供信息化武器软硬件及其零配件、维护信息化作战系统与网络正常运转等物质技术保障，而且需要提供相关智力、知识、情报等信息保障，以此为基础，通过加强对各种保障要素的融合与控制，最终实现所谓"适地""适时""适需""适量"的"精确"保障。

因此，该阶段的保障对象是机械化作战平台、信息化武器系统，保障内容是物资、技术、信息，保障装备则是各类信息化保障装备与系统。在该阶段，逐步发展了综合保障观念，强调从全系统、全寿命周期的角度解决装备保障问题，形成并发挥装备保障的整体效益；确立了以可靠性为中心维修的思想，强调事后维修、定期维修、视情与预测性维修相结合，实施主动维修。

4. 智能化战争阶段

在世界新军事革命和高科技迅猛发展的推动下，世界军事强国普遍加大智能新型作战力量的建设力度，将发展智能无人作战力量作为军事领域发展的新抓手，着手制定智能无人新型作战力量发展战略，超越竞争对手。在可预见的未来冲突和战争中，智能无人作战系统将作为战场重要的攻防对抗手段，这对装备发展、作战研究、作战运用、作战训练、联合作战保障等都提出新需求。

在智能化战争阶段，将在信息化装备综合保障的基础上，进一步通过人工智能技术产生助力器和催化剂，涌现全新的智能保障体系结构和保障理念，并赋予更加智能化、集约化、实时化的保障行为能力，全面优化装备保障感知、决策和作业过程，摆脱对传统保障人员的依赖性，使得保障反应更加迅速、保障范围更加宽广、保障代价更低，全流程自主保障和全系统无人保障将成为新的重要特征。

1.5.2 国外装备保障技术的发展

20世纪50年代初，美国国防部成立"军用电子设备可靠性咨询组"(Advisory Group on Reliability of Electronic Equipment, AGREE)，开始有组织有计划地开展可靠性工程，装备保障工程不断成长壮大，内涵不断丰富，从可靠性逐步拓展到维修性、测试性、保障性、安全性等，走过了工程化、标准化、制度化和数字化的发展历程，逐渐成为一门综合性技术学科。总体来说，国外装备保障技术的发展大致经历了如下几个阶段。

1.5.2.1 装备保障工程兴起阶段——可靠性工程形成(1950—1965)

可靠性工程逐渐形成一门独立学科,在导弹、军用电子设备中得到工程化应用。

(1)可靠性工程:为了解决军用电子设备和复杂导弹系统的可靠性问题,1955 年美国国防部“军用电子设备可靠性咨询组”(AGREE)开始实施从设计、试验、生产到交付、储存和使用的可靠性全面发展计划。1957 年发表了《军用电子设备可靠性》研究报告,阐述了可靠性设计、试验及管理的程序及方法,可靠性工程逐渐成为一门独立的学科。AGREE 报告的可靠性方法在 20 世纪 60 年代美国 F-111A 轰炸机、F-15A 战斗机、M1 坦克、“民兵”导弹等装备中得到工程化应用。

(2)维修性工程:由于军用电子设备复杂性提高,装备维修工作量增大,维修费用增长迅速,维修性问题引起了美军的重视,20 世纪 50 年代后期,美国罗姆航空中心、航空医学研究所开展了维修性设计研究,出版了技术报告和手册,为维修性标准制定打下了基础。

(3)安全性工程:1958 年美国防空导弹爆炸事故引起了美国陆军的重视,1960 年在“红石”兵工厂建立了第一个安全性组织,将安全性要求纳入装备设计规范中。1963 年美国空军制定了《系统及有关分系统及设备的安全性一般要求》标准,作为武器系统安全性设计指南。

1.5.2.2 装备保障工程快速发展阶段——维修性、测试性、保障性大发展(1965—1980)

在该阶段,维修性工程成为独立学科;可靠性、维修性技术经过装备型号应用实现了标准化;测试性与保障性工程开始受到关注;安全性工程的学科地位得到确立。

(1)可靠性工程:AGREE 报告提出的可靠性设计、试验及管理方法逐步形成了一套较完善的可靠性设计、试验和管理军用标准,如 MIL-HDBK-217、MIL-STD-781 和 MIL-STD-785。新装备研制过程中系统开展了可靠性分配、预计、设计、分析、鉴定试验、验收试验和老化试验、评审等工作,装备可靠性得到大幅提高。20 世纪 70 年代以后,可靠性发展步入成熟阶段,通过元器件控制、降额设计与热设计、综合环境应力可靠性试验来提高装备的可靠性。

(2)维修性工程:维修性研究重点转入维修性定量度量方法,为维修性定量预计、维修性设计与验证奠定了基础。1966 年,美国国防部颁布军用标准

MIL - STD - 470《维修性大纲要求》、MIL - STD - 471《维修性核查、验证与评价》和 MIL - HDBK - 472《维修性预计》,标志着维修性工程成为独立的学科。

(3)测试性工程:随着集成电路的迅速发展,军用电子设备的维修重点已从过去的拆卸和更换转到故障检测和隔离,1975 年,F. Ligour 等提出了测试性的概念,测试性设计成为改善航空电子设备维修性的重要途径。1978 年 12 月,美国国防部颁布 MIL - STD - 471A 通告Ⅱ《设备及系统的机内测试(Built - In Test,BIT)、外部测试、故障隔离和可测试性特性要求的验证及评价》,规定了测试性的验证、评价的方法和程序。

(4)保障性工程:随着高技术装备越来越复杂,保障问题越来越突出。20 世纪 70 年代,F - 16、F/A - 18 战斗机、M1 主战坦克开展了保障性分析与设计。1973 年美国国防部颁布军用标准 MIL - STD - 1388 - 1《后勤保障分析》、MIL - STD - 1388 - 2《国防部对后勤保障分析记录的要求》,规定了装备研制各个阶段保障性分析的要求和程序。

(5)安全性工程:1969 年,美国国防部颁布军用标准 MIL - STD - 882《系统、有关分系统和设备的安全性大纲》,确立了较完整的系统安全性的概念,规定了安全性分析、设计和评价的基本要求。安全性工程作为独立学科兴起。

(6)综合后勤保障技术快速发展:美国国防部发布一系列规范与标准,装备与保障系统开始并行研制,如 M1 坦克、F - 15 战斗机等装备。

1.5.2.3　装备保障工程逐步健全——标准规范、设计工具、系统管理走向深入(1980—21 世纪初)

在该阶段,测试性工程成为独立学科;保障性工程地位提升;保障工程实现了标准化、制度化和 CAD 化。

(1)测试性工程:20 世纪 80 年代中期,美国军用标准 MIL - STD - 2165《电子系统及设备的测试性大纲》颁发,规定了电子系统及设备各研制阶段中应实施的测试性分析、设计及验证的要求和实施方法,标志着测试性已成为一门与可靠性、维修性并列的学科。

(2)保障性工程:1983 年,美国国防部指令 DoDD 5000. 39《系统和设备综合后勤保障的采办和管理》颁发,规定从装备型号立项开始至整个寿命周期内都应包括综合后勤保障计划,标志着保障性与研制进度、战技性能处于同等地位;美军从 1985 年开始推行计算机辅助采办和后勤保障计划(Computer Aided Logistics Support,CALS),使装备设计、制造和保障问题从一开始就进行综合考虑。

(3)装备保障工程标准化、制度化和 CAD 化:1980 年,美国国防部指令 DoDD 5000. 40《可靠性及维修性》、DoDD 5000. 39《系统和设备综合后勤保障的采办和管理》、DoDD 5000. 36《系统安全工程与管理》等的颁发,使装备保障工程形成制度化,在装备中取得显著成效。1991 年海湾战争中,美国空军 F-16C/D 及 F-15E 战斗机的战备完好性都超过了 95%;诸多保障特性获得与武器性能、费用和进度同等重要的地位;加强集中统一管理,实现装备保障工程管理的制度化;全面推广计算机辅助设计(CAD)技术在装备保障工程领域的综合应用。

(4)20 世纪 90 年代,美国国防部颁布了《防务采办》,将综合后勤保障作为整个装备系统采办的组成部分,并将“系统”定义为不仅包括主装备,还包括由使用和维修装备的人员、保障基础设施以及其他保障资源组成的保障系统,更加突出了保障性的地位,将“性能”重新定义为:“系统应具有的作战和保障特性”,并规定“性能指标中必须包括诸如可靠性、可用性和维修性等关键的保障性要求”,综合后勤保障进一步成熟和规范。美军综合后勤保障技术体系基本形成,装备采办强调功能、费用、进度和保障性的平衡。F-22 战斗机 40% 的工作与保障性相关。

1.5.2.4 装备保障创新发展(21 世纪初至今)

进入创新发展阶段,自主保障、基于性能的保障(Performance Based Logistics, PBL)等新型保障理念不断涌现。依托信息流动,聚焦保障资源,实施精确保障,是装备综合保障技术的发展方向。如 F-35 战斗机的自主保障系统(Autonomic Logistics System, ALS)。例如,美军装备保障工程主要研究计划的结构体系及典型的技术手段如图 1-6 所示。

在本书第 7 章中所介绍的一系列装备保障新理念都与美军在综合后勤保障方面的发展息息相关。这里限于篇幅,只简要地介绍以下代表性的几种:

(1)嵌入式诊断与预测(Embedded Diagnostics/ Embedded Prognostics, ED/EP)。美国陆军主持研发了主战坦克和装甲车辆的嵌入式故障诊断与预测技术,在故障诊断与预测技术的支持下,以装备状态实时或近实时评估为基础进行高效维修,可有效提高装备的战备完好性和任务可靠性。

(2)联合决策支持工具(Joint Decision Support Tools, JDST)。在保障物资实时跟踪、保障需求实时获取的基础上,依托强大的智能化联合决策支持工具,保障指挥部门能够及时对保障态势进行响应,制定出最优化保障方案。该系统已经在海湾战争、伊拉克战争中得到成功应用。

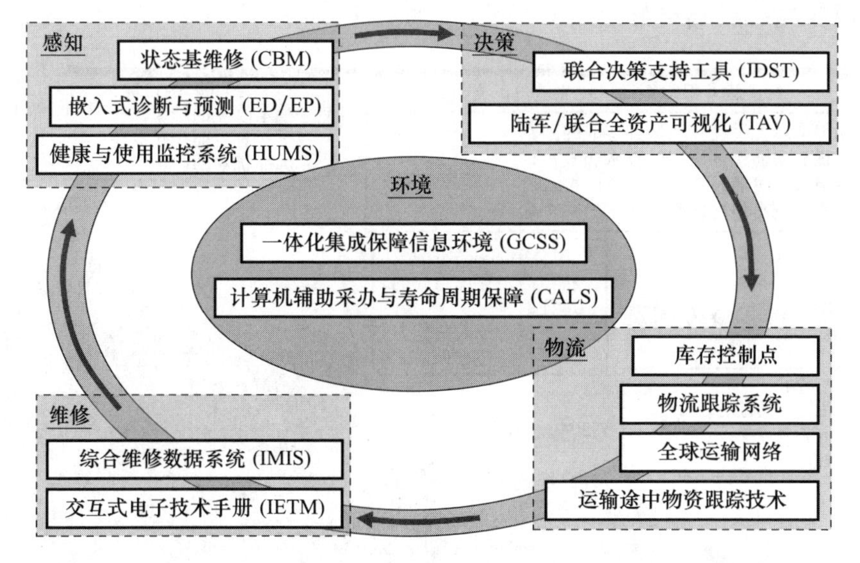

图1-6　美军装备保障工程主要研究计划的结构体系及典型的技术手段

(3)全资产可视化(Total Asset Visibility,TAV)。目前发展的有美国陆军全资产可视化(Army Total Asset Visibility,ATAV)和联合全资产可视化(Joint Total Asset Visibility,JTAV)两种系统。常用的资产信息采集自动化工具有扫描器、射频标签、条形码和光学存储卡等,这些器件向自动化通信系统输入保障资产信息,它可为保障决策和指挥人员及时提供保障供应线上保障资源位置和状态的准确信息,随时掌握部队、人员、装备和补给的能力,为实时、精确的保障决策提供支撑性信息支持。

(4)交互式电子技术手册(Interactive Electronic Technical Manual,IETM)。美军各个军兵种装备都配发了IETM,已经应用于伊拉克战争当中。各个军兵种IETM之间的互用性、Web化、与商业软件系统的一致化是当前美军IETM技术发展的方向。美军研发的IETM可直接部署在互联网上,不需要专门的浏览系统,甚至可能与操作系统集成。

另外,美军各个兵种都制定了相应的保障发展目标。以陆军为例,从2015(FY15)财年到2040(FY40)财年,伴随着整个陆军战略的发展,陆军保障方面也分阶段制定了相应的发展目标。如图1-7所示,上部是陆军发展目标;下部表示持续保障犹如爬山一样。该图中S&T表示依靠技术推动持续保障发展。例如,在2025(FY25)财年前关键技术是:改进武器系统可靠性与维修性、实施基于状态的维修、综合动力管理、自主地面再供应、增材制造。其中,前3项是为提高装备的战备完好性。

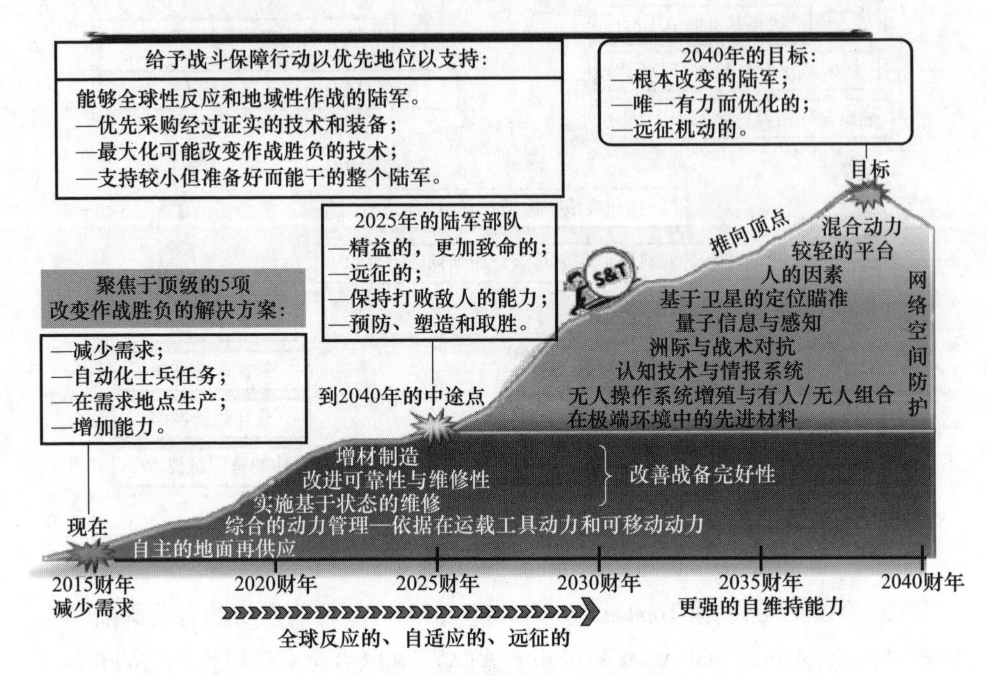

图 1－7　美陆军及其保障发展路线图

1.5.3　国内装备保障技术的发展

我军装备研制经历了引进、仿制、改型和自行研制等阶段，伴随着装备及其研制技术的发展脉络，装备保障技术呈现出以下发展阶段及特点。

（1）第一代装备由苏联援建，保障方案与保障体制也仿效苏联模式整体引进，基本能适应装备使用需求。

（2）20 世纪 60—70 年代，我国开始仿制和自研了一批装备，以及引进的电子设备和先进装备，但由于较少考虑装备的保障问题，导致装备由于缺少保障资源而影响持续使用，实际上难以形成战斗力。

（3）20 世纪 80 年代，我国自行研制的二代装备，由于缺少对可靠性、维修性和保障性的考虑，装备使用后出现故障频发、维修困难、保障资源缺乏等问题，造成装备的战备完好率低，直接影响了装备的使用与训练。装备保障工程问题引起了各方的高度重视，开始针对现役、在研装备暴露出来的具体可靠性、维修性、保障性问题进行研究，但尚未形成系统指导装备保障工程的理论体系和管理机制。

(4)20 世纪 80 年代中期,我国先后颁布了可靠性与维修性等一系列军用标准,可靠性与维修性工程相继进入装备研制领域。各类装备的可靠性、维修性等工作迅速发展。1986 年,成立了全国军事技术装备可靠性标准化技术委员会。GJB 368《装备维修性通用规范》、GJB 450《装备研制与生产的可靠性通用大纲》等一系列国家军用标准相继发布,对推动“五性”活动的法制化、规范化发挥了重要作用。

(5)从 20 世纪 80 年代末开始,国内的一批学者和专家开始把国外综合后勤保障的概念引进国内,出现了“装备综合保障” 概念(美军综合后勤保障内涵包含了我军装备综合保障、后勤保障及其结合)。有关部门组织翻译了一大批国外有关综合后勤保障的资料,装备综合保障技术的理论研究和实践不断深入,我国陆续制定并颁布有关综合保障的国家军用标准,同时诸多新型装备在研制中都不同程度地开展了装备综合保障工程,并取得了良好的应用效果。

(6)20 世纪 90 年代,随着“五性”工程理论框架的建立以及可靠性、维修性观念得到了广泛重视,“五性”工程开始深入发展,组织翻译了大量国外文献,进行消化、吸收,结合我国国情,先后编订了一些关于装备综合保障的军用标准和专著。1991 年 5 月,原国防科工委发出了《关于进一步加强武器装备可靠性、维修性工作的通知》,强调各级领导必须转变观念,把可靠性、维修性放到与性能同等重要的位置来看待,树立以提高装备效能、降低全寿命周期费用为目标的当代质量观。

(7)从“十五”开始,装备综合保障技术不断加速,在一些型号中陆续开展了装备综合保障工作,取得了良好的成效。装备采购与质量管理相关法规与标准的逐步完善,为新研装备开展各类装备保障工程技术和管理活动提供了依据。可靠性、维修性等定性、定量要求纳入装备战术技术指标。国内大型装备研制企业纷纷成立装备质量与可靠性、综合保障、“五性”工程等专业部门,从组织结构上保证装备保障工程工作的落实,系统开展针对本企业装备类型的“五性”分析设计与试验评估技术研究,编制装备保障工程业务流程,研发数据标准和技术规范,在一些重大装备型号当中取得了显著成效。

(8)当前,随着世界新军事革命的不断深入和机械化、信息化、智能化的融合发展,关于联合作战装备保障、预测性维修、装备智能保障等新需求和新概念不断推陈出新,进一步加速了装备综合保障技术的新发展。在装备建设中,一大批新研装备普遍开展了综合保障工程,要求装备的发展必须从全系统全寿命的高度,追求武器装备的总体作战效能,将武器装备保障性要求纳入设计过程,在研制主装备时同步开展保障性工程,强调武器系统保障系统的同步建设;在装备使用阶段,各种装备信息化甚至是智能化保障技术不断涌现,新型装备保障决策和作业技术不断升级换代,有力地促进了装备保障能力的不断提高。

1.6 装备全系统全寿命保障

1.6.1 装备全系统全寿命保障问题提出

传统意义上,人们往往更加关注各种主装备,例如先进战斗机、大型驱逐舰、航空母舰等,而忽视了与主装备配套的装备保障系统的重要性。实际上,高技术装备的保障系统对装备战备完好率、装备人员构成、使用与维持费用都有非常重要的影响。

据统计,高技术装备使用单位中有1/3的人员为装备保障服务,高技术装备保障费总额超过装备购置费的10倍。例如,美国核动力航空母舰约6000人的编制中,约有3000人直接与舰艇和舰载机保障有关,包括舰载机发动机、机身、液压系统、雷达和武器系统、弹射系统、航电设备、紧急救护设备、综合火炮系统的各类保障人员。

美国空军某财政年度的预算如图1-8所示。

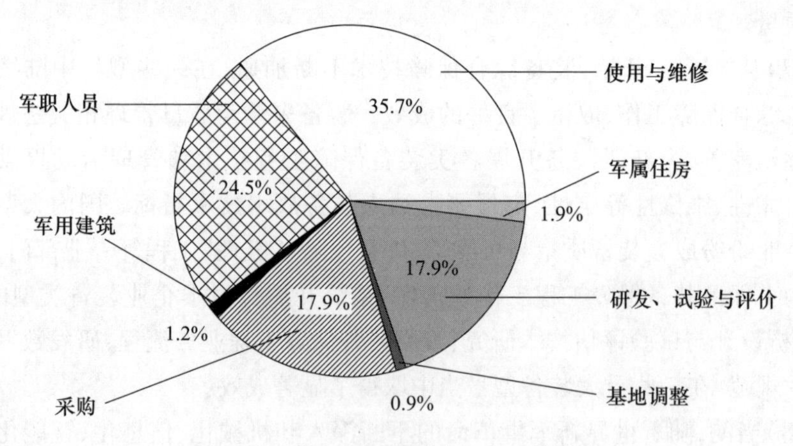

图1-8 美国空军某财政年度预算饼图

由图1-8可知,在美国空军各个预算项目类别中,使用与维修费用比例最高,为35.7%,远远超过装备购置费(17.9%)和人员费(24.5%)。

装备的全系统、全寿命建设是关系到装备能否同步形成保障能力和作战能力的重大问题。

1.6.2　装备全系统全寿命周期基本概念

1. 全系统

全系统(Total System)是指主战装备、保障装备、人员、资料、C^4I(Command, Control, Communication, Computer, Information)、训练及设备、环境适应性和对环境的影响、与其他系统的兼容性和互用性等。一般来说,装备全系统又可以简称为装备系统,它是指装备及其保障系统的有机组合。

全系统不仅包括任务装备,而且包括使用和维修该系统的人员,还包括如何实施系统保密程序和惯例;系统如何在预期的使用环境下工作以及系统如何响应环境(如核、生、化或信息战)特有的效应;系统如何部署到该环境中;系统与其他系统的兼容性、互用性以及相互综合的情况;使用和保障基础设施,包括指挥、控制、通信、计算机和情报(C^4I);训练和训练设备;该系统使用所需的资料以及该系统对环境和环境符合性的潜在影响。

2. 全寿命周期

寿命周期(Life Cycle):“装备从立项论证到退役报废所经历的整个时间。它通常包括论证、方案、工程研制与定型、生产、使用与保障以及退役等阶段。”

一般可以将常规装备研制阶段划分为:论证、方案、工程研制、设计定型和生产定型5个阶段。将工程研制、设计定型和生产定型阶段合并,再向后延伸,加上生产、使用和退役阶段,就得到人们定义的全寿命周期。对于某些装备来说,根据惯例,还可以在寿命周期定义前面加上立项阶段(主要工作是项目需求论证)。

1.6.3　装备保障工程的“全系统”问题

装备保障工程的全系统主要解决各种主装备及其保障系统之间的优化设计问题。

1.6.3.1　主装备、武器系统、装备体系及其保障系统之间关系

主装备有其自身的保障特性,如可靠性、维修性、测试性等,这些特性及其相关的保障资源共同形成该装备的保障系统,主装备与保障系统构成了装备系统。联合作战涉及诸军兵种多种装备系统,各个装备系统的保障系统之间有可以通用的,也有专业化的,共同形成联合作战条件下的装备保障体系。各个装备系统共同构成联合作战的装备体系。主装备、装备系统及保障系统之间关系

如图 1 -9 所示。

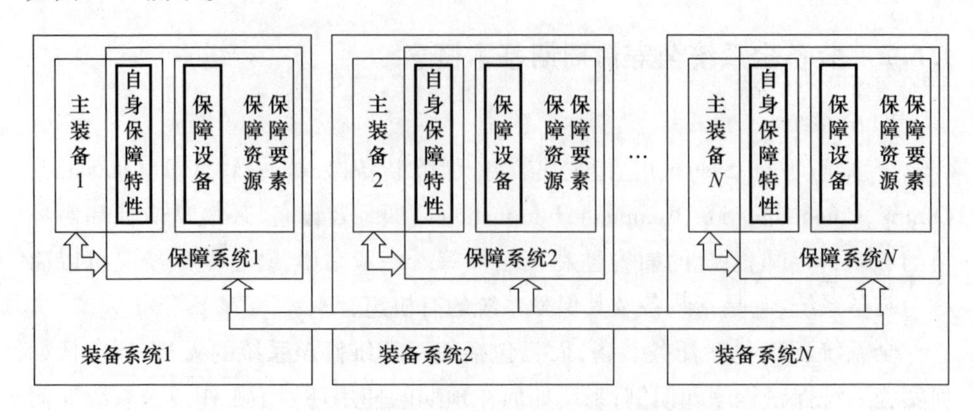

图 1 -9　主装备、装备系统、保障系统之间关系示意图

现代战争不但要求主装备在形成作战能力的同时具备快速保障能力，而且要求各装备系统保障要素和保障能力之间的协调与匹配。不同装备保障系统之间、子系统之间紧密交联，使装备保障系统呈现非常复杂的特性，这在客观上造成了装备保障系统建设面临一系列阶段性特点。例如，不同军兵种武器系统的保障装备之间、同一装备全寿命周期过程不同阶段之间、武器系统内部主装备与保障设备之间均存在着保障要素如何协调配套，如何统筹优化装备保障设施、设备、能力建设等问题，需要通过科学建设装备保障系统以保证主装备的战备完好率和遂行作战任务的能力。

1.6.3.2　装备全系统的费用

装备全系统当中各个要素的费用组成了所谓的冰山示意图，如图 1 -10 所示。

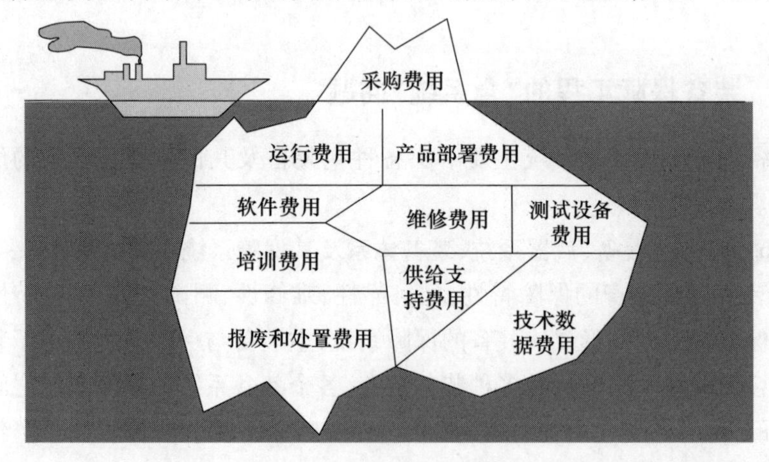

图 1 -10　装备全系统费用的冰山示意图

在图1-10的各项费用组成中，人们通常最为关注的是主装备的采购费用，其实这只是装备全系统费用的冰山一角，这是最为显性的部分，如同露出水面的冰山。而装备保障系统大量其他费用（如维修费、测试设备费、技术数据费用、培训费等）如同隐藏在水面之下的巨大冰山，占据了高技术装备全系统费用的绝大部分。

1.6.3.3 装备全系统序贯设计与并行设计

主装备及其保障系统的设计有两种理念和思路，如图1-11所示。

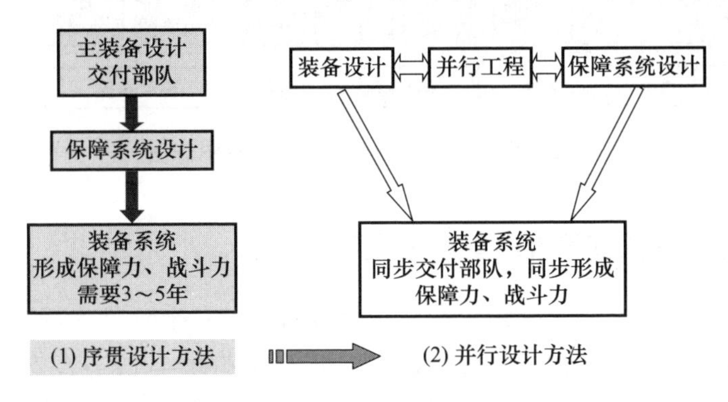

图1-11 主装备及其保障系统两种设计方法

（1）序贯设计方法，即主装备设计研制完毕交付部署，再开始保障系统的设计和研制，待保障系统研制完毕投入部署，主装备和保障系统共同构成完整的装备系统，才能形成保障能力和战斗能力，这距离主装备交付部署往往至少需要3~5年；

（2）并行设计方法，即在装备设计的同时，同步并行设计装备保障系统，装备系统（主装备、保障系统）同步交付部署，同步形成保障力、战斗力。并行设计主要包含两个方面：①主装备保障特性并行设计，以提高装备自身的保障性能；②装备保障系统的并行设计，主要考虑装备应该同步建设和设计与主装备配套的保障资源、同步形成配套的保障系统。

1.6.3.4 装备系统并行设计过程

新装备研制时，需要由装备管理机关和装备使用单位共同提出装备研制总要求：一方面由战术技术要求制定装备设计方案；另一方面由使用和保障要求制定使用和保障方案。依据装备设计方案研制出主装备，包含主装备的硬件和软件。依据装备保障方案研制出保障系统，包含数据资料、保障设备、保障设施、维修人员要求等。两部分共同形成装备系统。

装备系统并行设计过程如图1-12所示。

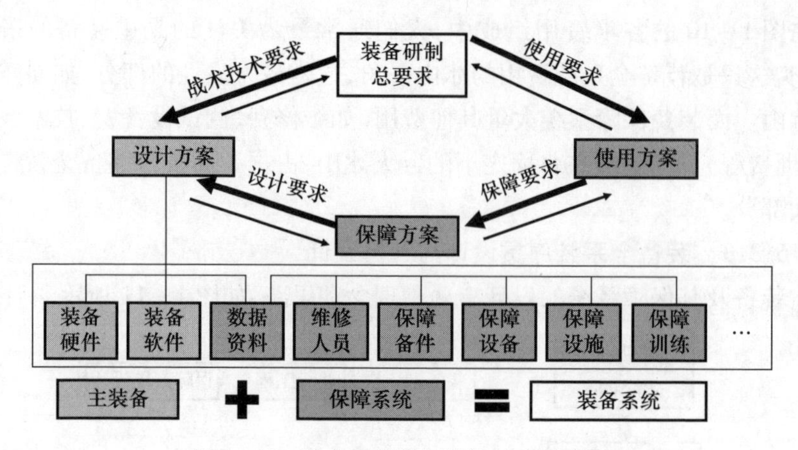

图1－12 装备系统并行设计过程示意图

1.6.4 装备保障工程的“全寿命”问题

装备保障工程各项工作需要在装备全寿命周期各个阶段进行综合集成，才能真正有效地发挥装备保障工程的效能。最为重要的一点是，需要在装备及其保障工程的管理机制上进行制度创新设计，真正保证装备全寿命各个阶段的装备保障工程参与单位具有共同的利益诉求和共同的工程目标。

1.6.4.1 装备全寿命周期各阶段的保障工作

在装备全寿命周期各个阶段，装备保障工程担负各自不同的任务，具体工作内容如下。

1. 装备论证阶段、方案阶段

该阶段重点是明确装备保障现状和需求，科学、系统地提出装备保障的定性要求和定量指标。维修部门参与指标论证及评审，协助采办部门和承制方确定相关的保障特性指标，并纳入与承制方签订的合同。有关维修保障的论证项目主要包括：全面了解新装备的基本保障要求，结合本系统可能的维修保障条件，提出新装备的维修保障约束条件；充分论证和确认维修性、测试性等通用质量特性的定性和定量要求；确定主要的保障性工作项目；确定维修保障要求和初步的维修保障方案；确定系统、主要分系统的维修级别及其相对应的维修策略，等等。

2. 装备研制与定型阶段

该阶段重点是保证装备保障指标和要求能够并行、落实到装备及其保障系统的设计过程中。对于高技术装备，如果没有故障检测和诊断设备，则难以实施维修保障。在方案阶段，承制方应根据装备的保障需求，规划保障方案。维修部门要参与对承制方维修保障方案的检验和评审，督促承制方对不足之处进行改进和完善。总体方案设计要考虑装备的测试和维修要求。在工程研制阶段，与维修保障相关的保障特性工作项目主要包括：维修性、测试性等设计；故障诊断和测试设备等维修保障资源的同步研制；维修性、测试性等设计评审、试验及定型；维修部门要参与研制阶段的保障特性管理，重视对维修性、测试性的工作监督，加强试验验证与评审的监控力度，保证与维修保障相关的设计属性的落实。

3. 装备生产阶段

该阶段重点是在有限的试验时间、样本和经费条件下，准确评估装备保障性能指标和保障系统的总体效能。在生产制造阶段，与维修保障相关的主要内容包括：加强制造中的质量管理，保证设计的可靠性、维修性、测试性等；对于生产中的工艺、材料、零部件、外购件等的替换或改动，要加以控制，必要的更改要注意保持新老兼容；收集与反馈生产阶段的维修性、测试性与保障性信息，尤其是要针对生产过程中暴露出来的缺陷，有计划地采取纠正措施；安排维修和故障检测设备及备件的同步生产，组织出版维修技术资料，完成维修人员培训，等等。

4. 装备使用阶段

该阶段重点在于根据已有保障设备、保障设施、保障人力等保障要素的建设现状和作战需求，进行各种保障要素和保障系统优化配置，构建“要素齐全、体系协调”的高效能的装备保障系统，保证装备具有较高的战备完好率。装备列装以后，维修部门除做好装备维修工作外，还要对维修资源进行验证和完善，发现问题及时反馈给采办部门，并适时对维修保障系统进行完善。维修部门要特别注意避免不当的维修操作对装备保障特性的不利影响。在实际使用、维修与保障条件下，装备保障特性信息更具有真实性，因此，维修保障部门要做好保障特性信息工作，收集、统计与整理实际使用维修条件下的保障特性信息，并按系统上报装备主管部门。

5. 装备退役阶段

该阶段重点在于装备保障设施、保障设备的再制造和高效再利用。

1.6.4.2　装备全寿命周期各阶段的费用分析

寿命周期费用（Life Cycle Cost，LCC）指的是“在装备的寿命周期内，用于论证、研制、生产、使用与保障以及退役等的一切费用之和”。

控制装备全寿命周期费用的最佳时机是研制的早期,即全寿命周期费用主要取决于装备研制、生产过程的影响。装备研制早期进行 LCC 分析工作,向装备管理人员和研制技术人员提供 LCC 的估计值、子系统费用的估计值,通过针对性设计降低 LCC。一旦装备生产定型、交付部署,就很难对全寿命周期费用产生重大影响。

装备全寿命周期各阶段对 LCC 的不同影响曲线如图 1-13 所示。装备保障特性和保障方案的论证阶段决定了装备全寿命周期费用的 70%,到初步系统设计阶段结束时,已决定了全寿命周期费用的 85%。装备交付部署之时,已决定了全寿命周期费用的 99%。

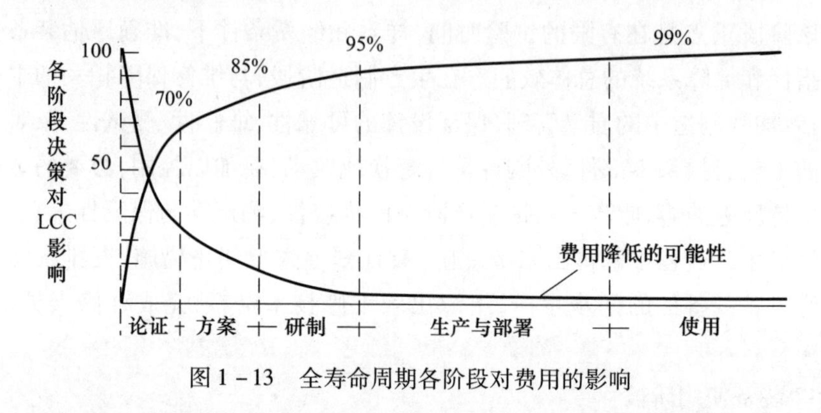

图 1-13 全寿命周期各阶段对费用的影响

因此,必须系统开展装备全寿命保障工程,在论证、方案阶段就开始介入主装备及其保障系统的研制工作,才能从根本上降低装备全寿命周期费用。

1.7 装备综合保障技术的发展趋势

1.7.1 长寿命、高可靠、易维护装备研制

为适应联合作战、全域作战等军事需求,武器装备技术性能越来越高,系统构成越来越复杂,作战使用要求越来越苛刻。各种复杂装备系统不断涌现,装备系统的原理和组成显著变化,战场损伤与破坏方式更加复杂多样,对装备通用质量特性技术的发展将产生深刻的影响,成为富有挑战性的研究领域。

以可靠性为例,与传统结构相比,新型结构的失效机理更加复杂,其失效过程往往跨越微观、介观、宏观等不同尺度。传统的基于数据驱动的可靠性技术已经不能有效支撑这些新型结构的可靠性研究,亟须从失效物理的角度提出新

的可靠性设计、试验与评估技术，以准确认知和调控新型结构的可靠性。

技术发展趋势包括：复杂应力环境的损伤动力学，复杂产品多尺度故障物理，多物理场的耦合建模分析，新型智能坚固材料，通用质量特性一体化设计，等等。

1.7.2　装备新型传感与故障预测

高新装备结构复杂、零部件数量多，技术状态感知要求高，机电设备故障预测困难。例如雷达吸波材料和红外隐身涂层与飞机钛合金的基材结合力较差，易整片脱落，战场、训练对涂层碰伤、划伤，影响引隐身性能，隐身涂层很小缺陷可能引起隐身性能较大恶化。据报道，美军B2隐身轰炸机机体表面积约900m^2，涂层损伤检测缺少高效技术方法，平均飞行1h需要修复涂层100h左右。

随着先进材料、智能材料、先进制造等技术的发展，基于光纤、碳化硅（SiC）、氮化铝（AlN）等材料的耐高温性能，研究抗环境、高可靠、小尺寸、便于在线监测的新型传感机理与方法，将为特殊服役环境下装备技术状态的实时准确获取提供了可能。

技术发展趋势包括：新型传感材料和MEMS嵌入式传感，复杂装备非线性非平稳信号处理，变工况装备关键部件损伤识别与诊断，复杂装备关重件的物理模型与数据驱动的故障预测，等等。

1.7.3　面向全域联合作战的装备保障系统

联合作战武器装备型谱复杂、保障规模庞大、保障任务繁重。新型作战样式和新型作战力量不断涌现，装备使用时空范围不断拓展，要确保装备保障的时效性、集约化、精确化、智能化。另外，作战前沿向远海、深空拓展，针对一体化联合作战开展靠前保障的难度明显加大。

保障体系是一个涵盖保障规划、技术人员、物资储运、保障设备、保障设施、技术资料、保障训练等诸多保障要素的有机整体，是覆盖装备全寿命周期各阶段和军事斗争全过程的复杂系统，具有非常复杂的运行模式与规律。要在准确理解和把握装备综合保障系统运行规律的基础上，把保障要素、保障活动科学合理地组织起来，实现“体系合理、要素配套、整体协调”的总体目标。

通过保障系统集成与综合决策，使各种装备保障力量、保障资源融合为一个有机整体，实现快速、高效的保障决策。如图1－14所示案例，需要将陆军、海军、空军等不同军兵种的保障力量集成起来，以实现联合作战装备保障的各种优化决策和调度。同时从“纵向”来说，要实现各类保障力量的有机协调和有序动作,组织协调指挥十分复杂,需要准确预知各种保障需求,科学规划保障体系,精确实施保障作业。

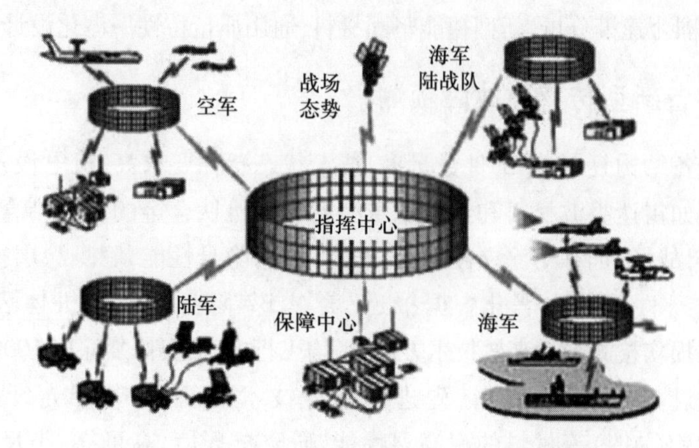

图1-14　各兵种的装备保障系统集成案例

技术发展趋势包括:装备保障复杂巨系统建模与仿真,多兵种保障系统信息集成,装备保障体系非线性优化决策,基于 VR/AR 的装备保障演示验证,等等。

1.7.4　装备保障智能化技术

大型装备系统是复杂巨系统,日常维护任务重,从表1-2中可以看出,美军"尼米兹"级航空母舰维修工作量与费用相当巨大。对于我国发展航空母舰战斗群及联合作战武器装备体系来说,如何降低保障规模和负担是迫在眉睫的重要问题,要缓解保障力量的不足,保证保障作业安全性和保障时效性,急需发展新手段,以适应战备完好率和使用可用度的高要求。

表1-2　"尼米兹"级航空母舰维修工作量与费用(2012财年)

维修类型	维修等级	维修周期	维修工作量/万人工日	维修费用/亿美元
预定升维修	PIA 1	6个月	14.6	1.7359
	PIA 2	6个月	17.4	1.9528
	PIA 3	6个月	20.1	2.1698
进坞预定升级维修	PIA 1	10.5个月	25.6	2.8931
	PIA 2	10.5个月	30.9	3.3994
	PIA 3	10.5个月	35.7	3.8334
换料大修	RCOH	32~39个月	242.4	30.3776

智能技术的迅猛发展以及在军事领域的广泛应用,促进战争形态从信息化向智能化演变。战争的智能化必然呼唤装备保障的智能化。未来智能技术必将加速向智能状态感知、智能保障决策、智能保障作业等领域渗透,使得保障系统呈现出高度自治和优化运行的鲜明特点。

技术发展趋势包括:人机协同智能增强保障技术,智能保障作业机器人,智能自修复技术与自保障装备,装备智能保障系统与体系,等等。

1.8 本书的内容与组织架构

本书各个章节内容安排的思路如图 1-15 所示。本书的内容安排参照装备综合保障技术体系的第三种划分形式,主要从细分工程技术和专业的角度进行组织,将装备研制前端和装备使用后端有效衔接起来,从装备可靠性、装备测试与诊断、装备维修、保障信息化及保障技术发展等专业技术内核来进行装备综合保障技术的讲述,淡化了阶段历程、质量特性、系统层级等因素对装备保障的直接影响,这样就避免了测试性与故障诊断的割裂、维修性与维修工程的割裂。相信广大读者在学习了第 1 章所介绍的装备综合保障"全貌"以后,能够更好地开展综合保障各项专门技术的理解和掌握。

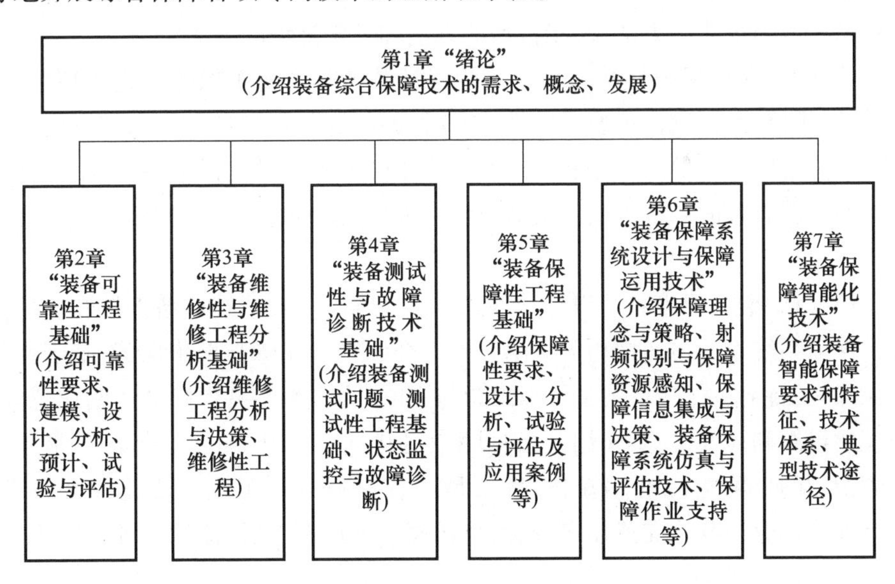

图 1-15 本书各章内容安排示意图

各个章节的主要内容如下:

第1章“绪论”:首先讲述装备综合保障的由来、装备保障的作用和地位;然后系统介绍装备保障、综合保障、维修保障、保障特性等基本概念,以及装备综合保障的技术体系;再讲述装备保障工程国内外发展历程;接下来阐述装备全系统全寿命保障的理论基础,最后讨论装备综合保障技术的发展趋势。

第2章“装备可靠性工程基础”:系统讲述开展装备可靠性的基础理论和基本技术方法。介绍装备可靠性的概念和特征量、可靠性要求;阐述可靠性建模、可靠性设计、可靠性分析、可靠性预计、可靠性试验与评估等技术。

第3章“装备维修性与维修工程分析基础”:为实现装备技术状态的保持和恢复,介绍装备维修工程的基本知识,包括维修工程基本概念、装备维修保障的基本划分;维修工程分析与决策技术,包括以可靠性为中心的维修分析技术、视情维修技术、维修工作分析技术、维修级别分析技术等;维修性工程技术,包括维修性概念和要求、维修性分配、维修性设计、虚拟维修分析、维修性试验与评估等,最后给出空间站维修性工程应用案例。

第4章“装备测试性与故障诊断技术基础”:为充分掌握装备的技术状态和故障发生信息,首先分析装备的测试问题和一般测试技术;然后介绍装备测试性工程基础,包括测试性的基本概念、测试性的定性定量要求、测试性建模、分配、设计、分析、试验等工程技术;再阐述装备状态监控与故障诊断的一般方法,包括基于故障征兆的方法、基于模型的方法和基于知识的方法。

第5章“装备保障性技术基础”:为保证装备具备易于保障的先天特性,以可靠性、维修性、测试性等质量特性为基础,系统介绍保障性的要求特别是定量要求、保障性设计、保障性分析、保障性试验与评估等工程技术,并介绍了装备保障性工程管理的基本方法。最后介绍了K8教练机保障性工程技术综合应用案例。

第6章“装备保障系统设计与保障运用技术”:主要讲述装备部署和使用阶段的保障系统设计与运用相关技术。首先介绍精确保障与聚焦保障、基于性能的保障、装备自主保障等装备保障理念与策略;为实现装备保障的透明化感知、规模化组织和高效实施,介绍装备保障信息化的三类基本技术手段,一是基于射频识别的保障资源的感知技术;二是装备保障信息集成与优化决策技术;三是保障作业信息化支持技术,包括交互式电子技术手册、便携式维修助手、远程保障支援等。

第7章“装备保障智能化技术”:围绕装备保障的智能化发展,介绍了装备智能保障的要求和特征,然后分析了装备智能保障的技术体系,最后系统介绍了面向装备智能保障对象识别的深度学习技术、面向装备智能保障的作业机器人以及装备智能自修复技术等 3 种颇受关注的技术途径。

思 考 题

1. 选取某兵种的旅、营级单位为对象，分析其作战任务、兵力人员及其所配属装备，指出其作战保障、后勤保障、装备保障的具体内容和发挥的作用，分析三者之间的区别和联系。

2. 针对近 20 年来国外的某次战争，分析装备保障所发挥的主要作用以及对战争胜负的影响。

3. 剖析国内外军事家对于装备保障作用的至理名言。

4. 结合某型装备，深入调研对装备综合保障技术的重大需求。

5. 为什么说“装备的保障力就是战斗力”？具体体现在哪些方面？

6. 信息化条件下联合作战的装备保障呈现什么特点？

7. 作战保障与使用保障是什么关系？

8. 后勤保障与装备保障是否完全独立？试述联合作战装备保障的含义。

9. 装备综合保障的内涵是什么？包含哪些内容和任务？涉及哪些单位和部门？

10. 装备自身保障特性与装备保障系统之间的关系如何？

11. 说明美国综合后勤保障与我国装备综合保障、后勤保障之间的区别和联系？

12. 结合工程实例说明装备综合保障工程技术的内涵。

13. 阐述装备保障工程的国内外发展主要阶段及其特征。

14. 选择典型装备或大型设备，分析如何实现保障重大军民用装备的安全、可靠服役？

15. 选取国内外某型主战装备，分析其全寿命全系统管理的典型做法和实施效果。要求过程、数据翔实，图文并茂，重点突出。

16. 展望人工智能在装备保障中的应用模式与途径。

第2章 装备可靠性工程基础

可靠性(Reliability)是装备最为基本的通用质量特性,良好的可靠性是装备研制的必然要求。本章介绍可靠性工程技术基础。可靠性工程(Reliability Engineering)是指为了达到产品的可靠性要求而进行的一系列技术与管理活动。可靠性工程贯穿装备全系统和全寿命周期,研究产品故障的发生、发展及其预防的规律,通过设计、分析、试验等手段,防止和控制故障的发生与发展,提高产品的可靠性水平。

可靠性工程的基本内容包括可靠性参数确定、可靠性设计、可靠性分析、可靠性试验、可靠性评估、可靠性管理。其中设计是基础,制造是保证,试验是评价,使用是体现,管理是关键。

2.1 可靠性概念与特征量

2.1.1 可靠性基本概念

2.1.1.1 可靠性

可靠性是指“装备在规定的条件下和规定的时间内、完成规定功能的能力”。装备可靠性主要取决于设计,同时也与使用、储存、维修等因素有关。

“规定的条件”常指的是使用条件、维护条件、环境条件、操作条件等,这些条件都会对整个系统的可靠性产生直接的影响。同一系统在不同的条件下,会有不同的可靠性要求。例如,实验室条件和现场条件就相差很大,所以离开了规定的条件来研究产品的可靠性没有实际意义。

“规定的时间”是可靠性定义中的核心。因为不谈时间就无可靠性可言,而规定时间的长短又随产品对象不同和使用目的不同而异。产品可靠性只有在规定的时间内才有具体的度量意义。规定的时间是指产品使用(储存)中的某一给定时间或与时间相当的动作次数、发射次数、实航次数、行驶里程等。

“规定的功能”常用系统的各种性能指标来反映。通过测试、试验或检验等技术手段判定系统的功能状态。系统若达到规定的性能指标,则称该系统能完成规定的功能,否则称该系统丧失规定的功能。一般把系统丧失规定功能的状态称为系统发生“故障”或“失效”,相应的各项性能指标就称为“故障判据”或“失效判据”。在具体研究一个系统的可靠性时,应合理、明确地给出“失效判据”,避免因“失效判据”不清引起针对产品可靠性的争论。

可靠性描述了装备在使用中不出、少出故障的质量特性。可靠性是装备使用或工作时间延续性的表示。

2.1.1.2 故障和失效

产品或产品的一部分不能或将不能完成预定功能的事件或状态,称为故障。对不可修产品(如电子元器件),也称为失效。故障的表现形式称作故障模式,而引起故障的物理化学变化等内在原因称作故障机理。

产品的故障按其规律可以分为偶然故障与渐变故障;按其后果可以分为致命性故障与非致命性故障;按其统计特性可以分为独立故障与关联故障。

2.1.2 可靠性主要参数

从设计角度出发,可靠性分为基本可靠性、任务可靠性。

2.1.2.1 基本可靠性及主要参数

基本可靠性(Basic Reliability):“产品在规定的条件下、规定的时间内,无故障工作的能力。基本可靠性反映产品对维修资源的要求。确定基本可靠性值时,应统计产品的所有寿命单位和所有的关联故障。”

基本可靠性考虑要求保障相关所有故障的影响,反映了装备对维修资源的要求。常用的基本可靠性参数有平均故障间隔时间(Mean Time Between Failures,MTBF)、故障率(Failure Rate,FR)、平均维修间隔时间(Mean Time Between Maintenance,MTBM)、平均失效前时间(Mean Time to Failures,MTTF)等。

(1)平均故障间隔时间:可修复产品的一种基本可靠性参数。指的是在规定的条件下和规定的期间内,产品寿命单位总数与故障总次数之比。

(2)故障率:产品可靠性的一种基本参数。指的是在规定的条件下和规定的期间内,产品的故障总数与寿命单位总数之比。对于不可修的产品来说,有时亦称失效率。

(3)平均维修间隔时间:考虑维修策略的一种可靠性参数。其指的是在规定的条件下和规定的期间内,产品寿命单位总数与该产品计划维修和非计划维修事件总数之比。

2.1.2.2　任务可靠性及主要参数

任务可靠性指的是“产品在规定的任务剖面内完成规定功能的能力”。

任务可靠性只考虑造成任务失败的故障影响，用于描述装备完成任务的能力。常见的任务可靠性参数有：

(1)任务可靠度(Mission Reliability，MR)，指的是“任务可靠性的概率度量”。

(2)平均严重故障间隔时间(Mean Time Between Critical Failures，MTBCF)。“与任务有关的一种可靠性参数。其度量方法为：在规定的一系列任务剖面中，产品任务总时间与严重故障总数之比。原称致命性故障间的任务时间。”

2.1.2.3　任务可靠性与基本可靠性的比较

任务可靠性与基本可靠性比较如表2－1所示。

表2－1　任务可靠性与基本可靠性比较

比较项目	任务可靠性	基本可靠性
定义	产品在规定的任务剖面中完成规定功能的能力	产品在规定的条件下，无故障的持续时间或概率
影响	装备的作战效能	装备的使用适用性；装备的使用维修和人力费用
来源	由任务成功性要求导出或根据任务需求参考类似装备提出	由战备完好性要求导出
故障判据	仅考虑任务期间影响任务完成的故障	考虑所有需要修理的故障，包括影响任务完成的故障
计算模型	串、并联等模型	串联模型
提高途径	冗余设计、消除任务故障、提高元器件质量等级等	简化设计，降额设计等
量值比较	通常高于基本可靠性	通常低于任务可靠性

2.1.2.4　其他可靠性相关概念

(1)寿命剖面(Life Profile)：产品从交付到寿命终结或退役这段时间内所经历的全部事件和环境的时序描述。它包括一个或几个任务剖面。

(2)任务剖面(Mission Profile)：产品在完成规定任务这段时间内所经历的事件和环境的时序描述，其中包括任务成功或致命故障的判断准则。

(3)可靠性使用参数(Operational Reliability Parameter)：直接与战备完好性、任务成功性、维修人力费用和保障资源费用有关的一种可靠性度量。其度量值称为使用值(目标值与门限值)。

(4)可靠性合同参数(Contractual Reliability Parameter):在合同中表达订购方可靠性要求的,并且是承制方在研制和生产过程中可以控制的参数。其度量值称为合同值(规定值与最低可接受值)。

(5)固有可靠性(Inherent Reliability):设计和制造赋予产品的,并在理想的使用和保障条件下所具有的可靠性。

(6)使用可靠性(Operational Reliability):产品在实际的环境中使用时所呈现的可靠性,它反映产品设计、制造、使用、维修、环境等因素的综合影响。

(7)软件可靠性(Software Reliability):在规定的条件下和规定的时间内,软件不引起系统故障的能力。软件可靠性不仅与软件存在的差错(缺陷)有关,而且与系统输入和系统使用有关。

(8)储存可靠性(Storage Reliability):在规定的储存条件和规定的储存时间内,产品保持规定功能的能力。也称贮存可靠性。

(9)耐久性(Durability):产品在规定的使用、储存与维修条件下,达到极限状态之前,完成规定功能的能力,一般用寿命度量。极限状态是指由于耗损(如疲劳、磨损、腐蚀、变质等)使产品从技术上或从经济上考虑,都不宜再继续使用而必须大修或报废的状态。

2.1.2.5　可靠性定量要求分类及示例

可靠性定量要求分类及示例如表 2-2 所示。

表 2-2　可靠性定量要求分类及示例

定量要求分类	定量要求示例
基本可靠性	平均维修间隔时间(MTRM)(使用要求) 平均故障间隔时间(合同要求)
任务可靠性	平均严重故障间隔时间 任务可靠度 $R(t)$(使用或合同要求)
储存可靠性	储存可靠度
寿命(耐久性)	首翻期、翻修间隔期限、使用寿命、储存寿命

2.1.3　可靠性特征量及其计算公式

可靠性的特征量主要有可靠度、累积故障概率、故障率、故障概率密度和寿命等。

2.1.3.1 可靠度 $R(t)$

1. 可靠度定义

可靠度是指产品在规定的条件下和规定的时间内,完成规定功能的概率。它是时间的函数,一般记作 $R(t)$。设 t 为产品寿命的随机变量,则可靠度函数为

$$R(t)=P(T>t)$$

该式表示产品的寿命 T 超过规定时间 t 的概率,即产品在规定的时间 t 内完成规定功能的概率。根据可靠度的定义,可以得

$$R(0)=1$$

$$R(\infty)=0$$

该式表示:开始使用时,所有产品都是好的;只要时间充分长,全部产品都会失效(假设产品故障后不予修复)。

2. 可靠度估计值$\widehat{R}(t)$

对于不可修复的产品,可靠度估计值是指在规定的时间区间$(0,t)$内,能完成规定功能的产品数 $n_s(t)$与在该时间区间开始投入工作的产品数 N 之比。

对于可修复的产品,可靠度估计值是指一个或多个产品的无故障工作时间达到或超过规定时间 t 的次数 $n_s(t)$ 与观测时间内无故障工作总次数 N 之比。

因此,不论对可修复产品还是不可修复产品,可靠度估计值的计算公式相同,即

$$\widehat{R}(t)=\frac{n_s(t)}{N}$$

对不可修复产品,是将直到规定时间区间$(0,t)$终了为止失效的产品数记为 $n_f(t)$;可修复产品,将无故障工作时间 t 不超过规定时间 t 的次数记为 $n_f(t)$,所以 $n_f(t)$也是$(0,t)$时间区间的故障次数。故有关系式为

$$n_s(t)=N-n_f(t)$$

按规定,计算无故障工作时间总次数时,每个产品的最后一次无故障工作时间若不超过规定时间则不予计入。

2.1.3.2 累积故障概率 $F(t)$

1. 累积故障概率定义

累积故障概率是产品在规定条件和规定时间内故障的概率,其值等于 1 减可靠度。也可说产品在规定条件和规定时间内完不成规定功能的概率,故也称为不可靠度,它同样是时间的函数,记作 $F(t)$,有时也称为累积故障分布函数

(简称故障分布函数)。其表示式为

$$F(t)=P(T\leqslant t)=1-P(T>t)=1-R(t)$$

从上述定义可以得出:$F(0)=0,F(\infty)=1$。

由此可见,$R(t)$和$F(t)$互为对立事件。

2. 累积故障概率的估计值$\hat{F}(t)$

累积故障概率估计值的计算公式为

$$\hat{F}(t)=1-\hat{R}(t)=\frac{n_{\mathrm{f}}(t)}{N}$$

3. 累积故障概率的估计值$\hat{F}(t)$计算例子

【例 2-1】有 150 只集成芯片,工作 1000h 时有 30 只发生故障,工作到 2000h 时总共有 80 只集成芯片发生故障,求该产品分别在 1000h 与 2000h 时的累积故障概率和可靠度。

解:

$$N=150,n_{\mathrm{f}}(1000)=30,n_{\mathrm{f}}(2000)=80$$

$$\hat{F}(1000)=\frac{n_{\mathrm{f}}(1000)}{N}=\frac{30}{150}=20\%,$$

$$\hat{R}(1000)=1-\hat{F}(1000)=80\%;$$

$$\hat{F}(2000)=\frac{n_{\mathrm{f}}(2000)}{N}=\frac{80}{150}=53.33\%,$$

$$\hat{R}(2000)=1-\hat{F}(2000)=46.66\%.$$

从上式可知,该集成芯片在 1000h 与 2000h 时的累积故障概率和可靠度分别为 20%、80%、53.33%、46.66%。

2.1.3.3　故障概率密度$f(t)$

故障概率密度是累积故障概率对时间的变化率,记作$f(t)$。它表示产品寿命落在包含t的单位时间内的概率,即产品在单位时间内故障的概率。其表示式为

$$f(t)=\frac{\mathrm{d}F(t)}{\mathrm{d}t}=F'(t),F(t)=\int_0^t f(t)\,\mathrm{d}t$$

故障概率密度的估计值$\hat{f}(t)$

$$\hat{f}(t)=\frac{F(t+\Delta t)-F(t)}{\Delta t}=\left\{\frac{n_f(t+\Delta t)}{N}-\frac{n_f(t)}{N}\right\}\Big/\Delta t=\frac{1}{N}\cdot\frac{\Delta n_{\mathrm{f}}(t)}{\Delta t}$$

式中:$\Delta n_{\mathrm{f}}(t)$为在$(t,t+\Delta t)$时间间隔内失效的产品数。

2.1.3.4 故障率 $\lambda(t)$

1. 故障率的定义

故障率是工作到某时刻尚未发生故障的产品,在该时刻后单位时间内发生故障的概率。记作 $\lambda(t)$,称为故障率函数,有时也称为失效率函数。

按上述定义,失效率是在时刻 T 尚未失效的产品在 $(t,t+\Delta t)$ 的单位时间内发生故障的条件概率,即

$$\lambda(t)=\lim_{\Delta t\to 0}\frac{1}{\Delta t}P(t<T\leqslant t+\Delta t\mid T>t)$$

$\lambda(t)$ 反映 T 时刻发生故障的速率,故也称为瞬时故障率。

$$\because P(t<T\leqslant t+\Delta t\mid T>t)=\frac{P(t<T<t+\Delta t)}{P(T>t)}$$

$$\begin{aligned}\therefore \lambda(t)&=\lim_{\Delta t\to 0}\frac{1}{\Delta t}P(t<T\leqslant t+\Delta t\mid T>t)\\&=\lim_{\Delta t\to 0}\frac{P(t<T\leqslant t+\Delta t)}{P(T>t)\cdot\Delta t}\\&=\lim_{\Delta t\to 0}\frac{F(t+\Delta t)-F(t)}{R(t)\cdot\Delta t}\\&=\frac{\mathrm{d}F(t)}{\mathrm{d}t}\cdot\frac{1}{R(t)}=\frac{f(t)}{R(t)}\end{aligned}$$

工程实际中,故障率与时间关系曲线有各种不同的形状,但典型的故障率曲线呈浴盆状,该曲线有明显的3个失效期。

故障率的常用单位有:%/小时,%/千小时,菲特等。其中,菲特(Fit)是故障率的基本单位,$1\text{Fit}=10^{-9}/\text{h}$,它表示1000个产品工作100万小时后,只有一个故障。

2. 故障率的估计值 $\hat{\lambda}(t)$

不论产品是否可修复,产品故障率的估计值计算式为

$$\hat{\lambda}(t)=\frac{n_{\mathrm{f}}(t+\Delta t)-n_{\mathrm{f}}(t)}{n_{\mathrm{s}}(t)\cdot\Delta t}=\frac{\Delta n_{\mathrm{f}}(t)}{n_{\mathrm{s}}(t)\Delta t}$$

3. 故障率的估计值 $\hat{\lambda}(t)$ 计算示例

【例2-2】对100个某种产品进行寿命试验,在100h以前没有发生故障,而在100~105h之间有1个发生故障,到1000h前共有51个发生故障,1000~1005h又有1个发生故障,分别求出100h和1000h时产品的故障率和故障概率密度。

解：①先求产品在 100h 时的故障率$\hat{\lambda}(100)$和故障概率密度$\hat{f}(100)$：

$$N=100, n_s(100)=100,$$

$$\Delta n_f(100)=1, \Delta t=105-100=5(\text{h})$$

根据产品故障率的估计值计算公式有

$$\hat{\lambda}(100)=\frac{\Delta n_f(100)}{n_s(100)\cdot\Delta t}=\frac{1}{100}\times\frac{1}{5}=0.2\%/\text{h}$$

根据故障概率密度的估计值$\hat{f}(t)$计算公式有

$$\hat{f}(100)=\frac{1}{N}\cdot\frac{\Delta n_f(100)}{\Delta t}=\frac{1}{100}\cdot\frac{1}{5}=0.2\%/\text{h}$$

②再求产品在 1000h 时的故障率$\hat{\lambda}(1000)$和故障概率密度$\hat{f}(1000)$：

$$N=100, n_s(1000)=100-51=49,$$

$$\Delta n_f(1000)=1, \Delta t=1005-1000=5(\text{h})$$

根据产品故障率的估计值计算公式有

$$\hat{\lambda}(1000)=\frac{\Delta n_f(1000)}{n_s(1000)\Delta t}=\frac{1}{49\times 5}=0.4\%/\text{h}$$

根据故障概率密度的估计值$\hat{f}(t)$计算公式有

$$\hat{f}(1000)=\frac{1}{N}\frac{\Delta n_f(1000)}{\Delta t}=\frac{1}{100}\times\frac{1}{5}=0.2\%/\text{h}$$

由上例计算结果可见，从故障概率观点看，在 $t=100\text{h}$ 和 $t=1000\text{h}$ 处，单位时间内故障频率是相同的，都是 0.2%；而从故障率观点看，1000h 处的故障率比 100h 处的故障率加大一倍，为 0.4%，后者更灵敏地反映出产品故障的变化速度。

2.1.3.5　平均故障率$\bar{\lambda}(t)$

在工程实践中，常常要用到平均故障率。

1. 平均故障率的定义

对不可修复的产品是指在一个规定时间内总失效产品数$n_f(t)$与全部产品的累积工作时间 T 之比；对可修复的产品是指它们在使用寿命期内的某个观测期间，所有产品的故障发生总数$n_f(t)$与总累积工作时间 T 之比。

2. 平均故障率的估计值

不论产品是否可修复，平均故障率估计值的公式为

$$\bar{\lambda}=\frac{n_f(t)}{T}=\frac{n_f(t)}{\sum_{i=1}^{n_f}t_{f_i}+n_s t}$$

式中：t_{f_i}为第 i 个产品故障前的工作时间；n_s为整个试验期间未出现故障的产品数；n_f为整个试验期间出现故障的产品数。

3. 平均寿命 Θ

在可靠性工程中，规定了一系列与寿命有关的指标：平均寿命、可靠寿命、特征寿命和中位寿命等。这些指标总称为可靠性寿命特征，它们也都是衡量产品可靠性的尺度。

在寿命特征中最重要的是平均寿命。它定义为寿命的平均值，即寿命的数学期望，记作 Θ，数学公式为

$$\Theta = \int_0^{\infty} tf(t)\mathrm{d}t$$

值得注意的是，可以证明，能用可靠度 $R(t)$ 来表示平均寿命，即

$$\Theta = \int_0^{\infty} R(t)\mathrm{d}t$$

由于可维修产品与不可维修产品的寿命有不同的意义，故平均寿命也有不同的意义。用 MTBF 表示可维修产品的平均寿命，称平均无故障工作时间；用 MTTF 表示不可维修产品的平均寿命，称为“失效前的平均工作时间”。

不论产品是否可修复，平均寿命的估计值可表示为

$$\hat{\Theta} = \frac{1}{n}\sum_{i=1}^{n} t_i$$

式中：n 为试验的产品数（不可修复产品）或为试验产品发生故障次数（可修复产品）；t_i为第 i 件产品寿命（不可修复产品）或为每次故障修复后的工作时间（可修复产品）。

2.1.4 常用故障分布及其可靠性特征量

产品的故障分布是指其故障概率密度函数或累积故障概率函数，它与可靠性特征量有着密切的关系。如已知产品的故障分布函数，则可求出可靠度函数、故障率函数和寿命特征量。即使不知道具体的分布函数，但如果已知故障分布的类型，也可以通过对分布的参数估计求得某些可靠性特征量的估计值。

因此，在可靠性理论中，研究产品的故障分布类型是一个十分重要的问题。

2.1.4.1 指数分布及其可靠性特征量

在可靠性理论中，指数分布是最基本、最常用的分布，适合于故障率为常数的情况。指数分布不但在电子元器件偶然故障期普遍使用，而且在复杂系统和

整机方面以及机械技术的可靠性领域也得到使用。

指数分布的故障概率密度函数为

$$f(t)=\lambda e^{-\lambda t}(t\geqslant 0)$$

式中：λ 为指数分布的故障率，为一个常数。

指数分布的累积故障概率函数为

$$F(t)=\int_{-\infty}^{t}f(t)\,dt=\int_{0}^{t}\lambda\,e^{-\lambda t}dt=1-e^{-\lambda t}(t\geqslant 0)$$

指数分布的可靠度函数为

$$R(t)=1-F(t)=e^{-\lambda t}(t\geqslant 0)$$

指数分布的平均寿命 Θ（MTTF 或 MTBF）为

$$\Theta=\int_{0}^{\infty}R(t)\,dt=\int_{0}^{\infty}e^{-\lambda t}dt=\frac{1}{\lambda}$$

因此，当产品寿命服从指数分布时，其平均寿命 Θ 与故障率 λ 互为倒数。

指数分布有一个重要特性，即产品工作了 T_0 时间后，它再工作 t 小时的可靠度与已工作过的时间 T_0 无关（无记忆性），而只与时间 t 的长短有关。

2.1.4.2　威布尔分布及其可靠性特征量

威布尔分布在可靠性理论中是适用范围较广的一种分布。它能全面地描述浴盆失效率曲线的各个阶段。当威布尔分布中的参数不同时，它可以蜕化为指数分布、瑞利分布和正态分布。

大量实践说明，凡是因为某一局部失效或故障所引起的全局功能停止运行的元件、器件、设备、系统等的寿命服从威布尔分布；特别在研究金属材料的疲劳寿命，如疲劳失效、轴承失效都服从威布尔分布。

威布尔分布的故障概率密度函数为

$$f(t)=\frac{m}{\eta}\left(\frac{t-\delta}{\eta}\right)^{m-1}e^{-\left(\frac{t-\delta}{\eta}\right)^m}(\delta\leqslant t;m>0;\eta>0)$$

式中：m 为形状参数；η 为尺度参数；δ 为位置参数。

威布尔分布的累积故障概率函数为

$$F(t)=1-e^{-\left(\frac{t-\delta}{\eta}\right)^m}(\delta\leqslant t;m>0;\eta>0)$$

威布尔分布的可靠度函数为

$$R(t)=e^{-\left(\frac{t-\delta}{\eta}\right)^m}(\delta\leqslant t;m>0;\eta>0)$$

威布尔分布的故障率函数为

$$\lambda(t)=\frac{m}{\eta}\left(\frac{t-\delta}{\eta}\right)^{m-1}(\delta\leqslant t;m>0;\eta>0)$$

2.1.4.3 正态分布及其可靠性特征量

正态分布在数理统计学中是一个最基本的分布,常用于可靠性分析技术中,如材料强度、磨损寿命、疲劳失效、同一批晶体管放大倍数的波动或寿命波动等都可看作或近似看作正态分布。在电子元器件可靠性的计算中,正态分布主要应用于元件耗损和工作时间延长而引起的故障分布,用来预测或估计可靠度有足够的精确性。

由概率论知,只要某个随机变量是由大量相互独立、微小的随机因素的总和所构成,而且每一个随机因素对总和的影响都均匀地微小,那么,就可断定这个随机变量近似地服从正态分布。

正态分布可以简记为:$t \sim N(\mu、\sigma^2)$,其中 μ 为随机变量的均值;σ 为随机变量的标准差。

正态分布的故障概率密度函数为

$$f(t)=\frac{1}{\sqrt{2\pi}\sigma}\mathrm{e}^{-\frac{(t-\mu)^2}{2\sigma^2}}\quad(-\infty<t<+\infty)$$

正态分布的累积故障概率函数为

$$F(t)=\frac{1}{\sqrt{2\pi}\sigma}\int_{-\infty}^{t}\mathrm{e}^{-\frac{(t-\mu)^2}{2\sigma^2}}\mathrm{d}t$$

正态分布的可靠度函数为

$$R(t)=\frac{1}{\sqrt{2\pi}\sigma}\int_{t}^{\infty}\mathrm{e}^{-\frac{(t-\mu)^2}{2\sigma^2}}\mathrm{d}t$$

正态分布的故障率函数为

$$\lambda(t)=\frac{f(t)}{R(t)}=\frac{1}{\sqrt{2\pi}\sigma}\mathrm{e}^{-\frac{(t-\mu)^2}{2\sigma^2}}\Big/\frac{1}{\sqrt{2\pi}\sigma}\int_{t}^{\infty}\mathrm{e}^{-\frac{(t-\mu)^2}{2\sigma^2}}\mathrm{d}t$$

2.2 可靠性建模

可靠性建模是可靠性工程必需的工作项目。

2.2.1 概念和目的

目的:建立产品的可靠性模型,用于定量分配、预计和评价产品的可靠性。为了进行可靠性分配、预计和评价,应建立装备、分系统或设备的可靠性模型。

可靠性模型包括可靠性框图和相应的数学模型。其中,可靠性框图是基础，它针对复杂产品的功能模式，用方框表示的各组成部分的故障或它们的组合如何导致产品故障的逻辑图。可靠性框图是依据系统的原理和功能关系而建立的，通常以产品功能框图、原理图、工程图为依据，表示产品各单元的故障如何导致产品故障的逻辑关系。

可靠性模型的分类如图 2－1 所示。

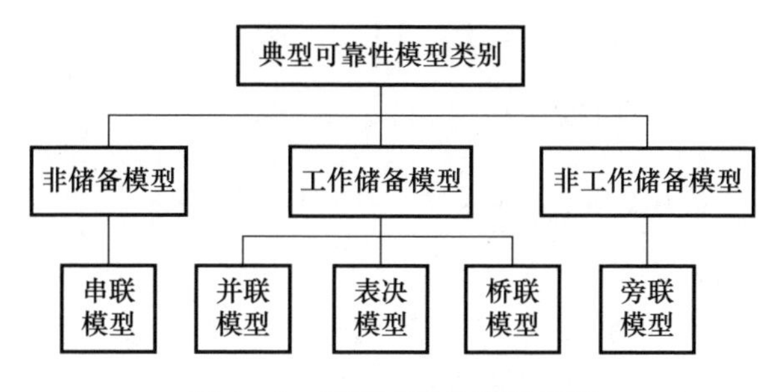

图 2－1　典型可靠性模型类别

几种典型的可靠性模型如图 2－2 所示。

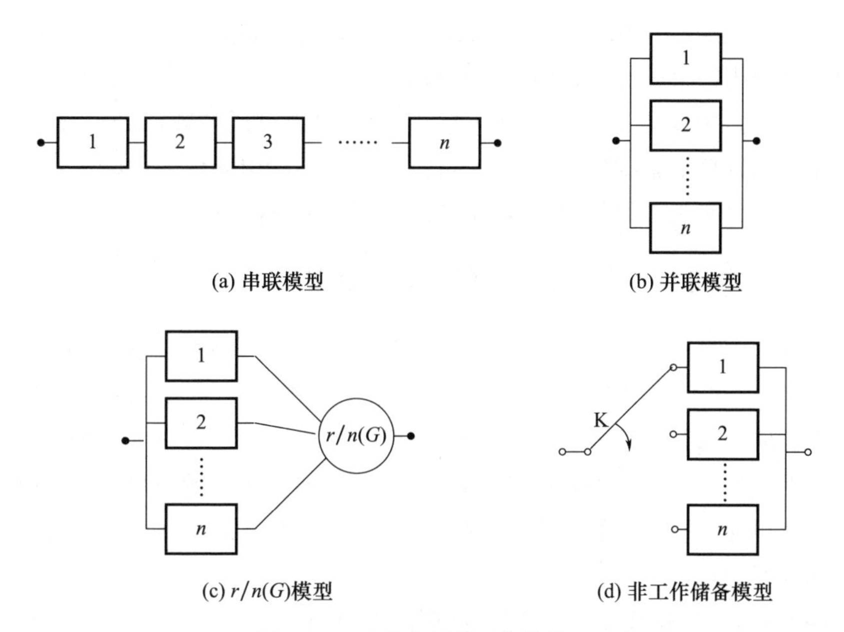

图 2－2　几种典型的可靠性模型

①串联模型：

$$R_s(t) = \prod_{i=1}^{n} R_i(t) = \prod_{i=1}^{n} e^{-\lambda_i t} = e^{-\sum_{i=1}^{n} \lambda_i t}$$

如果串联模型中各单元寿命服从指数分布,则有:

$$\lambda_s = \sum_{i=1}^{n} \lambda_i \qquad MTBF = \frac{1}{\lambda_s}$$

②并联模型:

$$R_s(t) = 1 - \prod_{i=1}^{n} [1 - R_i(t)]$$

③表决模型($r/n(G)$)模型:

$$R_s(t) = \sum_{i=r}^{n} C_n^i R(t)^i (1 - R(t))^{n-i}$$

④非工作储备模型:

图中K表示故障监测和转换装置,假设该模型中各单元寿命服从指数分布,且故障监测和转换装置的可靠度为1,则有

$$R_s(t) = e^{-\lambda t}\left[1 + \lambda t + \frac{(\lambda t)^2}{2!} + \cdots + \frac{(\lambda t)^{n-1}}{(n-1)!}\right]$$

可靠性模型应随着可靠性和其他相关试验获得的信息,以及产品结构、使用要求和使用约束条件等方面的更改而修改。

项目实践中应尽早建立可靠性模型,即使没有可用的数据,通过建模也能提供需采取管理措施的信息。例如,可以指出某些能引起任务中断或单点故障的部位。随着研制工作的进展,应不断修改完善可靠性模型。

2.2.2 基本可靠性模型和任务可靠性模型

实践中应根据需要,分别建立产品的基本可靠性模型和任务可靠性模型。

(1)基本可靠性模型。基本可靠性模型用以估计产品及其组成单元发生故障所引起的维修及保障要求,可作为度量维修保障人力与费用的一种模型。基本可靠性模型是一个全串联模型,即使存在冗余或储备单元,也都按串联处理,因为这些单元同样有维修和使用保障的需求。因此,产品的冗余或储备单元越多,产品的基本可靠性越低。

(2)任务可靠性模型。任务可靠性模型用以估计产品在执行任务过程中完成规定功能的概率(在规定任务剖面中完成规定任务功能的能力),描述完成任务过程中产品各单元的预定作用,以度量工作有效性的一种可靠性模型。因此,产品中冗余单元越多,则其任务可靠性往往越高。任务可靠性模型根据产品的任务剖面及任务故障判据建立,不仅不同的任务剖面应该确定各自的任务

可靠性模型,而且在一个任务剖面的各阶段,也可能需要分别建立各自的任务可靠性模型。

只有在产品既没有冗余又没有替代工作模式情况下,基本可靠性模型才能用来估计产品的任务可靠性。然而,基本可靠性模型和任务可靠性模型应当用来权衡不同设计方案的效费比,并作为分摊效费比的依据。

一个复杂的产品往往有多种功能,但其基本可靠性模型是唯一的,即由产品的所有单元(包括冗余单元)组成的串联模型。任务可靠性模型则因任务不同而不同,既可以建立包括所有功能的任务可靠性模型,也可以根据不同的任务剖面(包括任务成功或致命故障的判断准则)建立相应的模型,任务可靠性模型一般是较复杂的串 - 并联或其他模型。

2.2.3　可靠性建模步骤和注意事项

1. 建立可靠性模型的步骤

(1)产品定义:确定任务与任务剖面;系统功能分析;确定故障判据;确定任务时间及其基准。

(2)建立可靠性框图。

(3)建立相应的数学模型。

2. 可靠性建模过程中的注意事项

(1)正确区分产品的原理图和可靠性框图。一个简单电路的原理图和可靠性框图实例如图 2 - 3 所示。

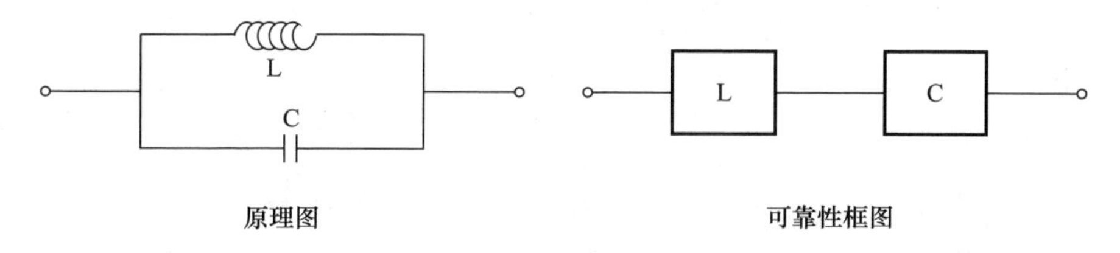

原理图　　可靠性框图

图 2 - 3　产品的原理图和可靠性框图

(2)正确区分基本可靠性和任务可靠性框图。美国 F/A - 18 战机的任务可靠性框图和基本可靠性框图如图 2 - 4 所示。

(3)可靠性模型应随产品技术状态的变化而修改。

(4)建模前应明确产品定义、故障判据。

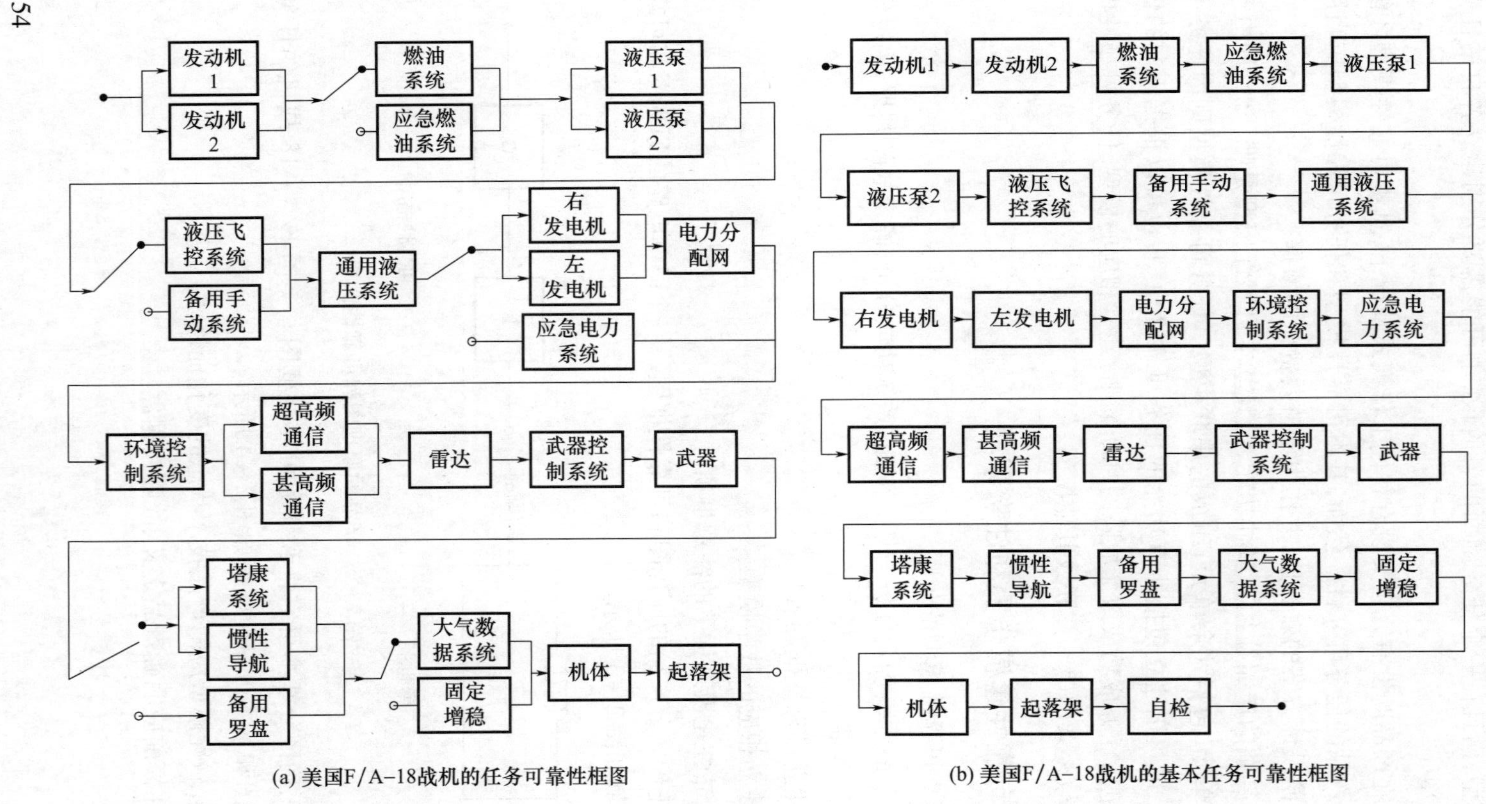

(a) 美国F/A-18战机的任务可靠性框图

(b) 美国F/A-18战机的基本任务可靠性框图

图2-4　美国F/A-18战机的任务可靠性框图和基本可靠性框图对比

2.3　可靠性设计

可靠性设计就是把最佳可靠度和用户要求的可靠性指标落实到装备中去的过程。可靠性设计包含可靠性设计定量方法(可靠性分配、可靠性预计)、可靠性设计定性手段(可靠性设计准则)两大类。

2.3.1　可靠性分配

可靠性分配是可靠性工程基础工作项目。通过可靠性分配使装备的各级设计人员明确其可靠性要求,并研究达到这些要求的可能性及方法。

2.3.1.1　可靠性分配的基本概念

可靠性分配是将装备或系统的可靠性定量要求逐层、协调地分配到各个下层组成单元,从而确定组成该装备的分系统、子系统、设备、部件、组件、零件、元器件等对象的可靠性指标。它是一个由整体到局部、由上到下的分解过程。

(1)可靠性分配的原则:①复杂的产品分配较低可靠性指标;②技术上不成熟的产品分配较低可靠性指标;③工作环境恶劣的产品分配较低可靠性指标;④重要的产品分配较高可靠性指标;⑤不易维修、更换的产品分配较高可靠性指标。

(2)在研制阶段早期就应着手进行可靠性分配,一旦确定装备的任务可靠性和基本可靠性要求,就要把这些定量要求分配到规定的产品层次,以便:①使各层次产品的设计人员尽早明确所研制产品的可靠性要求,为各层次产品的可靠性设计和元器件、原材料的选择提供依据;②为转包产品、供应品提出可靠性定量要求提供依据;③根据所分配的可靠性定量要求估算所需人力、时间和资源等信息。

(3)利用可靠性分配结果可以为其他专业工程如维修性、安全性、综合保障等提供信息。

2.3.1.2　可靠性分配的基本方法和分配报告内容

工程中常用的可靠性分配方法有等分配法、比例组合法、评分分配法、动态规划法等。其中,等分配法因过于简单而不常用,其余方法的适用范围如表2-3所示。

表 2-3 工程中常用的可靠性分配方法

序号	分配方法	适用范围
1	比例分配法	基本可靠性分配
2	评分分配法	基本可靠性或任务可靠性分配
3	重要度、复杂度分配法	基本可靠性或任务可靠性分配

1. 比例分配法

新设计的系统与老系统相似,且有老系统及其分系统的故障率数据或老系统中各分系统故障数占系统故障数百分比的统计资料,可用比例分配法进行分配。

2. 评分分配法

评分分配法是一种专家群体决策法。在缺乏有关产品的可靠性数据时,请专家按照几种因素进行评分,按评分情况给每个分系统或设备分配可靠性指标。以故障率为分配参数。

假设系统总的故障率为 λ_s^*,分配给第 i 个分系统的故障率为 λ_i^*。采用评分分配法分配时,考虑的因素为:复杂度——最复杂的 10 分,最简单的 1 分;技术发展水平——水平最低的 10 分,最高的 1 分;重要度——最重要的 1 分,不重要的 10 分;环境条件——最恶劣的 10 分,最好的 1 分。

则:

$$\lambda_i^* = C_i \cdot \lambda_s^* \text{ 且} C_i = \frac{\omega_i}{\omega} = \frac{\prod_{j=1}^{4} r_{ij}}{\sum_{i=1}^{n}\prod_{j=1}^{4} r_{ij}}$$

式中:C_i为第 i 个分系统的评分系数;r_{ij}为 i 个分系统第 j 个因素的评分数。

【例 2-3】设 S 是由分系统 S1、S2、S3 和 S4 组成的串联电子系统,其可靠性的要求是 MTBF = 500h,下面是请 5 位专家进行评分,得到的可靠性分配表如表 2-4所示。要求求出各个子系统最佳分配的可靠性指标要求(MTBF 和故障率指标)。计算结果如表 2-4 所示。

表 2-4 某串联电子系统的可靠性分配表

部件	复杂度	技术成熟度	重要度	环境条件	各部件评分数 ω_i	各部件评分系数 C_i	分配给各部件的故障率 λ_i^* ($\times 10^{-4}$/h)	分配给各部件的 MTBF/h
A	8	9	6	8	3456	0.462	9.24	1082.3
B	5	7	6	8	1680	0.225	4.5	2222.2

续表

部件	复杂度	技术成熟度	重要度	环境条件	各部件评分数 ω_i	各部件评分系数 C_i	分配给各部件的故障率 λ_i^*（$\times 10^{-4}$/h）	分配给各部件的 MTBF/h
C	5	6	6	5	900	0. 120	2. 4	4166. 7
D	6	6	8	5	1440	0. 193	3. 86	2590. 1
合计					7476	1	20	

3. 重要度复杂度分配法

根据系统中各个部件的重要度、复杂度分配可靠性指标。

$$t_{BFi(j)} = \frac{N \cdot \omega_{i(j)} \cdot t_{i(j)}}{n_i \cdot (-\ln R_s^*)}$$

式中：N 为系统的基本构成部件数，$N = \sum_{i=1}^{n} n_i$；n_i 为第 i 个分系统的基本构成部件数；$\omega_{i(j)}$ 为重要度；$t_{i(j)}$ 为第 i 个分系统中第 j 个设备的工作时间（h）；$t_{BF\,i(j)}$ 为第 i 个分系统中第 j 个设备的平均故障间隔时间（h）；R_s^* 为系统规定的可靠度。

4. 可靠性分配报告内容

无论采用上述哪种方法，拟订的可靠性分配报告至少应包括以下内容：

（1）待分配的可靠性指标及其来源。

（2）系统组成及特点。

（3）系统中包含的有可靠性指标要求的产品清单及其可靠性指标。

（4）分配余量的确定及其理由。

（5）分配方法的选择。

（6）对专家评分值的处理说明（评分分配法）或相似产品的相似程度及其可靠性数据的来源（相似产品法）。

（7）最终分配结果。

2. 3. 1. 3　可靠性分配注意事项

可靠性分配应结合可靠性预计逐步细化、反复迭代地进行。随着设计工作的不断深入，可靠性模型逐步细化，可靠性分配也将随之反复进行，应将分配结果与经验数据及可靠性预计结果相比较，来确定分配的合理性。若分配给某一层次产品的可靠性指标在现有技术水平下无法达到或代价太高，则应重新进行分配。

（1）可靠性指标分配应在方案阶段和初步设计阶段进行，随着设计工作的深入和设计信息的细化，在合同签订前可反复多次进行。

(2)一般不给嵌入式软件单独分配可靠性指标,而是与硬件系统一起合并考虑。

(3)应按成熟期的规定值进行分配,分配值作为开展产品可靠性设计的依据。

(4)应把最低可接受值分配到需要单独考核验证的产品,作为其研制结束时的考核要求。

(5)应按规定值进行可靠性分配,分配时应留有适当的分配余量,以便在产品增加新的单元或局部改进设计时,以尽可能减少对可靠性分配指标的全局性更改,保证设计工作的顺利进行。

(6)电缆等接口部件及某些故障率很低的非电子产品,可以不直接参加可靠性指标分配,可归并在“其他”项中一并考虑。“其他”项应占 10% ~20% 的比例,具体数值依实际情况确定。

(7)进行基本可靠性和任务可靠性指标分配时,应保证基本可靠性指标分配值与任务可靠性指标分配值的协调,使系统基本可靠性和任务可靠性指标同时得到满足。

(8)应根据产品特点,选定适当分配方法进行分配。

2.3.2 可靠性预计

可靠性预计也是可靠性工程基础工作项目。

2.3.2.1 可靠性预计的基本概念

可靠性预计主要根据组成系统的元器件的可靠性,定量估计系统的可靠性。它是一个由局部到整体、由下到上的综合过程。主要方法有元器件计数法、应力分析法、上下限法等。

将可靠性预计的结果与分配的结果相比较,便可以确定是否达到可靠性的定量要求。可靠性预计的意义在于对可靠性分配的结果进行评价,进行预选方案之间的比较等。

进一步来说,可靠性预计的目的包括:①对不同的设计方案进行比较;②发现设计中的薄弱环节;③为可靠性试验方案设计提供信息;④为可靠性分配、维修性设计等工作提供信息。

产品的复杂程度、研制费用及进度要求等直接影响着可靠性预计的详细程度,产品不同及所处研制阶段不同,可靠性预计的详细程度及方法也不同。根据可利用信息的多少和产品研制的需要,可靠性预计可以在不同的产品层次上进行。约定层次越低，预计的工作量越大。约定层次的确定必须考虑产品的研制费用、进度要求和可靠性要求，并应与进行 FMECA 的最低产品层次一致。

为了有效地利用有限的资源，应尽早地利用可靠性预计的结果。可靠性预计可为转阶段决策提供信息，预计的时机非常重要，应在合同及有关文件中予以规定，可靠性预计值必须大于规定值。

2.3.2.2　可靠性分配与预计的关系

通过可靠性分配，可以把规定的系统级可靠性指标合理地分配给产品的各个组成部分。通过可靠性预计可以推测产品能否达到规定的可靠性要求，但是不能把预计值作为达到可靠性要求的依据，必须以试验评估结果作为达到可靠性要求的依据。

对照上面可靠性分配的过程和特点，可靠性预计和分配之间的关系如图2－5所示。

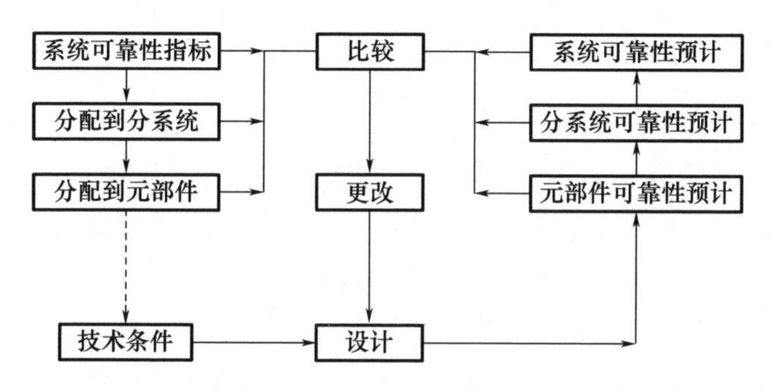

图2－5　可靠性预计与可靠性分配的关系示意图

2.3.2.3　可靠性预计的程序和步骤

可靠性预计作为一种设计工具主要用于选择最佳的设计方案，在选择了某一设计方案后，通过可靠性预计可以发现设计中的薄弱环节，以便及时采取改进措施。

可靠性预计的主要程序和步骤如下：

（1）明确系统定义：包括说明系统功能、系统任务和系统各组成单元的接口。

（2）明确系统的故障判据。

（3）明确系统的工作条件。

（4）绘制系统的可靠性框图，可靠性框图绘制到最低一级功能层次。

（5）建立系统可靠性数学模型。

（6）预计各单元设备的可靠性。

(7)根据系统可靠性模型预计其基本可靠性或任务可靠性。

(8)将可靠性预计值与规定值进行比较,发现薄弱环节,为改进设计提供依据。

2.3.2.4　可靠性预计基本方法和预计报告内容

工程中常用的可靠性预计方法如表2-5所示。

表2-5　工程中常用的可靠性预计方法

序号	预计方法	适用范围	适用阶段
1	元器件计数法	电子类产品;基本可靠性预计	方案论证及初步设计
2	应力分析法	电子类产品;基本可靠性预计	详细设计
3	故障率预计法	机械、电子、机电类产品,但要求组成产品的所有单元均有故障率数据;基本或任务可靠性预计	详细设计
4	相似产品法(含相似电路、相似设备)	机械、电子、机电类产品,具有相似产品的可靠性数据;基本或任务可靠性预计	方案论证及初步设计

上述4种可靠性预计方法的综合应用策略:在方案阶段,可采用相似法进行预计,粗略估计产品可能达到的可靠性水平,评价总体方案的可靠性。在工程研制阶段早期,已进行了初步设计,但尚缺乏应力数据,可采用元器件计数法进行预计,发现设计中的薄弱环节并加以改进。在工程研制阶段的中、后期,已进行了详细设计,获得了产品各组成单元的工作环境和使用应力信息,应采用元器件应力分析法进行预计,可为进一步改进设计提供依据。

1. 元器件计数法

元器件计数法是在初步设计阶段使用的预计方法。在这个阶段中,每种通用元器件(如电阻器、电容器)的数量已经基本上确定,在以后的研制和生产阶段,整个设计的复杂度预期不会有明显的变化。元器件计数法假设元器件的寿命是指数分布的(即元器件失效率恒定)。若产品可靠性模型是串联的,或者为取得近似值可以假设它们是串联的,则可以把元器件故障率相加直接求得产品失效率。

元器件计数法的故障率预计模型为

$$\lambda_{PS} = \sum_{i=1}^{n} N_i \cdot \lambda_{Gi} \cdot \pi_{Qi}$$

式中:λ_{PS}为预计的系统故障率(1/h);λ_{Gi}为第i种元器件通用故障率(1/h);π_{Qi}为第i种元器件通用质量系数;N_i为第i种元器件的数量;n为设备所用元器件

的种类数。其中，λ_{Gi}和 π_{Qi}可查 GJB 299B 或 MIL - HDBK - 217F。

该方法优点是不需要详尽了解各个元器件的应用及它们之间的逻辑关系，就可以很快估算出产品的故障率。缺点是估计结果比较粗糙。

2. 应力分析法

应力分析法用于产品详细设计阶段的电子元器件故障率预计。该方法基于大量数据的概率统计分析结果，因此需要对某种电子元器件在实验室的标准应力与环境条件下进行大量的试验，并对其结果进行统计分析从而获得该种元器件的“基本故障率”。在预计电子元器件工作故障率时，应根据元器件的质量等级、应力水平、环境条件等因素对基本失效率进行修正。

以晶体管为例，其故障率预计模型为

$$\lambda_{Pi} = \lambda_{Bi} \cdot \pi_{Ei} \cdot \pi_{Qi} \cdot \pi_{Ri} \cdot \pi_{Ai} \cdot \pi_{S2_i} \cdot \pi_{Ci}$$

$$\lambda_S = \sum_{i=1}^{n} N_i \cdot \lambda_{Pi}$$

式中：λ_{Pi}，λ_{Bi}为第 i 种元器件工作故障率、基本故障率（1/h）；π_{Ei}为环境系数；π_{Qi}为质量系数；π_{Ri}为电流额定值系数；π_{Ai}为应用系数；π_{S2_i}为电压应力系数；π_{Ci}为质量系数；N_i为第 i 种元器件的数量；n 为系统中元器件种类数。

该方法要求具备了详细的元器件清单、电应力比、环境温度等信息，估计结果比元器件计数法的结果准确。该计算法可以归纳为两步：第一步，先求出各元器件的工作故障率 λ_{Pi}；第二步，求出产品的工作故障率 λ_S。

3. 故障率预计法

该方法主要用于非电子产品的可靠性预计，其原理与电子元器件的应力分析法基本相同，主要考虑降额因子 D 和环境因子 K 对故障率的影响。故障率预计法的流程如图 2 - 6 所示。

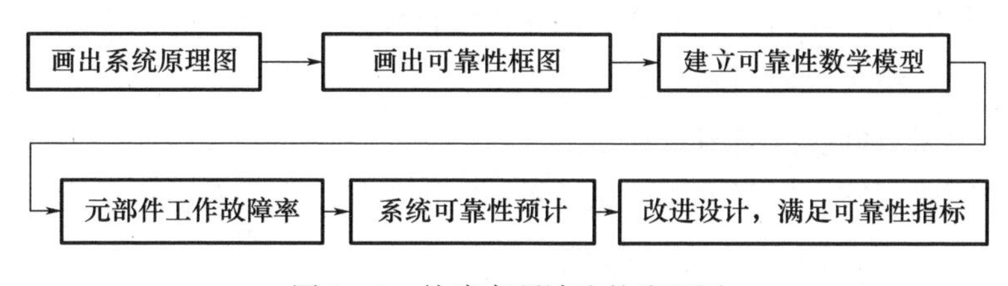

图 2 - 6　故障率预计法的流程图

元部件工作故障率：$\lambda_P = \lambda_B \cdot K \cdot D$

4. 相似产品法

利用成熟的相似产品所得的经验数据来预计新产品的可靠性。

$$\lambda_S = \sum_{i=1}^{n} \lambda_i \quad 或 \quad \frac{1}{T_{BF_S}} = \sum_{i=1}^{n} \frac{1}{T_{BF_i}}$$

【**例 2-4**】采用相似产品法进行可靠性预计示例如表 2-6 所示。

表 2-6　采用相似产品法进行可靠性预计示例

产品名称	单机配套数	老产品的 T'_{BF_i}	预计的 T_{BF_i}	备注
氧气开关	3	1192.8	3000	选用新型号,可靠性提高
氧气减压器	4	6262	6262	选用老产品
氧气示流器	4	2087.3	2087.3	选用老产品
氧气调节器	4	863.7	863.7	选用老产品
氧气面罩	4	6000	6500	老产品基础上局部改进
氧气瓶	4	15530	15530	选用老产品
跳伞氧气调节器	2	6520	7000	老产品基础上局部改进
氧气余压指示器	2	3578.2	4500	选用新型号,可靠性提高
抗荷分系统	2	3400	3400	选用老产品
供氧抗荷系统	1	122.65	154.4	在老产品基础上局部改进

5. 可靠性预计报告

可靠性预计报告至少应包括以下内容:

(1)要求的可靠性指标及其来源(要求值或分配值)。

(2)系统组成及特点。

(3)预计方法的选择。

(4)不可直接预计的产品清单及其理由。

(5)预计中"其他"项的百分比及其确定原则。

(6)任务可靠性预计时采用的任务可靠性模型。

(7)预计结果及薄弱环节分析。

(8)拟采取的改进措施及其效果分析。

(9)明确回答实现要求的可靠性指标的可能性。

2.3.2.5　可靠性预计注意事项

在可靠性预计当中应当注意:

(1)应及早进行可靠性预计和分配。

(2)应按基本可靠性和任务可靠性分别进行分配和预计。

(3)应按目标值或规定值(成熟期)并留有适当余量进行分配。

(4)对于采用的货架产品,在预计和分配时应在总指标中予以扣除。

(5)进行可靠性预计时,应考虑部分产品在使用过程中的不工作状态。

(6)预计工作应反映当前产品的技术状态。

(7)应说明预计中所用数据的来源。

(8)应明确产品定义及故障判据。

(9)预计工作应规范化,对预计结果进行分析并提出改进措施,以提高产品的固有可靠性。

基本可靠性预计应全面考虑从产品接收至退役期间的可靠性,即应是全寿命期的可靠性预计。产品在整个寿命期内,除处于工作状态外,还处于不工作(如待命、待机等)、储存等非工作状态。在确定了工作与非工作时间后,应分别计算各状态下的故障率,然后加以综合,预计出产品(装备)的可靠性值。任务可靠性预计应考虑每一任务剖面及工作时间所占的比例,预计结果应表明产品是否满足每一任务剖面下的可靠性要求。

通过预计,若基本可靠性不足,则可通过简化设计、采用高质量等级的元器件和零部件、改善局部环境及降额等措施来弥补。若任务可靠性不足,则可以通过适当的冗余设计、改善应力条件、采用高质量等级的元器件和零部件、调整性能容差等措施来弥补。但是,采用冗余技术会增加产品的复杂程度,降低基本可靠性。必要时,应重新进行可靠性分配。

2.3.3 可靠性设计准则

为了实现分配到装备相应层次的可靠性指标,装备设计应遵循有效的可靠性设计准则。

2.3.3.1 可靠性设计准则概念

可靠性设计准则是一种设计规范。可靠性设计准则是根据可靠性理论和方法,从系统可靠性角度出发,总结已有以及相似产品的设计、生产和使用的工程经验,归纳、升华,使其系统化、科学化、规范化。它是装备设计的依据,是设计人员要遵守的设计要求,也是可靠性评审的主要依据。

制定与实施可靠性设计准则的目的是将产品的可靠性要求和规定的约束条件,转换为产品设计应遵循的、具体而有效的可靠性技术设计细则,供广大设计人员遵照执行,从而将可靠性设计到产品中去。

可靠性设计准则总体要求:①可靠性与性能、体积、质量等综合权衡;②尽量采用标准化、统一化设计;③采用成熟的技术和部件。

2.3.3.2 电子产品可靠性通用设计准则

电子产品可靠性通用设计准则主要包括以下内容:

(1)尽量实施通用化、系列化、模块化设计;采用成熟的标准零部件、元器件。

(2)采用新技术、新工艺、新材料、新元器件时,必须经验证合格,提供验证报告和通过评审或鉴定。

(3)应对电子、电气系统和设备进行电/热应力分析,并进行降额设计。

(4)应根据型号元器件大纲的要求和元器件优选目录进行元器件的选择和控制。

(5)应当按最恶劣的环境条件和作战条件设计电子产品,使之具有在严酷条件下正常工作的能力。

(6)为保证运输和储存期间的可靠性,产品在出厂时应按有关标准进行包装,做到防潮、防雨、防振、防霉菌等。

(7)电子产品内各单元之间的接口应密切协调,确保接口的可靠性。

(8)电子产品内某一部分的故障或损坏不应导致其他部分的故障。

(9)应进行简化设计,在简化设计过程中应考虑:所有的部件和电路对完成预定功能是否都是必要的;不会给其他部件施加更高的应力或者超常的性能要求;如果用一种规格的元器件来完成多个功能时,应对所有的功能进行验证,并且在验证合格后才能采用。

(10)元器件、接插件、印制板应有相应的编号,这些编号应便于识别。某些易装错的连接件和控制板如采用不同型号或不同形状的接插形式,应设计机械的防错措施。

(11)电线的接头和端头尽可能少,电缆插座及地面检测插座的数量也应尽量少。

(12)应尽可能地使用固定式而不是可变式或需要调整的元器件,如电阻器、电容器、电感线圈等。

(13)所有电气接头均应予以保护,以防产生电弧火花。

(14)对电气调节装置导电刷与滑环、电动机、微电机等,指示器和传感器应尽量加以密封并考虑充以惰性气体,以提高其工作可靠性与寿命。

(15)电路设计时要考虑输入电源的极性保护措施,保证一旦电源极性接错时,即使电路不能正常工作,也不会损坏电路。

(16)根据需要,电缆应该合理组合成束或互相隔开。要考虑载有大电流的电缆发生故障时,对重要电路的损害能减至最低限度。线束的安装和支撑应当牢固,以防在使用期间绝缘材料被磨损,在强烈振动和结构有相对运动的区域中,要采用特殊的安装预防措施,包括加密的支撑卡箍来防止电线磨损。

(17)应防止因与各种多余物接触造成短路。

(18)电路设计应考虑到各部件的击穿电压、功耗极限、电流密度极限、电压及电流增益的限制等有关因素,以确保电路工作的稳定性、减少电路故障。

(19)要仔细考虑电子产品的电磁兼容性设计。

2.3.3.3　可靠性设计准则的制定和实施

1. 可靠性设计准则的制定

(1)收集国内、外的有关资料,如规范、指南,特别是本单位成功与失败的历史经验与教训、相似产品的设计准则。

(2)以收集的信息为基础,进行整理、分析、归纳。

(3)根据新设计产品的特点,制定可靠性设计准则的初稿。

(4)设计人员广泛讨论初稿,征求各方面的意见,使之进一步型号化、产品化。

(5)经修改、完善后,制定规范化、科学化、系统化的可靠性设计准则。

(6)经总师批准下发,作为设计人员必须遵循的型号设计规范。

(7)在实施过程中,可靠性设计准则需不断完善、深化。

2. 可靠性设计准则的实施

(1)设计人员学习、熟悉设计准则。

(2)对照与自己设计部分相关的准则,进行可靠性设计。

(3)设计人员自查其设计对准则的“符合性”:符合的条款是如何设计的,加以说明;不符合的条款,说明理由“为什么不符合”,并报上一级设计主管;编制准则符合性报告。

(4)组织专家评审,进行“符合性”检查。

(5)对“不符合”的条款,根据其对可靠性影响的程度进行决策处理。

2.3.3.4　可靠性设计基本方法

可靠性设计方法主要包括:①预防故障设计;②简化设计;③降额设计和安全裕度设计;④余度设计;⑤耐环境设计;⑥人机工程设计;⑦健壮性设计;⑧概率设计;⑨权衡设计;⑩模拟方法设计。

2.4　可靠性分析

可靠性分析的目的是系统地研究装备所有可能的故障模式、故障原因及后果,以便发现设计生产中的薄弱环节并进行改进,以提高装备可靠性。可靠性分析的任务包括确定分系统和系统之间的功能关系，了解系统的可靠性组成，等等。

可靠性分析主要包含故障树分析（FTA）、故障模式、影响与危害度分析（FMECA）、潜在分析、电路容差分析、有限元分析、耐久性分析等技术环节。其中，FTA、FMECA 不仅仅应用于可靠性分析，而且广泛应用于维修性分析、测试性分析等多个专业工程领域，是一种基础性的保障性分析手段。

2.4.1 故障树分析

FTA 是一种图形演绎方法，用一种特殊的倒立树状逻辑因果关系图表明产品哪些组成部分的故障或外界事件将导致产品发生一种给定的故障。这种逻辑关系图是一个以顶事件为根，具有若干干枝，一些干枝上又有分枝的类似树木的倒立图形，故障树即由此得名。

FTA 可以分析多种故障因素（硬件、软件、环境、人为因素等）的组合对系统的影响，特别适合对难以建立可靠性逻辑框图模型的大型复杂系统进行可靠性分析。FTA 经波音公司和洛克希德公司成功应用于大型客机的研制中，大大提高了客机的可靠性和安全性。现在 FTA 已经在核工业、航空、航天、机械、电子、兵器、船舶、化工等工程领域广泛应用，被国际上公认为是可靠性和安全性分析的一种简单、有效的方法。

FTA 的目的：①帮助判明可能发生的故障事件的各种原因及其组合；②计算故障发生概率；③发现薄弱环节，以便采取相应的改进措施，FTA 常常作为 FMECA 的补充；④可用于指导故障诊断、改进运行和维修方案。

2.4.1.1 故障树的主要符号

1. 常用事件及符号

为了建立图形化的故障树模型，对其中的各类事件采用表 2－7 中的表达方式。

表 2－7 故障树的常用事件及符号

<table>
<tr><th colspan="2">符号</th><th>说明</th></tr>
<tr><td> 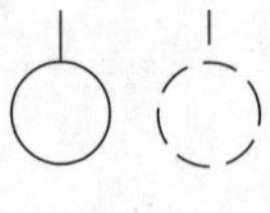</td><td rowspan="2">底事件</td><td>零部件在设计的运行条件下发生的随机故障事件，故障分布已知。
• 实线圆——硬件故障
• 虚线圆——人为故障</td></tr>
<tr><td></td><td>未探明事件：
表示该事件可能发生，但是概率较小，无须进一步分析的故障事件，在故障树定性、定量分析中一般可以忽略不计</td></tr>
</table>

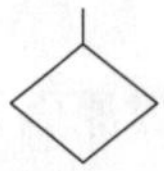

续表

符号		说明
	顶事件	人们不希望发生的显著影响系统技术性能、经济性、可靠性和安全性的故障事件。顶事件可由 FMECA 分析确定
	中间事件	包括故障树中除底事件及顶事件之外的所有事件
	开关事件	已经发生或必将要发生的特殊事件, 例如,高空作业工人为移动工作地点而卸除安全带
	条件事件	描述逻辑门起作用的具体限制的特殊事件
A	入三角形	位于故障树的底部,表示树的 A 部分分支在另外地方
A	出三角形	位于故障树的顶部,表示树 A 是在另外部分绘制的一棵故障树的子树

2. 故障树的逻辑门符号

故障树中各类事件之间的逻辑关系用逻辑门符号表示,由一些与门、或门、与或门等组成。常用逻辑门符号如表 2－8 所示。

表 2－8　常用的故障树逻辑门符号

逻辑门名称	符号	说明
与门	A · ⋯ B_1 B_n	$B_i(i=1,2,\cdots,n)$为门的输入事件,A 为门的输出事件。B_i同时发生时,A 必然发生,这种逻辑关系称为事件交。用逻辑“与门”描述,逻辑表达式为 $A=B_1\cap B_2\cap B_3\cap\cdots\cap B_n$

续表

逻辑门名称	符号	说明
或门	A; +; …; B_1 B_n	当输入事件中至少有一个发生时,输出事件 A 发生,这种逻辑关系称为事件并。 用"或门"描述,逻辑表达式为 $A = B_1 \cup B_2 \cup B_3 \cup \cdots \cup B_n$
表决门	A; r/n; …; B_1 B_n	n 个输入中至少有 r 个发生,则输出事件发生;否则输出事件不发生
异或门	A; +; 不同时发生; B_1 B_2	输入事件 B_1,B_2 中任何一个发生都可引起输出事件 A 发生,但 B_1,B_2 不能同时发生。 相应的逻辑代数表达式为 $A = (B_1 \cap \overline{B}_2) \cup (\overline{B}_1 \cap B_2)$
禁门	A; 禁门打开条件; B	仅当"禁门打开条件"发生时,输入事件 B 发生才导致输出事件 A 发生;打开条件写入方框内
非门	A; B	输出事件 A 是输入事件 B 的逆事件

2.4.1.2　故障树分析过程

FTA 实施步骤如图 2－7 所示。它通过对造成系统故障(顶事件)的各种可能的原因(中间事件或底事件)进行分析,画出逻辑因果图(故障树),进而确定中间事件或底事件的各种可能的组合方式及其发生概率,以便采取措施,提高系统的可靠性。

故障树分析可分为定性分析和定量分析两大类。定性分析目的在于寻找导致顶事件发生的原因事件及原因事件的组合,即识别导致顶事件发生的所有故障模式集合(割集与最小割集),帮助分析人员发现潜在的故障,发现设计的薄弱环节,以便改进设计,还可用于指导故障诊断,改进使用和维修方案。

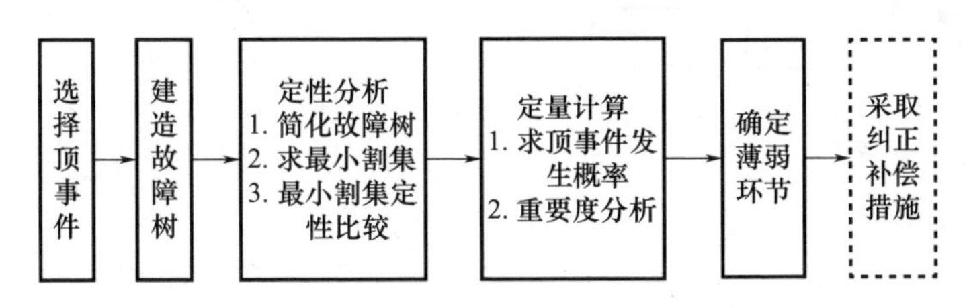

图2-7 故障树分析(FTA)实施步骤

1. 建立故障树

建立故障树时,首先选出最终产品最不希望发生的故障事件作为分析的对象(称为顶事件),分析造成顶事件的各种可能因素,然后严格按层次自上向下进行故障因果树状逻辑分析,用逻辑门连接所有事件,构成故障树。在建立故障树时,要注意:

(1)故障事件应严格定义。特别是顶事件必须界定清楚,明确指出故障是什么,故障是在何种条件下发生的,不能含糊不清。

(2)明确建树的边界条件,简化故障树。顶事件确定后,应明确规定所研究系统和其他设备的界面,并给定一些必要的假设(如忽略一些不重要的部件及人为故障等),使故障树不至于太庞大。

(3)应从上往下逐级建树。一棵庞大的故障树下级输入可能很多,而每一个输入都可能仍是一个庞大的子树,采用从上往下逐级建树可以避免遗漏。

(4)建树时不允许门门直接相连。这样可以防止建树者不从文字上对中间事件下定义就去展开该树,保证所建故障树的任一子树的物理概念都非常清楚。

示例如图2-8所示,左图为实际电机电路原理图,右图为相对应的故障树结构示意图。

2. 故障树简化

建立故障树后,对其进行尽可能的简化,可有效减少故障树的规模,从而减少后续分析的工作量。故障树的简化方法包括逻辑简化和模块分解等。

1)故障树的逻辑简化

故障树的逻辑简化就是根据布尔代数的运算规则,去掉明显的逻辑多余事件和多余门。故障树逻辑简化原理如表2-9所示。

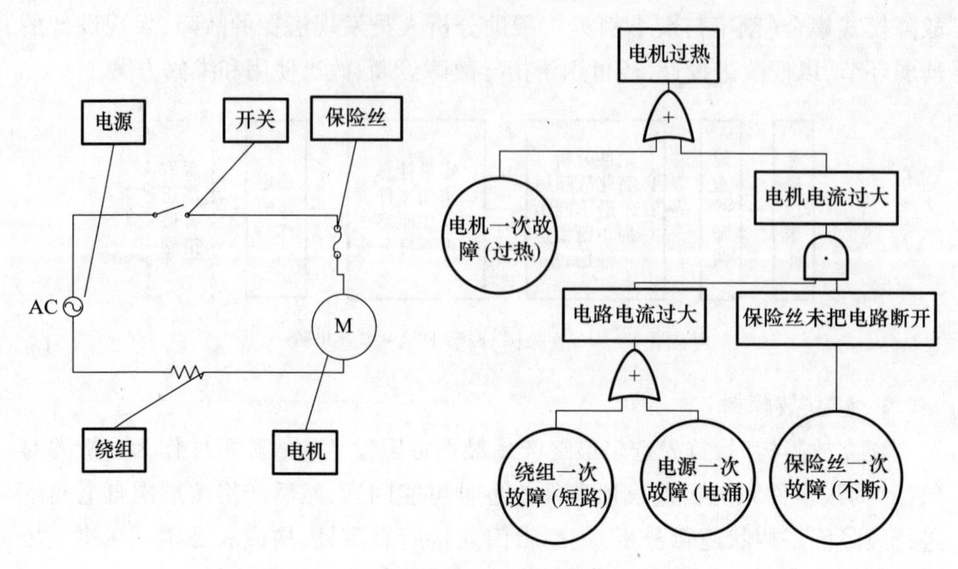

图 2－8　一个电机电路及其故障树分析的实例

表 2－9　故障树的逻辑简化原理

简化原理	原故障树	简化后的故障树
结合律Ⅰ $(x_1 \cup x_2) \cup x_3$ $= x_1 \cup x_2 \cup x_3$	T + + x_3 x_1 x_2	T + x_1 x_2 x_3
结合律Ⅱ $(x_1 \cap x_2) \cap x_3$ $= x_1 \cap x_2 \cap x_3$	T · · x_3 x_1 x_2	T · x_1 x_2 x_3
分配律Ⅰ $(x_1 \cap x_2) \cup (x_1 \cap x_3)$ $= x_1 \cap (x_2 \cup x_3)$	T + · · x_1 x_2 x_1 x_3	T · + x_1 x_3 x_2

续表

简化原理	原故障树	简化后的故障树
分配律Ⅱ $(x_1 \cup x_2) \cap (x_1 \cap x_3)$ $= x_1 \cup (x_2 \cap x_3)$		

2)故障树的模块分解

故障树模块是指故障树中至少两个底事件的集合,向上可到达同一逻辑门,而且必须通过此门才能到达顶事件,该逻辑门称为模块的输出或模块的顶点。模块不能有来自其余部分的输入,而且不能有与其他部分重复的事件。

按模块的定义,找出故障树中尽可能大的模块,每个模块构成一个模块子树,可单独地进行定性分析和定量分析。对每个模块子树用一个等效的虚设底事件来代替,将顶事件与各模块之间的关系,转换为顶事件与底事件之间的关系,从而使原故障树得以简化。对有重复事件的故障树,为了应用模块分解法对其进行化简,可应用“割顶点法”来进行。如图 2-9 所示,通过把 V 点分割为 V' 和 V'' 后,V' 以下就没有重复事件,就可以应用模块分解法化简故障树了。

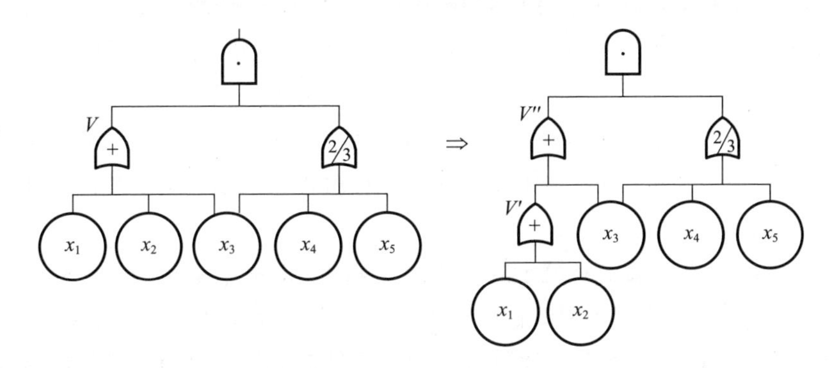

图 2-9　割顶点法示例(针对有重复事件的故障树)

3. 故障树定性分析

故障树定性分析的目的在于寻找导致顶事件发生的原因事件及原因事件的组合,即识别导致顶事件发生的所有故障模式的组合,以便发现潜在的故障和设计的薄弱环节。

1)割集和最小割集

割集:故障树中一些底事件的集合,当这些底事件同时发生时,顶事件必然发生。

最小割集:若将割集中所含的底事件任意去掉一个就不再成为割集了,这样的割集就是最小割集。最小割集中底事件的个数称为最小割集的阶数。

用图2-10所示的故障树示例1来说明割集和最小割集。显然这是一个由3个部件组成的系统,该系统共有3个底事件:x_1,x_2,x_3。根据与、或门的性质和割集的定义,很容易找出该故障树的割集是:$\{x_1\}$,$\{x_2,x_3\}$,$\{x_1,x_2,x_3\}$,$\{x_1,x_2\}$,$\{x_1,x_3\}$。根据最小割集的定义,可进一步在以上5个割集中找出最小割集为$\{x_1\}$,$\{x_2,x_3\}$。

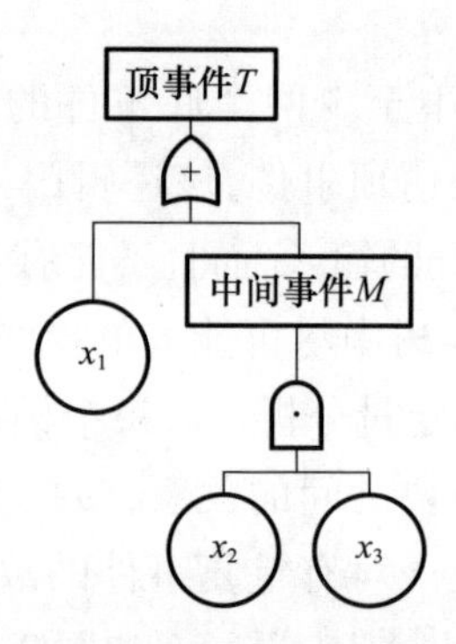

图2-10　故障树示例1

一个最小割集代表了引起故障树顶事件发生的一种故障模式。故障树定性分析的任务之一就是寻找故障树的全部最小割集。最小割集的意义包括:

(1)找出最小割集对降低复杂系统潜在事故的风险具有重大意义。因为设计中如果能使每个最小割集中至少有一个底事件恒不发生(或发生概率极低),则顶事件就恒不发生(或发生概率极低),这样就可以使系统潜在故障发生的概率降至最低。

(2)消除可靠性关键系统中的一阶最小割集(即最小割集中只包含一个底事件),可达到消除单点故障的目的。为避免关键系统设计中存在单点故障,可以采用故障树分析法,即在设计时进行故障树分析,找出一阶最小割集,在其所在的层次或更高的层次上增加"与门",并使"与门"尽可能接近顶事件。

(3)最小割集可以指导系统的故障诊断和维修,若系统某一故障模式发生了,则一定是该系统中与其对应的某一个最小割集中的全部底事件均发生了。因此进行维修时,如果只修复某个故障部件,虽然能够使系统恢复功能,但其可靠性水平还远未恢复。所以根据最小割集的概念,只有修复同一最小割集中的全部部件的故障,才能恢复系统原有的可靠性和安全性设计水平。

2)最小割集的求解方法

求最小割集的方法很多,常用的有下行法与上行法两种。

(1)下行法。根据故障树的实际结构,从顶事件开始,逐级向下寻查,找出割集。规则是把从顶事件开始逐层向下寻查的过程横向列表,遇到"与门"就将其输入事件取代输出事件排在表格的同一行下一列内(只增加割集阶数,不增加割集个数);遇到"或门"就将其输入事件在下一行纵向依次展开,(只增加割集个数,不增加割集阶数),如此依次进行,直到故障树的最底层。这样列出的表格最后一列的每一行都是故障树的割集,而后再通过割集之间的比较,进行合并消元,最终得到故障树的全部最小割集。

【例 2-5】用下行法求图 2-11 所示故障树的割集和最小割集。

解:根据下行法的求解规则列表求解如表 2-10 所示。该表中从步骤 1 到步骤 2,因为 M_1 下面是"或门",所以在步骤 2 中 M_1 的位置换之为 M_2,M_3,且竖向串列。从步骤 2 到 3,因为 M_2 下面是"与门",所以在下一列同一行内用 M_4,M_5 代替 M_2 横向并列,由此下去直到第 6 步,共得 9 个割集:$\{x_1\}$,$\{x_4,x_6\}$,$\{x_4,x_7\}$,$\{x_5,x_6\}$,$\{x_5,x_7\}$,$\{x_3\}$,$\{x_6\}$,$\{x_8\}$,$\{x_2\}$。

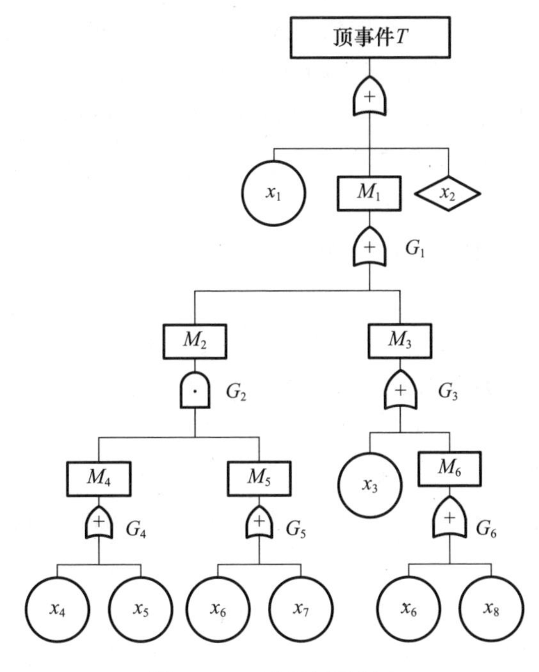

图 2-11　故障树示例 2

通过集合运算吸收律简化以上割集，因为 $x_6 \cup x_4x_6 = x_6$，$x_6 \cup x_5x_6 = x_6$，所以 $\{x_4, x_6\}$ 和 $\{x_5, x_6\}$ 被吸收，得到全部最小割集为：$\{x_1\}$，$\{x_4, x_7\}$，$\{x_5, x_7\}$，$\{x_3\}$，$\{x_6\}$，$\{x_8\}$，$\{x_2\}$。

表 2-10　下行法求解过程列表

步骤	1	2	3	4	5	6
过程	x_1	x_1	x_1	x_1	x_1	x_1
	M_1	M_2	M_4, M_5	M_4, M_5	x_4, M_5	x_4, x_6
	x_2	M_3	M_3	x_3	x_5, M_5	x_4, x_7
		x_2	x_2	M_6	x_3	x_5, x_6
				x_2	M_6	x_5, x_7
					x_2	x_3
						x_6
						x_8
						x_2

（2）上行法。从故障树的底事件开始，自下而上逐层地进行事件集合运算。将“或门”输出事件用输入事件的并（布尔和）代替，将“与门”输出事件用输入事件的交（布尔积）代替。在逐层代入过程中，按照布尔代数吸收律和等幂律来化简，最后将顶事件表示成底事件积之和的最简式。其中，每一积项对应于故障树的一个最小割集，全部积项即是故障树的所有最小割集。

【例 2-6】用上行法求图 2-11 所示故障树的最小割集。

解：故障树的最下一层为

$$M_4 = x_4 \cup x_5, M_5 = x_6 \cup x_7, M_6 = x_6 \cup x_8$$

往上一层为

$$M_2 = M_4 \cap M_5 = (x_4 \cup x_5) \cap (x_6 \cup x_7) = [(x_4 \cup x_5) \cap x_6] \cup [(x_4 \cup x_5) \cap x_7]$$
$$= (x_4 \cap x_6) \cup (x_5 \cap x_6) \cup (x_4 \cap x_7) \cup (x_5 \cap x_7)$$

$$M_3 = x_3 \cup M_6 = x_3 \cup x_6 \cup x_8$$

再往上一层为

$$M_1 = M_2 \cup M_3 = (x_4 \cap x_6) \cup (x_5 \cap x_6) \cup (x_4 \cap x_7) \cup (x_5 \cap x_7) \cup x_3 \cup x_6 \cup x_8$$

最上一层为

$$T = x_1 \cup x_2 \cup M_1 = x_1 \cup x_2 \cup x_3 \cup x_6 \cup x_8 \cup (x_4 \cap x_6) \cup (x_5 \cap x_6) \cup (x_4 \cap x_7) \cup (x_5 \cap x_7)$$
$$= x_1 \cup x_2 \cup x_3 \cup x_6 \cup x_8 \cup (x_4 \cap x_7) \cup (x_5 \cap x_7)$$

上式共有 7 个积项，因此得到 7 个最小割集：

$\{x_1\},\{x_2\},\{x_3\},\{x_6\},\{x_8\},\{x_4,x_7\},\{x_5,x_7\}$

显然采用上行法所得到的结果与下行法相同。需要注意的是:只有在每一步都利用集合运算规则进行简化吸收,上行法得到的结果才是最小割集。

3)最小割集的定性分析

在求得全部最小割集后,当可靠性数据不足时,可按以下原则对最小割集和底事件进行定性比较,以便根据定性比较的结果确定改进设计的方向、指导故障诊断和确定维修次序。

根据最小割集含底事件数目(阶数)的排序,在各个底事件发生概率比较小,且相互差别不大的情况下,可按以下原则对最小割集和底事件进行比较:

(1)阶数越小的最小割集越重要。

(2)在低阶最小割集中出现的底事件比高阶最小割集中的底事件重要。

(3)在最小割集阶数相同的条件下,在不同最小割集中重复出现次数越多的底事件越重要。

4. 故障树定量分析

故障树定量分析的主要任务是计算或估计顶事件发生的概率并进行重要度分析。在进行定量分析时一般作如下假设:

(1)故障树各底事件之间相互独立。

(2)底事件和顶事件都只考虑发生或不发生两种状态,也就是说零部件和系统都是只有正常或故障两种状态。

(3)系统的零部件寿命假定为指数分布。

(4)所研究系统为单调关联系统。

1)顶事件概率计算方法

计算顶事件的发生概率主要有两种方法:一是可利用结构函数计算顶事件的发生概率;二是可通过最小割集求顶事件的发生概率。本书主要介绍第一种方法。

单调关联系统是指系统中任一组成单元的状态由正常(故障)转为故障(正常),不会使系统的状态由故障(正常)转为正常(故障)的系统。大多数工程系统均为单调关联系统,针对这种系统建立的故障树,均可以化简成规范的故障树(指仅含有“顶事件、中间事件、基本事件”3 类事件,以及“与”“或”“非”3 种逻辑门的故障树)。这种规范故障树可以利用结构函数写出其数学表达式。

对一个由 n 个底事件构成的故障树,设 x_i 表示第 i 个底事件的状态变量,且 x_i 仅取“0”或“1”两种状态;设 Φ 表示顶事件的状态变量,则 Φ 也仅取“0”或“1”两种状态。即有如下定义:

$$x_i=\begin{cases}1, & \text{底事件 } x_i \text{ 发生(底事件 } x_i \text{ 对应的部件故障)}\\0, & \text{底事件 } x_i \text{ 不发生(底事件 } x_i \text{ 对应的部件正常)}\end{cases}$$

$$\Phi=\begin{cases}1, & \text{顶事件发生(系统故障)}\\0, & \text{顶事件不发生(系统正常)}\end{cases}$$

由于顶事件状态变量 Φ 完全由故障树中所有底事件的状态变量所决定,则

$$\Phi=\Phi(X),X=(x_1,x_2,\cdots,x_n)$$

并称 $\Phi=\Phi(X)$ 为故障树的结构函数,它是表示系统状态的一种布尔函数。应该注意到,在故障树结构函数中,事件发生对应于故障发生,事件不发生对应于系统或单元正常。表 2-11 是常用的典型逻辑门的结构函数表达式。

表 2-11　典型逻辑门的结构函数

序号	名称	描述
1	与门	$\Phi(X)=\prod_{i=1}^{n}x_i$
2	或门	$\Phi(X)=1-\prod_{i=1}^{n}(1-x_i)$
3	非门	$\Phi(X)=1-x_i$
4	n 中取 r	$\Phi(X)=\begin{cases}1, & \text{当} \sum x_i \geqslant r \text{时}\\0, & \text{其他情况}\end{cases}$
5	异或门	$\Phi(X)=1-[1-x_1(1-x_2)][1-(1-x_1)x_2]$

一般情况下,当故障树画出后,可先将其化简为仅包含“与”“或”“非”3 种逻辑门的规范故障树(实质上 n 中取 r、异或门也可以进一步表示为“与”“或”“非”门的组合);然后,就可以根据上述典型逻辑门的结构函数表达式直接写出其结构函数。但对于复杂系统而言,其结构函数是相当冗长繁杂的,因此可根据逻辑运算规则或最小割集的概念,对结构函数进行改写,以利于故障树的定性分析和定量计算。例如,若某复杂系统直接写出其结构函数比较困难,则可以先求出其最小割集,而各个最小割集间是通过“或”门构成顶事件的,这样就容易得到其结构函数了。以下讨论如何进一步通过结构函数求顶事件发生的概率。

假设一个由 n 个底事件构成的故障树,已经求得其结构函数的表达式为

$$\Phi(X)=\Phi(x_1,x_2,\cdots,x_n)$$

由于故障树顶事件代表系统故障,底事件代表对应的零部件故障,则顶事件发生的概率实质上就是系统的不可靠度 $F_s(t)$,其数学表达式为

$$P(T)=F_s(t)=E[\boldsymbol{\Phi}(\boldsymbol{X})]=g[F(t)]=g[F_1(t),F_2(t),\cdots,F_n(t)] \tag{2-1}$$

式中:$F_i(t)$为第 i 个底事件的发生概率。

又因为随机变量 x_i 的期望值为

$$E[x_i(t)]=P[x_i(t)=1]=F_i(t)$$

所以在求得故障树结构函数 $\boldsymbol{\Phi}(\boldsymbol{X})$的表达式后,进一步对式(2-1)两边求期望,即可根据各底事件发生的概率(各底事件所对应的元、部件的不可靠度)求出顶事件发生概率(系统不可靠度)。

【例 2-7】故障树如图 2-11 所示,试利用结构函数计算顶事件发生概率。

解:根据表 2-11 典型逻辑门的结构函数表达式,容易写出该故障树的结构函数为

$$\boldsymbol{\Phi}(\boldsymbol{X})=1-(1-x_1)(1-x_2x_3)$$

则故障树顶事件发生概率为

$$\begin{aligned}P(T)=F_s(t)&=E[\boldsymbol{\Phi}(\boldsymbol{X})]=E[1-(1-x_1)(1-x_2x_3)]\\&=1-(1-F_1(t))[1-F_2(t)F_3(t)]\end{aligned} \tag{2-2}$$

仔细观察式(2-1)和式(2-2)不难发现在取数学期望的过程中,利用结构函数计算顶事件发生概率时,故障树结构函数表达式中不能有重复出现的底事件。对应有重复底事件出现的故障树,需要采用通过最小割集求顶事件发生概率的方法。

2)重要度分析

故障树定量分析的另一个重要任务是计算重要度。底事件或最小割集对顶事件发生的贡献称为该底事件或最小割集的重要度。一般情况下,系统中各元部件并非同等重要,如有的部件一但发生故障就会引起系统故障,而有的部件则不然。因此,分析各底事件或最小割集对顶事件发生的重要性对改进设计十分必要。重要度分析的目的就是确定系统薄弱环节和改进设计方案。

重要度是系统结构、零部件的寿命分布及时间的函数,由于设计的对象不同、要求不同,所采用的重要度分析方法也不同。这里重点介绍常用的几种重要度分析方法,即概率重要度、结构重要度、关键重要度(相对重要度)等。在实际工程中可根据具体情况选用。

(1)概率重要度。概率重要度的定义是:第 i 个部件不可靠度的变化引起

系统不可靠度变化的程度。用数学公式表示为

$$\Delta g_i(t)=\frac{\partial g[\boldsymbol{F}(t)]}{\partial F_i(t)}=\frac{\partial F_s(t)}{\partial F_i(t)}$$

式中：$\Delta g_i(t)$为第i个零部件或第i个底事件的概率重要度；$F_s(t)$为系统不可靠度；$F_i(t)$为第i个零部件不可靠度或第i个底事件发生概率。

(2)结构重要度。结构重要度的定义是：元部件在系统中所处位置的重要程度，与元部件本身故障概率并无关系，完全由故障树的结构所决定。根据结构重要度的定义其计算方法如下：

当系统中第i个元部件由正常状态“0”变为故障状态“1”时，同时其他部件状态保持不变，系统可能有以下4种状态变化情形。

①$\boldsymbol{\Phi}(0_i,\boldsymbol{X})=0\rightarrow\boldsymbol{\Phi}(1_i,\boldsymbol{X})=1$，则$\boldsymbol{\Phi}(1_i,\boldsymbol{X})-\boldsymbol{\Phi}(0_i,\boldsymbol{X})=1$；

②$\boldsymbol{\Phi}(0_i,\boldsymbol{X})=0\rightarrow\boldsymbol{\Phi}(1_i,\boldsymbol{X})=0$，则$\boldsymbol{\Phi}(1_i,\boldsymbol{X})-\boldsymbol{\Phi}(0_i,\boldsymbol{X})=0$；

③$\boldsymbol{\Phi}(0_i,\boldsymbol{X})=1\rightarrow\boldsymbol{\Phi}(1_i,\boldsymbol{X})=1$，则$\boldsymbol{\Phi}(1_i,\boldsymbol{X})-\boldsymbol{\Phi}(0_i,\boldsymbol{X})=0$；

④$\boldsymbol{\Phi}(0_i,\boldsymbol{X})=1\rightarrow\boldsymbol{\Phi}(1_i,\boldsymbol{X})=0$，则$\boldsymbol{\Phi}(1_i,\boldsymbol{X})-\boldsymbol{\Phi}(0_i,\boldsymbol{X})=-1$。

$[\boldsymbol{\Phi}(1_i,\boldsymbol{X})-\boldsymbol{\Phi}(0_i,\boldsymbol{X})]$表示系统中第$i$个元部件由正常状态“0”变为故障状态“1”，同时其他部件状态不变时结构函数的变化值。由于研究的是单调关联系统，所以情形④不可能出现。同时对于情形②、③结构函数的变化值为0，所以只需要考虑情形①。对一个由n个部件组成的系统，第i个元部件处于某一状态时，其余$n-1$个部件的状态可能有2^{n-1}种组合，则可知只考虑第i个元部件状态变化时系统结构函数的变化总值n_i^{Φ}为

$$n_i^{\Phi}=\sum_{2^{n-1}}[\boldsymbol{\Phi}(1_i,\boldsymbol{X})-\boldsymbol{\Phi}(0_i,\boldsymbol{X})]$$

显然，对系统结构函数的变化总值n_i^{Φ}取均值，即可认为是第i个元部件对系统故障贡献大小的量度，也就是其结构重要度，即

$$I_i^{\Phi}=\frac{1}{2^{n-1}}n_i^{\Phi}$$

(3)关键重要度。关键重要度的定义是：第i个元部件故障率变化所引起的系统故障概率的变化率。它体现了改善一个比较可靠的元部件比改善一个不太可靠的元部件困难这一性质，数学表达式为

$$I_i^{\mathrm{CR}}(t)=\lim_{\Delta F_i(t)\to 0}\left(\frac{\dfrac{\Delta F_s(t)}{F_s(t)}}{\dfrac{\Delta F_i(t)}{F_i(t)}}\right)=\frac{F_i(t)}{F_s(t)}\cdot\frac{\partial F_s(t)}{\partial F_i(t)}=\frac{F_i(t)}{F_s(t)}\cdot\Delta g_i(t)$$

显然，如果某个部件的关键重要度越大，它引发系统故障的概率也越大，因

此对系统进行检修时应首先检查那些关键重要度大的元部件。

【例2-8】某故障树如图2-12所示，已知各底事件的发生概率均为0.05。求底事件x_5的概率重要度和关键重要度。

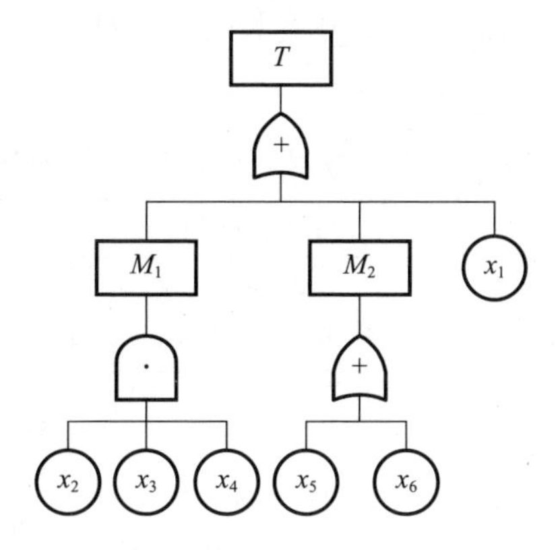

图2-12 故障树

解:先利用上行法或下行法求得该故障树的最小割集为:$K_1=\{x_1\}$,$K_2=\{x_2,x_3,x_4\}$,$K_3=\{x_5\}$,$K_4=\{x_6\}$。则根据最小割集可写出其结构函数如下。

$$\boldsymbol{\Phi}(\boldsymbol{X})=1-(1-x_1)(1-x_2x_3x_4)(1-x_5)(1-x_6)$$

则系统不可靠度为

$$F_s(t)=E[\boldsymbol{\Phi}(\boldsymbol{X})]=1-[1-F_1(t)][1-F_2(t)F_3(t)F_4(t)][1-F_5(t)][1-F_6(t)]=0.1427$$

底事件x_5的概率重要度为

$$\Delta g_5(t)=\frac{\partial F_s(t)}{\partial F_5(t)}=[1-F_1(t)][1-F_2(t)F_3(t)F_4(t)][1-F_6(t)]=0.9024$$

底事件x_5的关键重要度为

$$I_5^{\mathrm{CR}}(t)==\frac{F_5(t)}{F_s(t)}\cdot\Delta g_5(t)=0.3162$$

2.4.2 故障模式、影响与危害度分析

与故障树分析一样，故障模式、影响与危害度分析技术在可靠性工程、维修性工程、测试性工程、保障性工程和安全性工程中都有广泛的应用，是一种基础性的分析方法。

FMECA通过系统分析，确定元器件、零部件、设备、软件在设计和制造过程中所有可能的故障模式，以及每一故障模式的原因及影响，以便找出潜在的薄

弱环节，并提出改进措施。

FMECA是一种自下而上的故障因果关系的定性分析方法，为可靠性分析提供了一种规范化的、标准化的、系统的分析工具。

FMECA方法可以应用于产品方案设计、工程研制、生产等各个阶段，如表2-12所示。

表2-12 FMECA应用于产品寿命周期各个阶段

	方案阶段	工程研制阶段	生产阶段
方法	功能FME(C)A	硬件FME(C)A 软件FME(C)A	生产工艺FME(C)A 生产设备FME(C)A
应用目的	分析研究系统功能设计的缺陷与薄弱环节，为系统功能设计的改进和方案的权衡提供依据	分析研究系统硬件、软件设计的缺陷与薄弱环节，为系统的硬件、软件设计改进和设计权衡提供依据	分析研究所设计的生产工艺过程的缺陷和薄弱环节及其对产品的影响，为生产工艺的设计改进提供依据； 分析研究生产设备的故障对产品的影响，为生产设备的改进提供依据

2.4.2.1 FMECA基本步骤

FMECA一般以填写表格的形式实施，其主要步骤如图2-13所示。首先要进行系统定义。分析过程由故障模式、影响分析和危害性分析(Criticality Analysis，CA)两部分组成。FMEA是在产品的设计阶段，分析各种故障模式的影响，找出单点故障，提出补偿措施，是一种定性方法，采取列表的形式；CA是按故障模式的严酷度及其发生概率综合确定危害性，它是FMEA的继续。根据产品结构及可靠性数据的获得情况，可以定性也可以定量。

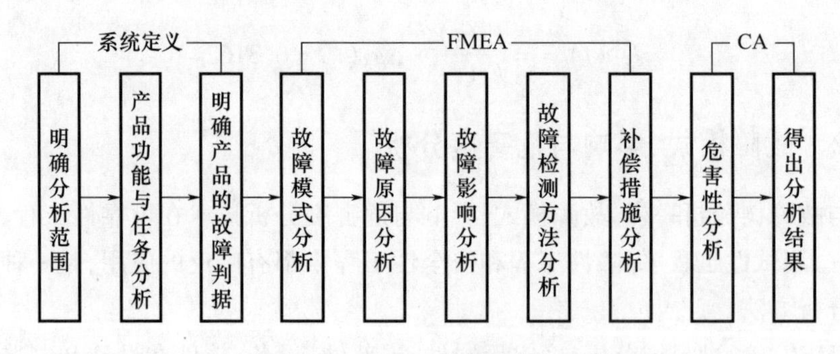

图2-13 FMECA分析流程与步骤

下面分别介绍 FMECA 的主要步骤。

1. 系统定义

(1)明确分析范围。确定系统中进行 FMECA 的产品范围。复杂系统通常具有层次性结构,在进行 FMEA 之前应先确定从哪个产品层次开始到哪个产品层次结束,这种规定的 FMEA 层次称为约定层次。一般将最顶层的约定层次称为初始约定层次,最底层的约定层次称为最低约定层次。

(2)产品功能与任务分析。描述系统的功能任务及系统在完成各种功能任务时所处的环境条件,包括任务剖面、任务阶段、工作方式等。

(3)确定故障判据。指定在 FMECA 中分析与判断系统及系统中的产品正常与故障的准则。

2. FMEA

(1)故障模式分析。故障模式是故障的表现形式,如齿轮裂纹、飞机起落架支撑杆断裂、作动筒间隙不当等。一个产品可能具有多种功能,每一个功能有可能具有多种故障模式,分析人员的任务就是要找出产品全部可能的故障模式。

在系统研制初期,对系统中直接采用的现成产品,可以以该产品在以前使用中所发生的故障模式为基础,再根据该产品使用环境条件的异同进行分析修正,最终得到该产品的故障模式;对系统中的新产品,可根据该产品的功能原理进行分析预测,得到该产品的故障模式,或以与该产品具有相似功能的相似产品所发生的故障模式为基础,分析判断该产品的故障模式。

(2)故障原因分析。确定并说明与假设的故障模式有关的各种原因,包括直接导致产品功能故障的产品本身的物理、化学或生物变化过程等直接原因(又称为故障机理),以及由于其他产品的故障、环境因素和人为因素等引起的外部间接原因。

(3)任务阶段与工作方式。由于复杂系统往往具有多个任务剖面,在进行故障模式分析时,要说明产品的故障模式是在哪一个任务剖面的哪一个任务阶段的什么工作方式下发生的。

(4)故障影响分析。故障影响指产品的每一个故障模式对产品自身或其他产品的使用、功能和状态的影响。在分析系统中某产品的故障模式对其他产品的故障影响时,通常按预定义的约定层次进行,分为三个层次的影响:①局部影响。该故障模式对当前分析层次产品的影响。②高一层次影响。对当前所分析层次高一层的产品的影响。③最终影响。对最高层次产品的影响。

(5)严酷度。严酷度是指故障模式所产生后果的严重程度。分为以下 4 类:

Ⅰ类:引起人员死亡或系统毁坏的故障。

Ⅱ类:引起人员严重伤害、重大经济损失或导致任务失败的系统严重损坏的故障。

Ⅲ类:引起人员轻度伤害、一定的经济损失或导致任务延误(或降级)的系统轻度损坏的故障。

Ⅳ类:不足以导致人员伤害、一定的经济损失或系统损坏的故障,但它会导致非计划性维护或修理。

(6)故障检测方法。针对分析指出的每一个故障模式,需要进一步分析其故障检测方法,以便为系统的维修和测试工作提供依据。故障检测方法一般包括:目视检查、离机检测、原位测试等手段,如自动传感装置、传感仪器、音响报警装置、显示报警装置等。故障检测一般分为事前检测与事后检测两类,对于潜在故障模式,应尽可能设计事前检测方法。

(7)补偿措施。分析人员应指出并评价那些能够用来消除或减轻故障影响的补偿措施,这关系到能否有效提高产品可靠性的重要环节。补偿措施可以是设计上的改进措施,也可以是操作人员的应急使用补偿措施。

综上所述,典型 FMEA 表格如表 2-13 所示。

表 2-13 典型 FMEA 表格

代码	产品或功能标志	功能	故障模式	故障原因	任务阶段与工作方式	故障影响			严酷度类别	检测方法	补偿措施		备注
						局部影响	高一层次影响	最终影响					
(1)	(2)	(3)	(4)	(5)	(6)	(7)	(8)	(9)	(10)	(11)	(12)	(13)	(14)
对每一产品采用一种编码体系进行标识	记录被分析产品或功能的名称与标志	简要描述产品所具有的主要功能	根据故障模式分析的结果,依次填写每一产品的所有故障模式	根据故障原因分析结果,依次填写每一故障模式的所有故障原因	根据任务剖面依次填写发生故障的任务阶段与该阶段内产品的工作方式	根据故障影响分析的结果,依次填写每一个故障模式的局部、高一层次和最终影响			根据最终影响分析的结果,按每个故障模式确定其严酷度类别	根据产品故障模式原因、影响等分析结果,依次填写故障检测方法	根据故障影响、故障检测等分析结果依次填写设计改进与使用补偿措施		简要记录对其他栏的注释和补充说明

3. CA

危害性分析(CA)的目的是:对产品每一个故障模式的严重程度及其发生的概率所产生的综合影响进行分类,以全面评价产品中所有可能出现的故障模式的影响。危害性分析常用的方法包括风险优先系数(Risk Priority Number,RPN)方法和危害性矩阵分析方法。接下来主要对前者进行介绍。

产品某个故障模式的 RPN 等于该故障模式影响严酷度等级(Effect Severity Ranking,ESR)和发生概率等级(Occurrence Probability Ranking,OPR)的乘积,即

$$RPN = ESR \times OPR$$

式中:RPN 数越高,则其危害性越大,其中 OPR 和 ESR 的评分准则如下:

(1)故障模式影响严酷度等级(ESR)评分准则。ESR 是评定某个故障模式的最终影响的程度。表 2 - 14 给出了 ESR 的评分准则。在分析中,该评分准则应综合所分析产品的实际情况尽可能地详细规定。

表 2 - 14　影响严酷度等级(ESR)的评分准则

ESR 评分等级	故障影响的严重程度	
1,2,3	轻度的	不足以导致人员伤害、产品轻度的损坏、轻度的财产损失及轻度环境损害,但它会导致非计划的维护或修理
4,5,6	中度的	导致人员中等程度伤害、产品中等程度损坏、任务延误或降级、中等程度财产损坏及中等程度环境损害
7,8	致命的	导致人员严重伤害、产品严重损坏、任务失败、严重财产损失及严重环境损害
9,10	灾难的	导致人员死亡、产品(如飞机、坦克、导弹及船舶等)毁坏,重大财产损失和重大环境损害

(2)故障模式发生概率等级(OPR)评分准则。OPR 是评定某个故障模式实际发生的可能性。表 2 - 15 给出了 OPR 的评分准则,表中“故障模式发生概率 P_m 参考范围”是对应各评分等级给出的预计该故障模式在产品的寿命周期内发生的概率,该值在具体应用中可以视情定义。

表 2 - 15　故障模式发生概率等级(OPR)的评分准则

OPR 评分等级	故障模式发生的可能性	故障模式发生概率 P_m 参考范围
1	极低	$P_m \leqslant 10^{-6}$

续表

OPR 评分等级	故障模式发生的可能性	故障模式发生概率 P_m 参考范围
2,3	较低	$1\times10^{-6}\leqslant P_m\leqslant1\times10^{-4}$
4,5,6	中等	$1\times10^{-4}\leqslant P_m\leqslant1\times10^{-2}$
7,8	高	$1\times10^{-2}\leqslant P_m\leqslant1\times10^{-1}$
9,10	非常高	$P_m>1\times10^{-1}$

2.4.2.2　FMEA 分析案例

以某型鱼雷的控制系统为例，它主要包括控制导航计算机、舵机组件、惯性导航组件、深度传感器等硬件。舵机组件包括舵机控制器、电舵机；舵机控制器包括舵机信号处理板、舵机功放板、舵机连接器、舵机控制器盒等；深度传感器包括压力变送器、传感器电源。其结构层次如图 2－14 所示。

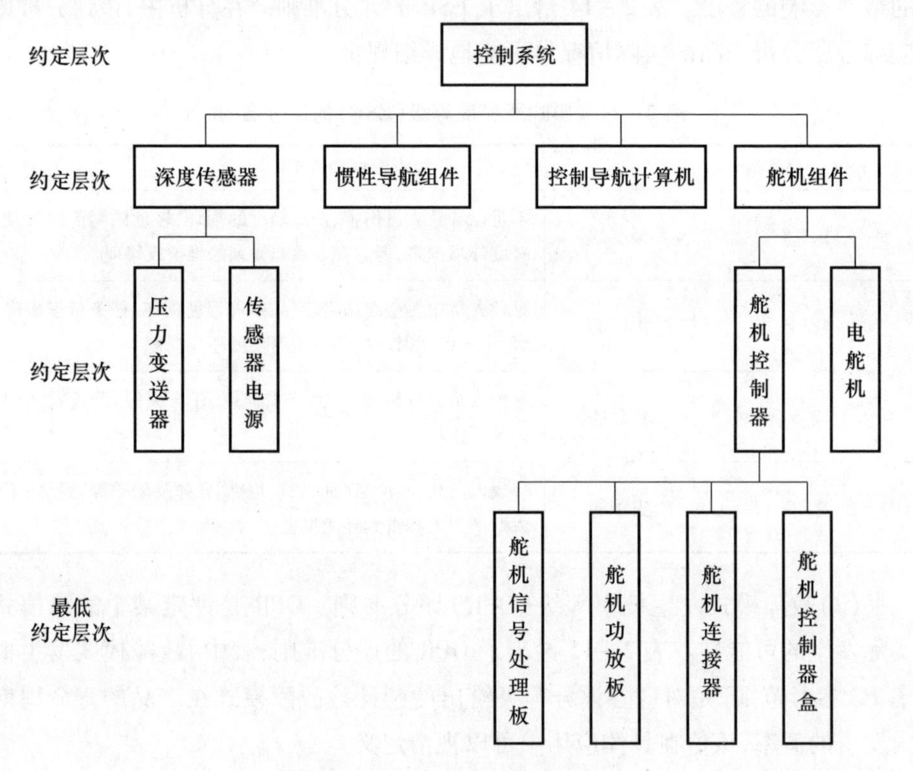

图 2－14　控制系统结构层次

其中，舵机组件的 FMEA 分析样表如表 2－16 所示。

表 2-16　控制系统舵机组件故障模式影响分析(FMEA)表

初始约定层次:某鱼雷　　任务:　　审核:

约定层次:40 控制系统舵机组件　　分析人员:　　批准:　　填写日期:2022-07-04

序号	产品或功能标志	功能	故障模式		故障原因	任务阶段与工作方式	故障影响			严酷度类别	检测方法	补偿措施	备注
			识别号	模式			局部影响	高一层次影响	最终影响				
410	舵机控制器	指令操舵	4101	舵机信号处理板无输出	1. 无供电 2. 线路开路 3. 芯片烧毁	全任务阶段	无影响	1. 电舵机无输出 2. 电舵机错误操舵	鱼雷不能正常航行	Ⅱ	BIT(机内测试)	向信息系统报故障;更换;定期检查	
			4102	舵机功放板无输出	功放电路烧毁	全任务阶段	无影响	1. 电舵机无输出 2. 电舵机错误操舵	鱼雷不能正常航行	Ⅱ		向信息系统报故障;更换;定期检查	
			4103	舵机功放板输出断路	线路断路	全任务阶段	无影响	1. 电舵机无输出 2. 电舵机错误操舵	鱼雷不能正常航行	Ⅱ		向信息系统报故障;更换;定期检查	
			4104	舵机功放板输出波形畸变	1. 元器件受损 2. 参数漂移 3. 功放模块时序紊乱	全任务阶段	无影响	舵机操舵不平稳	鱼雷航行性能下降	Ⅲ		更换;定期检查	

续表

序号	产品或功能标志	功能	故障模式		故障原因	任务阶段与工作方式	故障影响			严酷度类别	检测方法	补偿措施	备注
			识别号	模式			局部影响	高一层次影响	最终影响				
410	舵机控制器	指令操舵	4105	舵机连接器部分开路	1. 连接器接触不良 2. 虚焊 3. 弯针 4. 不对准	全任务阶段	无通信；无供电	1. 舵机无输出 2. 部分舵机错误操舵	鱼雷不能正常航行	Ⅱ	BIT（机内测试）	向信息系统报故障；更换；定期检查	
420	电舵机	给舵提供动力	4201	电舵机无输出	电机损毁	航行阶段	受损加剧	不能操舵	鱼雷不能正常航行	Ⅱ	功能测试	向信息系统报故障	
			4202	电舵机错误动作	1. 电位计受损 2. 减速器受损	航行阶段	舵反馈信号错误	电舵机错误操舵	鱼雷不能正常航行	Ⅱ		定期检查；更换	
			4203	电舵机功率下降	1. 传动机构受损 2. 减速器受损	航行阶段	电舵机功率下降	操舵偏差	鱼雷实航轨迹偏差	Ⅲ		定期检查	

2.4.2.3　FMECA 与 FTA 的对比分析

FMECA 与 FTA 是装备保障工程常用的两种分析方法，其研究目的、手段、时机等有诸多相似之处，这两种分析方法的对比如表 2－17 所示。

表 2－17　FMECA 与 FTA 的特点比较

对比项目	FMECA	FTA
目的	分析设计，识别缺陷	识别导致重要故障的路径
对象	预想的所有可能的故障	预想的系统某个或某些重大事故
范围	硬件为主的单因素分析	硬件、软件、人因等多因素分析
方法	归纳法填表	演绎法建树
输入	设计资料，经验数据	设计资料、经验数据
输出	FMECA 报告	故障树分析报告
用途	提高产品固有可靠性，支持维修性、测试性、保障性、安全性分析	提高产品安全性、可靠性，指导设计改进
特点	全面分析普遍进行	重点分析
责任人	工程设计人员做，可靠性专业人员咨询审查	工程设计人员与可靠性专业人员共同做

使用 FMEA 和 FTA 对系统可能产生的故障进行分析：①可以在设计阶段预测故障及消除缺陷；②在工艺阶段预测难点及发现主要缺陷和问题；③在试验检验阶段指出存在的问题和重点，以提高效率；④查出软件错误和人员差错；⑤指出维修和设备操作上的问题；⑥进行故障分析和诊断；⑦指出加工时成本上的问题并加以改进等。

使用 FMEA 和 FTA，两者各有所长、各有所短。在工程中使用它们，最好能做到相辅相成、相得益彰。必要时还可参考使用一些其他方法，如共同原因故障分析（Cause Consequence Fault Analysis，CCFA）、事件树分析（Event Tree Analysis，ETA）、事件序列分析（Event Sequence Analysis，ESA）等。但上面介绍的 FMECA 与 FTA 是两种最基本的方法。

2.4.3　潜在分析

潜在分析是可靠性基础工作项目。其目的是在假定所有元器件均正常工作的情况下，分析确认能引起非期望的功能或抑制所期望的功能的潜在状态。潜在分析是一种有用的工程方法，它以设计和制造资料为依据，可用于识别潜在状态、图样差错以及与设计有关的问题。通常不考虑环境变化的影响，也不去识别由于硬件故障、工作异常或对环境敏感而引起的潜在状态。根据所分析的对象,潜在分析可分为针对电路的潜在电路分析(Sneak Circuit Analysis,SCA)、针对软件的潜在分析和针对液、气管路的潜在通路分析。

大多数潜在状态必须在某种特定条件下才会出现,因此,在多数情况下很难通过试验来发现。应该用系统化的方法进行潜在分析,以确保所有功能只有在需要时完成,并识别出潜在状态。

潜在分析工作项目要点包括:

(1)对任务和安全关键的产品应进行潜在分析。

(2)应在设计的不同阶段,利用已有的设计和制造资料(包括原理图、流程图、结构框图、设计说明、工程图样和生产文件等)及早开展潜在分析,并应随着设计的逐步细化,及时进行更新分析。

(3)进行SCA时应利用线索表或其他合适的方法,通过分析识别潜在路径、潜在时序、潜在指示和潜在标记,并根据其危害程度采取更改措施。

SCA通常在设计阶段的后期设计文件完成之后进行。潜在分析难度大,也很费时费力。因此,通常只考虑对任务和安全关键的产品进行分析。

2.4.4 电路容差分析

电路容差分析是可靠性基础工作项目。其目的是分析电路的组成部分在规定的使用温度范围内其参数偏差和寄生参数对电路性能容差的影响,并根据分析结果提出相应的改进措施。

符合规范要求的元器件容差的累积会使电路、组件或产品的输出超差,在这种情况下,故障隔离无法指出某个元器件是否故障或输入是否正常。为消除这种现象,应进行元器件和电路的容差分析。这种分析是在电路节点和输入、输出点上,在规定的使用温度范围内,检测元器件和电路的电参数容差和寄生参数的影响。这种分析可以确定产品性能和可靠性问题,以便在投入生产前得到经济有效的解决。

电路容差分析工作项目要点包括:

(1)应对受温度和退化影响的关键电路的元器件特性进行分析。

(2)可参照GJB/Z 89—1997《电路容差分析指南》提供的方法和程序进行电路容差分析。

(3)对安全和任务关键的电路应进行最坏情况分析。

(4)应在初步设计评审时提出需进行分析的电路清单。

(5)容差分析的结果应形成文件并采取相应的措施。

电路容差分析应考虑由于制造的离散性、温度和退化等因素引起的元器件参数值变化。应检测和研究某些特性,如继电器触点动作时间、晶体管增益、集成电路参数、电阻器、电感器、电容器和组件的寄生参数等,也应考虑输入信号如电源电压/频率/带宽/阻抗/相位等参数的最大变化(偏差、容差)、信号以及负载的阻抗特性,应分析诸如电压、电流、相位和波形等参数对电路的影响,还应考虑在最坏情况下的电路元件的上升时间、时序同步、电路功耗以及负载阻抗匹配等。

电路最坏情况分析(Worst Case Consequence Analysis,WCCA)是电路容差分析的一种方法,它是一种极端情况分析,即在特别严酷的环境条件下,或在元器件偏差最严重的状态下,对电路性能进行详细分析和评价。进行 WCCA 常用的技术有极值分析、平方根分析和蒙特卡罗分析等。

电路容差分析费时费力,难以精确地列出应考虑的可变参数及其变化范围,且需要一定的技术水平,所以一般仅在关键电路上应用。功率电路(如电源和伺服装置)通常是关键的,较低的功率电路(如中频放大级)一般也是关键的。对关键电路进行容差分析,要确定关键电路、应考虑的参数,以及用于评价电路(或产品)性能的统计极限准则,并提出在此基础上的工作建议。

2.4.5 有限元分析

有限元分析(Finite Element Analysis,FEA)是将产品结构划分成许多易于用应力和位移等特征描述的理想结构单元,如梁、杆、壳和实体等,单元之间通过一系列矩阵方程联结,一般要用计算机求解。分析的难点是根据结构对负载响应的特点建立合理的模型,然后编制或选用合适的有限元软件进行计算。热特性分析也类似。

FEA 是机械结构件进行产品设计的重要工作,也是可靠性分析的重要方法。通过 FEA 可识别薄弱部位,FEA 的结果可对备选设计方案迅速做出权衡,以便指导设计改进,提高可靠性。

FEA 是检查结构设计和热设计的一种计算机仿真方法,应在产品研制进展到结构和材料设计特性清晰明确时进行,一般在初始设计方案之后,产品详细设计完成之前进行。

实施 FEA 工作需耗费一定的费用和时间,主要考虑对一些必需的和影响安全的关键部件进行分析。例如,新材料和新技术的应用,严酷的环境负载条件,苛刻的机械载荷等。

2.4.6 耐久性分析

耐久性通常用耗损故障前的时间来度量,而可靠性常用平均寿命和故障率来度量。耐久性分析传统上适用于机械产品,也可用于机电和电子产品。耐久性分析的重点是尽早识别和解决与过早出现耗损故障有关的设计问题。它通过分析产品的耗损特性还可以估算产品的寿命,确定产品在超过规定寿命后继续使用的可能性,为制定维修策略和产品改进计划提供有效的依据。

估计产品寿命必须以所确定的产品耗损特性为依据。如果可能,最好的办法是进行寿命试验来评估,也可以通过使用中的耗损故障数据来评估。

目前,威布尔分析法是常用的一种寿命估算方法,它利用图解分析来确定产品故障概率(百分数)与工作时间、行驶里程和循环次数的关系。

耐久性分析的基本步骤:

(1)确定工作与非工作寿命要求。

(2)确定寿命剖面,包括温度、湿度、振动和其他环境因素,从而可量化载荷和环境应力。

(3)识别材料特性,通常采用相关手册中的一般材料特性;若考虑采用特殊材料,则需进行专门试验。

(4)确定可能发生的故障部位。

(5)确定在所预期的时间(或周期)内是否发生故障。

(6)计算零部件或产品的寿命。

2.5 可靠性试验与评估

2.5.1 可靠性试验概念与作用

可靠性试验是为了评估或提高产品(包括系统、设备、元器件、原材料等)可靠性而进行的试验,它是对产品可靠性进行调查、分析和评价的一种手段。根据可靠性试验结果,一方面可以通过对试验数据进行统计分析,测定装备的可靠性指标,评价装备可靠性水平;另一方面可以通过对故障样品进行失效分析,找出薄弱环节,提出改进措施,为装备研制和生产提供依据。因此,可靠性试验是装备可靠性评估的一种重要手段,也是可靠性增长的一个重要环节。

可靠性是决定主装备保障性设计特性的主要因素之一。由可靠性鉴定试验取得的可靠性数据(如 MTBF)是评估保障性的重要依据。利用 MTBF 的测定值可以估计维修频次、备件的种类与需求率、保障设备的数量/种类及利用率，以及用来估计装备的使用可用度或其他战备完好性参数。此外,可靠性鉴定试验的结果也影响维修与供应设施、维修人员的数量与技术等级、人员的训练,以及使用与保障费用等诸多的保障性因素。

由此,可靠性试验的目的包括:①发现产品在设计、材料和工艺方面的各种缺陷;②为改善产品的战备完好性、提高任务成功性、减少使用与保障费用提供信息;③验证并确认产品是否符合可靠性定量要求。

2.5.2　可靠性试验分类

可靠性试验分类如图 2－15 所示。

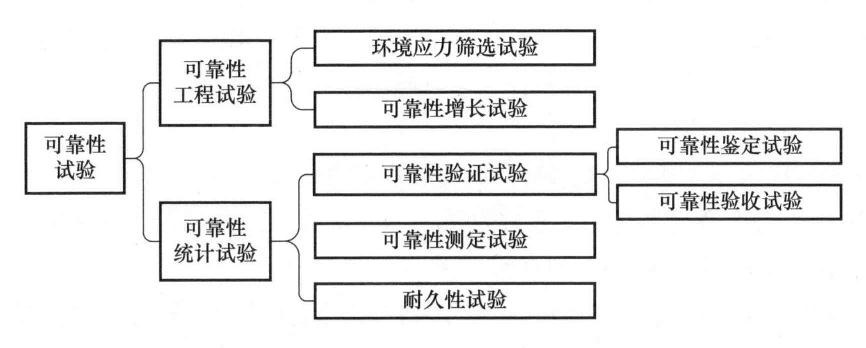

图 2－15　可靠性试验的分类

根据试验目的不同,GJB 450A—2004《装备可靠性工作通用要求》规定了环境应力筛选(Environmental Stress Screening,ESS)、可靠性研制试验、可靠性增长试验(Reliability Growth Test,RGT)、可靠性鉴定试验(Reliability Qualification Test,RQT)和可靠性验收试验(Reliability Acceptance Test,RAT)4 种可靠性试验类型。

其中,可靠性鉴定试验、可靠性验收试验也被统称为可靠性验证试验(GJB 899A—2009《可靠性鉴定和验收试验》),所以工程中常有环境应力筛选、可靠性增长试验、可靠性验证试验“三大可靠性试验”的说法。可靠性统计试验除了上述两种可靠性验证试验之外,还包括可靠性测定试验、耐久性试验等。

环境应力筛选试验、可靠性增长试验属于工程试验。由承制方进行,受试样品从研制样机中取得。

可靠性鉴定试验、可靠性验收试验属于统计试验。统计试验最好在第三方实验室进行,若因为条件限制需要在承制方实验室进行,则必须经使用方认可并接受使用方监督。

工程试验以改进可靠性为目的,统计试验以评价可靠性为目的。

按照实施场地,可靠性试验还可以分为内厂试验、外场试验,内厂试验在实验室进行,而外场试验则在装备使用现场进行。

需要特殊指出的是,除了传统的环境应力筛选、可靠性增长试验、可靠性鉴定试验、可靠性验收试验4种可靠性试验类型之外,GJB 450A 在400 系列“可靠性试验与评价”当中还增补了“可靠性研制试验”“可靠性分析评价”“寿命试验”3 个工作项目。

2.5.3 可靠性工程试验

可靠性工程试验的目的在于暴露产品的可靠性缺陷并采取纠正措施加以排除(或使其出现率低于允许水平)。该类试验通常由承制方在各种研制样机上进行,这里介绍环境应力筛选试验、可靠性增长试验两大类。

2.5.3.1 环境应力筛选试验

环境应力筛选试验是通过向产品施加规定的环境应力(典型应力有机械振动与冲击、温度循环及电应力等),为剔除不良元器件、暴露工艺缺陷和发现并排除早期故障而进行的一系列试验。

试验包括在规定环境应力条件下的目视检查、实体尺寸测量和功能测量。某些试验可在强应力下进行,以加速潜在缺陷转化为早期故障。

环境应力筛选是可靠性统计(鉴定与验收)试验的预处理工艺,任何提交用于统计试验的样本必须经过环境应力筛选。只有通过筛选,消除了早期故障的样本,其统计试验结果才代表其真实的可靠性水平。但筛选不能改变故障机理而延长任何单个元器件的寿命。环境应力的筛选应当注意,不要对好产品造成损伤。

筛选与质量检验不同,质量检验是通过抽样检验判定批产品是否合格(接收或拒收),筛选则是在质量检验已合格的产品中进一步剔除早期故障产品,是一种100%的抽样试验,可按 GJB 150A—2009《军用装备实验室环境试验方法》、GJB 1032A—2020《电子产品环境应力筛选方法》实施。

ESS 的主要目的是剔除制造过程使用的不良元器件和引入的工艺缺陷,以提高产品的使用可靠性,ESS 应尽量在每一组装层次上都进行。例如,电子产品应在元器件、组件和设备等各组装层次上进行,以剔除低层次产品组装成高层次产品过程中引入的缺陷和接口方面的缺陷。

ESS 所使用的环境条件和应力施加程序应着重于能发现引起早期故障的缺陷，而不需对寿命剖面进行准确模拟。环境应力一般是依次施加，并且环境应力的种类和量值在不同装配层次上可以调整，应以最佳费用效益加以剪裁。

ESS 可用于装备的研制和生产阶段及大修过程。在研制阶段，ESS 可作为可靠性增长试验和可靠性鉴定试验的预处理手段，用以剔除产品的早期故障以提高这些试验的效率和结果的准确性，生产阶段和大修过程可作为出厂前的常规检验手段，用以剔除产品的早期故障。

承制方应制定 ESS 方案并应得到订购方的认可，方案中应确定每个产品的最短 ESS 时间、无故障工作时间，以及每个产品的最长 ESS 时间。

由于产品从研制阶段转向批生产阶段的过程中，制造工艺、组装技术和操作熟练程度在不断地改进和完善，制造过程引入的缺陷会随这种变化而改变，这种改变包括引入缺陷类型和缺陷数量的变化。因此，承制方应根据这些变化对 ESS 方法（包括应力的类型、水平及施加的顺序等）做出改变。研制阶段制定的 ESS 方案可能由于对产品结构和应力响应特性了解不充分，以及掌握的元器件和制造工艺方面有关信息不确切，致使最初设计的 ESS 方案不理想。

因此，承制方应根据筛选效果对 ESS 方法不断调整。对研制阶段的 ESS 结果应进一步深入分析，作为制定生产中用的 ESS 方案的基础。对生产阶段 ESS 的结果及实验室试验和使用信息也应定期进行对比分析，以及时调整 ESS 方案，始终保持进行最有效的筛选。

2.5.3.2　可靠性增长试验

可靠性增长试验是一个有计划地为暴露产品的薄弱环节，并证明改进措施能防止薄弱环节再现而进行的一系列试验。只有通过对故障的分析和采取改进措施才能提高产品的可靠性。仅仅对被试产品进行修复不构成薄弱环节的改进。可按 GJB 1407—92《可靠性增长试验》实施。

可靠性增长试验是一种有计划地试验、分析和改进的过程。在这一试验过程中，产品处于真实的或模拟的环境下，以暴露设计中的缺陷，对暴露出的问题采取纠正措施，从而达到预期的可靠性增长目标。

可靠性增长试验不仅要找出产品中的设计缺陷和采取有效的纠正措施，而且还要达到预期的可靠性增长目标，因此，可靠性增长试验必须在受控的条件下进行。为了达到既定的增长目标,并对最终可靠性水平做出合理的评估,要求试验前评估出产品的初始可靠性水平,确定合理的增长率,选用恰当的增长模型并进行过程跟踪,对试验中所使用的环境条件严格控制,对试验前准备工作情况及试验结果进行评估,必要时还应进行试验过程中的评估。

可靠性增长试验的受试样品的技术状态应能代表产品可靠性鉴定试验时的技术状态,产品的可靠性增长试验应在产品的可靠性鉴定试验之前进行,在可靠性增长试验开始前,应按 GJB 150A、GJB 1032A 及有关标准完成产品的环境试验和 ESS。

可靠性增长试验要求采用综合环境条件,需要综合试验设备,试验时间较长,需要投入较大的资源,因此,一般只对那些有定量可靠性要求、任务或安全关键的、新技术含量高且增长试验所需的时间和经费可以接受的电子设备进行可靠性增长试验。

可靠性增长试验必须纠正那些对完成任务有关键影响和对使用维修费用有关键影响的故障。一般做法是通过纠正影响任务可靠性的故障来提高任务可靠性,纠正出现频率很高的故障来降低维修费用。

2.5.4 可靠性统计试验

统计试验是运用数理统计的抽样试验方法测定产品所达到的可靠性水平或使用寿命,或者检验是否达到了规定的可靠性定量要求所进行的试验。产品可靠性是用统计特征描述的随机变量,因此,要想确定产品可靠性参数的量值或量值范围,只能采用统计方法的寿命试验。

可靠性统计试验包括可靠性验证试验、可靠性测定试验和耐久性试验等。

2.5.4.1 可靠性验证试验

可靠性验证试验(Reliability Compliance Test)是为确定产品可靠性特征量是否达到所要求的水平而进行的试验。试验的目的主要是验证产品的可靠性,而不在于暴露可靠性缺陷(试验中暴露的重大可靠性缺陷,找出原因仍由承制方采取措施解决),试验计划由承制方制定,但因要做出接收、拒收、合格、不合格的判定,故必须由订购方认可。

可靠性验证试验分为可靠性鉴定试验和可靠性验收试验。

(1)可靠性鉴定试验。可靠性鉴定试验是为确定产品与设计要求的一致性,由订购方用有代表性的产品在规定的条件下所做的试验,试验结果作为批准定型的依据,也是评估保障性的依据。

(2)可靠性验收试验。可靠性验收试验是用已交付或可交付的产品在确定条件下所做的试验,其目的是确定产品是否符合规定的可靠性要求。一般自生产合同签订后交付的第一批产品开始,每一批都要进行可靠性验收试验。即使生产稳定,虽可减少抽样的频率,但为促进承制厂开展可靠性活动的积极性,也不应该废除产品可靠性验收试验。

可靠性鉴定试验和可靠性验收试验的要求不同,因而对试验的处理方式也不同。前者要求对产品的平均寿命做出定量的鉴定;后者一般只要求找出一个简单的验收标准,以做出接收或拒收的判定。两种试验可按 GJB 899A—2009《可靠性鉴定和验收试验》实施。

2.5.4.2　可靠性测定试验

可靠性测定试验(Reliability Determination Test)是为确定新研制产品的可靠性特征或其量值所进行的试验。

可靠性测定试验一般是为产品提供寿命分布类型及参数、可靠性特征值、安全余量、环境适应性及耐久性等数据。

2.5.4.3　耐久性试验

耐久性试验(Durance Test)是为测定产品在规定的使用和维修条件下的使用寿命所进行的一种可靠性试验。耐久性试验属于统计试验,包括耐久性的测定试验与验证试验。

对于高可靠性的产品,为缩短试验时间,采用加速寿命试验(Accelerated Test)方法,即在不改变故障模式和机理的条件下,用加大应力的方法进行的试验;然后依据一定的物理模型以及统计方法,再外推到正常的使用条件下,评定产品的可靠性水平。

装备耐久性试验既可在装备实际使用环境中进行,也可在专业实验室里模拟装备服役环境进行。例如,军用越野车“猛士”,可以在野外专门试车场进行专门的爬坡试验、涉水试验和颠簸路面试验;也可以在实验室内的道路模拟试验台上进行试验。在实验室进行模拟装备实际服役环境可靠性试验,在一个试验箱中同时完成“振动、温度、湿度”3 种应力的综合可靠性试验。加速试验原理:通过施加超高激发应力(振动、温度、湿度等),快速暴露出装备潜在缺陷。加速试验主要有快速发现缺陷和预测装备寿命两个作用。

美国、俄罗斯导弹的定寿与延寿过程中广泛应用了加速试验技术。例如,俄罗斯 S300 防空导弹通过 6 个月的加速试验可以预测 10 年的储存寿命。

2.5.5 可靠性评估

可靠性评估是利用装备各级试验信息、可靠性结构、寿命分布模型、与系统可靠性有关的其他信息，自下而上到全系统，逐级确定可靠性的过程。它是衡量装备可靠性是否达到预期目标，促进装备可靠性增长和质量提高的重要途径。对于导弹武器系统、军用卫星等复杂装备而言，由于受费用、时间、样本量的限制，不可能通过试验来验证其可靠性，因此可靠性评估在这一类装备的研制转样、定型中是不可缺少的环节，具有重要的军事意义。

2.5.5.1 若干寿命概念

装备的寿命是指装备在按照规定进行使用、维修和保管的条件下允许用于执行任务的规定时限。装备的寿命相关概念主要包括以下几种：

(1)自然寿命：指装备在设计规定的使用条件下，从投入使用开始，到因有形损耗(腐蚀、磨损、疲劳、老化、变形)导致装备不能保持设计规定功能而中止使用的时间。

(2)技术寿命：指装备从投入使用开始，到因无形损耗(技术进步，新设计装备出现)导致原设计功能落后而中止使用的时间。

(3)经济寿命：指装备从投入使用开始，到因经济性权衡结果而中止使用的时间。

(4)首翻期：在规定条件下，产品从开始使用到翻修的工作时间、循环数和(或)日历持续时间。

(5)翻修间隔期：在规定条件下，产品两次相继翻修间的工作时间、循环数和(或)日历持续时间。它是从产品的安全性、可靠性或经济性考虑而人为确定的技术保证期。

(6)商务保证期：是生产方对用户承担的经济责任期限，受市场、利润的影响。

(7)使用寿命：产品使用到对其进行修理或翻修达到可接受的标准，无论从其本身状态或从经济上考虑都不再可行时的工作时间和(或)日历持续时间。

(8)储存寿命：在规定的条件下，产品能够储存的日历持续时间，在此时间内，产品启封使用能满足规定的要求。

2.5.5.2 寿命试验和平均寿命抽样试验

通过寿命试验可以评价长期的预期使用环境对产品的影响，通过这些试验，确保产品不会由于长期处于使用环境而产生金属疲劳、部件到寿或其他问题。寿命试验非常耗时且费用昂贵，因此，必须对寿命特性和寿命试验要求进行仔细的分析,必须尽早收集类似产品的磨损、腐蚀、疲劳、断裂等故障数据并在整个试验期间进行分析,否则可能会导致重新设计、项目延误。产品项目尽早明确寿命试验要求,当可行时可采用加速寿命试验的方法。加速寿命试验一般在零件级进行,有的产品也可在部件级上进行。

为了确定产品是否合格,即做出订购方对产品接收或拒收判定结论的可靠性验证试验(包括鉴定试验与验收试验)是一种具有破坏性的寿命试验。故不能将全部产品都投入试验,只能从一批产品中抽取部分样品进行统计试验。这种以平均寿命作为抽样检验指标来确定产品总体平均寿命是否合格的统计试验,称为平均寿命抽样试验。当然,抽样的前提是产品质量必须均匀,生产必须稳定。工程实践中,根据可靠性试验数据、耐久性寿命试验数据、现场使用数据或同类产品使用经验总结,可以评估装备的寿命。

2.5.5.3　寿命分布参数估计

试验数据的分析与产品的寿命分布有关联,目前工程上使用广泛的是假定产品寿命服从指数分布。当产品寿命分布已知时,利用分布函数就可以求出产品的可靠度、故障密度函数、故障率及各种可靠性特征量。但要确定一种新产品的寿命分布及可靠性特征量,就必须进行大量的寿命试验。通过试验样本估计出分布参数,才有可能对产品的可靠性进行分析与评估。由于产品的寿命分布参数不仅随产品的类型的不同而不同,甚至随产品的批次的不同而有所变动,而且寿命试验既费时、费钱,还对产品有所损害,故在工程实际中只允许做有限次数的试验,即希望用尽量少的试验次数所取得的样本估计出产品的分布参数。这种用样本观测值估计总体参数的操作过程称为参数估计。

当不知道产品的寿命分布类型时,首先需要根据子样的试验数据做分布检验,推断产品的寿命分布,然后再做参数估计。推断寿命分布一般采用拟合优度检验,检验观测值的分布与先验的或拟合观测的理论分布之间的符合程度。从理论上,一个由很多部分组成的复杂产品(系统),不论这些组成部分的寿命是什么分布,只要产品的任一部分出了故障,即予以修复再投入使用,则较长时间之后,产品的寿命基本上服从指数分布。大量实践也证明,很多电子产品的寿命服从指数分布。

2.5.5.4　可靠性分析评价

可靠性分析评价主要适应于可靠性要求高的复杂装备,尤其是像导弹、军用卫星、海军舰船这类研制周期较长、生产数量少的装备。

可靠性分析评价通常可采用可靠性预计、FMECA、FTA、同类产品可靠性水平对比分析、低层次产品可靠性试验数据综合等方法,评价装备是否能达到规定的可靠性水平。

可靠性分析评价主要是评价装备或分系统的可靠性。评估的方法、利用的数据和评估的结果均应经订购方认可。可靠性分析评价可为使用可靠性评估提供支持信息。

2.5.5.5 使用可靠性评估

使用可靠性评估的目的是评估装备在实际使用条件下达到的可靠性水平,验证装备是否满足规定的使用可靠性要求。使用可靠性评估包括初始使用评估和后续使用评估。使用可靠性评估应与装备的战备完好性评估同时进行。

装备部署后,订购方应有计划地安排并组织可靠性信息的收集分析、使用可靠性评估(利用实际使用和维修数据等)与改进等工作,以保持并不断提高装备的可靠性水平,并为新研装备的论证与研制等提供信息。

使用可靠性信息主要包括装备在使用、维修、储存和运输等过程中产生的信息,主要有工作小时数、故障和维修信息、监测数据、使用环境信息等。

使用可靠性评估工作项目要点:

(1)使用可靠性评估包括初始使用可靠性评估和后续使用可靠性评估。使用可靠性评估应以装备实际使用条件下收集的各种数据为基础,必要时也可组织专门的试验,以获得所需的信息。

(2)订购方应组织制定使用可靠性评估计划,计划中应规定评估的对象,评估的参数和模型、评估准则、样本量、统计的时间长度、置信水平以及所需的资源等。

(3)使用可靠性评估一般在装备部署后、人员经过培训、保障资源按要求配备到位的条件下进行。

(4)使用可靠性评估应综合利用装备部署使用期间的各种信息。

(5)应编制使用可靠性评估报告。

(6)使用可靠性评估应与系统战备完好性评估同时进行。

(7)要求承制方参与的事项应用合同明确。

思考题

1. 某型雷达装备有 300 只集成芯片,工作 2000h 时有 20 只发生故障,工作到 4000h 时总共有 50 只发生故障,求该产品分别在 2000h 与 4000h 时的累积故障概率和可靠度。

2. 对火炮系统某部件进行寿命试验，选取 100 个样本，在 $T=300\text{h}$ 以前没有发生故障，而在 300 ~ 305h 有 1 个发生故障，到 2000h 前共有 66 个发生故障，2000 ~ 2005h 3 个发生故障，分别求出 $T=300\text{h}$ 和 $T=2000\text{h}$ 时产品的故障率和故障概率密度。

3. 任务可靠性与基本可靠性分别有哪些重要定量参数？以某型军民用装备/设备为研究对象，说明这两者之间的区别和联系，深入理解其概念和内涵。

4. 装备可靠性工程包含哪些主要的工作项目？分别在哪些阶段、由谁负责实施？

5. 系统可靠性高，安全性就高吗？安全性高，可靠性就高吗？为什么？举例详细说明两者的关系。

6. 以某型军民用装备/设备为研究对象，结合国军标当中可靠性工程工作项目，设想在全寿命周期各个阶段如何开展可靠性工程工作，分析每项工作开展的主体和内容。

7. 选取零部件数量不少于 20 个功能部件的装备或系统，分析已有的可靠性设计措施，并提出 2 ~3 项改进设计措施。

8. 选取零部件数量不少于 20 个功能部件的装备或系统，对其进行 FTA 和 FMEA 分析。

第3章 装备维修性与维修工程分析基础

装备维修保障是装备保障的重要组成部分,通常又简称为装备维修,是使得装备保持和恢复其规定技术状态所进行的全部活动,是保障装备遂行使用、作战和训练等任务的重要支撑。通过良好的维修,可以使装备随时处于可用状态,为装备形成和保持战斗力提供物质基础。

武器装备进入机械化时代以来,维修工作就不再是仅仅依靠个人经验和体力就完全能胜任的简单劳动了。随着战争形态的变化、装备复杂程度的提高和装备数量的增加,对维修技术的要求也越来越高。然而近几十年来,世界各国在使用和维修装备过程中,普遍暴露出了装备维修困难、装备维修保障资源不配套、保障费用居高不下、形成维修保障能力周期长等一系列问题。

因此,当前世界各国都进行维修保障模式改革和维修能力提升。一方面,基于性能的保障、自主保障等新型维修保障模式不断涌现,装备维修保障组织趋于集约高效,逐渐发挥出良好的军事和经济效益。另一方面,新型的装备感知、故障诊断与预测技术以及维修作业手段不断丰富,装备维修的机械化、信息化及智能化程度不断提高,装备维修行为更加智能高效,明显降低了维修人力要求和时间消耗。更重要的是,越来越多的人们意识到,要从根本上解决装备维修所存在的问题,提升装备维修的效能,必须从设计阶段着手,从全系统全寿命的角度,追求武器装备的总体使用和作战效能,将武器装备维修方面的要求纳入设计过程,在研制主装备的同时,同步考虑装备使用和维修所需的所有保障需求,避免“先天不足,后患无穷”。

本章主要介绍维修有关的基本概念和划分、装备维修工程分析技术、装备维修性工程技术。

3.1 装备维修工程概述

相对于装备使用保障,装备维修保障的技术含量相对较高、难度更大,是装备保障理论研究的重点,国内外装备保障理论研究多侧重装备维修保障。一般地说,“维修”与“维修保障”并无严格的区分。

3.1.1　维修工程基本概念

3.1.1.1　维修保障系统

复杂装备维修需要专门的人员与技术,需要一个完善的维修保障系统。这就要根据作战任务要求,结合装备维修的资源条件与费用条件等约束,将各维修组织机构、维修制度规划、维修人员与训练、备件、消耗品、设备与设施、技术资料、计算机资源等维修保障要素综合优化,构成维修保障系统,来完成维修保障任务。

维修保障系统是由经过综合和优化的维修保障要素构成的总体,是由装备维修所需的物质资源、人力资源、信息资源以及管理手段等组成的系统。也就是说除上述的人与物质因素外,还应包括组织机构、规章制度等管理因素,以及包含程序和数据等软件与硬件构成的计算机资源或系统。各种维修保障系统的要素必须统筹安排,不可偏废。维修保障系统的功能是完成维修任务,将待维修装备转变为技术状态符合规定要求的装备,如图3-1所示。维修保障系统的能力既取决于其组成要素及相互关系,又同外部因素(作战指挥、装备特性、科技工业的供应水平以及运输、储存能力等)有关。

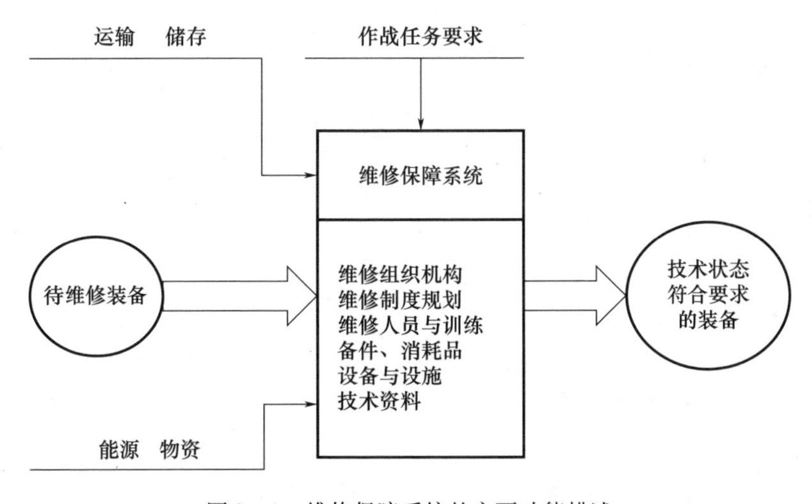

图3-1　维修保障系统的主要功能描述

维修保障系统可以针对某种具体装备(如某型飞机、某型坦克)来建立,它是具体装备系统的一个分系统;也可以按军队编制体制(如某级某种部队)来构建,在部队首长统一领导下,由装备部门或修理部门管理,是隶属于上级部队的建制单位或分系统。建设或完善维修保障系统,是贯穿于装备全寿命周期各阶段的重要任务;对装备技术部门来说,则是长期的经常性的任务。

3.1.1.2　维修性

维修性是由设计所赋予的表征装备维修简便、迅速和经济程度的固有属性,是决定装备维修品质的关键因素。

维修性由设计所赋予,是一种设计特性。对装备使用和维护产生重要影响。维修性不好的装备,经常是买得起而维护不起,甚至根本就无法维护。它直接决定了维修保障资源的需求:保障设备、工具、保障设施、技术资料,以及维修人员的数量、技术等级、训练及维修工时数与维修费用等。

良好的维修性对于提高武器装备的维修保障水平、战备完好性和降低全寿命周期费用具有重要作用。表 3 - 1 所示为美国大力神导弹导向系统费用对比,可以看出对武器系统进行维修性设计,提高维修性要求,虽然在装备研制、生产阶段增加一些费用,但会在装备长期使用过程中得到补偿,全寿命周期费用会因此降低。

表 3 - 1　美国大力神导弹导向系统费用对比(单位:百万美元)

全寿命各阶段费用	提高维修性前费用	提高维修性后费用
研制阶段	50.0	59.3
生产阶段	9.4	10.2
使用阶段	99.0	30.5
总计	158.4	100.0

近年来,维修性成为新型武器装备研制、使用和维修的重要指标之一,也是各类型号装备采办必须考虑的指标。从 20 世纪 90 年代中后期开始,美军诸多装备型号在各研制阶段大力开展维修性工程技术,大大提高了可维修能力,取得了显著的经济和军事效益。以 F - 22 战斗机为例,在研制过程中系统开展了模块化、可达性、开敞性和简化设计技术,并进行了整机虚拟维修分析和检查,使得其每飞行小时平均维修工时降为 F - 16 的 1/3,更换发动机时间缩短了 39%。

为使装备具有良好的维修性,需要从论证开始,进行装备的维修性建模、设计、分析、试验、评定等各种技术工作。维修性与可靠性、保障性等其他通用质量特性一样,是设计出来的,也是管理出来的,其中维修性设计最为重要,只有在装备研制过程中,将维修性要求同步纳入到装备指标与要求体系中,并行开展维修性设计,才能使维修性得到根本保证,也才能为其他维修性试验与评定工作提供输入与依据。因此，维修性设计是装备研制阶段维修性工作的核心环节，只有大力开展维修性设计技术的理论研究与应用，才能从根本上提高装备的维修性质量水平，才能从源头上解决装备维修保障过程中存在的维修困难、维修费用高、形成维修保障能力周期长等问题，从而为装备战斗力的持续生成与发挥提供重要的技术支撑。

3.1.1.3　维修工程

装备维修工程是与装备维修保障紧密相关的系统工程，是研究装备维修保障系统研制、建立及运行规律的学科。在装备维修工程中，应采用全系统全寿命全费用的观点、现代科学技术的方法和手段，优化装备维修保障总体设计，使装备具有良好的有关维修的设计特性，及时建立经济而有效的维修保障系统，使主装备与维修保障系统之间达到最佳匹配与协调，并对维修保障进行宏观管理，以实现及时、有效而经济的维修。

维修工程各阶段的主要目标如表3－2所示。

表3－2　维修工程各阶段的主要目标

论证	方案	工程研制	生产	使用	退役
论证维修保障及其有关设计要求；确定初始维修保障方案	选择最佳维修保障方案；开展维修性初步设计，制定初始维修保障计划	开展维修性详细设计与分析，研制维修保障资源；制定正式维修保障计划	开展维修性鉴定，保证生产出的装备符合维修要求；获取维修保障资源，组织人员培训等	实施维修保障；收集维修信息、评估维修保障系统；不断完善维修保障系统	妥善处理装备退役后不适应的维修保障资源；信息整理与反馈

具体说，装备维修工程的基本任务是：①论证并确定有关维修的装备维修性设计目标和维修保障要求；②开展装备维修工程分析，确定装备基本维修保障方案；③在装备研制过程中，并行开展维修性设计，使得装备具有好维修的先天特性；④确定装备维修保障方案，确定与优化维修工作及维修保障资源；⑤对维修活动进行组织、计划、监督与控制，并不断完善维修保障系统；⑥收集与分析装备维修信息，为装备研制、改进及完善维修保障系统提供依据。

以上②～④步在装备研制过程中不断迭代，随着装备技术状态的变化和研制进度推进而逐步优化，最终满足①的要求。尤其应注意的是，维修保障方案和维修保障计划。所谓维修保障方案，指总体上对装备维修保障工作的概要说明，包括维修类型、维修原则、维修级别等。而维修保障计划是指比方案更为详细的维修保障系统说明,涉及维修保障的各个要素,是实现维修保障方案各类工作的更具体的要求。维修保障计划是通过维修工程分析来确定的。

可以看出,装备维修工程贯穿全寿命周期各个阶段,其效能取决于两个方面的因素,一是与装备自身相关联的维修性水平,二是装备维修保障系统的优劣。前者作为装备的固有属性,理应属于装备维修工程的组成部分。这两者相互支持、相互渗透,维修性的设计过程需要外部系统的输入,而维修系统和方案的确定需要以维修性作为前提条件,需要并行开展工作,并最终为保持和恢复装备的技术状态服务。

3.1.1.4　装备维修工程理论发展的大致阶段

20 世纪 60 年代,随着维修性工程的迅速发展,如何建立和优化一个维修保障系统的问题引起各方关注。这一阶段,美国开始研究装备的维修工程。1975 年,美国国家航空航天局出版了《维修工程技术》,提出了维修工程的理论与方法。从此,维修工程成为一门正式的学科,得到迅速的发展。

20 世纪 70 年代末,我国引入维修工程以来,在学习、消化的基础上,结合我国实际,积极探索维修工程的贯彻和实施,取得明显效果。自 20 世纪 90 年代以来,维修工程得到了军队各级装备机关的充分重视。2000 年,维修工程技术进入“十五”国防预研,标志着我军维修工程技术与实践进入了新的发展阶段。当前,各兵种新型装备在设计阶段就考虑了维修保障问题,维修保障能力得到逐步提高。

装备维修理论、策略和方式按照时间先后顺序,大致可以划分为以下阶段:

(1)20 世纪 60 年代,主要是事后维修、定期维修相结合的维修。

(2)20 世纪 70—80 年代开始预防性维修,以可靠性为中心的维修(RCM)加速其发展和应用。

(3)20 世纪 80—90 年代推广状态基维修,结合战场实际发展了靠前维修、主动维修等概念。

(4)21 世纪以来,为适应信息化、智能化战争特点和要求,聚焦保障、精确维修、网络中心维修、智能维修等新理论和新理念得到发展和应用。

除了上述装备维修保障理论,另外,在维修保障管理模式、故障机理认识、维修组织模式、维修实现手段、维修技术应用等方面也带来了重大变革。例如,随着对不同类型关重件故障机理、失效规律认识的不断深化,维修策略、维修方式和维修技术相应发生着重大变化。状态基维修的巨大需求促进了机电系统状态监控、故障诊断、故障预测、剩余寿命预测等新技术的发展,预测性维修也成为当前国内外研究的重点。

3.1.2　装备维修保障的基本划分

从不同的角度出发,维修有不同的分类方法,通常有3类:一是按修理的性质、范围和深度;二是按修理的场所和修理机构的能力;三是按修理的目的与时机。

3.1.2.1　按维修的性质、范围和深度分类

对于一般装备,按维修的性质、范围和深度可分为小修、中修和大修。

(1)小修。小修是对一般故障和轻度故障进行修理。它是一种运行性修理。

(2)中修。中修是对装备的主要系统、部件进行的恢复性能的修理。它是一种平衡性修理,即修复装备的某些部分,使其与其他部分能继续配套使用。

(3)大修。大修是对装备性能进行全面恢复的修理。全面恢复性修理,即全面解体装备,更换或修复所有不符合技术指标的零部件或分系统,使装备达到或接近新品的要求。

对于某些领域和行业,按维修的性质、范围和深度有特定的划分方式或称谓,如舰艇计划维修习惯称为坞修、小修、中修,分别对应于一般装备的小修、中修和大修。

以某种三相异步电机为例,其小中大修安排如表3-3所示。

表3-3　三相异步电机的小修、中修和大修内容

	维修内容	周期
小修	①电动机吹风清扫,一般性检查。②紧固所有螺钉。③清理集电环,检查和修补局部绝缘的损伤。④调整、加固风扇和风扇罩。⑤处理绕组局部绝缘故障,进行绕组绑扎加固和包扎引线绝缘等工作。⑥更换、调整局部电刷和弹簧	1年
中修	①全部小修内容。②修理集电环,对铜环进行车磨削加工。③电动机解体检查,刮研轴瓦,对轴瓦进行局部补焊,更换绝缘垫片。④更换磁性槽楔,加强绕组端部绝缘。⑤更换转子绑箍,处理松动的零部件,进行点焊加固。⑥转子做动平衡试验。⑦对电动机进行清扫、清洗干燥,更换局部线圈和修补加强绕组绝缘	2年
大修	①包含全部中修项目内容。②绕组全部重绕更新。③铜笼转子导条全部更新、焊接和试验。④铝笼转子应全部改铜笼或全部更换新铝条	10年

3.1.2.2　按维修的场所和修理机构的能力分类

对于一般装备,按维修的场所和修理机构的能力可分为三级维修,即基层级、中继级、基地级。

(1)基层级维修。基层级维修是由装备所在的建制单位最低的修理机构进行的维修。一般是利用携行工具、设备和备件,完成装备小修或规定的修理项目,维修目的是保持装备完好。

(2)中继级维修。中继级维修是由装备所在建制单位的上级修理部(分)队及其派出的修理分队实施的维修。维修机构通常是装备建制单位上级修理分队、修理所、修理厂。如集团军、战(军)区装备部直属修理机构。维修内容对应于装备中修或规定的修理项目,并支援基层级修理。

(3)基地级维修。基地级维修是为完成复杂装备大修和改装所组织的一级维修。维修机构通常是兵种、战(军)区等的企业化装备修理厂以及装备制造厂。维修内容是对装备进行大修(舰船中修)或改装。

为了提高维修保障效率,由三级维修向二级维修体制转变是未来的发展趋势。例如,美军采用的就是野战级和支援级两种维修体制。以无人机为例,野战级维修是由无人机系统分队军事和/或合同商人员在能力范围之内执行授权的维修程序,如故障检测与隔离、更换 LRU、检查与保养等。支援级维修由战区维修中心、专门修理机构、合同商等实施,主要执行无人机系统部件修理、零部件更换、故障检测、特殊故障隔离。

3.1.2.3 按照维修的目的和时机分类

按照维修的目的和时机,维修的分类如图 3-2 所示。

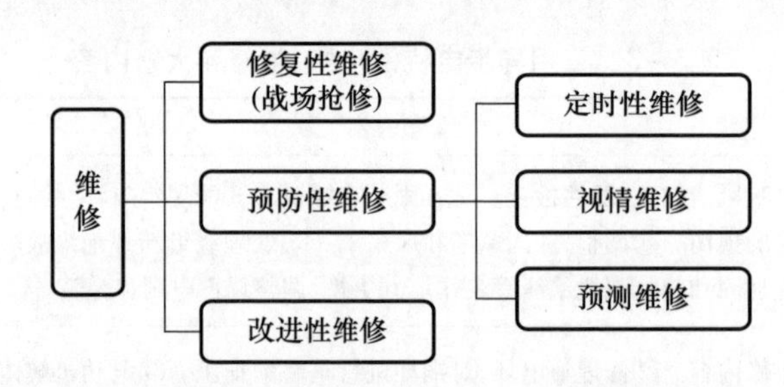

图 3-2 按照维修的目的和时机的分类

1. 修复性维修(Corrective Maintenance)

修复性维修是在装备的某些功能失效后采取的维修工作,也称修理(Repair)或排除故障维修。是装备或其部分发生故障或遭到损坏后,使其恢复到规定技术状态所进行的维修活动,属于事后维修。一般包括故障定位、故障隔离、分解、更换、再装、调校、检验以及修复损坏件等活动。进行修复性维修时,装备已发生故障,因此很容易引起继发性故障,故障的危害程度较大,停机的时间长。另外,由于故障发生的偶然性,备件、器材准备的计划性不强,额外的备件和人力资源费用高。修复性维修适用于故障后果不严重、不会造成设备连锁损坏、不会危害安全与环境、不会使生产前后环节堵塞等故障的修理，是比较经济的模式。

为提高基层级修复性维修的快速性，在基层级的修复性维修通常涉及为换件维修，所对应的对象称为现场可更换单元（Line Replacable Unit，LRU）；而中继级和基地级，主要对基层级后送的维修对象进行更进一步的分解和更换，修复性维修主要针对车间可更换单元（Shop Replacable Unit，SRU）展开。

战场抢修又称战场损伤评估与修复（Battlefield Damage Assessment and Repair，BDAR），指当装备在战斗中遭受损伤或发生故障后，采用快速诊断与应急修复技术来恢复、部分恢复必要功能或自救能力所进行的战场修理，这类维修由于其维修场合特殊，主要强调其快速、应急性。战场抢修通常也是修复性的，但环境条件、时机、要求和采取的技术措施与一般修复性维修不同。

2. 预防性维修（Preventive Maintenance）

预防性维修是在发生故障之前，根据装备的故障模式与可靠性信息，使装备保持在规定状态所进行的各种维修活动。预防性维修目的是发现并消除潜在故障，或避免故障的严重后果，防患于未然。其适用于故障后果危及安全和任务完成或导致较大经济损失的情况。这类维修又分为以下3种：

（1）定时/计划性维修（Hard Time Maintenance）：按照预定的计划或装备工龄进行维修，在规划合理的情况下，多数维修工作在装备没有发生故障的情况下进行，因此发生灾难性故障的可能性小。另外，由于按计划进行备件和器材供应，维修保障费用得到合理控制。

计划性维修适用于已知寿命分布规律且确有耗损期的装备。例如，按照一定速度磨损的机械、塑料或者橡胶部件，按照一定速度老化的塑料、橡胶或者化工材料，按照一定速度腐蚀的金属部件，按照一定速度挥发或者蒸发的介质零件等。

定时维修的优点是便于安排维修工作，组织维修人力和准备物资；缺点是存在维修过度（维修周期偏短、部件其实没有故障）和维修不足（维修周期偏长、部件已经出现故障）的问题，需要对装备的故障周期、性能和寿命劣化规律非常了解才能准确判断维修周期，当然这具有很大技术难度，同时也要评估可能存在的技术风险（维修不足）。装备不合理的翻修也会导致额外的故障，从而导致额外的费用消耗。

（2）视情维修/基于状态的维修（Condition Based Maintenance，CBM）：事先

规定一些界限值或标准,通过状态监控定期或连续监测装备技术状况,当发现潜在故障或技术状况劣化到规定下限时对其进行检查和修理,以避免发生故障。该维修比较适合于损耗故障初期有明显状态劣化的装备,并需有适当的检测手段和标准。优点是:维修针对性强,能够充分利用部件的工作寿命,又能有效地预防故障。

(3)预测性维修:根据装备的实际状态,预测其使用剩余寿命,确定应该预先进行的维修准备工作,在合适的时期进行合适的维修。基于装备的状态和装备的剩余寿命进行维修,可以在装备存在潜在故障的情况下进行恰当的维修,不仅装备的使用寿命得到合理的扩展和充分利用,而且也为备件与器材的按需供应提供了基础和保证,装备的突发性故障显著减少,故障率大大降低。

图3-3所示为修复性维修、定时维修、预测性维修对比,详细列出了3种维修模式的优缺点。其中"-"表示缺点,"+"表示优点。从修复性维修到预测性维修,技术要求逐步提高,装备在服役过程中的故障率表现为逐步下降。

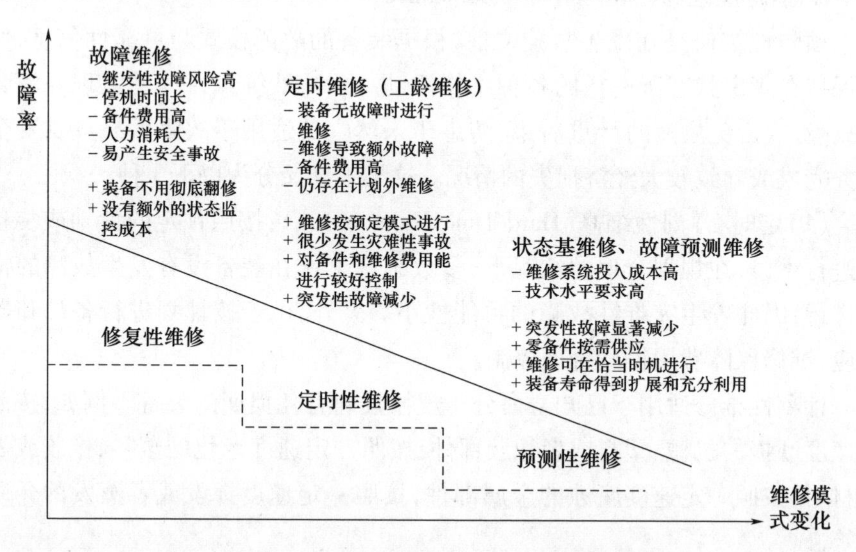

图3-3 修复性维修、定时性维修、预测性维修对比

图3-4和图3-5所示为不同维修保障模式对装备可用度和保障费用的影响。可以看到,计划性维修总的维修次数最高,而修复性维修最大程度地利用了装备的寿命,维修次数最少。进行预测性维修工作,其维修次数是最少的,而得到的装备可用度是最高的。同时,尽管进行预测性维修需要额外的技术投入,维修费用比修复性维修高,但最终能使装备总的使用维修费用达到最低。根据美国Thomas市场中心对当前大型制造企业和军事装备的调研分析,预测

性维修在维修工作中的比重将越来越大，将大幅减少维修工作量。

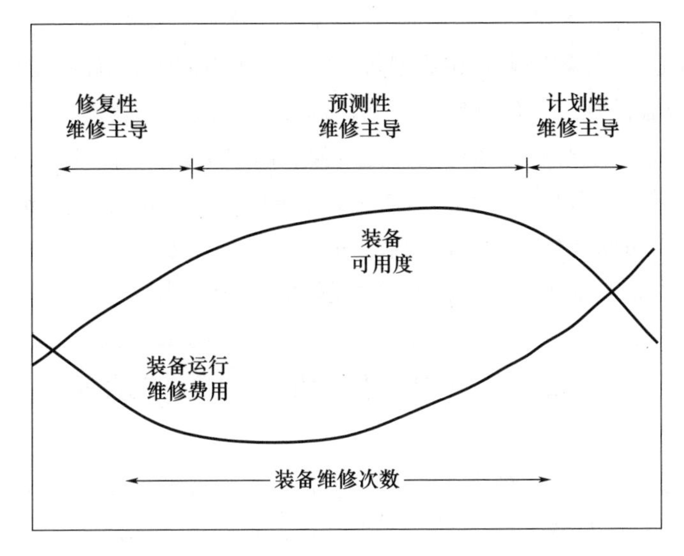

图3-4　不同维修模式对装备可用度的影响

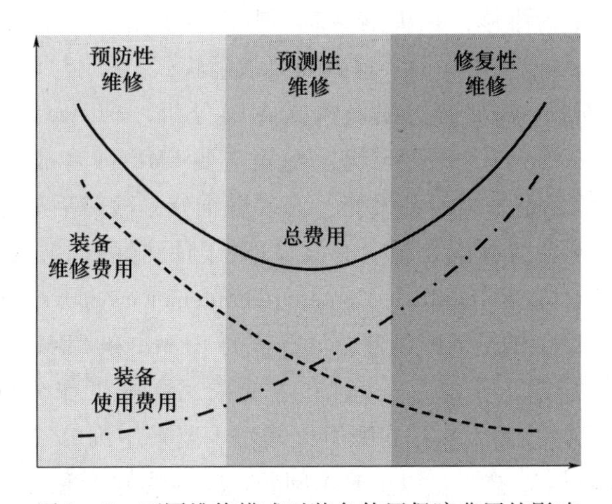

图3-5　不同维修模式对装备使用保障费用的影响

3. 改进性维修（Modification/Improvement Maintenance）

改进性维修是为改善装备的技术性能或保障特性，利用成熟技术对其进行的维修。利用完成装备维修任务的时机，对装备进行经过批准的改进和改装，以提高装备的战术性能、可靠性或维修性，或使之适合某一特殊的用途。它是维修工作的扩展，实质是修改装备的设计。结合维修进行改进，一般属于基地级维修（制造厂或修理厂）的职责范围。改进性维修的时机是装备维修之时（如中修、大修),对装备进行经过批准的改进和改装,以提高装备的战术性能、可靠性或维修性。

由于历史原因,部分装备在研制阶段没有进行维修性设计或维修性设计非常薄弱,导致服役阶段装备维修保障工作的效率较低。这就需要对其进行维修方面的补课,也就是对装备施行改进性维修,改进性维修不需要重新设计装备,只要对其进行以提高装备性能为目的的改进和改装。例如,美军 M1A1 主战坦克发动机就成功地进行了改进性维修,使该坦克发动机故障诊断准确率由 26% 提高到 50%,而且实现了视情维修,大大降低了维护费用。

3.2 维修工程分析与决策技术

为了制定科学高效的维修方案和计划,需要系统开展维修工程分析和决策技术。在许多教材和专著中,这些维修工程分析技术都被纳入到保障性分析的范畴中加以介绍。由于本章专门介绍维修工程的基础理论,所以着重在此加以讲述。

如何进行装备的维修?在决策层需要考虑几个基本问题。一是装备可能会发生什么故障,是如何损坏的?这就需要故障模式、影响与危害分析,详见第 2 章;对于战场损伤,需要进行损伤模式影响分析(Damage Mode and Effects Analysis,DMEA)。二是故障是否严重?这就需要 FMECA 和战场损伤评估及修复(BDAR)分析。三是采用何种维修?修复性维修是故障后修,主要针对不太重要和发生故障不会造成重大影响的故障;对于预防性维修,这就需要以可靠性为中心的维修分析(Reliability - Centered Maintenance Analysis,RCMA)和基于状态的维修(CBM)。四是何时维修?同样需要 RCMA 和 CBM 等技术。五是怎么维修?也就是维修工作的过程问题,主要采用维修工作分析(Maintenance Task Analysis,MTA)技术。六是在哪里维修?主要采用维修级别分析(Level of Repair Analysis,LORA)技术。以上基本问题之间的映射关系如图 3 - 6 所示。

这些维修工程分析和决策技术之间有较为严谨的逻辑关系,如图 3 - 7 所示。通过系统功能分析以及装备本身的设计方案,首先要进行 FMECA 分析,确定故障模式、影响及危害度,对于危害程度不高的故障,可以不修或者故障后修;而对于战场损伤模式,需要进行 DMEA 和 BDAR。对于重要的系统部件和故障模式,要进行预防性维修,主要以可靠性为中心进行维修决策,采用 RCMA,其中 CBM 是常见的预防性维修形式。明确了维修任务以后,再利用 MTA 确定维修流程,利用 LORA 确定维修级别。

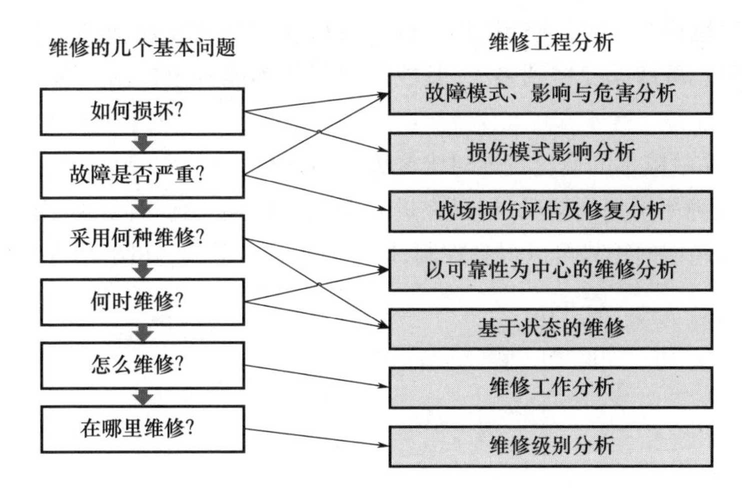

图 3－6　维修工程分析的主要问题和内容

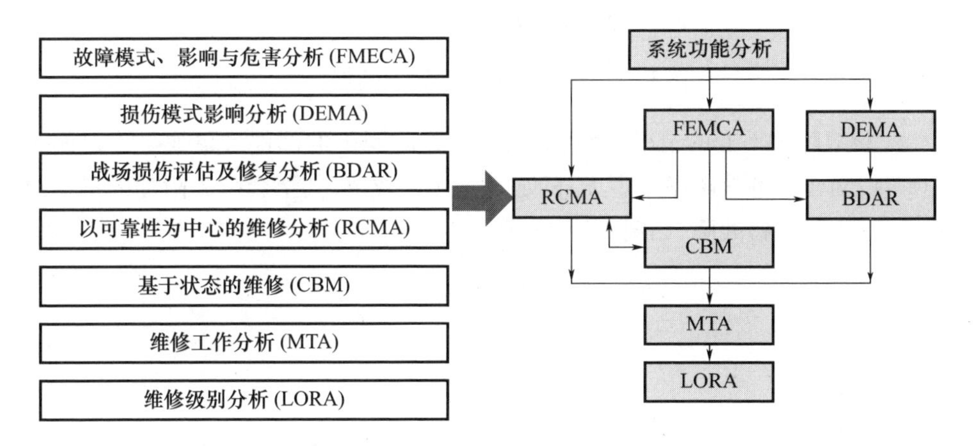

图 3－7　维修工程分析的主要流程关系

3.2.1　RCMA 技术

3.2.1.1　提出背景

20 世纪 50 年代末以前,在各国装备维修中普遍的做法是对装备实行定时翻修。这种做法来自早期的对机械事故的认识:设备工作就有磨损,磨损则会引起故障,而故障影响安全。所以,装备的安全性取决于其可靠性,而装备可靠性是随时间增长而下降的,必须经常检查并定时翻修才能恢复其可靠性。预防性维修工作做得越多、翻修周期越短、翻修深度越大,装备就越可靠。这种思想和做法对于简单的机械装备和零件是比较适用的。但是,对于复杂装备或产品来说,定时翻修会导致维修费用不堪负担;另外,有些产品或设备,不论其翻修期缩到多短、翻修深度增到多大,其故障率仍然不能有效控制。这到底是什么原因呢?

1. 产品故障率的变化特性对维修策略的影响

(1)故障率增加的情况:如果在进入耗损故障期之前按间隔期定时更换部件,故障率递增的趋势可以得到控制,即定时更换有效果,如图 3-8 所示。

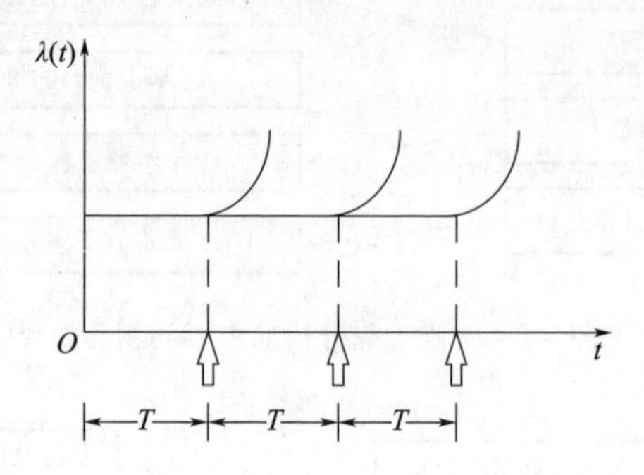

图 3-8　故障率增加情况下的定时更换

(2)故障率不变的情况:用新品或总工作时间少的部件去更换工作时间长的部件,对于降低故障率于事无补,定时更换无效果,甚至会引起附加的早期故障,增加人为差错故障,如图 3-9 所示。

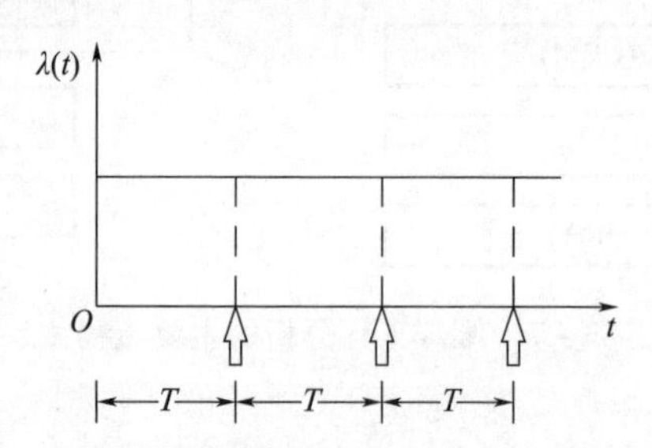

图 3-9　故障率不变情况下的定时更换

(3)故障率降低的情况:若以新部件更换在用部件,不仅不能降低总的故障率,反而会产生相反的效果,如图 3-10 所示。

可见,传统的维修思想是以定时翻修为主,主要适合于故障率增加的情况,或者说产品有明显的损耗期。那么是不是大多数产品符合这种分布呢?答案是否定的。20 世纪 60 年代初,美国联合航空公司通过收集大量数据并进行分析,发现航空零部件的故障率曲线具有如图 3-11 所示的 6 种基本形式,符合浴盆曲线的仅占 4%,且具有明显耗损期的情况并不普遍。事实上没有耗损期的设备约占 89%。那么如果对所有设备都采取定时维修的方式,势必会由于人为差错等原因增加故障的发生,并降低装备的完好率,增加不必要的维修费用。

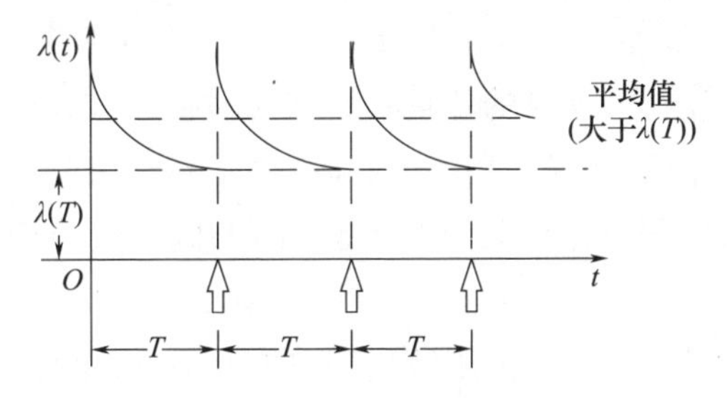

图 3-10　故障率降低情况下的定时更换

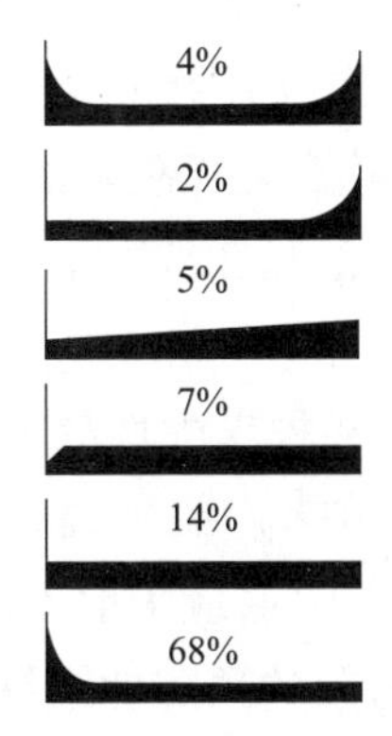

图 3-11　各类故障率曲线及所占的比例

2. “浴盆曲线”分布的维修策略分析

例如,对于部分机械装备和零件来说,其故障规律通常是浴盆曲线所描述,从曲线上可以看出,产品或零件的故障率随时间的变化大致可划分为:早期故障期,偶然故障期和耗损故障期 3 个阶段,如图 3-12 所示。

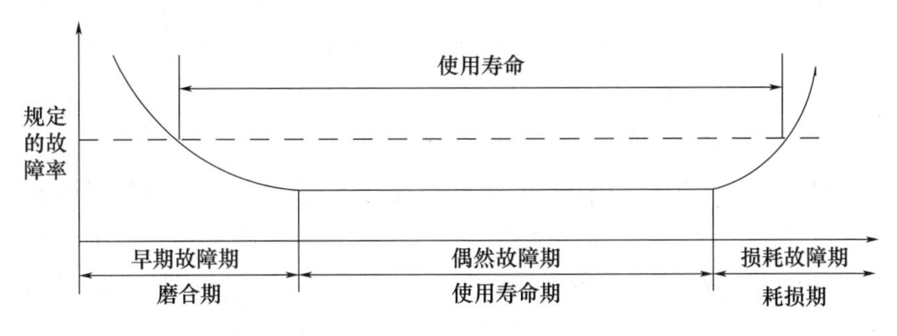

图 3-12　产品故障的浴盆曲线

(1)早期故障期:早期故障出现在产品寿命的早期,其特点是故障率较高,且随时间的增加而迅速下降。例如,刚大修过的坦克,原材料有缺陷、绝缘不良、装配调整不当是发生早期故障的重要原因。所以新生产和刚大修过的坦克,通常要进行试车磨合,其目的就是在坦克交付使用前,暴露生产或修理中的缺陷并加以消除,使坦克交付使用时,故障率基本趋于稳定。

(2)偶然故障期:早期故障期之后,是产品的偶然故障期,其特点是故障率低而稳定,近似为常数,与使用时间的增长关系不大,又称为有效寿命期,偶然故障期内发生的故障是由偶然的因素引起的,因而不能通过延长磨合期来消除,也不能由定期更换某些部件来预防。

(3)耗损故障期:耗损故障出现在产品寿命末期,其特点是故障率随时间的增加而迅速上升,使产品不能工作或者效果极差,而且维修费用昂贵。主要是磨损、疲劳老化等因素造成的。这类耗损故障的出现是产品用到寿命末期的征候,因此,防止耗损故障的唯一办法是在故障率迅速增加以前进行更换修理,这就是采用定期维修的理论依据。

对于复杂装备,除非它具有某种支配性故障模式,否则定时翻修对其总的可靠性只有很小的影响;另外对许多产品来说,没有一种预防性维修形式是十分有效的。由于装备的故障规律不同,应采取不同的维修方式或预防性维修工作类型。那么如何确定适用而有效的预防性维修工作,以最少的资源消耗保持和恢复装备可靠性和安全性的固有水平?这就需要采用以可靠性为中心的预防性维修技术。

3.2.1.2 基本原理

以可靠性为中心的预防性维修技术基本原理如下:

(1)定时拆修对复杂设备的故障预防几乎不起作用。复杂设备的定时拆修有如下缺点:①复杂产品寿命很多服从指数分布,故障率维持不变,定时拆修不能改善可靠性;②在到达拆修寿命之后仍有相当数量的设备未出现故障,其寿命潜力未能充分发挥便送厂修理,造成浪费;③经过拆修的设备不可避免地增加了早期故障和人为差错故障。

(2)对潜在故障进行视情维修,可实现安全、经济地使用。多数机械部件的故障模式有发展过程,不是瞬间突然出现。可根据某些物理状态或工作参数的变化来判断其功能故障即将发生。如图 3-13 所示,在故障开始发生点和功能故障点 F 之间往往会存在潜在故障点 P,可以通过状态监控方式来发现故障,避免故障恶化导致较大的损失。

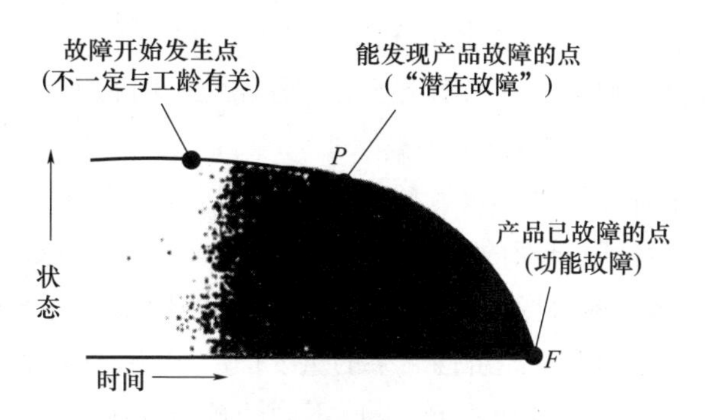

图3－13　故障率降低情况下的定时更换

(3)检查并排除隐蔽功能故障是预防多重故障严重后果的必要措施。隐蔽功能故障是正常使用设备的人员不能发现的功能故障。例如,如果备用泵B发生故障,在用泵A会继续工作,所以不会意识到泵B已发生了故障。换言之,只有到泵A也发生故障时,泵B故障本身才会产生直接影响。

多重故障是指由连续发生的两个或两个以上独立故障所组成的故障事件,它可能造成一种故障不能单独引起的后果。

【例3－1】某动力装置(被保护设备)及其灭火系统(保护装置)正常工作的概率均为0.99,试问其多重故障的概率是多少?如果灭火系统有隐蔽功能故障而且未排除,其多重故障的概率又是多少?

解:假设A为被保护设备的正常工作事件;B为保护设备的正常工作事件;

$\overline{A}$为被保护设备的故障事件;$\overline{B}$为保护设备的故障事件;

$P(\overline{A})$为被保护设备的故障事件的概率;$P(\overline{B})$为保护设备的故障事件的概率;

$P(\overline{A}\overline{B})$为多重故障事件的概率。

当A、B两个事件相互独立时,有

$$P(\overline{A}\overline{B})=P(\overline{A})P(\overline{B})$$

$$P(\overline{A})=P(\overline{B})=1-0.99=0.01$$

故多重故障概率为

$$P(\overline{A}\overline{B})=P(\overline{A})P(\overline{B})=0.01\times0.01=0.0001$$

当灭火系统有隐蔽功能故障而未被排除时,$P(\overline{B})=1$,故多重故障概率

$$P(\overline{A}\overline{B})=P(\overline{A})P(\overline{B})=0.01\times1=0.01$$

(4)有效的预防性维修工作能够以较少的资源消耗来保持设备的固有可靠

性水平。设备的固有可靠性是设计和制造时赋予设备本身的一种内在的固有属性,是在设备设计和制造时就确定了的一种属性。固有可靠性水平是有效的预防性维修工作所能期望达到的最高水平。

(5)应根据产品故障的不同影响和后果,采取不同的预防性维修对策。预防性维修工作不能预防早期故障和偶然故障发生。故障后果不决定于维修而决定于设计。维修不能改变故障发生而直接造成的后果。对于复杂装备,应对产生安全性、任务性和严重经济性后果的重要产品,开展预防性维修工作。

(6)应根据产品故障规律不同,采取不同的预防性维修方式。有损耗型故障,适宜定时拆修或更换,预防功能故障或多重故障;无损耗型故障,定时拆修无益,更适宜于通过检查、监控等手段。

(7)预防性维修大纲只有通过使用维修部门和研制部门长期共同协作才逐步完善。预防性维修大纲的制定需要准确获取研制部门、使用单位、维修部门等不同机构的信息,进行深入讨论、广泛交换意见,才能实现预防性维修任务的科学决策。

3.2.1.3 RCMA 基本方法

1. 基本概念

RCMA 指的是“按照以最少的维修资源消耗保持装备固有可靠性和安全性的原则,应用逻辑决断的方法确定预防性维修要求的过程”。

以可靠性为中心的维修是将故障后果作为判断的依据,并考虑维修经济性,运用判断逻辑流程进行决断的一种维修管理模式。它是装备全系统全寿命周期管理中的重要一环,贯穿于装备全系统全寿命周期管理的各个阶段,是装备维修工程的主体过程和主要技术手段之一,是一种非常有效和程式化的方法体系,是一种制定装备预防性维修大纲的系统工程方法。

RCMA 可认为是一种维修理论,也可认为是一种维修理念,还可认为是一种维修分析方法。它适用于故障后果严重,甚至出现安全、环境性后果的设备体系。

2. RCMA 内容和特点

RCMA 的主要目的和任务是制定预防性维修大纲,内容包括:①需进行预防性维修的产品或项目,即维修什么(What);②对维修的产品或项目要实施的维修工作类型及其简要说明,即如何维修的简要说明(How);③各项维修工作的时机和间隔期,即维修间隔期和首次工作期(When);④实施维修工作的维修级别。这里实际上就是确定谁维修(Who)/在哪维修(Where)。

RCMA 最大的特点是从故障规律和故障后果的严重程度出发,采取不同的维修方式,尽可能避免或减轻故障后果,节省维修资源。RCMA 方法最重要的作用是可以提供一种准确且易于理解的原则和方法来确定哪些维修工作是可行的有效的,并确定何时、由何人来完成这些工作。

预防性维修工作类型主要包括:保养、操作人员监控、使用检查、功能检测、定期(时)拆修、定时报废以及综合工作等。

(1)操作人员监控。操作人员在正常使用装备时对其状态进行的监控,目的在于发现装备的潜在故障,包括:①对装备仪表的监控;②通过感觉辨认异常现象或潜在故障,如通过对气味、声音、振动、温度、外观、操作力等;③及时发现异常现象或潜在故障。

(2)使用检查。对于操作人员监控不能发现的隐蔽功能故障,应进行专门的“使用检查”。其是按计划进行的定性检查,以确定项目能否执行规定功能。例如,监控系统的故障、热备份电机故障等。

(3)功能检测。功能检测是按计划进行的定量检查,以确定产品的功能参数指标是否在规定的限度内。其目的是发现潜在故障,预防故障发生。例如,针对大型转子磨损的油液分析、导航系统参数漂移、发动机裂纹检查等。

(4)定期(时)拆修。产品使用到规定的时间予以拆修,使其恢复到规定的状态,可有效预防有明显耗损期的产品故障。例如,飞机发动机拆修、坦克动力总成拆修、发动机活塞环拆修清洗等。

3. RCMA 实施策略

(1)确定 RCMA 的计划范围。包括:①产品概况,如产品的构成、功能(包含隐蔽功能)和余度等;②产品的故障信息,如产品的故障模式、故障原因和影响、故障率、故障判据、潜在故障发展到功能故障的时间、功能故障和潜在故障的检测方法等;③产品的维修保障信息,如维修所需的工具、备件、设备、人力等;④费用信息,如预计的研制费、维修费、器材备件费等;⑤类似产品的上述信息。

(2)确定重要功能产品项目(Functionally Significant Item,FSI)。明确装备当前使用环境下所承担的功能,确定重要功能产品项目,主要依据功能来划分,重要功能项目即是可靠性工程中所称的“关重件”,指的是产品故障会严重地影响系统安全性、可用性、任务成功率、维修及寿命周期费用的产品。

(3)故障模式与影响分析。确定装备可能出现哪些故障和故障类型;进行故障模式与影响分析,搞清故障模式以及导致故障的原因,搞清故障影响与后果。

(4)逻辑决断。一是确定故障影响,根据故障规律和影响(故障模式与影响分析结果)确定各功能故障的影响类型;二是选择维修工作类型,按故障后果和原因确定每个重要功能产品的维修工作类型和设计更改的必要性。应用逻辑决断图确定处理故障的方法,包括维修方式、维修工作间隔期、维修级别建议等。RCMA 的主要逻辑决断过程如图 3-14 所示。

(5)制定详细的 RCMA 与维修大纲,评估与审核。

(6)细化预防性维修大纲,制定维修规程、工艺卡片、技术条件等,便于维修操作。

RCMA 基于上述原理和理论,建立了一整套的规范化过程和方法,利用这些方法和准则确定装备预防性维修的要求,制定维修大纲,保证装备可靠性。

4. RCMA 维修周期决策

预防性维修周期是指两次预防性维修之间的工作间隔时间,又称预防性维修间隔时间。对应于装备的大(中、小)修,称为大(中、小)修周期,或称为大(中、小)修间隔时间。

正确确定预防性维修周期,关系到定期预防性维修是否有效和是否经济。对于具有安全性、任务性后果的耗损型故障,预防性维修间隔期关系到该项工作能否使故障率降到可以接受的水平。间隔期越大,发生故障概率就越大,出现安全性事故或影响任务的可能性就越大。对于具有经济性后果的故障,如果工作间隔期大,预防性维修费用就会较少,但装备发生故障的概率增大,会增加故障后维修的费用;反之,直接进行预防性维修的费用就会增加。

所以,如何正确进行预防性维修周期决策十分重要,既要保证装备的安全使用、发挥其最大的效能,又要节省维修费用。必须在满足使用要求的前提下对预防性维修间隔期进行优化。七种预防性维修工作类型中,保养工作的间隔期一般是根据设计要求确定:对于一般的清洗、擦拭等保养工作,因代价一般较低,所需时间较短,可安排在日常的保养计划中,无须另行确定其工作间隔期;操作人员监控工作是由操作人员在使用装备时进行的,也无须另行确定工作间隔期;综合工作的间隔期是由各有关工作类型的间隔期决定的;需要专门确定的预防性维修工作间隔期:一类是检查工作,即使用检查和功能检测;另一类是定期更换工作,包括定期报废和定期拆修。

(1)使用检查间隔期。通过使用检查(只用于隐蔽功能故障)可保证产品的可用度,避免多重故障的严重后果。对于有安全性影响和任务性影响情况,可通过所要求的平均可用度来确定其使用检查间隔期。

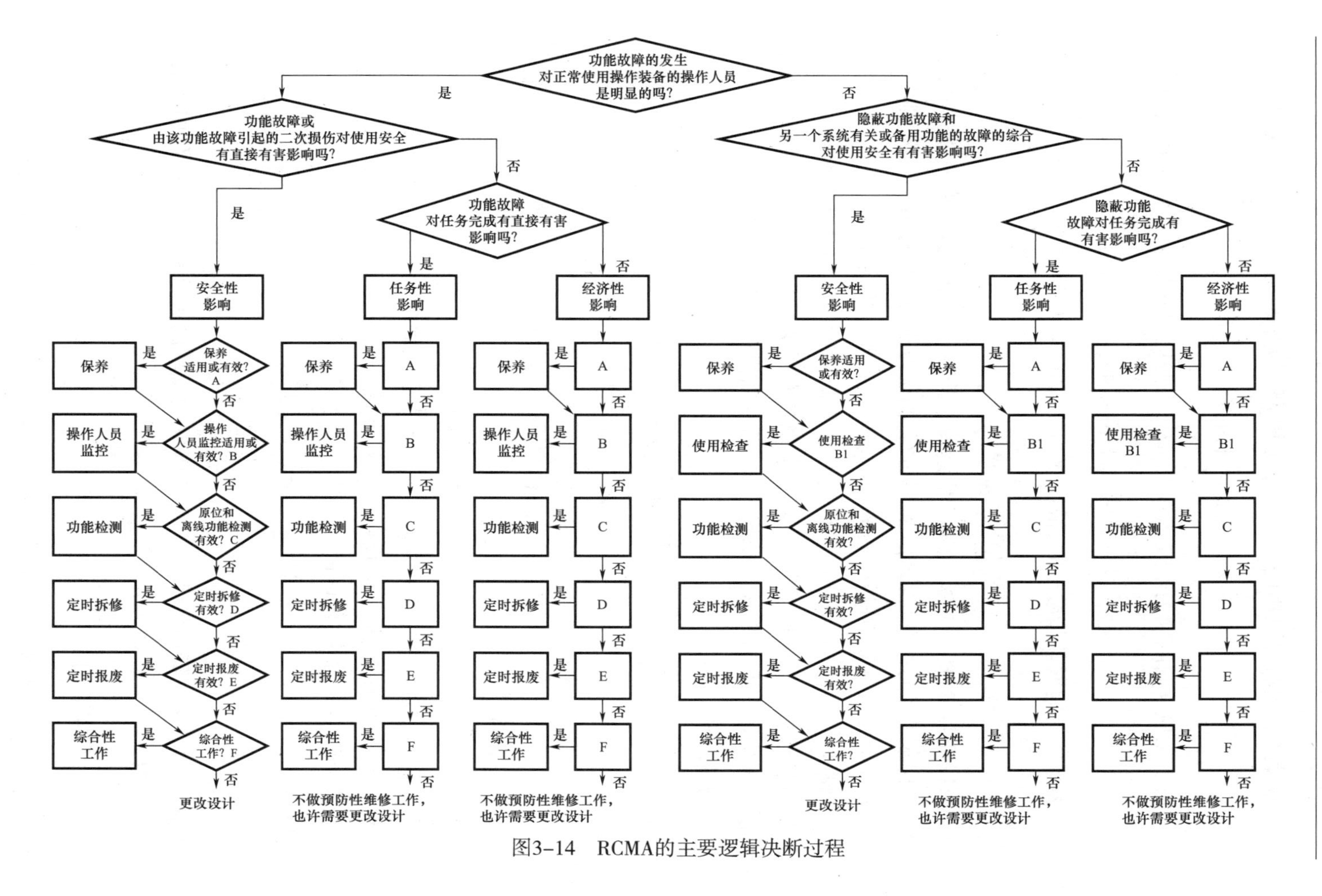

图3-14　RCMA的主要逻辑决断过程

假设产品的瞬时可用度为 $A(t)$，检查间隔期为 T，则平均可用度为

$$\overline{A} = \frac{1}{T}\int_0^T A(t)\,\mathrm{d}t$$

由于在检查间隔期内不进行修理，故产品瞬时可用度为可靠度 $R(t)$，则

$$\overline{A} = \frac{1}{T}\int_0^T R(t)\,\mathrm{d}t$$

若故障时间服从指数分布，故障率为 λ，则可得

$$\overline{A} = \frac{1}{\lambda T}(1 - \mathrm{e}^{-\lambda T})$$

可以证明，若要求 A 越大，则 T 应越短。若某项使用检查工作使 A 达到规定的可用性水平时的检查间隔期短得不可行，则认为该工作是无效的；反之，则有效。

对于有经济性影响情况，可采用经济效益比衡量确定间隔期。

【例 3-2】某重要功能产品的隐蔽功能故障的时间服从指数分布，其平均故障间隔时间为 2000h。假设为防止出现具有任务性后果的多重故障，要求该产品的平均可用度为 89%，试计算该产品使用检查工作的间隔期。

解：已知

$$\overline{A} = 0.89, \lambda = \frac{1}{2000\mathrm{h}}$$

代入

$$\overline{A} = \frac{1}{\lambda T}(1 - \mathrm{e}^{-\lambda T})$$

计算得到

$$T = 500\mathrm{h}$$

(2) 功能检测间隔期。功能检测只适用于发展缓慢的耗损性故障，且需要有确定潜在故障的判据。假设规定的安全性或任务性影响的潜在故障发展到功能故障（$P-F$ 过程）的时间 T_{B}，则有

$$F = (1-P)^n$$

$$n = \frac{\lg F}{\lg(1-P)}$$

式中：P 为一次故障检出概率；F 为故障发生概率的可接受值；n 为 T_{B} 期间要检查的次数。

则检查间隔期 $T = \frac{T_{\mathrm{B}}}{n}$。

对于有经济性影响情况，可采用经济效益比衡量确定间隔期。

【**例3-3**】某型涡轮发动机的导向叶片需用孔探仪定期检查,如发现叶片有裂纹时应拆修发动机,以防叶片折断打坏发动机。叶片从出现裂纹发展到折断要经过300h,一次孔探仪检查的概率为0.9。现要求把叶片在300h内折断的概率控制在0.001,则应该多少时间进行一次孔探仪检查?

解:已知 $F=0.001, P=0.9, T_B=300\text{h}$

$$n=\frac{\lg 0.001}{\lg(1-0.90)}=\frac{\lg 0.001}{\lg 0.1}=3$$

则

$$T=\frac{T_B}{n}=100\text{h}$$

5. RCMA 应用效果

美国F-22战斗机维修保障系统全面按照RCMA的过程和要求进行论证、设计、研制、鉴定,并融入大量的先进技术,结果维修工作量减半,取消了中继级维修,维修保障资源大大减少。

我国某型飞机采用RCMA来改革维修规程,小修周期由500h延长到800h,使该机型延长飞行时间2万多小时,小修减少200多次。

3.2.2 CBM 技术

CBM通过从装备内部嵌入的传感器或外部检测设备中获得系统运行时的状态信息,对装备状态进行实时的或接近实时的评价,判断装备异常,预知装备故障,在故障发生前安排维修计划、实施维修作业,可以减少不必要的维修,降低装备维修费用。CBM是RCMA的重要支撑。

3.2.2.1 CBM 技术过程

CBM系统的基本构成如图3-15所示,它包括以下几个方面:

(1)选取监测参数,布置传感器获取数据。

(2)从传感数据中提取特征。

(3)依据特征评价系统健康状态。

(4)依据特征数据和历史信息进行故障诊断。

(5)依据特征数据、历史信息和诊断结果进行故障预测。

(6)依据故障诊断和预测结果进行决策支持:何时对何部件展开何种级别的维修。

(7)通过人机界面展示健康状态评估结果、故障诊断和预测结果、决策支持结论等信息。

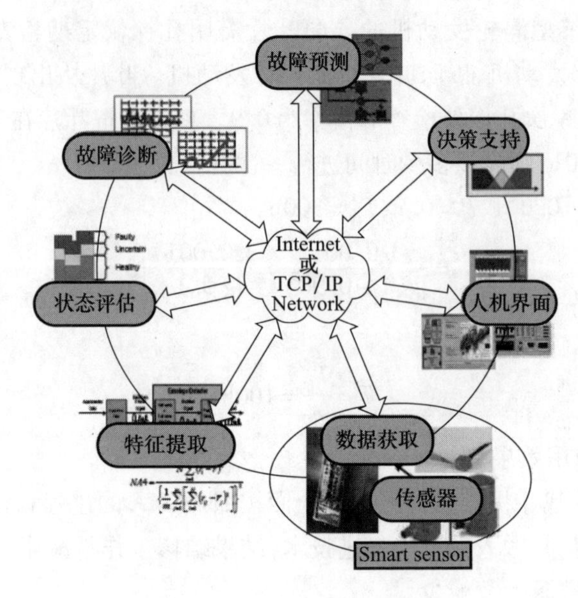

图 3-15　CBM 基本构成图

CBM 是主动的维修,依靠嵌入式监测设备与便携式测试设备收集装备的状态数据,科学预知维修保障任务需求,规划并实施必需的供应和维修活动,实现"适时、适地、适量"的维修。其主要作用如下:①通过状态的实时监测,提高装备运行的安全性与可靠性;②通过维修任务合理规划,为装备提供合理、必要的维修保障;③通过维修向导与远程维修支援,提高基层级维修作业水平;④减少不必要的定期预防性维修任务,避免对无故障迹象部件的不必要替换,降低维修费用;⑤通过预防性维修,减少装备关键部件故障发生概率,延长寿命。

据美军已实施的部分 CBM 项目统计表明,可获得以下显著效益:①减少维修引发的故障——50%;②减少维修作业——35%;③增加可用性——20%;④减少检测和维修时间——20%;⑤减少备件供应量——20%;⑥减少不必要部件替换——10%;⑦扩展装备的生命/大修周期——10%。

实现装备 CBM,需关注的技术要点如下。

1. 装备 CBM 系统优化设计技术

CBM 系统无论在功能上、结构上,还是在实施方法上,都与传统维修系统有很大的区别。但实施 CBM,并不是要完全取代传统维修方式,而是在综合分析装备构成与故障规律的基础上,通过优化权衡确定合理的实施对象和实施方式。具体地说,就是以装备功能、结构和 FMECA 分析为基础,研究定时与视情维修方式综合权衡、装备 CBM 系统传感器优化配置、各维修级别维修能力分配、CBM 系统体系结构与集成等技术，为实施 CBM 奠定基础。

2. 装备运行状态数据管理及维修知识综合利用技术（SCADA）

实现 CBM，数据基础与传统维修模式不同，CBM 不仅关心装备维修本身的数据，也关心装备各类运行状态数据。只有将装备运行数据和维修数据进行充分的集成，提炼形成各种维修知识，并加以充分利用，才能提高装备维修保障效能。包括：①CBM 数据组织与管理；②面向 CBM 管理决策支持的数据仓库；③面向 CBM 信息的数据挖掘技术。

3. 状态驱动的装备运行管理与维修决策技术

CBM 的重点工作之一是在以可靠性为中心的维修技术指导下，开展状态基维修的维修策略和维修资源的优化。具体地讲，就是根据装备实际的技术状态，对其运行策略、维修时机、维修项目、维修资源配置和维修活动进行综合决策。包括：

（1）基于状态的装备维修能力规划技术。根据当前技术状态和任务要求，确定装备维修的项目、资源配置要求（包括器材携行量、携行种类、人力资源要求）等。

（2）基于状态的装备运行管理技术。根据装备当前技术状态，确定装备在实际任务条件下的运行方式、工作模式与维修时机。

（3）维修计划生成与作业动态调控技术。针对遂行任务过程中装备技术状态与保障要求的动态变化，实施调整装备维修保障方案，实施预先、主动式的维修保障。

3.2.2.2　CBM 应用案例

推进“状态基维修”是美陆军装备保障转型的中心工作之一，在这一方面已经取得卓有成效的成果。位于马里兰州的“陆军装备系统分析中心”（Army Materiel System Analysis Activity，AMSAA）开展的战术轮式车辆的“健康与使用监控系统”（Health and Usage Monitoring System，HUMS）研制已经取得了阶段性成果。

1. 项目概述

按照美陆军通用保障环境的设想，HUMS 主要用于支持轮式装甲车辆实现基于状态的维修（CBM）。通过在车辆上安装车载军品级 CBM 模块，收集车辆的使用特征数据，包括运行时间、行驶里程、空闲时间、耗油量、硬刹车、车辆行驶地形及其对应速度等。同时，收集车辆各种故障特征与技术状态，建立技术状态、使用情况与故障间的关联关系，根据车辆以往的运行、维修记录及当前运行数据，判断实际技术状态，在故障发生之前，及时进行维修，如图 3－16 所示。

图3-16　HUMS工作图

为确保开发成功,HUMS在可控的试验环境与实际战场环境进行同步测试试验。在可控环境下,通过对周边条件进行控制和设计,测试装备在不同假定场合下的使用情况,积累数据,开发相应的算法和硬件设备。在实际战场环境下,进一步了解战场实际使用需求,对算法和硬件设备进行改进和调整,使其更符合军事行动的实际情况。

2. 项目目标

项目主要目标包括:

(1)实现装备使用数据实时收集。

(2)开发算法收集危害事件信息,如急刹车、急转弯等。

(3)形成使用数据统计报告。从使用者、维修人员、车队管理者处获取报表需求;协助定位车辆故障和损坏的原因。

(4)建立现场故障数据和使用数据/CBM输出的关联关系。开发特定的模块级预测算法。

(5)提供指挥决策支持。帮助确定高性价比的、及时的CBM解决方案。

3. 数据采集模块的基本构成

HUMS数据采集模块的基本构成如图3-17所示。可以看到,与常规车辆状态监控系统相比,HUMS数据采集有很大的不同,除常规的技术参数采集模块如气压、油温、速度等外,HUMS系统增加了很多使用特征数据采集装置,如GPS、摇摆特征、垂直加速度等。通过在使用特征和技术参数之间建立关联关系,可有效地说明装备为什么会发生故障、故障如何发生及其发展过程等,从而为跟踪装备技术状态的发展变化、实现预测性和状态基维修奠定基础。

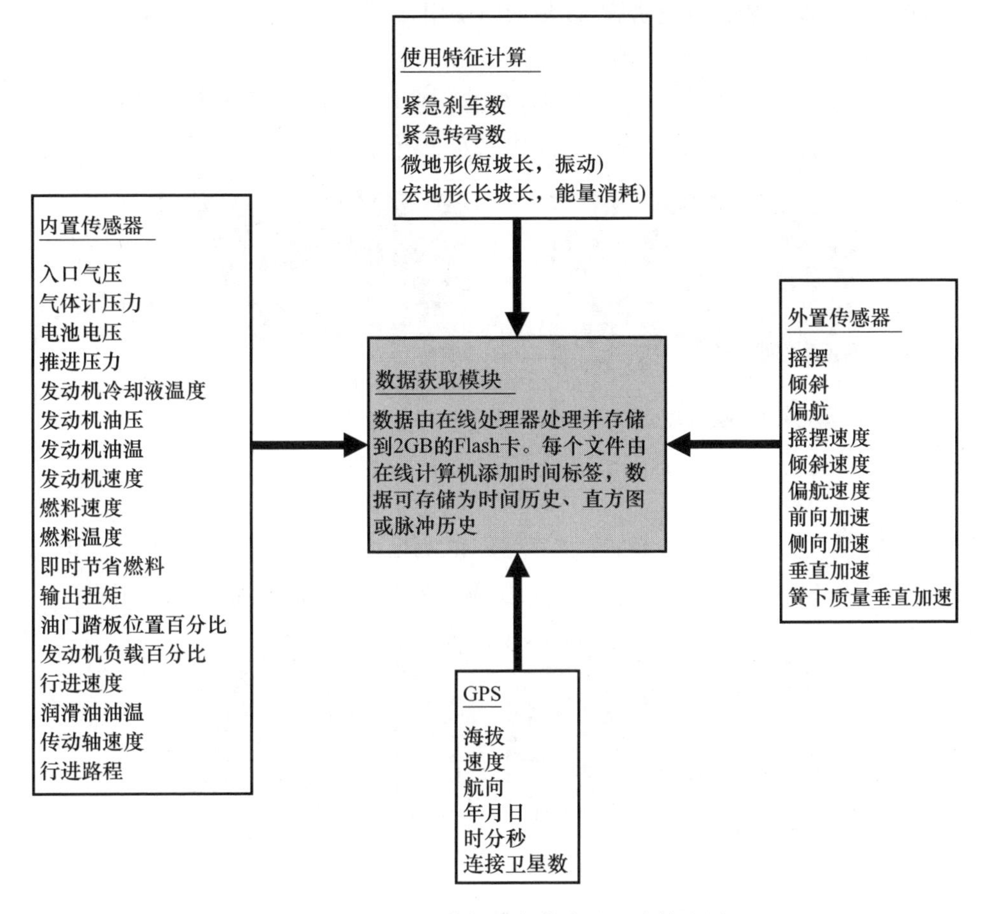

图 3－17　HUMS 数据采集模块的基本构成图

4. 数据样本分析

通过在可控的试验环境与实际战场环境的试验,HUMS 对数据进行了深入分析,以期发现其内在隐患的规律。主要包括:

(1)依靠 GPS 地图数据和车辆行进路径,绘制行进地形三维图。

(2)发现地形地貌、路面条件等环境数据,齿轮运转时间、油料消耗、时间速度关系等使用数据,以及急刹车、急转弯等异常使用记录,与车辆故障、寿命、物资消耗等之间的内在关系,为将来车辆使用和维修保障积累资源需求、故障模式等重要数据。

5. 开发过程

HUMS 系统开发遵守以下原则:①实验室测试和野外试用同步进行,后者功能稍晚一步。②分阶段实施,逐步走向实用。

主要包括以下几个开发阶段:

(1)第一阶段:①确定收集和储存传感信息所需的硬件和软件,图 3-18 所示为初步设计的硬件;②初步在野外战车安装(伊拉克战场),如图 3-19 所示。

图 3-18　初步设计硬件

图 3-19　初步安装于野外战车

(2)第二阶段:①开发鲁棒的军品级 CBM;②在实验室测试,在野外应用部分功能;③开发数据获取模块;图 3-20 所示为军品 CBM 系统内部结构图。

图 3-20　军品 CBM 系统内部结构图

(3)第三阶段:在完成一种小型低成本的 CBM 系统基础上,初步推广部署该系统,图 3-21 和图 3-22 所示为两个典型部署和安装案例。

图 3-21　CBM 系统安装实例 1

图3-22　CBM系统安装实例2

(4)第四阶段:①与其他硬件集成;②大面积推广使用。

自2006年6月以来,在美国家训练中心安装了8套,驻伊拉克和科威特部队安装了5套,驻阿富汗部队安装了6套。据称,已经能够较好地对挡位变换时间、耗油量、热环境、加速时间、地形识别等因素进行分析。下一步目标是通过车载程序直接生成车辆状态,改善用户使用体验,并研制廉价和简约型产品。

3.2.3　MTA技术

在确定了要实施的预防性维修工作类型和产品故障后是否修、由谁修之后,还必须确定为完成这些维修工作所需的具体作业及维修资源和要求。

MTA是将装备维修工作分解为作业步骤进行详细分析,用以确定各项维修保障资源要求的过程。通常,MTA与使用工作分析同时开展,称为使用与维修工作分析(Operation and Maintenance Task Analysis,OMTA)。

维修工作分析的基本流程如图3-23所示。

可供参考的MTA表格如表3-4所示。

表3-4　MTA样表

编号	单元、零部件名称	作业名称	维修级别	材料、备件	设备、工具	专业、人数	工时	说明

进行MTA的时机与深度,取决于设计与使用的确定程度和型号研制进度。只有在能够及时提供所需信息时,才能进行经济有效的分析和使用,以便按时制定出综合保障要素文件(如技术手册、人员要求清单等)。方案阶段的工作应该限制在基本的信息上,而在工程研制阶段该工作项目应针对系统和设备所有的部件进行。在生产及使用阶段,该工作项目要针对设计更改进行。

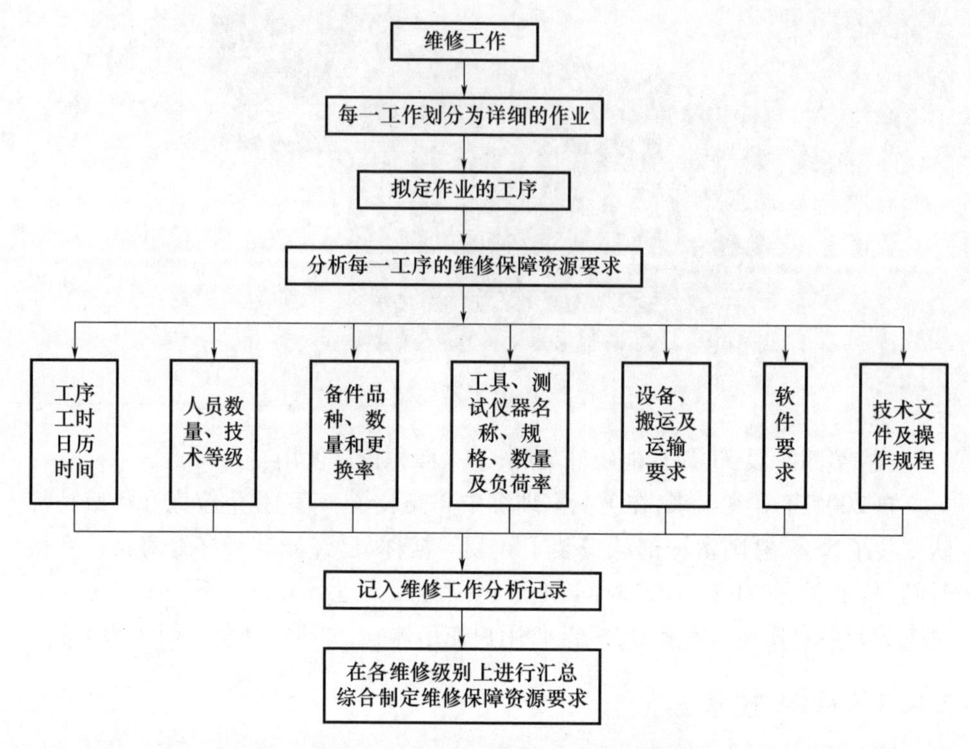

图 3-23 维修工作分析的基本流程

MTA 是维修工程分析工作中需要协调和接口最多的部分，因为它与每个工程专业和综合保障要素都有关。只有通过充分的协调，MTA 才能为系统和设备的保障性设计提供经济有效的手段。如果协调不当，MTA 可能是一项费用高、重复其他的分析并产生不一致的综合保障结果的过程。当可靠性、维修性、人素工程、安全性及其他工程专业全都满足该工作项目的分析要求时，维修工作分析工作才能将这些输入数据综合起来，转化为制定综合保障文件的输出信息。

3.2.4 LORA 技术

3.2.4.1 LORA 的目的、作用及准则

LORA 是指“在装备的研制、生产和使用阶段，对预计有故障的产品，进行非经济性或经济性的分析以确定可行的修理或报废的维修级别的过程”。LORA是维修工程分析的一项重要内容，是装备维修规划的重要分析工具。

修理级别分析的目的是为装备的修理确定可行的、效能最佳的维修级别或做出报废决策，并使之影响设计。修理级别分析决策会影响装备的寿命周期费

用和战备完好性，分析工作应在装备研制的早期开始，并随研制工作的进展反复进行并不断细化。

修理级别分析的任务是分析备选的保障方案和设计方案，并用其结果影响装备的设计和维修规划，从而得到一种合理的维修方案，使之在非经济性和经济性的因素之间以及装备与其保障相关的特性之间达到最有效的综合平衡。

修理级别分析工作应与装备所处的寿命周期阶段相一致，分析工作也应包括有关管理与技术资源等方面的内容，并应确定与其他有关分析和设计工作之间的接口关系。全部工作应与其他设计、研制、生产和部署工作同步计划、综合实施，以便取得最佳的效费比。

3.2.4.2　修理级别分析的主要过程

修理级别分析采用定性与定量相结合的方法进行。在研制阶段早期，如获取的各种数据不充分，可以定性分析方法为主，通过非经济性分析和类比分析确定待分析产品的维修级别。随着研制工作的深入，当获取的各种数据充分时，应以定量分析方法为主，确定待分析产品的维修级别。

LORA 基本流程如图 3－24 所示。

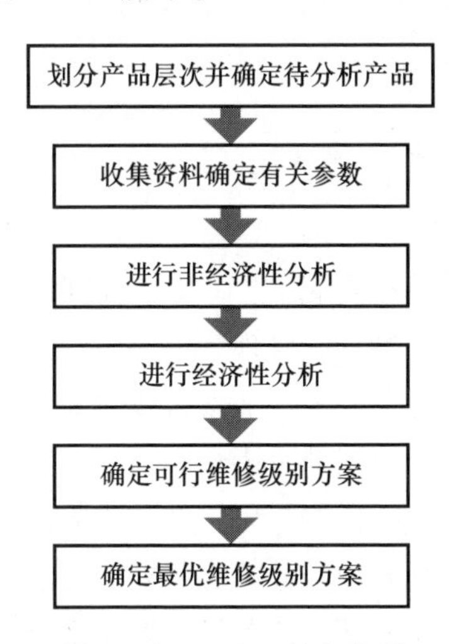

图 3－24　LORA 基本流程

（1）划分产品层次并确定待分析产品：根据产品的结构及复杂程度划分产品层次，进而确定出待分析项目。较复杂的装备层次可多些，简单的装备层次可少些。

（2）收集资料确定有关参数：按照所选分析模型所需的数据元清单收集数据，并确定有关的参数。进行经济性分析常用的参数，如费用现值系数、年故障产品数、修复率等。

(3)进行非经济性/经济性分析:对每个待分析产品首先进行非经济性分析,确定合理的维修级别。非经济性分析主要考虑安全性、可行性、任务成功性、保密要求及其他战术因素等。通过对影响或限制装备修理的非经济性因素进行分析,可直接确定待分析产品在哪级维修或报废。

若不能确定,则需进行经济性分析,选择合理可行的维修级别或报废。经济性分析时,定量计算产品在所有可行的维修级别上修理的有关费用,以便选择确定最佳的维修级别。要考虑的费用包括备件费用、维修人力费用、材料费用、保障设备费用、运输与包装费用、训练费用、设施费用资料费用等。

(4)确定可行的维修级别方案:根据分析结果,对所分析产品确定出可行的维修级别方案。如某装备上 3 个产品可行的维修级别方案为:

产品 1:(I,D,D_X)

产品 2:(D,D_X)

产品 3:(O,I,I_X)

其中,O 表示基层级,I 表示中继级,D 表示基地级。下标 X 表示在对应的级别上直接报废。

3.2.5 其他维修理论和策略

3.2.5.1 战场抢修

装备战场快速抢修的基本内涵是"在一个合理的战术时间内,使受到损伤的武器系统恢复战斗能力所进行的修理"。装备战场快速抢修对保持装备的战备完好率和装备整体实力意义重大。战场抢修理论对装备的抢修性设计、战场抢修资源和操作规范的系统规划都有影响。

抢修性(Combat Resilience):"在预定的战场条件下和规定的时限内,装备损伤后经抢修恢复到能执行某种任务状态的能力。"

战场损伤评估与修复(BDAR):"当装备战斗中遭受损伤或发生故障后,采用快速诊断与应急修复技术恢复、部分恢复必要功能或自救能力所进行的战场修理。"

1. 装备战场损伤评估程序

装备战场损伤评估应确定以下问题:

(1)损伤部位、程度及对装备完成当前任务的影响。

(2)损伤是否需要及时修复。

(3)损伤修复的先后顺序。

(4)在何处和怎样进行修复。

(5)所需保障资源,包括人员、维修设备、维修工具、保障器材等。

(6)修复后装备的作战(使用)性能及使用限制。

损伤评估过程采用的检测方法要求简单、有效,一般为:

(1)外观检查:检查装备的外观损伤情况,初步判断装备的损伤程度。

(2)功能检查:通过必要的功能检查,判断装备是否具备完成当前任务需要的必要功能。

(3)性能测试:使用便携式检测设备或工具测试主要性能参数,以判断该装备是否具有完成当前任务的能力。

GJB/Z 146—2006《陆军船艇战场损伤评估与修复指南》给出了装备战场损伤评估的基本程序,如图3-25所示。

2. 装备战场损伤修复基本手段与通用程序

在战场或紧急情况下,只有当损伤影响装备战技性能或组织自救时,才进行抢修。根据损伤评估结果和执行当前任务的需要,允许在采用应急处理措施下继续使用装备。

(1)带伤使用:装备的损伤如果不直接影响当前任务的执行,且对当前的系统运行无大的影响,可以暂不修理,继续使用。在紧急情况下可推迟修理,继续使用。

(2)降额使用:装备受到损伤后,其性能虽有所降低,但仍有部分能力,且对当前的安全无大的影响,可以暂时不修理,允许继续使用,发挥其剩余能力。例如,舰艇两台柴油机中的一台损坏后,可采用单机推进,虽然航速有所降低,但仍具有一定的航行能力来完成输送任务。

(3)改变操作方式使用:当装备受到损伤后某些必要的功能可能会丧失,如果通过改变操纵、使用方法找到替代功能的措施,可以暂不修理,允许继续使用。例如电动操纵系统损坏后,可用手动的方法操纵。

(4)冒险使用:某些装备损坏,继续使用有一定风险,在平时是必须停止使用的,但在战时紧急情况下,可不做处理冒险继续使用。

装备战场快速修复基本手段包括:

(1)切换:通过电、液、气路转换或改接通道,接通冗余部分或改自动工作为人工操作,以隔离损伤部分;或将原来担负非基本功能的完好部分转换到损伤的基本功能的电、液、气路中。

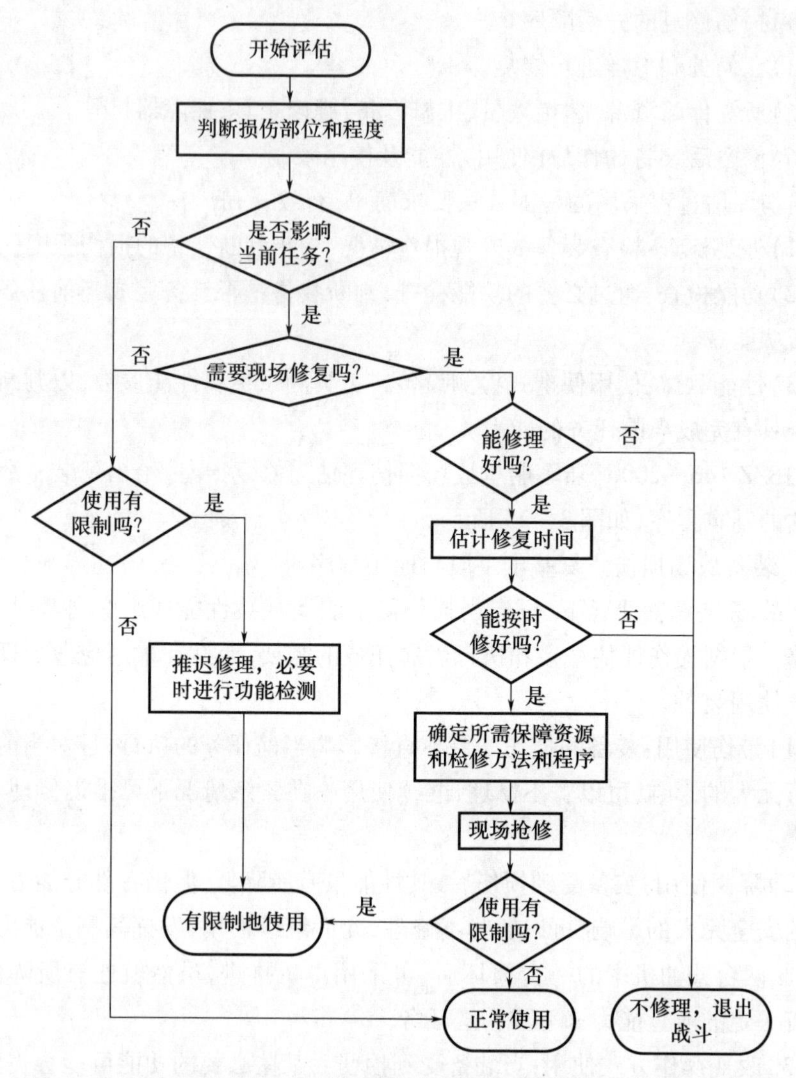

图3-25　装备战场损伤评估程序示意图

(2)切除:去掉损伤部分,以使其不影响装备安全使用和基本功能的发挥。

(3)重构:系统损伤后,重新构成能完成其基本功能的系统。

(4)拆换:也称拆拼修理,指拆卸同型装备或异型装备上的相同单元来替换损伤的单元。

(5)替代:用功能相似的单元或原材料、油液、仪器仪表、工具等代替损伤或缺少的资源,以恢复装备的基本功能或能自救。

(6)制配:自制元器件、零部件以替换损伤件。包括按图制配、按样(品)制配、无样(品)制配等。

3. 装备战场损伤修复通用程序

GJB/Z 146—2006《陆军船艇战场损伤评估与修复指南》给出了装备战场损伤评估的一般程序和流程,如图 3 - 26 所示。

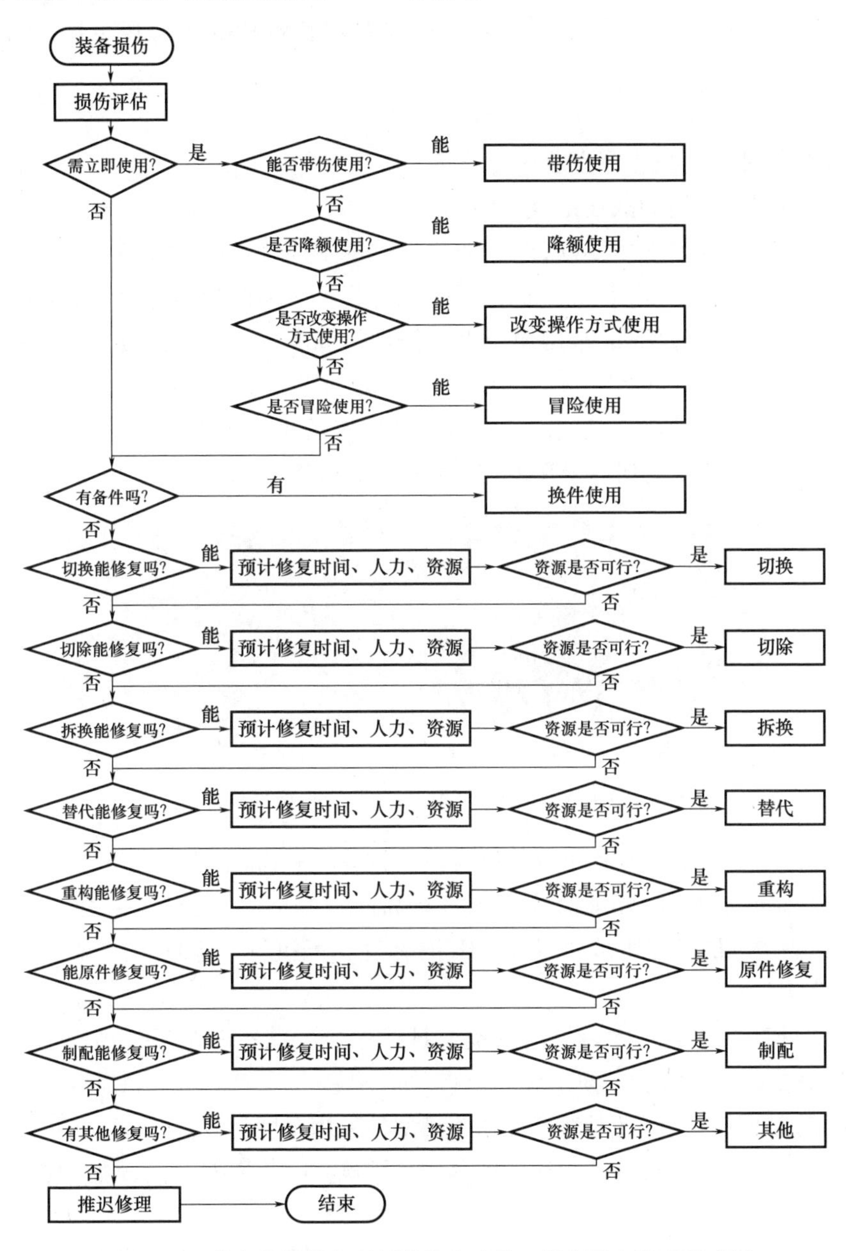

图 3 - 26　装备战场损伤通用抢修方法的一般程序和流程示意图

需要特别注意的一点是:战场损伤评估与修复方法只能在战时根据指挥员的决断使用。战斗结束后,应立即使用标准修理方法予以修复,否则影响装备的进一步正常使用和剩余寿命。

4. 装备战场快速抢修的实现手段

除了装备抢修性/战斗恢复力设计,要实现装备的战场快速抢修,还需要做到:

(1)战场损伤评估与修复(BDAR)训练。

(2)快速修复技术和专业抢修设备。

(3)严格、系统的战场抢修体制。

由于建国以来战争不断,以色列非常重视主战装备的战场抢修性设计,目前已经大量列装的"梅卡瓦"4 的主战坦克进行了全面的抢修性设计,具备良好的战场抢修性能。例如,采用便于拆拼修理的标准化、通用性、互换性、模块化设计;采用模块式特种装甲,可以在野外更换;在发动机上方设计的铸钢盖板,既是车体装甲,又可作为起吊发动机、传动装置的吊车支架,打开盖板,可方便地维修发动机。以色列梅卡瓦坦克抢修性设计如图 3-27 所示。

(a)"梅卡瓦"4

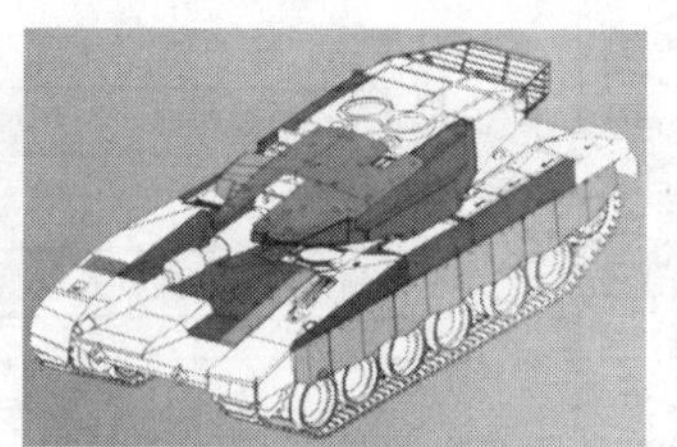

(b)模块图

图 3-27 以色列"梅卡瓦"坦克抢修性设计

飞机出动率是决定其作战胜负的一个关键因素,除了要求飞机有很高的可靠性、维修性水平,还要求对战伤飞机有高的抢修能力。例如,美国空军要求80%的战伤飞机能在野战机场于 24h 内修复到可执行一定任务。其主要的抢修性设计技术如下:

(1)模块化(单元体)设计:这类设计已用于发动机和电子设备,现在要推广到结构和机械系统,以便于战伤抢修。

(2)余度设计:可行时对易战伤关键部件采用余度设计。

(3)选用易修材料:结构和设备尽量选用抢修时不需要专门设备、工艺或严格环境条件的材料。

(4)战伤检测设计:包括 BIT、智能结构、内部部件的可达性等。

(5)替代设计:除了注意标准化和互换性之外,还要考虑能用类似或系列产品应急代替。

(6)旁路设计:包括对系统的流程或运动提供替代的途径,使在非关键性分系统、部件或管线战伤时系统能旁路,或使这些战伤的非关键件与系统分离。

(7)标识管线:对电缆和导管用计算机短距离地逐段标识,给维修人员配备便携式计算机辅助管线战伤评估器。F-5飞机采用此技术后电缆的战伤评估时间从6h缩短到几秒。

3.2.5.2 全员生产维修

全员生产维修(Total Productive Maintenance,TPM)是一种设备保养和维修管理体系,它以提高设备综合效率为目标,以全系统的预防维修为过程,企业全体人员参与为基础。

TPM理念起源于20世纪50年代的美国;60年代传到日本,经日本创新,在工业界取得了显著成效;1971年基本形成现在公认的TPM;20世纪80年代起,欧美国家和韩国等亚洲国家相继开始TPM活动;20世纪90年代,中国一些企业开始推进TPM活动。

TPM通过全员参与,以团队工作的方式,创建并维持优良的设备管理系统,提高设备利用率,提高安全性和质量,全面提高生产系统的运作效率。TPM将维修变成了企业中必不可少的和极其重要的组成部分,维修停机时间也成了工作日计划表中不可缺少的一项,维修不再是没有效益的作业。

从理论上讲,TPM是一种维修程序。它与全员质量管理(Total Quality Management,TQM)有以下几点相似之处:①要求将包括高级管理层在内的公司全体人员纳入TPM;②要求必须授权公司员工可以自主进行改进作业;③要求有一个较长的作业期限,因为贯彻TPM需要时间,使公司员工从思想上转变。

3.2.5.3 以利用率为中心的维修

以利用率为中心的维修是一种维修策略。与以可靠性为中心的维修不同,以利用率为中心的维修是按照设备故障对利用率的影响排序,维修策略偏重优先维修那些故障对利用率影响大的设备。以利用率为中心的维修原则上适用于任何类型的设备。

3.2.5.4 风险维修

风险维修也是一种维修策略,是一种基于风险分析和评价结果制定维修策略的方法。它是一种以设备或部件处理的风险为评判基础的维修策略管理模式。风险=后果×概率,所谓后果是指对健康、安全与环境的危害,设备、材料的损失以及影响生产和服务损失。风险维修策略原则上适用于任何类型的设备。

3.2.5.5 绿色维修

绿色维修是一种维修理念。考虑设备的环境寿命周期费用最小化,寻求设备整体、部件或者材料的再利用、可循环的维修体制,称为绿色维修。绿色维修侧重于加工制造困难,能耗、材料消耗较多以及设备环保处理费用较高的设备体系。

3.2.5.6 预定翻新或预定报废

预定翻新或预定报废是一种维修策略。预定翻新或预定报废是按照设备状况对设备所进行的计划翻新或者报废技术处理方式。预定翻新适用于可维修翻新的设备或者部件,预定报废适用于无翻新价值的设备或者部件。

3.2.5.7 计算机软件维修

随着计算机技术在装备上的广泛应用,计算机软件维修(或称维护)也日益成为不可忽视的问题。软件维修通常包含适应性维修和改正性维修。前者是为使软件产品在改变了的环境下仍能使用进行的维修;后者是克服现有故障进行的维修。此外,对软件也有改进性维修。

3.3 维修性工程技术

3.3.1 维修性相关概念

装备的维修性同样是装备设计所赋予的一种固有属性。装备不可能完全可靠,发生故障是必然的。因此,在装备使用过程中,需要开展以预防故障为目的的预防性维修工作和以修复故障为目的的修复性维修工作。除了维修性定义之外,GJB 368B—2009《装备维修性工作通用要求》还定义了几个相关概念:

(1)任务维修性(Mission Maintainability):产品在规定的任务剖面中,经维修能保持或恢复到规定状态的能力。

(2)固有维修性(Inherent Maintainability):通过设计和制造赋予产品的,并在理想的使用和保障条件下所呈现的维修性,也称设计维修性。

(3)使用维修性(Operational Maintainability):产品在实际的使用维修中表现出来的维修性,它反映了产品设计、制造、安装和使用环境、维修策略等因素的综合影响。

3.3.2　维修性定量、特征参数和定性要求

3.3.2.1　维修性定量参数

维修性定量要求应反映系统战备完好性、任务成功性、保障费用和维修人力等目标或约束,体现在预防性维修、修复性维修(含战场抢修)等方面。不同维修级别,维修性定量要求应不同,不指明维修级别时应是基层级或部队级的定量要求。

为了提高装备的利用率,使用方总希望尽可能缩短维修时间,因此维修性参数一般都与维修时间有关。按照 GJB 368B—2009《装备维修性工作通用要求》,维修性参数可分为维修时间参数、维修工时参数和测试诊断类参数 3 类,其中测试诊断类参数主要与第 4 章中测试性的指标参数基本一致。

常用的维修性定量参数包括平均修复性维修时间(Mean Time To Repair, MTTR)、平均预防性维修时间(Mean Preventive Maintenance Time, MPMT)、平均维修时间(Mean Maintenance Time)、维修工时率(Maintenance Ratio, MR)等。接下来分别进行介绍。

1. 平均修复性维修时间

平均修复性维修时间又称为平均修复时间,是产品维修性的一种基本参数,它是一种设计参数。其度量方法为:在规定的条件下和规定的期间内,产品在规定的维修级别上,修复性维修总时间与该级别上被修复产品的故障总数之比。

$$\bar{M}_{ct} = \frac{\sum_{n=1}^{N} \lambda_n R_n}{\sum_{n=1}^{N} \lambda_n}$$

式中:N 为可更换单元(RI)数;λ_n 为第 n 个 RI 的故障率;R_n 为第 n 个 RI 的平均修复时间。

2. 平均预防性维修时间

内涵:在规定的条件下和规定的期间内,产品在规定的维修级别上,预防性维修总时间与预防性维修总次数之比。

$$\bar{M}_{pt} = \frac{\sum_{n=1}^{N} f_n P_n}{\sum_{n=1}^{N} f_n}$$

式中:N 为可更换单元(RI)数;f_n 为第 n 个 RI 的预防性维修频率;P_n 为第 n 个 RI 的平均预防性维修时间。

3. 平均维修时间

内涵:将修复性维修与预防性维修结合起来考虑的一种维修性参数。其度量方法为:在规定的条件下和规定的期间内产品修复性维修和预防性维修总时间与该产品计划维修和非计划维修事件总数之比。

$$\bar{M} = \frac{\lambda \bar{M}_{\mathrm{ct}} + f_{\mathrm{P}}\bar{M}_{\mathrm{pt}}}{\lambda + f_{\mathrm{P}}}$$

式中:$\lambda = \sum_{i=1}^{N} \lambda_i, f_{\mathrm{P}} = \sum_{i=1}^{N} f_{\mathrm{P}i}$,M 为预防性维修事件数;N 为修复性维修事件数。

4. 维修工时率(MR)

维修工时率又被称为维修性指数 MI(Maintenance Index),是与维修人力有关的一种维修性参数。其度量方法为:在规定的条件下和规定的期间内,产品直接维修工时总数与该产品寿命单位总数之比。

$$M_I = \frac{M_{\mathrm{MH}}}{T_{\mathrm{OH}}}$$

式中:T_{OH}为产品在规定的使用期间内的工作小时数;M_{MH}为产品在规定的使用期间内的维修工时数。

维修工时率又可以表示为

$$M_I = M_{I_c} + M_{I_p}$$

式中:M_{I_c}为修复性维修的维修性指数;M_{I_p}为预防性维修的维修性指数。

5. 系统平均恢复时间

系统平均恢复时间(Mean Time To Restore System,MTTRS)是与战备完好性有关的一种维修性参数,它是一种使用参数。其度量方法为:在规定的条件下和规定的期间内,由不能工作事件引起的系统修复性维修总时间(不包括离开系统的维修时间和部件的修理时间)与不能工作事件总数之比。

6. 恢复功能用的任务时间

恢复功能用的任务时间(Mission Time To Restore Function,MTTRF)是与任务成功有关的一种维修性参数。其度量方法为:在规定的任务剖面和规定的维修条件下,装备严重故障的总修复性维修时间与严重故障总数之比。

还有很多其他的维修性参数类指标,如最大修复时间、平均维修时间、恢复功能的任务时间等,可详见其他参考书籍。

维修性定量要求应按不同维修级别提出不同的要求。当不指明维修级别时应是基层级或部队级的要求。应在合同中规定系统或设备的维修性定量要求的最低可接受值。一般应确定相应的规定值。

3.3.2.2　维修性特征参数及其计算方法

以上维修性参数是从整体上反映装备的维修性水平，是确定的数值。有些时候需要进一步考察维修性的时间特性，即某一/某段时刻装备的修复情况，这种情况下需要将维修性看成是不确定性的概率分布，完成每次维修的时间是一个随机变量，故需采用概率论的方法，从维修性函数的角度出发研究维修时间的各种统计量。

维修性的常见特征参数包含维修度、维修时间密度、修复率等。

1. 维修度

维修度是维修性的概率描述。计算公式为

$$M(t)=P\{T\leqslant t\}$$

该式表示：一定条件下，完成维修的时间 T 小于或等于规定维修时间 t 的概率。

对于不可修复系统：$M(t)=0$

对于可修复系统：$\lim\limits_{t\to 0}M(t)=0, \lim\limits_{t\to\infty}M(t)=1$

2. 维修度的概率密度函数

维修度的概率密度函数表示单位时间内修复数与送修总数之比，即单位时间内产品预期被修复的概率。计算公式为

$$m(t)=\frac{\mathrm{d}M(t)}{\mathrm{d}t}=\lim_{\Delta t\to 0}\frac{M(t+\Delta t)-M(t)}{\Delta t}$$

维修度的概率密度函数估计值：时间 ΔT 内完成修复的产品数。计算公式为

$$m(t)=\frac{n(t+\Delta t)-n(t)}{N\Delta t}=\frac{\Delta n(t)}{N\Delta t}$$

3. 修复率函数

修复率函数表示 t 时刻未能修复的产品，在 t 时刻后，单位时间内修复的概率，即瞬时修复率。计算公式为

$$\mu(t)=\lim_{\substack{\Delta t\to 0\\ n\to\infty}}\frac{n(t+\Delta t)-n(t)}{[N-n(t)]\Delta t}=\lim_{\substack{\Delta t\to 0\\ n\to\infty}}\frac{\Delta n(t)}{N_{\mathrm{s}}\Delta t}$$

时刻 t 尚未修复（正在修复）的产品数为

$$\mu(t)=\frac{\Delta n(t)}{N_{\mathrm{s}}\Delta t}$$

4. 平均修复率

单位时间内完成维修的次数,与频率的意义大致相同。计算公式为

$$\bar{\mu}(t)=\frac{1}{\Delta t}\frac{M(t+\Delta t)-M(t)}{1-M(t)}$$

3.3.2.3　维修性定性要求

除了上述定量参数之外,还有一些维修性定性要求,这些要求应按有关标准在产品《技术规范(技术规格书)》中规定。

维修性定性要求是为使产品维修快速、简便、经济,而对产品设计、工艺、软件及其他方面提出的要求,一般包括可达性、互换性与标准化、防差错及识别标志、维修安全、检测诊断、维修人素工程、零部件可修复性、减少维修内容、降低维修技能要求等方面。

以美国"黑鹰"直升机的维修性设计为例,其电子系统、火控系统大都设计在前机身下部两侧机舱内,维修人员站立地面即可接近维修;两台涡轮轴发动机都具有独立的润滑和进气道粒子分离器,通过自由离合器输入主减速器;采用单元体结构,简化维护操作,便于快速拆装。

3.3.3　维修性工程及其工作项目

GJB 451A—2005《可靠性维修性保障性术语》规定,维修性工程(Maintainability Engineering)是指:"为了确定和达到产品的维修性要求所进行的一系列技术和管理活动。"

为使装备具有良好的维修性,需要从维修性要求的论证和确定开始,进行产品的维修性分析、设计、试验、评定以及使用阶段维修性数据的收集、处理和反馈等各种工程活动。维修性工程的重点在于装备的研制(或改进、改型)过程,在于产品的设计、分析与验证。维修性工程除了上述维修性设计、研制、生产和试验等工程技术活动之外,还包含维修性监督与控制等管理工作。

本小节重点介绍维修性工程的主要工作项目,特别是与装备保障工程技术密切相关的维修性分配、设计、分析、预计、试验与评估等技术环节。

3.3.3.1　维修性分配

维修性分配是为了把产品的维修性定量要求按给定准则分配给各组成单元而进行的工作。维修性分配的一般过程如图 3-28 所示,具体如下:

(1)进行系统维修职能分析,确定每一个维修级别需要行使的维修保障的职能和流程。

(2)进行系统功能层次分析,确定系统各组成部分的维修措施和要素。

(3)确定系统各组成部分的维修频率。

(4)将系统维修性指标分配到各单元,研究分配方案的可行性,进行综合权衡。

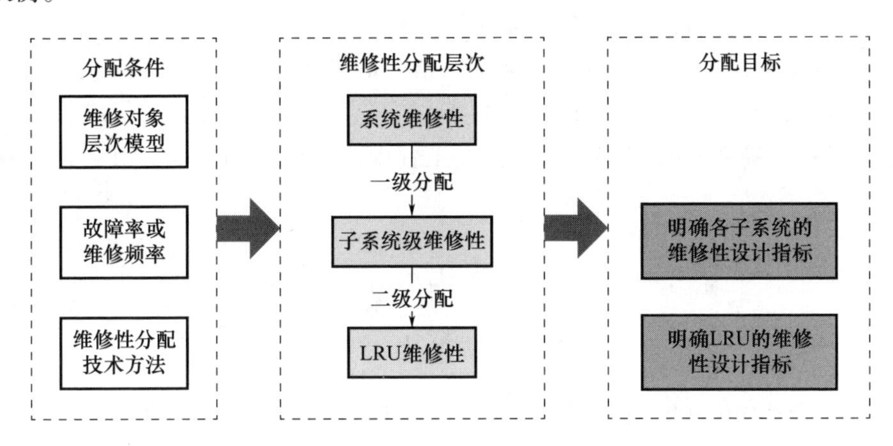

图3-28　维修性分配的主要过程

常见的维修性分配方法如表3-5所示。

表3-5　维修性分配的常用方法

分配方法	适用范围	简要说明
等值分配法	各单元相近的系统;缺少维修性信息时做初步分配	各单元维修性指标相等
按故障率分配法	已有可靠性分配值或预计值	按故障率高的维修时间应当短的原则分配
按故障率和设计特性的综合加权分配法	已知单元可靠性值及有关设计方案	按故障率及预计维修的难易程度加权分配
相似产品数据分配法	有相似产品维修性数据的情况	利用相似产品数据,通过比例关系分配
保证可用度和考虑单元复杂性的加权分配法	有故障率值并要保证可用度的情况	按单元越复杂可用度越低的原则分配可用度,再计算维修性指标

1. 故障率分配法

按故障率高的产品维修时间应当短的原则分配。

基本关系式为

$$\overline{M}_{cti}=\frac{\overline{\lambda}}{\lambda_i}\overline{M}_{ct}$$

式中：$\bar{\lambda} = \frac{\sum_{i=1}^{n} \lambda_i}{n}$；$\lambda_i$为第 i 个 RI 的故障率；$\bar{M}_{cti}$为第 i 个 RI 的平均修复时间。

2. 故障率和设计特性的综合加权分配法

该方法不仅仅考虑故障率对维修性指标的影响，还进一步考虑设计特性对指标可实现性的影响，将其各种影响因素转化为加权因子进行维修性分配，这是一种简便、实用的分配方法，在工程中应用也较为广泛。其一般表达式为

$$\bar{M}_{cti} = \frac{k_i \sum_{i=1}^{n} \lambda_i}{\lambda_i \sum_{i=1}^{n} k_i} \bar{M}_{ct} \quad (3-1)$$

式中：$\bar{M}_{ct}$为平均修复时间；λ_i为各个单元的故障率；k_i 为第 i 单元的维修性加权因子，根据所要考虑的因素而定，若有 m 个因素，则取各因素加权因子之和，即

$$k_i = \sum_{j=1}^{m} k_{ij}$$

式中：k_{ij}为第 i 单元、第 j 种加权因子。

加权因子包括故障检测与隔离因子、可达性因子、可更换因子、可调整因子等 4 种，GJB/Z 57—94《维修性手册与预计手册》提供了分别适用于机电、电子设备的加权因子参考值，如表 3-6 所示。

表 3-6　考虑 4 种维修性加权因子时的参考值

故障检测与隔离因子 k_{i1}			可达性因子 k_{i2}		
类型	因子	说明	类型	因子	说明
自动	1	使用设备内部装置自动检测故障部位	好	1	更换故障单元时无须拆除遮盖物
半自动	3	人工控制机内检测电路进行故障定位或用机外自动检测设备在机内设定的检测孔检测	较好	2	能快速拆除遮盖物
人工	5	用机外轻便仪表在机内设定的检测孔检测	差	4	拆除阻挡、遮盖物时，须拧上、拧下螺钉
人工	10	无设定的检测孔，需人工逐点寻迹	很差	8	除拧上、拧下螺钉外，还需两人以上移动阻挡、遮盖物

续表

可更换性因子 k_{i3}			可调整性因子 k_{i4}		
类型	因子	说明	类型	因子	说明
插拔	1	可更换单元是插件	不调	1	更换故障单元后无需调整
卡扣	2	可更换单元是模块,更换时打开卡扣	微调	3	利用机内调整元件进行调整
螺钉	4	更换单元要拧上、拧下螺钉	联调	5	需与其他部件一起联调
焊接	6	更换时要进行焊接			

【例 3－4】某系统的 MTTR 为 0.5h,它由 A、B、C 三个分系统组成,各分系统的故障率分别为 0.3×10^{-6}、0.2×10^{-6}和 0.1×10^{-6},各分系统的设计特性评定情况如表 3－7 所示。如何按故障率和设计特性的综合加权分配法对其进行维修性分配?

表 3－7　某系统的设计特性

分系统	故障检测隔离	部位可达	故障件更换	调整情况
A	BIT 检测	直接可达	插件	不用调整
B	人工控制 BIT	有快卸遮挡物	模块,卡扣固定	要微调
C	用仪器通过检测孔检测	有遮挡物,螺钉紧固	模块,卡扣固定	联调

先根据表 3－7 对各个设计特性进行量化评分,参照表 3－6 的标准,得到 4 种维修性加权因子如表 3－8 中第 3～6 列所示,按式(3－1)进行维修性分配,得到的分配结果如表 3－8 所示。

表 3－8　某系统设计特性加权因子值及维修性分配结果

分系统	故障率	k_1	k_2	k_3	k_4	$\sum k_i$	MTTR
A	0.3	1	1	1	1	4	0.13
B	0.2	3	2	2	3	10	0.5
C	0.1	5	4	2	5	16	1.6
合计	0.6					30	0.5

3. 维修性分配的注意事项

维修性分配当中,应当注意方法选用问题:

(1)分配是多解的,应根据条件采用不同的方法。

(2)按故障率分配法分配在产品研制早期最宜采用。

(3)加权因子分配法在方案阶段后期及工程研制阶段使用。

(4)相似产品分配法不仅适用于产品改进改型,且只要有相似产品或作为研制过程的改进都非常简便有效。

维修性分配结果的权衡与评审:

(1)对分配的结果通过不同的方式进行维修性预计或估计,并从费用、进度等方面进行权衡,以考察其可行性。

(2)对电子产品和其他复杂产品,故障检测隔离时间往往占整个故障排除时间的很大一部分,且所耗费用、资源也占很大一部分,应把测试性的分配与维修性分配结合在一起。

3.3.3.2 装备维修性设计准则

为了使设计出来的产品具有良好的维修性,充分体现维修性指标,在设计之初,需要制定维修性设计准则指导产品的维修性设计。维修性设计准则是综合维修性设计和使用中的经验而拟定的,维修性设计工程师在制定维修性设计方案时要充分考虑。除了指导维修性设计的作用之外,维修性设计准则还是对产品维修性进行评审的一种主要依据。

维修性设计准则是为了将系统的维修性要求及使用和保障约束落实到具体的产品设计中而确定的通用或专用设计准则。维修性设计准则有简化产品及维修操作,合并相同或相似功能,简化零部件的形状,尽量设计简便而可靠的调整机构、以便于排除因磨损或漂移等原因引起的常见故障,测试点尽量位于面板上,减少连接件、固定件,使其检测、换件等维修操作简单方便,降低对维修人员技能水平的要求和工作量,提高可达性、标准化、互换性、模块化、防差错措施及识别标志、贵重件的可修复性等。

通常维修性设计准则的内容应包括以下内容。

1. 简化产品及维修操作

(1)设计时,要对产品功能进行分析权衡,合并相同或相似功能,消除不必要的功能,以简化产品和维修操作。

(2)应在满足规定功能要求的条件下,使其构造简单,尽可能减少产品层次和组成单元的数量,并简化零部件的形状。

(3)产品应尽量设计简便而可靠的调整机构,以便于排除因磨损或漂移等原因引起的常见故障。

(4)对易发生局部耗损的部件,应设计成可调整或可拆卸的组合件,以便于局部更换或修复。避免互相牵连的反复调校。

(5)尽可能使得在维修设备时,不拆卸、不移动或少拆卸、少移动其他部分,以降低对维修人员技能水平的要求和工作量。

【例 3-5】鱼雷深度传感器的维修性简化设计。其原始方案:设计了专门的压力变送器和传感器电源安装座,同时液压座和传感器之间有静压管路相连,拆装较为麻烦。改进方案:对压力传感器的安装布局进行优化,液压座和传感器实现了一体化,通过 4 个螺钉与壳体固定,如图 3-29 所示。

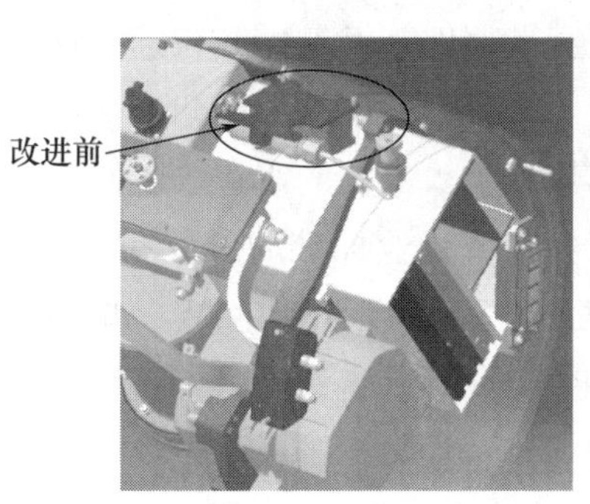

图 3-29　鱼雷深度传感器的原始设计(左)和维修性改进设计(右)

2. 具有良好的可达性

可达性是指接近维修部件进行修理、更换或保养的相对难易程度。维修过程中的"可达性"问题可以分为 3 个方面:一是看得见——视觉可达;二是够得着——实体可达;三是有足够的操作空间。所有零件、部件应具有可达性,即对于发生故障的零部件能够容易找到,并易于拆卸和更换。

(1)产品的配置应根据其故障率的高低、维修的难易、尺寸和质量的大小以及安装特点等统筹安排。

(2)为避免产品维修时交叉作业,可采用专舱、专柜或其他适当形式的布局。整套设备的部件应相对集中安装。

(3)产品的检查点、测试点、检查窗、润滑点、加注口以及燃油、液压、气动等系统维护点,都应布置在便于接近的位置上。

(4)需要维修和拆装的设备,其周围要有足够的操作空间。

(5)维修通道口或舱口设计应使维修操作尽可能简单方便;需要物件出入的通道口盖应尽量采用拉罩式、卡锁式和铰链式设计。

(6)在允许的条件下,可采用无遮盖的观察孔;需遮盖的观察孔应采用透明窗或快速开启的盖板。

(7)维修时一般应能看见内部的操作,其通道除能容纳维修人员的手或臂外,还应留有供观察的适当间隙。

(8)产品特别是易损件要拆装简便,大型设备拆装时零部件出进最好是平缓的曲线。

(9)管线系统的布置应避免管线交叉和走向混乱。

3. 提高标准化、互换化程度

优先选用标准件,提高互换性和通用化程度,尽量采用模块化设计。这样可以简化维修作业,节约备品备件费用,实现部件互换通用和快速更换修理。

1)标准化是近代产品的设计特点

优先选用标准化产品,并尽量减少零部件和工具的品种、规格。从简化维修的角度,要求尽量采用国际标准、国家标准或行业标准的硬件和软件,减少元器件和零部件的种类、型号和式样,有助于产品的设计和生产。如产品中尽可能采用标准化螺栓和螺母;在拆装 LRU 时均采用标准工具;等等。

2)提高互换性和通用化程度

互换性是指同类产品之间在实体上、功能上能够互相替换的性能。对故障率高、容易损坏、关键性的零部件要具有良好的互换性和通用性,尽量采用模块化、标准化的零部件,这不仅有利于产品生产,还有利于产品的抢修。

(1)在不同的装备中尽量采用通用零部件,减少其品种。

(2)元器件、工具应尽量选用满足使用要求的通用品。

(3)设计时,必须使故障率高、容易损坏的零部件具有良好的互换性和通用性。

(4)能安装互换的产品,应保证功能互换。能功能互换的产品,也应实现安装互换。必要时可另采用连接装置来达到安装互换。

(5)功能相同且对称安装的部、组、零件,应设计成可以互换。

(6)产品需做某些更改或改进时,要尽量做到新老零部件之间能够互换使用。

3)采用模块化设计

模块是指能从产品中单独分离出来,具有相对独立功能的结构整体。

(1)产品应按其功能设计成若干个具有互换性的模块,需要在战场更换的部件更应模块化。

(2)模块从产品上卸下来以后,应便于单独进行测试、调整。在更换模块后一般应不需进行调整;若必须调整时,应简便易行。

(3)应明确规定弃件式模块报废的维修级别及所用的测试、判别方法和报废标准。

(4)模块的尺寸与质量应便于拆装、携带或搬运。质量超过4kg不便握持的模块应设人力搬运的把手。必须用机械提升的模件,应设有相应的吊孔或吊环。

4. 具有完善的防差错措施及识别标志

(1)外形相近而功能不同的零部件、安装时容易发生差错的零部件,应从构造上采取防差错措施。

(2)发生操作和维修差错应不危及人机安全,最好能发现和纠正。

(3)应在产品上规定位置设置标牌或刻制标志。标牌上应有型号、制造工厂、批号、编号、出厂时间等。

(4)测试点和设备连接点,均应标明名称、用途、编代号等。

(5)对可能发生操作差错的装置应有操作顺序号码和方向的标志。

(6)安装间隙小、安装困难的零部件,应有定位销、槽等。

(7)标志应根据产品的特点、使用维修的需要,要鲜明醒目。

(8)标牌和标志在装备使用、存放和运输条件下都必须经久耐用。

5. 检测诊断准确、迅速、简便

1)对测试点配置的要求

(1)测试点的种类与数量应适应各维修级别的需要。

(2)测试点的布局要便于检测,可达性良好。

(3)测试点的选配应尽量适应原位检测的需要。可更换单元应配备供修理使用的内部测试点。

(4)测试点和测试基准不应设置在易损坏的部位。

2)选择检测方式与设备的原则

(1)重要部位应尽量采用性能监视和故障报警装置。对危险的征兆应能自动显示、自动报警。

(2)对复杂的装备系统,应采用机内测试、外部自动测试设备、测试软件、人工测试等形成较高的综合诊断能力。

3)选择检测方式与设备的原则

(1)测试设备应与主装备同时进行选配或研制、试验、交付使用。研制时应优先选用通用测试设备。

(2)测试设备要求体积和质量小,在各种环境条件下可靠性高、操作方便,维修简单和通用化、多功能化。

6. 包装产品的检测要求

必须在包装条件下进行检测的产品应能在不破坏原包装的情况下进行检测。

7. 符合维修的人机环工程要求

(1)应按照使用和维修时人员使用工具时姿势合理,有适当的操作空间。

(2)噪声不允许超过 GJB 50 的规定;如难避免,对维修人员应有防护措施。

(3)对产品的维修部位应提供自然或人工的适度照明条件。

(4)应采取适当措施,减少装备的振动,避免维修人员在超过由 GJB 966 等标准规定的振动条件下工作。

(5)设计时应考虑使维修人员的工作负荷和难度适当,以保证维修人员的持续工作能力、维修质量和效率。

8. 考虑预防性维修、战场损伤抢修及不工作状态对维修性影响

(1)装备应尽量设计成不需要或很少需要进行预防性维修,避免经常拆卸和维修;若必须进行预防性维修,也应使其简便、迅速,减少维修的内容和频率。

(2)设计时,应当减少和便于在储存、待机等不工作状态下的维修。尽可能采用不工作状态免维修设计的产品;不能实现免维修设计的产品,应减少维修的内容与频率,并便于检测和换件。

(3)设计时,应使产品便于在战场上进行抢修。要考虑和提供装备在遭受战斗损伤、缺少维修器材、没有外界动力或能源及恶劣战斗环境下,使之能在短时间内恢复全部功能、部分功能或进行自救的应急措施。

9. 保证维修安全

维修安全性是指避免维修人员伤亡或产品损坏的一种设计特性。应考虑维修的安全性,防止暴露高压高温和运动部件。

1)一般原则

(1)应确保使用、储存、运输和维修时的安全。

(2)在可能发生危险的部位上,应提供醒目的标记、警告灯或声响警告等辅助预防手段。

(3)严重危及安全的组成部分应有自动防护措施。损坏后容易发生严重后果的部件,不设置在易被损坏的位置。

(4)凡与安装、操作、维修安全有关的地方,应在技术文件、资料中提出注意事项。

(5)对于盛装高压气体、带有高压电等储有很大能量且维修时需要拆卸的装置,应设有备用释放能量的结构和安全可靠的拆装设备、工具及防护物。

2)防机械伤害

(1)运动件应有防护遮盖。对通向运动件的通道口、盖板或机壳,应采取安全措施并做出警告标志。例如,图3-30所示为某汽车的引擎舱布置,对于运动件均有良好的保护措施。

图3-30　某汽车的引擎舱布置

(2)维修时肢体经过的通道、手孔等,不得有尖锐边角。工作舱口的开口或护盖等的边缘都必须制成圆角或覆盖橡胶、纤维等防护物;舱口应有足够的开度,便于人员进出或工作。例如,图3-31所示为某飞机的发动机维修场景,维修工作面无尖角和锐利边缘,对人体不会产生机械伤害。

图3-31　某飞机的发动机维修场景

3)防静电、防电击、防辐射

(1)设计时,应当减少使用、维修中的静电放电及其危害,应有静电消散或防电磁辐射措施,确保人员和装备的安全。

(2)对于高压电路与电容器,断电后2s以内电压不能降到36V以下者,均应提供放电装置。

(3)为防止超载过热而损坏器材或危及人员安全,电源总电路和支电路一般应设置保险装置。

(4)复杂的电气系统,应在便于操作的位置上设置紧急情况下断电、放电的装置。

(5)对电气电子设备、器材产生的可能危害人员与设备的电磁辐射,应采取防护措施,防护值达到有关安全标准。

(6)激光产品应符合 GJB 470 的要求,以保证维修人员的安全。

【例 3-6】美军 F-22 战斗机在研制过程中非常重视维修性问题,为确保具有良好的维修性,所采用的维修性设计措施包括:

(1)模块式设计:飞机电子系统采用"抽屉"式设计,机械部件单元体结构拆装非常方便。

(2)可达性好:机身离地 0.9m,维修人员通常不用任何梯架就可以够到维修部位,其部分维修过程如图 3-32 所示。同时飞机的开敞率达到 30% ~40% 。

(3)标准化程度高:达到 65% 。

(4)测试性好:内部大量采用 BIT 设计,可隔离到 LRU。

(5)简化设计:广泛采用自锁式连接器,装拆非常方便。

(6)定量指标:每飞行小时平均维修工时 4.5h,是 F-15 的 1/3;更换发动机工时 1.5h(F-16 为 147min)。

图 3-32　F-22 战斗机的维修过程

3.3.3.3　维修性分析

维修性分析是指确定应该采取的维修性设计措施、评价维修性要求实现程度所进行的工作。可行的分析手段包括图纸分析法、对比分析法、虚拟维修分析法、专家经验分析法、试验操作分析法等,如表 3-9 所示。其中,虚拟维修分析法是当前比较常用的分析方法,以下重点进行介绍。

表3-9　维修性分析的技术途径

分析手段	方法描述
图纸分析法	依据设计要求和工程标准,利用各种设计技术图纸和数据,对维修性定性要求进行分析
对比分析法	利用在役(或相似)装备的维修性数据,通过分析对比,对新研装备的维修性要求进行分析
虚拟维修分析法	以数字样机为输入,利用计算机仿真、虚拟现实技术进行虚拟维修分析
专家经验分析法	以专家审查的形式,通过拟定维修性检查项目表,根据经验对维修性设计进行分析和校核
试验操作分析法	利用实体模型或样机演示维修操作,收集维修试验数据并进行分析

1. 虚拟维修基本概念

虚拟维修是近年来出现的一种采用数字化设计、计算机仿真、人机工程和虚拟现实等技术,进行装备维修性设计验证和维修训练等的方法,通过建立装备或系统的数字样机,在虚拟环境中模拟特定的维修活动,如产品或部件的拆卸、更换、装配、调试等,实现装备维修过程的虚拟化演示,具有维修对象数字化、模型信息集成化、维修仿真逼真化、人机交互自然化等鲜明特点。

虚拟维修虽不是实际的维修,但它实现了实际维修的本质过程,通过计算机虚拟模型来模拟和预估装备维修性与装备维修保障系统等可能存在的问题,从而提高人们的预测和决策水平。虚拟维修可用于装备维修性设计与分析、维修过程规划与验证、维修操作训练与维修支持等环节和过程,以增强装备全寿命周期各阶段、装备全系统各层次的维修决策与控制能力。其中的“虚拟”不等于虚幻、虚无,而是指物质世界中的数字化,亦即对真实世界的动态模拟,又称为虚拟现实。虚拟维修的主要思想是将物理空间的维修行为映射到虚拟空间,在虚拟空间中进行低代价的分析、决策和演练,以减少实物试验成本的投入。

2. 虚拟维修分析法的优点

(1)绿色化。虚拟维修技术可以为装备全寿命周期提供维修决策支持,其应用可降低实物试验带来的硬件损耗和安全性风险,大幅度减少利用装备的实物样机进行维修性试验、演示与评价的费用,甚至提高维修工作分析和评价的效率。

(2)高逼真。虚拟维修利用可视化方式直观反映装备维修的基本方式和过程,甚至是维修人员对于维修对象、工具的具体操作细节,从而高逼真地模拟装备的实际维修作业,可较好地评价被维修装备的维修性水平。

(3)并行化。在装备研制过程中可以利用所涉及的装备数字样机进行同步的维修性分析和评估,提前发现装备中存在的维修问题,不必等到物理样机制造完成后再分析和评估,从而可大幅缩短研制周期、降低评估代价。

3. 虚拟维修的发展

20 世纪 80 年代以来,虚拟维修技术得到了国内外广泛的重视,先后涌现了许多虚拟维修系统。1990 年 4 月,哈勃望远镜光学系统发生故障,由于在地面环境对太空维修作业的实物模拟非常困难,代价也非常高昂。NASA 便研制并建立了虚拟的太空环境,对光学系统的可维修能力和维修作业编排等进行充分的技术验证,并对宇航员进行虚拟维修技能训练,如图 3－33 所示,为后来在轨维修任务的完成发挥了重要作用。

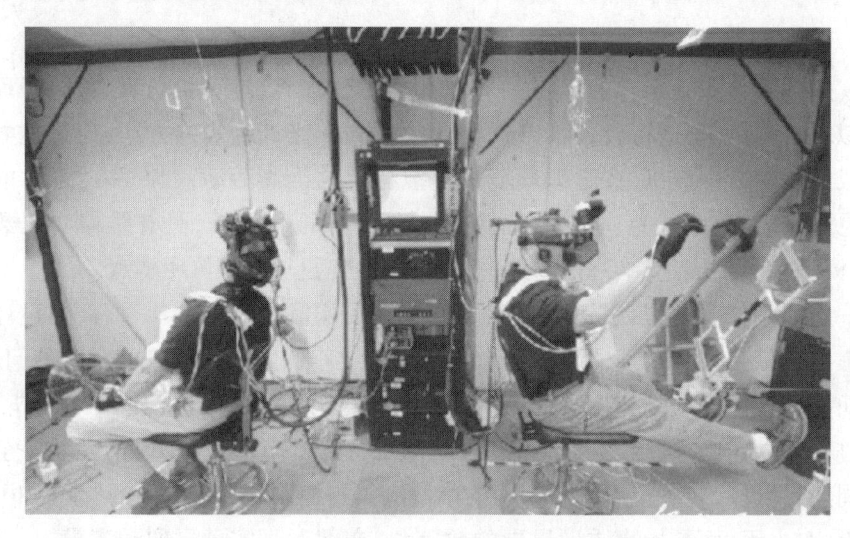

图 3－33　哈勃望远镜的虚拟维修验证和训练

国际上,许多著名的研究机构都深入开展了基于虚拟维修的维修性分析和评估方法研究。美国爱荷华大学利用数据手套和空间跟踪设备,获取手的位置和手部的动态数据,如图 3－34 所示,并通过虚拟手与虚拟座舱的碰撞检测,便可实现虚拟座舱作业域可达性的评价。法国贝尔福市布根大学基于虚拟现实技术进行航空产品维修性的评价,如图 3－35 所示,维修人员分别在实物样机和虚拟现实环境中进行操作,评估人机工效学相关的指标,从而使工程师更好地将人因特性集成到航空产品的设计过程。美国密歇根州西部大学 Bucarelli 等为验证建筑灯具在设计阶段的维修性,在沉浸式虚拟环境中进行了模拟测试,通过脑电波评估情绪、舒适性和安全性。

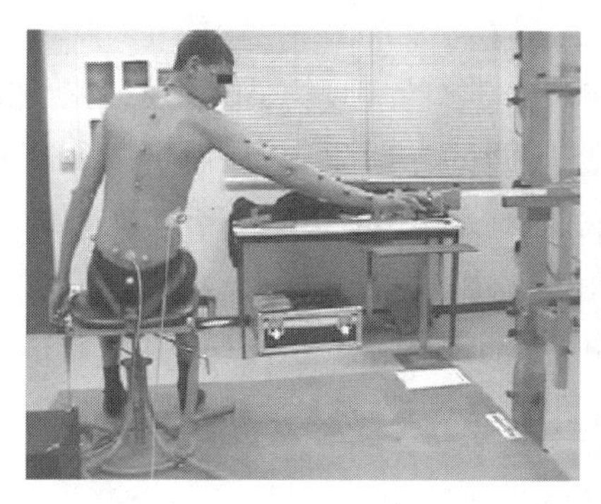
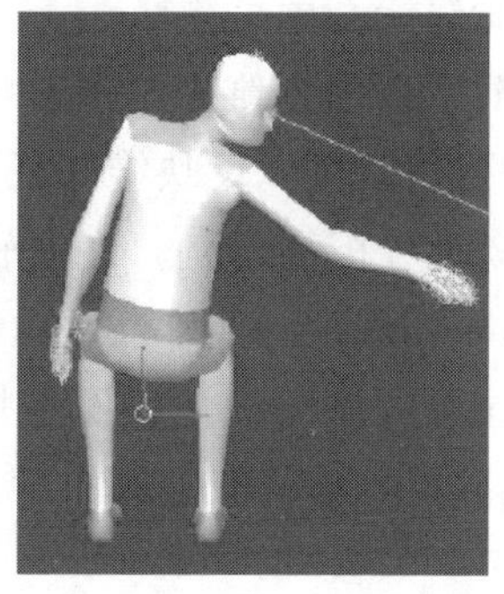

图 3－34　基于虚拟现实的虚拟人体姿态重构

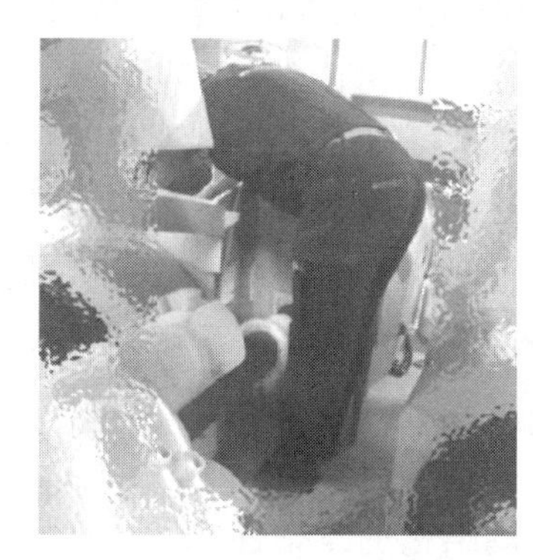
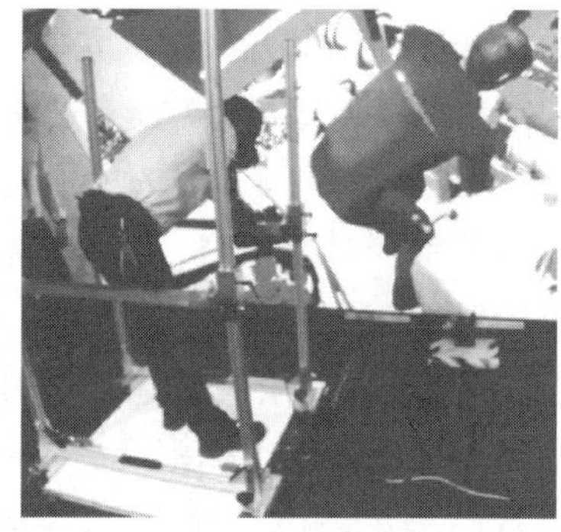

图 3－35　基于实物样机和虚拟样机的维修性评价

随着计算机仿真和虚拟现实技术的不断发展，数字化成为维修性等装备性能指标验证与评估的重要发展趋势。2018 年 6 月，美国国防部发布《数字工程战略》，计划将采办流程从线性的、以文档为中心转变为动态的、以数字模型为中心，建立数字工程生态系统，也促使装备试验鉴定加快数字化进程。目前，虚拟维修技术已广泛应用于航空、航天、船舶、车辆和军事工业等领域，依托专业虚拟维修软件较好地解决了传统实物维修性评估存在的试验成本高、试验周期长等问题。典型的虚拟维修应用系统包括 F－35 战斗机的虚拟维修、西门子发电设备虚拟维修、波音飞机的虚拟维修等。

4. 虚拟维修的分类

虚拟维修的分类方法有很多类，可按照沉浸感程度、沉浸方式以及人机交互深度等进行分类。根据人机交互的深度和逼真性分类，从弱到强可以分为 4 种，即动画演示性虚拟维修、基于虚拟人的虚拟维修、基于虚拟现实的沉浸式虚拟维修和增强现实式虚拟维修。

1)动画演示性虚拟维修

动画演示性虚拟维修是最简单、最成熟的实现方式,主要以三维动画形式来表达维修过程,可以反映维修任务实施的先后顺序,从而可以实现对维修操作流程的模拟分析和评判。许多软件,比如 3Dmax、Ngrain 以及一些三维 CAD 软件,都可以实现动画演示性虚拟维修。

然而这种方法的缺点显而易见,不能展示人的动作,而且维修过程难以实现交互,难以反映维修工艺细节,导致维修过程的仿真和维修性分析的结果比较粗略。

2)基于虚拟人的虚拟维修

这种虚拟维修方式引入了虚拟人模型,利用虚拟人维修虚拟产品,如图 3-36 所示。左边这张图表示的是虚拟人左右手配合在操作维修发动机叶片,这样可以逼真反映维修的工艺细节,并且有了虚拟人可以对维修过程中的视觉、可达性等工效学特性进行评价。右边这张图左上角的窗口就是人体视野情况,能看清或不能看清的维修对象一目了然,右边是人体手部的最大活动区域,利用它可以评判维修对象在不在可达的范围之内。后面将进一步介绍基于虚拟人的维修工效学分析方法。西门子公司的 JACK 软件、法国达索公司的 DELMIA 软件可以实现基于虚拟人的虚拟维修。

这种方式的不足,就是受制于人体运动结构的复杂性,导致人体动作编辑很麻烦,每个动作都要许多个关节协调配合才能完成,要调整的人体关节自由度有好几十个。

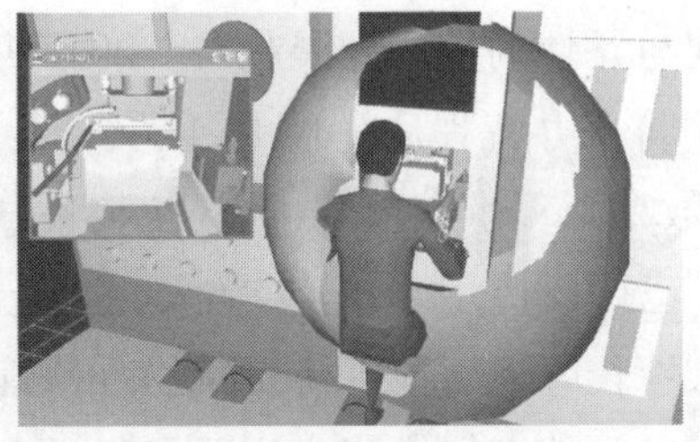

图 3-36　基于虚拟人的虚拟维修示意图

3)基于虚拟现实的沉浸式虚拟维修

基于虚拟现实的虚拟维修也被称为“人在回路的仿真方式”,属于“真人维修虚拟样机”,通过引入虚拟现实的外部设备,实现与虚拟环境中的数字样机和工具模型进行交互。基于虚拟现实的虚拟维修是真实人在虚拟环境中修理虚拟设备的一种维修过程。沉浸在虚拟环境中的人不仅能逼真感受到周围的维修环境，还可以身临其境地进行维修操作过程的分析和评估。

沉浸式虚拟维修系统通常由硬件系统、软件系统、软硬件接口以及仿真驱动系统等部分组成，基本框架如图 3-37 所示。通过多通道立体投影系统、立体头盔等来产生维修场景，利用动作跟踪设备、动作捕捉系统来进行人体动作的感知，并采用数据手套、力反馈器等设备来产生维修过程中的交互式操作，从而产生一个逼真的虚拟世界，使得维修人员能够身临其境并主动进行维修操作和体验。这种虚拟维修方法能够完全模拟仿真维修环境，甚至连军事战场、太空等复杂环境都可以模拟出来，同时虚拟维修操作真实感较强，在一定程度上代表虚拟维修技术未来的发展方向。

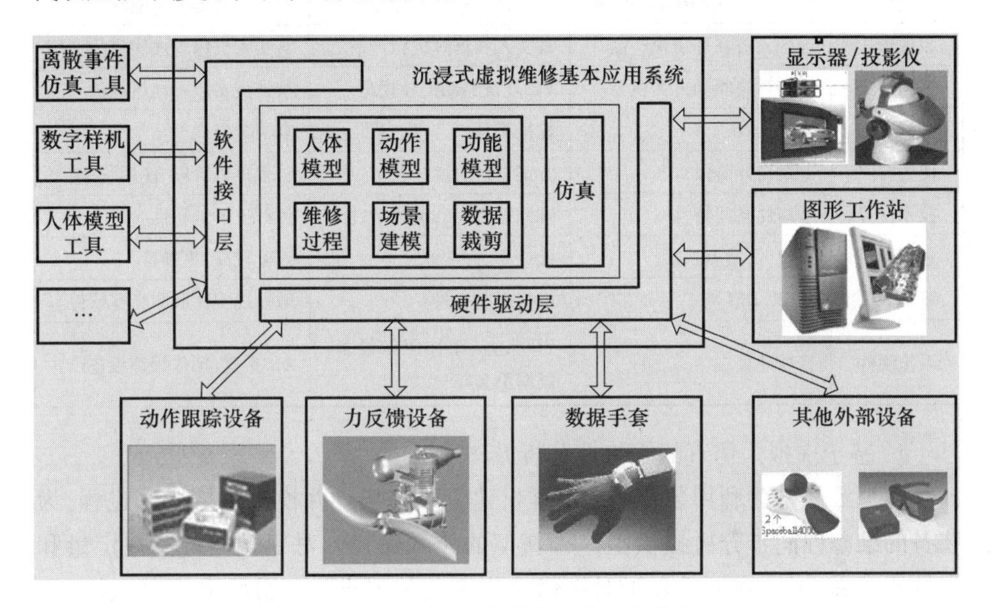

图 3-37 沉浸式虚拟维修的基本技术框架

但是，这种方式也有缺点，主要体现在受制于力反馈技术装置的局限性，虚拟维修过程中很难产生准确的触感和移动式力感。不管是搬运较大质量的设备，还是使用较大的维修作用力，都很难进行模拟，容易发生动作失真甚至是穿越现象，导致对于高强度的维修作业的分析和评价往往很不准确。

4）增强现实式虚拟维修分析

增强现实（Augmented Reality，AR）可将真实物体和难以体验到的虚拟世界信息“无缝”集成，从而达到超越现实的感官体验，其主要特点包括虚实结合、实时交互和三维注册。

增强现实式虚拟维修分析方式属于“真实人修理虚实混合产品”。这类分析方法的维修场景由实物样机和虚拟物体构成,人佩戴增强现实眼镜在实物设备上进行维修,而 AR 眼镜中可以呈现真实设备以及虚拟的维修障碍和环境。

该方法的优点:效率高、精度高,适用于各类维修作业特性的分析。当前该技术已经成为国内外竞相发展的热点,所涉及的三维注册、动态跟踪以及反馈控制等关键技术成为该领域重要的技术研究方向。

表 3-10 中基于虚拟人的维修演示型、沉浸式虚拟维修、增强现实维修 3 类分析方法的特点进行了比较。

表 3-10　几种虚拟维修分析方法的比较

项目	基于虚拟人的维修演示型	沉浸式虚拟维修	增强现实维修
表现形式	虚拟人员修理虚拟产品	真实人员修理虚拟产品	真实人员修理虚实产品
实现方式	控制算法驱动人体模型	VR 外设驱动人体模型	增强现实跟踪注册算法
维修工具	虚拟工具	虚拟工具	真实工具
使用时间	方案设计阶段	方案设计阶段	工程样机阶段、使用阶段
技术优势	维修性空间特性	维修性空间和流程特性	各种工效学特性
分析特点	代价低、精度一般	代价高、力学评价难	代价较高,更准确
系统软件	JACK、DELMIA	虚拟现实软件	增强现实注册和交互软件
系统硬件	普通计算机	VR 头盔、动作跟踪设备、数据手套等	AR 头盔、动作跟踪设备

5. 基于虚拟人仿真的维修性分析方法

虚拟维修方法利用装备的数字样机建立维修场景并模拟维修操作过程,为装备的维修性同步分析提供了一种新型的技术途径。对于各类维修性定量和定性要求,虚拟维修更适合于对维修操作相关的要求进行分析和评估,旨在保证装备维修人员能够顺利完成既定的维修任务,并对各种维修操作的工效特性进行分析。

基于虚拟人的分析方法通过人体的结构模型、运动学模型或者动力学模型,来描述维修人员的基本特征和作业特性。

1)维修可视锥与可视性分析

可视性指的是操作部位在操作人员视线可以达到的范围内,操作人员能清楚地看得到操作对象,以实现维修操作。主要基于人眼可视锥进行可视性分析。

人眼的视野是当环境和人的头部都保持不动时,眼睛能看到的空间范围。受人的生理特征限制,人的视野所能看到的空间范围是确定的,在 GJB 2873—97《军事装备和设施的人机工程设计准则》中对人的垂直和水平视野分别做出了规定。如图 3－38 所示,当人的头部保持直立不动而只是眼球在转动时,人的垂直视野方向的正常视线是水平线下 15°,这是人眼最舒适自然的视线角度。该视线的上下 15°是人的最佳垂直视野范围,正常视线上方 40°至下方 20°是人的最大垂直视野范围。

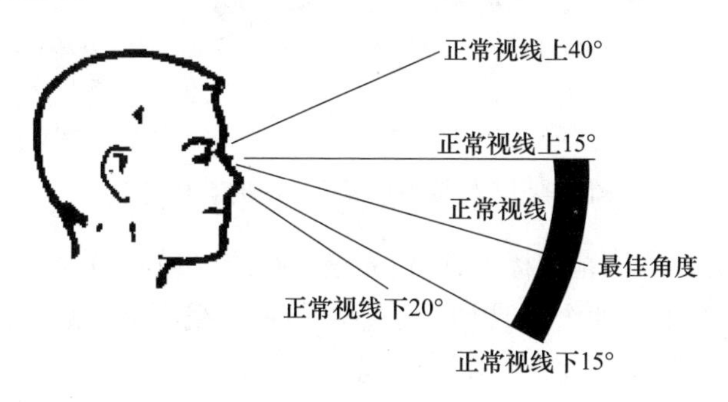

图 3－38　人眼垂直视野

人的水平视野方向,单眼与双眼的视野范围是不一样的。考虑双眼的视野范围,水平方向保持人的头部不动,只是眼珠转动的情况下,中心线左右各 15°是人眼的最佳水平视野角度范围,中心线左右各 35°是人眼在水平方向上的最大视野范围,如图 3－39 所示。

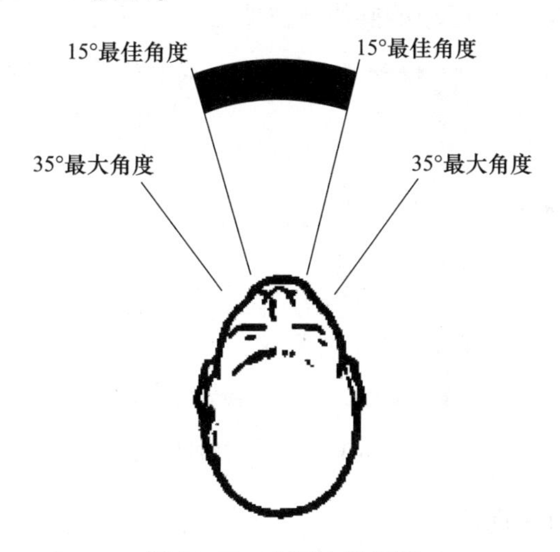

图 3－39　人眼水平视野

需要指出的是,若是在微重力环境下,由于人体自然姿势有所改变,导致人体的正常视线较之地面的低,如图 3－40 所示。自然视线是水平线下 25°左右,与地面环境相比,沿垂直方向向下偏转约 10°。水平视野区域的角度范围保持不变。

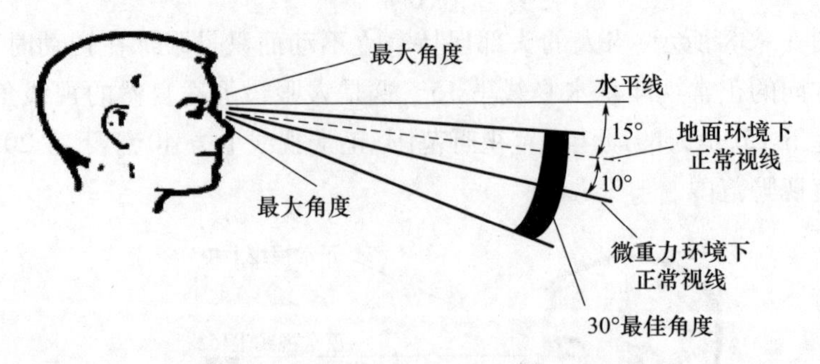

图3-40 微重力环境下人眼的垂直视野

由垂直和水平视野范围标准,可建立最佳视野区域和最大视野区域,并由人眼的生理特性可知,这两个区域空间的包络是锥体,截面呈椭圆形,如图3-41所示。最佳角度视野区域是一个在正常视线附近,上下左右各15°的圆锥区。当被观测物处于该区域内时,观察角度是最舒适的,眼部和身体不容易产生疲劳感,能最有效地观察物体,可视性最好。最大视野区域是一个在正常视线外围,左右各35°,上40°至下20°的椭圆锥区。当被观测物处于该区域内时,人眼看物体不太舒适,物体的形状轮廓也不容易被辨认出来,时间久了,会造成眼部和身体的疲劳,可视性一般。而当物体处于人眼的最大视野区域以外时,人眼便不能看到该物体,处于该区域的操作部位便是不可视的。

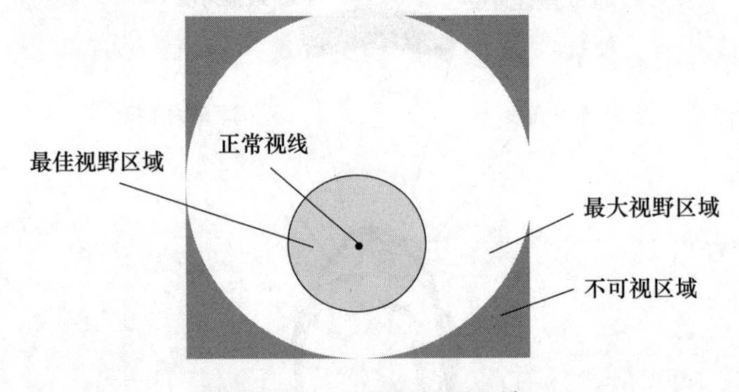

图3-41 人眼的视野区域

2)装备维修可达性评价

维修可达性描述的是维修对象被维修人员所触及和达到程度的一种特性,即在对装备对象进行维修时,维修人员手部或者操作工具能够沿一定路径或方式,接近操作部位的能力。维修可达性是满足维修性要求的重要方面,要确保所操作的对象在人体可接触的范围之内,在装备设计阶段应得到充分保证。

基于正向运动学的可达区域扫描。通过分析操作者处于特定位置时操作手的可达范围,检查操作对象是否在当前姿态的作业区域之内,可以对实体可达性进行分析评价。如何确定操作者在一定的环境和姿态下的作业域,需要对人体运动学方程进行正向求解,要根据维修人员的运动学模型和所处的状态,建立运动模型的基坐标系,确定运动链并列出其运动学方程。

人体可达空间仿真的流程如图3-42所示。基于人体运动学方程,可以进行维修时人体末端运动轨迹的计算,应遍历人体运动链中每个关节的活动范围,即根据运动链中每一个关节的 **A** 矩阵中涉及的常量和变量范围,由运动学方程 **T** 矩阵可求出运动链末端的位形,生成人体的可达区域。一般可以通过计算机仿真方法进行基于正向运动学的可达性评价,图形化显示运动链末端可能的位形,即描绘出末端的可达空间。若操作对象位于末端可达空间内,说明操作可达,否则操作不可达。

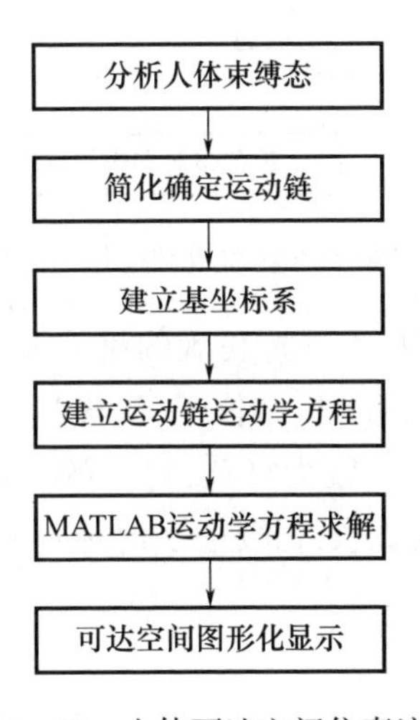

图3-42　人体可达空间仿真流程

在装备维修过程中,通常以脚为支点,该情况下人体运动链可以描述为:踝关节—膝关节—髋关节—腰关节—胸关节—锁骨关节—肩关节—肘关节—腕关节。由于该运动链较长,自由度较多,引起操作可达空间的仿真计算量大量增加,所以应根据实际情况对该运动链进行适当的简化。

3)基于实时碰撞检测的维修空间和通道评价方法

装备维修过程中,需要保证人体和维修工具有足够的空间完成相应的操作动作,并且人体、设备和备件的出入都要有足够的通道,人员和设备维修过程中的通行不会遇到空间障碍。因此,维修主体通道和操作空间的评价是维修性定性评价的重要方面。

考虑操作过程中维修主体操作运动所需的空间和维修对象拆装搬运所需的运动空间,将两者结合以对操作空间进行分析评价。其基本思路如图3-43所示。根据维修流程以及维修路径,得到维修人员或工具的运动轨迹仿真结果,同时对维修对象的拆装方式进行仿真,得到各自的运动包络区域。接下来利用装备数字样机所提取的空间布局和维修环境信息,进行包络域与周边障碍的碰撞检测,从而实现对维修通道和操作空间的分析评价。

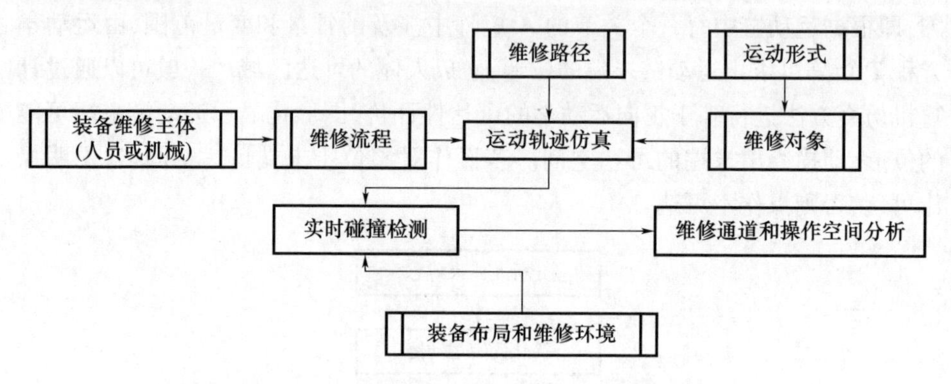

图3-43　装备维修通道和操作空间研究思路

在虚拟维修仿真过程中,为选择正确的维修操作方法,确保拆装操作不存在冲突问题,需要对装备各零部件、维修工具、虚拟人体以及外围部件进行碰撞检查。由于装备结构组成通常较为复杂,包含的部件众多,维修性分析过程对碰撞检测算法提出了很高的要求,需要能实时地检测出碰撞事件的发生并精确计算碰撞发生的位置。

3.3.3.4　维修性预计

维修性预计是为了估计产品在给定工作条件下的维修性而进行的工作。它的目的是预先估计产品的维修性参数,了解其是否满足规定的维修性指标,以便对维修性工作实施监控。

1. 维修性预计的程序与方法

维修性预计的一般程序如下:

(1)收集资料。首先要收集并熟悉所预计产品设计资料和可靠性数据,还要收集有关维修与保障方案及其尽可能细化的资料。

(2)系统的职能与功能层次分析。

(3)确定产品设计特征与维修性参数的关系。

(4)预计维修性参数值。利用各种预计模型,估算各单元和系统的维修性参数值。

维修性预计的方法有多种,常用的维修性预计方法如表 3－11 所示。

表 3－11　常用的维修性预计方法

方法	适用范围	简要说明
概率模拟预计法	机载电子和机电设备、系统外场修复时间等参数	通过基本维修作业时间分布估计,逐步计算、累加,求得系统停机时间分布参数值
抽样评分预计法	电子系统与设备的修复时间预计	利用随机抽样原理,结合以经验数据为基础的专用核对表评分和计算停机时间
运行功能预计法	各种系统与设备维修时间预计	将修复性维修与预防性维修结合在一起,把任务过程分为若干运行功能,利用所建模型计算维修时间
时间累计预计法	各种电子设备的维修参数值预计。也可用于其他装备	以某个维修时间已知的单元为基准,通过对比确定其他单元的维修时间,再按维修频率求均值,得到修复性或预防性维修时间

2. 维修性预计的时间累计预计法

该方法对各个项目的维修活动时间进行综合累加以获得总的维修时间。这种时间的累加是以分析每一项目和各维修活动经历的时间为基础。累加中所用的时间是时间的某种分布的平均值。

时间累计预计法关系式为

$$\bar{M}_{ct} = \frac{\sum_{i=1}^{n} \lambda_i \bar{M}_{cti}}{\sum_{i=1}^{n} \lambda_i}$$

式中:n 为可更换单元数;λ_i 为第 i 个可更换单元故障率;$\bar{M}_{cti}$ 为第 i 个可更换单元的平均修复时间,其计算方法为

$$\bar{M}_{cti} = \frac{\sum_{j=1}^{J} \lambda_{ij} T_{ij}}{\sum_{j=1}^{J} \lambda_j}$$

式中:J 为各种故障检测和隔离输出总数;λ_{ij} 为第 i 个 RI 出现第 j 个故障检测和隔离输出的故障率;T_{ij} 为第 i 个 RI 在出现第 j 个故障检测和隔离输出下的故障修复时间,其计算方法为

$$T_{ij} = \sum_{m=1}^{M_{ij}} T_{mij}$$

式中:M_{ij}为第 i 个可更换单元在出现第 j 个故障检测和隔离输出下排除故障维修的活动数;T_{mij}为第 i 个可更换单元在出现第 j 个故障检测和隔离输出下进行排除故障时做第 m 项维修活动的平均时间。一般包含:准备时间、故障隔离时间、分解时间、更换时间、结合时间、调整时间、检验时间。

3. 维修性预计的注意事项

在进行维修性预计的工程应用中应当注意:

(1)预计的组织实施。低层次产品的维修性预计与产品设计过程结合紧密,通常由设计人员进行。系统、设备的正式维修性预计,涉及面宽且专业性强,应由维修性专业人员进行。

(2)预计的方法和模型的选用。要根据产品的类型、所要预计的参数、研制阶段等因素,选择适用的方法。同时,对各种方法提供的模型进行考察,分析其适用性,可做局部修正。

(3)基本数据的选取和准备。产品故障及修复时间数据是维修性预计的基础。要从各种途径准备数据并加以优选利用。首先是本系统或设备的数据,类似系统或设备的数据,然后是有关手册数据,再是使用的经验数据。

(4)预计结果的修正和应用。要随着研制过程对维修性预计结果加以修正。应用时应将预计值与维修性合同指标的规定值相比较,一般说,预计值应优于规定值,并有适当余量。

3.3.3.5 维修性试验与评估

1. 基本概念

维修性试验与评估主要目的是考核装备满足规定维修性(含测试性)定量与定性要求的程度,是装备研制、生产乃至使用阶段维修性工程的重要活动。具体来说,其作用包括:①考核产品的维修性,确定其是否达到规定要求;②发现和鉴别有关维修性的设计缺陷,以便采取纠正措施,实现维修性增长;③在维修性试验与评价的同时,还可对有关维修的各种保障要素进行评价。

维修性的试验与评估应当有计划地进行。订购方应在维修性大纲要求中提出装备维修性试验与评定要求;承制方应制定相应的计划,并应随着研制的进展而不断地完善。适用于特定阶段的详细计划,应在实施之前经订购方同意。维修性试验与评估可以与性能、可靠性试验结合进行,也可以单独进行,应与其他(特别是可靠性)试验评定工作协调,避免不必要的重复。维修性试验与评估应符合订购方提出的有关维修方案、使用与维修环境、人员技术水平、测试方案(包括测试的配置与任务)和维修级别等方面的约束与要求。

大型复杂装备维修性试验工作程序应包括：制定试验计划、选择试验方法、确定受试品、培训试验维修人员、确定和准备试验环境及保障资源；确定试验样本量、选择与分配维修作业样本、模拟与排除故障、预防性维修试验、收集分析与处理维修试验数据、评定试验结果、编写试验与评定报告等。

2. 基本分类

根据试验与评估的时机、目的，维修性试验与评估可以分为维修性核查、维修性验证和维修性评价 3 类，如图 3－44 所示。

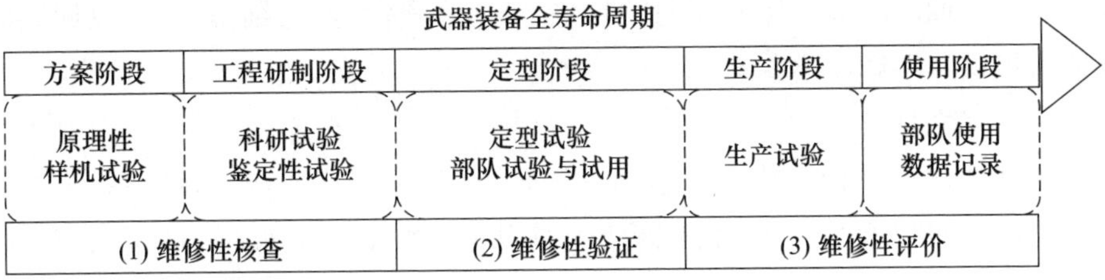

武器装备全寿命周期

方案阶段	工程研制阶段	定型阶段	生产阶段	使用阶段
原理性 样机试验	科研试验 鉴定性试验	定型试验 部队试验与试用	生产试验	部队使用 数据记录
(1) 维修性核查		(2) 维修性验证	(3) 维修性评价	

图 3－44　维修性试验与评估的分类及其适用阶段

系统级维修性试验与评估，一般应包括核查、验证和评价 3 个阶段。对不同类型装备或低层次的产品的试验与评定阶段划分由订购方确定。

1）维修性核查

维修性核查是指承制方为实现装备的维修性要求，从签订研制合同起，贯穿于从零部件、元器件直到分系统、系统的整个研制过程中，不断进行的维修性试验与评定工作。越早介入越好，最好在方案阶段和工程研制阶段就能够通过虚拟维修分析等手段进行早期评估，往往能够节省大量研制经费、缩短研制周期。

维修性核查的目的是检查与修正维修性分析的模型及数据，鉴别设计缺陷及其纠正措施，以实现维修性增长，从而有助于满足维修性要求和以后的验证。

为降低试验代价，核查可采用较少的维修性试验或维修作业时间测量、演示，以及由承制方建议并经订购方同意的其他手段。应最大限度地利用与各种试验（如研制、模型、样机、鉴定及可靠性试验等）结合进行的维修作业所得到的数据。当合同或订购文件将维修性验证规定为核查的一部分时，核查应按维修性验证规定执行。

2）维修性验证

维修性验证是指为确定产品是否达到规定的维修性要求，由指定的试验机构进行或由订购方与承制方联合进行的试验与评定工作。

维修性验证目的是全面考核装备是否达到了规定的维修性要求,其结果将作为批准装备定型的依据。维修性验证通常在装备定型阶段进行,尽可能在类似于使用维修的环境中进行。

验证试验通常在规定试验机构(试验场等)按照规定进行维修试验,维修所需的工作条件、工具、保障设备、备件、设施等符合维修方案的要求。验证试验中的维修作业应由试验机构、订购方的维修人员进行,维修人员应经过承制方训练,其数量和技术水平按照维修方案规定。在验证维修性过程中,试验组应当实施经过批准的综合保障计划,利用维修保障资源,进行维修作业,以便同时评估所提供的维修保障要素。

3)维修性评价

维修性评价是指订购方在承制方配合下,为确定装备在实际使用、维修及保障条件下的维修性所进行的试验与评定工作,评价通常在部署试用或使用阶段进行。

维修性评价的目的是确定装备部署后的实际使用、维修及保障条件下的维修性;验证中所暴露缺陷的纠正情况;重点是评价基层级和中继级维修的维修性,需要时,还应评价基地级维修的维修性。

所有评价对象应为部署的装备或与其等效的样机。维修性评价应在部署试用或实际使用中进行,需要评价的维修作业应是直接来自实际使用中的经常进行的维修工作。只有为了评价那些不可能在评价期间发生的特殊维修作业,才应通过模拟故障补充。所有评价的维修作业均应由订购方维修人员完成,承制方人员只完成那些按合同规定在作战、使用中应由他们完成的任务。

3. 维修性定性的评价与演示

(1)利用维修性核对表评定装备满足维修性定性要求的程度。该核对表由承制方根据有关规范、合同要求和设计准则等制定,并经订购方同意。该核对表至少应包括以下内容:①维修可达性;②标准化与互换性;③检测诊断的方便性与快速性;④维修安全性;⑤防差错措施与识别标记;⑥人素工程要求等。

(2)有重点地进行维修性演示。在虚拟样机、实体模型、实体样机、实际产品上演示预计发生频率高的拆装、检测、调校等操作,重点判断:①人体、观察及工具的可达性;②操作安全性;③操作快速性,必要时测量动作的时间;④维修技术难度。

(3)有关维修性的保障要素的评定:规定人员及其使用配备的工具、设备、器材、资料等保障资源的品种、数量、质量能否保证完成维修任务。

4. 维修性定量的试验与评定

维修性评定应通过试验完成实际维修作业,统计计算维修性参数,判决维修性定量要求是否满足。

1)试验方法的选择

试验方法的选择应根据需要验证的维修性参数、时间分布类型等选择规定的方法。必要时,允许选用其他适宜的方法。试验方法应由订购方批准或规定。

2)受试品的确定与样本量计算

维修性试验的受试品应从提交的产品中抽取并做单独试验,或直接利用定型样机同其他试验结合进行。为缩短试验时间,除主试品外,允许附加选定若干备试品。

应用经典的概率统计理论,计算维修性试验样本量;并根据试验数据对试验假设进行检验。假设产品的平均修复时间服从对数正态分布,可接受值为 μ_0,不可接受值为 μ_1。承制方风险 α:产品维修性指标的期望≤可接受值而被拒绝的概率;订购方风险 β:产品维修性指标的期望≥可接受值而被接受的概率。

假设 X 为维修时间的随机变量;X_i为维修时间的第 i 次观测值;$\overline{X}$为 X 的样本均值;Y 为 X 的自然对数;σ^2为 Y 的方差,$\sigma^2 = E[(Y-E(Y))^2]$。

则样本量:

$$n = \left(\frac{Z_{1-\alpha} + Z_{1-\beta}}{\ln \mu_1 - \ln \mu_0}\right)^2 \sigma^2$$

式中:σ^2为 Y 的方差;$\sigma^2 = E[(Y-E(Y))^2]$。

进一步计算得到:

$$\overline{Y} = \frac{1}{n}\sum_{i=1}^{n} \ln X_i$$

Y 的样本方差:

$$S^2 = \frac{1}{n-1}\sum_{i=1}^{n} (\ln X_i - \overline{Y})^2$$

若:

$$\overline{Y} \leqslant \ln \mu_0 - \frac{1}{2}\sigma^2 + z_{1-\alpha}\frac{\sigma}{\sqrt{N}}$$

则认为该产品符合维修性要求而接受,否则拒绝。

【例3-7】某装备的平均修复时间:可接受值$\mu_0=30\text{min}$,不可接受值$\mu_1=45\text{min}$,承制方风险α与订购方风险β相等,且$\alpha=\beta=0.05$。修复时间对数方差$\sigma^2=0.05$,试进行检验。

解:查表得到

$$Z_{1-\alpha}=Z_{1-\beta}=1.65$$

样本量为

$$n=\left(\frac{1.65+1.65}{\ln 45-\ln 30}\right)^2\times 0.5=33.12\approx 34$$

试验维修时间观测值为

26 14 21 30 70 69 20 21 18 65 16 35 26
16 40 28 42 33 19 19 43 54 12 18 13 26
10 50 21 31 42 30 46 24

计算得到

$$\bar{Y}=\frac{1}{34}\sum_{i=1}^{34}\ln X_i=3.30$$

$$S^2=\frac{1}{33}\sum_{i=1}^{n}(\ln X_i-\bar{Y})^2=0.26$$

$$\ln\mu_0-\frac{1}{2}\sigma^2+z_{1-\alpha}\frac{\sigma}{\sqrt{N}}=\ln 30-\frac{1}{2}\times 0.5+1.65\times\frac{0.5}{\sqrt{34}}=3.35$$

因为$\bar{Y}=3.30<3.35$,所以装备的平均修复时间符合维修性要求,应予接受。

3)维修作业的产生

维修性试验的修复性维修、预防性维修作业应按试验与评定计划规定,由下述方法产生:

(1)自然故障所产生的维修作业。产品在规定的使用和维修条件中使用,如果能保证产生足够次数的维修作业、满足所采用的试验方法中样本量的要求时,则可优先采用这种方法。

(2)模拟故障产生的维修作业。可通过用故障件代替正常件、接入或拆除不易察觉的零件、元件、单元或电路、故意造成失调等方法,产生模拟故障。故障程度应足以代表需检验的维修作业。凡有某种潜在危险或不安全的故障,一般不得模拟;确有必要,应经批准并采取相应安全措施。模拟故障维修作业样本分配方案,应按规定方法制定,并经订购方同意。进行故障模拟时,应由有经验的工程技术人员按计划进行,参试维修人员应避开现场,使其不能预先知道模拟的故障，待操作人员启动或使用受试品直到发生故障或出现故障预兆时，再通知参试维修人员到现场进行检测和排除故障。

(3) 预防性维修单独试验时，其作业样本分配方案应依维修技术文件规定的预防性维修频率，按规定方法制定。

(4) 需要独特技巧、设备、试验方法的特殊维修作业，应由订购方确定，并采取相应保障措施。

4) 试验过程实施

由经过训练的维修人员排除上述自然或模拟故障，完成故障检测、隔离、拆卸、换件或修复原件、安装、调试、检验等一系列活动。以修复性维修为例，维修性定量要求的一般试验流程如图 3 - 45 所示。

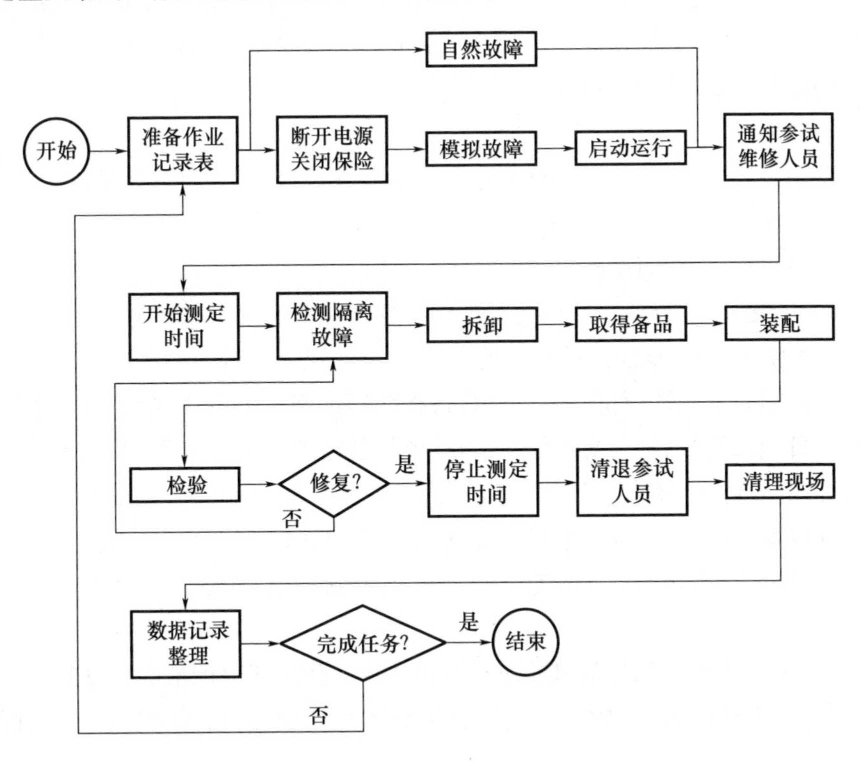

图 3 - 45　维修性试验的一般流程(以修复性维修为例)

5) 试验数据记录

维修性数据记录应制定各种试验表格和记录卡，并规定专职人员记录整理维修性试验数据。表 3 - 12 所示为预防性维修作业记录表。

表 3-12 预防性维修作业记录表

装备名称：

编号	单元、零部件名称	作业名称	维修级别	材料与备件	设备与工具	参加人数	实际维护时间	工时	备注
验证负责人意见									月 日
订购方意见									月 日

对于修复性维修，应当：①按规定维修级别，使用所配备的备品、附件、工具和设备；②按照技术文件采用规定的程序和方法；③由专职记录员按规定表格进行记录；④对于不同诊断技术或方式（如人工测试、外部测试或机内测试）所花费的故障诊断时间分别记录。

6）预防性维修

试验过程中，应按技术文件规定进行预防性维修，并记录其所消耗的人力、物力资源和时间。

7）测试性试验与评定

产品的测试性指标一般应与其他维修性指标一并试验与评定。

5. 使用期间维修性评价与改进

使用期间维修性评价与改进是装备在使用期间重要的维修性工作，主要达到以下目的：①利用收集的维修性信息，评价装备的维修性水平，验证是否满足规定的使用维修性要求，当不能满足时，提出改进建议和要求；②发现使用过程中的维修性缺陷，组织进行维修性改进，提高装备的维修性水平；③为装备的使用、维修提供管理信息，为装备的改型或确定新研装备的维修性要求提供依据等。

（1）使用期间维修性信息收集。该项收集工作应建立严格的信息管理和责任制度。明确规定信息收集与核实、信息分析与处理、信息传递与反馈的部门、单位及其人员的职责。

进行使用期间维修性信息需求分析，包括：维修性评价、维修性增长等维修性工作的信息需求，确定维修性信息收集的范围、内容和程序等。维修性信息一般应包括维修类别、维修级别、维修程度、维修方法、维修时间、维修日期、维修工时、维修费用、人员专业技术水平、维修性缺陷、维修单位。

使用期间维修性信息收集工作应规范化。按标准的规定统一信息分类、信息单元、信息编码,并建立通用的数据库等。应组成专门的小组,定期对维修性信息的收集、分析、储存、传递等工作进行评审,确保信息收集、分析、传递的有效性。

(2)使用期间维修性评价。使用期间维修性评价的主要目的是对装备的维修性水平进行评价,验证是否满足部队对装备的维修性要求,发现装备的维修性缺陷,以及为装备的改进、改型和新装备的研制提供支持信息。

维修性评价应尽可能在典型的实际使用与维修条件下进行,这些条件必须能代表实际的作战和保障条件。被评价的装备应具有规定的技术状态,使用与维修人员必须经过正规的训练,各类维修保障资源按规定配备。

维修性评价在装备部署后进行,可以结合使用可靠性评估、保障性评估等一起进行。事先应制定维修性评价计划,计划中应明确参与评价各方的职责及要评价的内容、方法和程序等。在整个评价过程中应不断地对收集、分析、处理的数据进行评价,确保获得可信的评价结果及其他有用信息。

(3)使用期间维修性改进。确定的维修性改进项目,应该是那些对减少维修消耗时间、降低维修成本、降低维修技术难度有重要影响和效果的项目。维修性改进是装备改进的重要内容,必须与装备的其他改进项目进行充分的协调和权衡,以保证总体的改进效益。

维修性改进应有专门的组织负责管理,其主要职责是:组织论证并确定维修性改进项目、制定维修性改进计划、组织对改进项目和改进方案的评审、对改进的过程进行跟踪、组织改进项目的验证、编制维修性改进项目报告等。

3.3.4　载人空间站维修性工程应用

为实现空间站的长寿命、高可靠目标,既要充分重视系统固有可靠性,又要注重通过及时、有效、安全的在轨测试与维修来保证系统的任务可靠性和安全性。由于大部分设备单机的寿命距离空间站的寿命要求具有较大的差距。因此应该从综合保障的角度出发,特别要将可靠性和维修性结合起来,通过维护保养、故障排除和部件更换等措施,及时消除系统薄弱环节,延长空间站的寿命。

空间站在轨维修是按照必要的或指定的计划程序进行的预防性和修复性维修过程。另外,通过提高空间站维修性水平,还具有其他方面的重要意义:①使得各种预防性维修更为方便高效,降低航天员在轨维修工作强度;②在空间站发生突发故障时,提高航天员的在轨应急抢修能力;③确保航天员进行各种维修操作时,空间站和航天员安全无事故。

相对地面装备,空间站维修性的复杂性主要体现在以下几个方面:①微重力环境对航天员操作存在双重影响:一方面航天员在轨操作的人因特性会更加复杂,人体更容易疲劳;另一方面也会存在积极影响,航天员可以轻松实现地面难以完成的倾斜、倒立操作;②维修对象和任务要识别完备,并且受制于空间、质量受限,布局难度大;③在轨维修操作要确保很高的安全性和任务可靠性;④微重力环境下的维修性验证难度较大。

因此,为实现空间站的在轨维修,应开展维修性设计工程,紧密结合工作任务需求和太空环境特点,首先分析系统的维修任务需求,然后制定维修性工作大纲,科学论证维修性指标体系,再进行维修性详细设计,最后进行维修性试验验证。

3.3.4.1 维修理念

"和平"号空间站在轨运营时,宇航员75%的工作时间用于维修;很多维修操作较为困难,如图3-46所示。而国际空间站共有超过5700个轨道替换单元(Orbital Replacement Units,ORU),维修策略主要是进行"原位"修理,在轨直接更换模块,其维修性较好,如图3-47所示,宇航员每天维修时间仅需约2h。

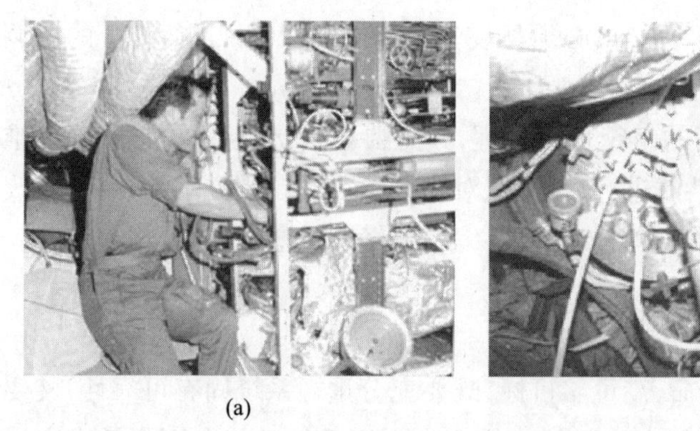
(a)

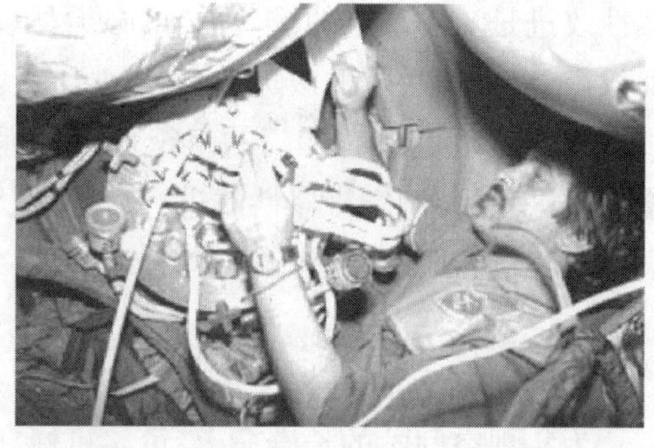
(b)

图3-46 "和平"号空间站维修

国际空间站维修包括关键功能的维护,或者系统设备性能的恢复,如设备和ORU的去除和更换、服务、测试、检查、标定和修复。维修的目的是减少系统停机时间,尽可能提高系统可用性。在轨维修的目的是提供系统功能和冗余的可接受级别,支持国际空间站的运行、乘员生存和安全、任务目标以及有效载荷的功能发挥。

表3-13所示为国际空间站(美国舱段和俄罗斯舱段)1999—2005在轨维修时间对比。其中,PM为预防性维修时间,CM为修复性维修时间。

图3-47　国际空间站维修

表3-13　国际空间站(美国舱段和俄罗斯舱段)1999—2005在轨维修时间表

派遣次序	ISS乘组(#人数)	美国舱-PM/h	美国舱-CM/h	俄罗斯舱-PM/h	俄罗斯舱-CM/h	总计/h
0	0	2	8	1	40	51
1	3	8	3	19	14	44
2	3	24	148	138	81	391
3	3	39	19	130	13	201
4	3	63	46	206	123	438
5	3	60	102	196	45	403
6	3	55	103	211	93	462
7	2	80	28	244	53	405
8	2	64	104	184	97	449
9	2	147	101	186	58	492
10	2	73	96	186	97	452
11	2	42	46	117	70	275
总计		657	804	1818	784	4063

可以发现,俄罗斯舱的维修时间2602h,美国舱维修时间1461h。美国舱的修复性维修时间比俄罗斯舱稍多,而预防性维修时间明显比俄罗斯舱短很多。

美国舱维修时间短的原因：

(1)固有可靠性方面。俄罗斯舱段基本是继承“和平”号空间站的可靠性设计技术。美国舱则采用了更先进的可靠性设计技术，提高了设备固有可靠性。

(2)维修策略方面。俄罗斯采取了大量的预防性维修措施延长系统寿命。而美国舱则采用了更系统的保障性设计与 RCM 策略，如图 3 - 48 所示为美国舱的基本维修策略，仅对故障后果很严重的设备采用预防性维修，同时通过确定产品适用而有效的预防性维修工作，丰富了传统仅仅定时维修的方式，大大降低了维修负担。

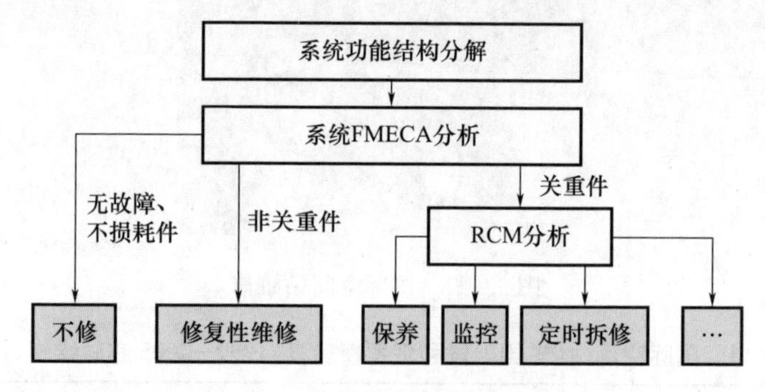

图 3 - 48　美国舱的基本维修策略

3.3.4.2　维修级别和要求

国际空间站美国舱采用了在轨更换、在轨中继级维修、返回地面维修 3 个维修级别，对应的维修技能和工具要求如表 3 - 14 所示。

表 3 - 14　美国舱的维修级别及要求

维修级别	维修技能要求	工具要求	举例
在轨更换	最小	标准的手用工具、一些诊断工具	人工巡检； 整体更换单机； 周期性地清洁设备； 周期性地检查设备运行； 外部调整设备
在轨中继级维修	较高 （与在轨更换比较）	更多地支持/诊断设备（与在轨更换比较）	更换单机中的重要模块
返回地面维修	最高	特制的工具、大量的配件、复杂的诊断工具	完全大修或重装设备； 设备的复杂校准

3.3.4.3　维修性设计示例

美国HSSSI公司将SSP 50005中的有关要求贯彻到系统设计中，同时也考虑了一些共性的人因工程设计要求，来设计水处理和电解制氧组件。

1. 要求1

WPA的整个年平均维修人时限制在26.0h；电解制氧为7.0h。

实现措施：

(1)采用尽可能少的紧固件来固定ORU。单个ORU上的所有紧固件是统一的规格和类型，这样减少了拆装紧固件的时间。

(2)流体和电气接口都采用快速匹配类型，拆装和替换时不需要工具。

(3)所有的流体和电气接口都设计了标识，避免误插拔。

(4)所有消耗件ORU只需要从前端进行替换，可达性好，避免了旋转柜体、操作后面的面板。

2. 要求2

ORU的安装、布局和定位采用自对准措施。

实现措施：水处理和电解制氧组件的ORU采用了滑轨、导轨，并加装定位销。ORU两侧都设计了滑轨。

(1)在ORU安装过程中，滑轨定位到和架子长度相当的固定导轨。

(2)滑轨和导轨都套上特氟纶材料，保证安装时的平滑。

(3)当ORU的后端接近行程末端时，导轨将ORU后面的定位销导入到固定的、紧配合的导销套。另外，ORU前端的紧固件和匹配的座孔对准，可以很容易拧紧。如图3-49所示。

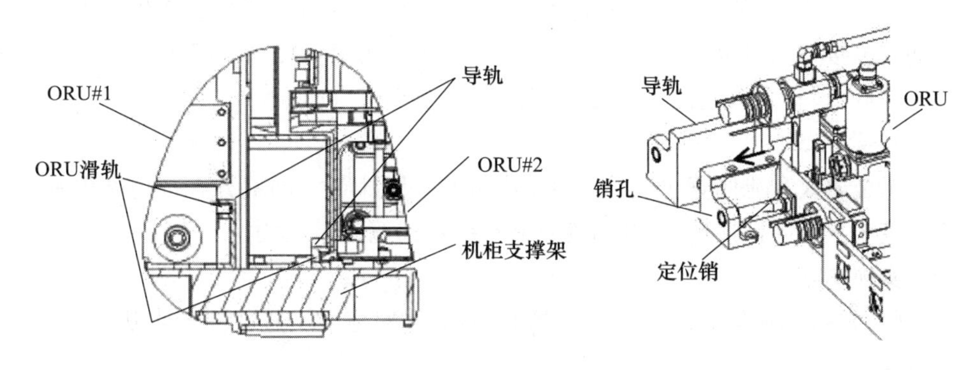

图3-49　典型ORU导轨、定位方式

3. 要求3

机柜和抽屉上要提供限位闩，在维修时从安装位置拔出，并不需要利用工具进行解脱。

实现措施:这些要求不是针对具体的 ORU,但从维修安全角度来说非常重要。图 3-50 所示为典型 ORU 的安装限位,为了避免 ORU 从本身的安装位置解脱时不受控制,在一侧安装了插销门装置。插销门锁紧时允许 ORU 移出 2/3 行程,然后可以用一个手指解除锁紧状态,接着 ORU 可以从余下的行程中移出。

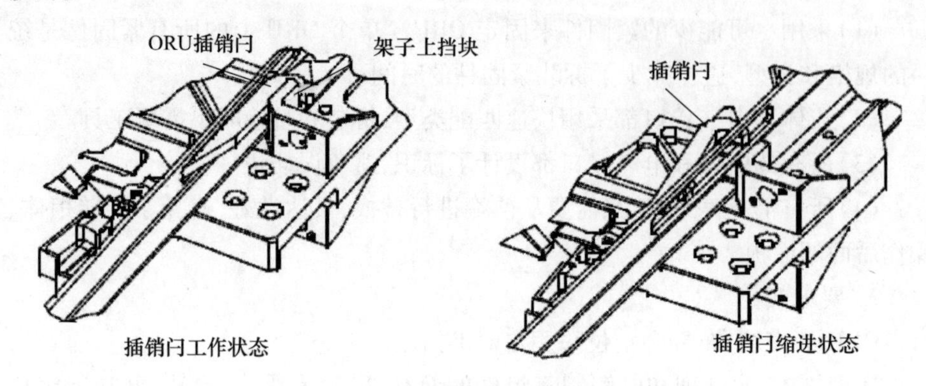

图 3-50　典型 ORU 的安装限位

4. 要求 4

①ORU 需要设计提供合适的接口,用于微重力环境下临时存储时进行识别。②ORU 的设计应当包括手柄和抓取区域。

实现措施:如图 3-51 所示,大部分水处理和电解制氧的 ORU 包括了 1~2 个手柄接口;对于设计有 2 个手柄接口的 ORU,接口距离约 7.0 英寸(17.78cm),用于安装在轨维修把手。单个手柄接口用于安装在轨座轨式手柄;手柄安装接口同时也作为绳索安装点。对于不具备手柄接口空间的 ORU,采用 SSP 50005 设计永久性的接口装置,也可作为绳索安装点。

5. 要求 5

①金属线和流体管线能够在每个末端和每隔 3 英寸的地方进行功能识别;②标签水平朝向柜体地面;③通道要贴有警示标识,提醒危害。

实现措施:

(1)电缆和流体管线在每个末端有标识,和对应的电连接器或者快速断接器相匹配。

(2)ORU 的标识,无论是铭牌、旋转标记、流体管线标识、警告标记等,都水平朝向柜体地面方向。

(3)对于柜体前端的标记,要设计在柜体地面的右侧。

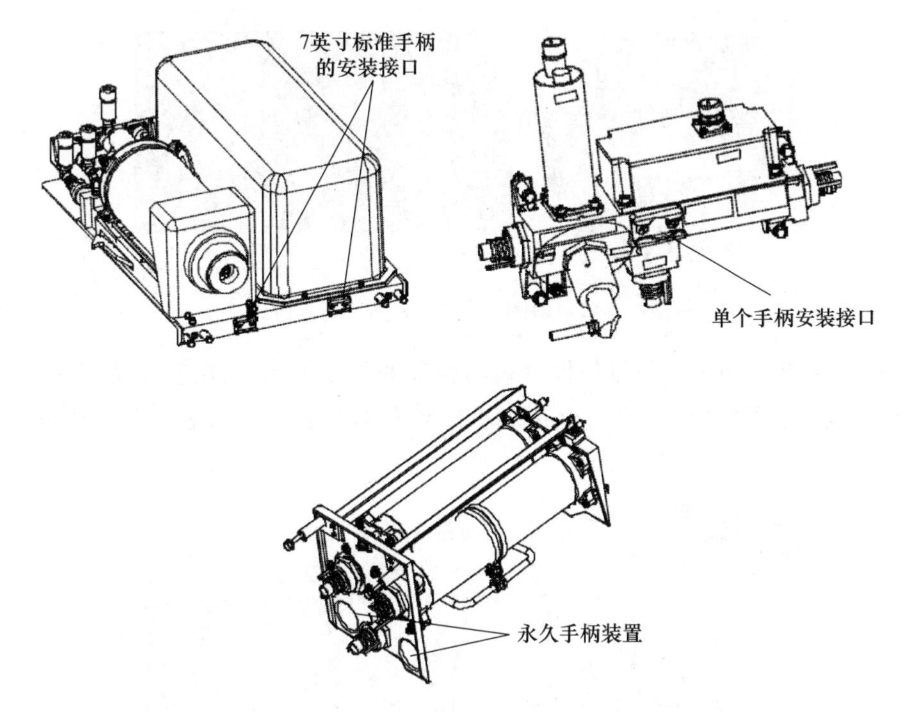

图 3-51　典型 ORU 的手柄设计

(4)柜体后面的标记应设计成颠倒的,因为乘员在柜体后面的维修过程中,姿势相对于柜体地面也是颠倒的。

(5)危险情况警告标记位于 ORU 的前侧。例如,水处理的多个 ORU 运行温度超过 120°,前端都有温度和冷却时间等标识,尽管所有的发热表面位于热覆裹物或者绝缘的覆层,ORU 也必须在温度降下来之后才能维修。

6. 要求 6

ORU 和设备的边角只能在计划维修时才能暴露,并且最小半径或者倒角不小于 0.03 英寸。

实现措施:维修过程中可能暴露的所有 ORU 和柜体安装硬件的边角,都有 0.03 英寸的边折或者倒角。

3.3.4.4　维修性分析和验证

国际空间站非常重视利用虚拟仿真软件开展维修性、人因特性的分析与验证。所采用的 BHMS 软件由美国波音公司开发,它通过建立虚拟三维航天员模型,包括着舱内和舱外航天服的模型,如图 3-52 所示,进行国际空间站出舱活动(Extra Vehicular Activity,EVA)以及舱内活动(Intra Vehicular Activity,IVA)仿真。

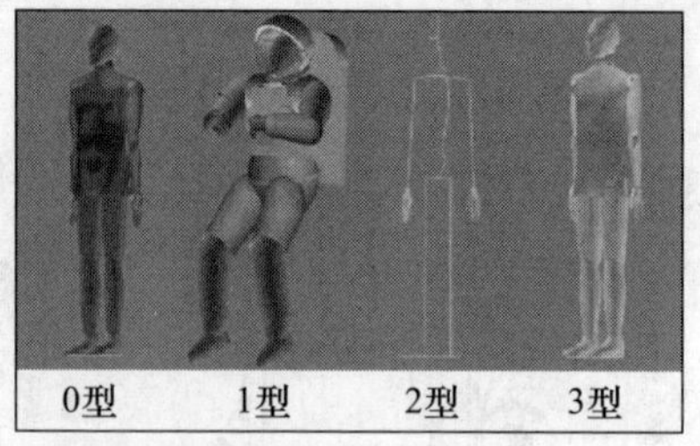

图 3-52　BHMS 软件的人体模型及仿真

JACK 软件也是进行维修性分析与验证的常用工具，它由宾夕法尼亚大学开发，包括很多典型人体模型，主要用于构建地面仿真环境，进行多约束分析、人因分析等，如图 3-53 所示。

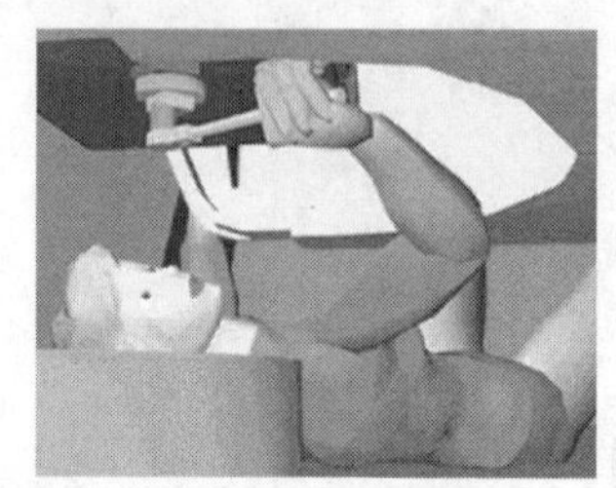
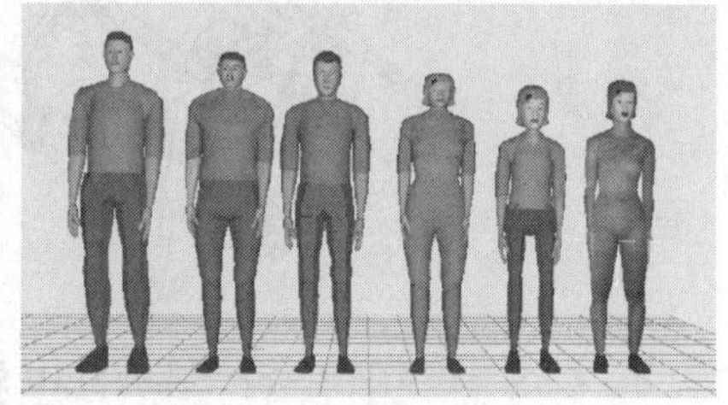

图 3-53　JACK 的人体模型及维修仿真

1999 年 9—12 月，国际空间站日本实验舱“Kibo”在三菱公司进行了 ECLSS-TCS 维修性试验验证。它包含空调机和热控制器两个子系统。由 3 个不同高矮的人（包含 1 名 NASA 航天员）进行维修性验证，检验能否顺利完成维修任务。试验采用的是飞行样机（Proto-Flight）。验证项目为：

（1）身体通道。能否抓住物体，如连接器等。

（2）可视性。

（3）工具操作空间。如力矩扳手、棘轮扳手等工具。

（4）尖锐边缘评估。判定是否伤害航天员。

3.3.4.5　维修工具设计

国际空间站设计中采用了大量的维修工具，其中维修工作台是为了便于宇航员在轨维修操作而设计的一种工作平台，如图 3-54 所示。它提供标准的夹具、尼龙固定搭扣、电路板支架、14 英寸的可移动导轨、轨道定位组件、维修工具限制器、真空软管接头等组件，方便固定被修部件。另外，使用 120V 电源，通过一个电源插座连接供电，内部具有 4 个独立的电源插座配电盘，针对每个插座连接均配有保护帽,使用 6A 保险丝进行过载保护。

图 3 – 54　空间站维修工作台

3.3.4.6　新型空间站维修性设计基本方案

根据国际空间站的维修性设计思路,本书提出适用于新型空间站某分系统研制的维修性设计总体技术方案如图 3 – 55 所示。

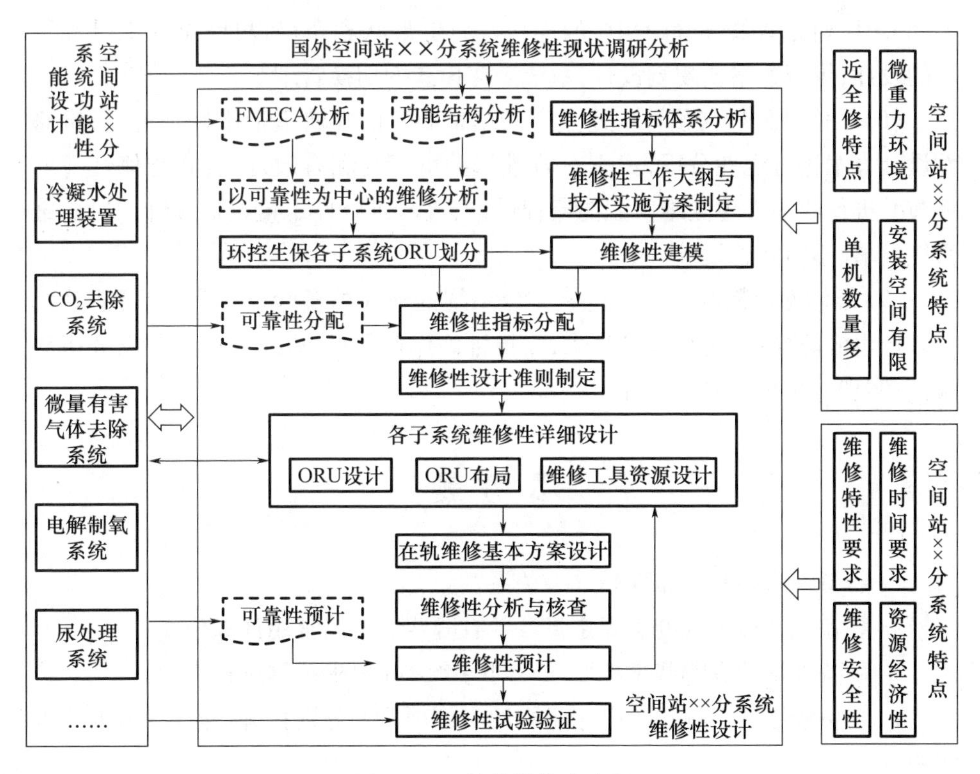

图 3 – 55　维修性技术流程

主要工作流程叙述如下：

(1)维修性工作规划与技术实施方案制定。应根据空间站总体对于某分系统的综合保障要求,制定全寿命周期维修性工作的主要程序和项目,覆盖维修性工作的所有过程。然后制定详细的技术实施方案,指导系统的维修性工程活动。

(2)维修策略设计和 ORU 划分。针对可靠性薄弱环节和定寿件,开展 RCM 分析,确定预防性维修的项目,初步确定在轨预防性维修的工作类型、维修间隔期等。进行 ORU 的划分,确定维修性设计的主要对象。

(3)维修性分配。建立维修层次框图模型,根据可靠性分配结果,进行维修性指标分配,确定各个 ORU 的定量设计指标,并进行优化调整。

(4)维修性设计准则制定。根据分系统的维修性指标要求,结合维修性设计手册和相似产品的设计经验规则,针对不同子系统、不同类型部件,给出维修性设计的详细要求和指导细则。

(5)维修性详细设计。进行各子系统的维修性并行设计,根据功能设计方案和 ORU 划分结果,进行 ORU 的连接、测试、形状和布局设计;维修工具和资源的设计;维修方案的规划设计;系统工作模式的切换管理等。

(6)维修性分析与预计。建立空间站核心舱的在轨虚拟维修环境,对维修性设计方案进行定性分析,识别在轨维修的可行性和有效性,查找维修性薄弱环节并进行改进。建立维修职能流程模型,进行维修性定量指标预计。对比维修性要求,不断完善设计。

(7)维修性地面验证。拟定××分系统的地面综合验证方案,进行故障模拟并产生故障样本,进行故障注入,收集维修作业数据,进行小样本数据分析和验证,实现层次化维修性验证。

思考题

1. 装备维修性和可靠性是什么关系?

2. 装备维修性工程的主要定量参数有哪些? 给出常用计算公式。

3. 装备维修性有哪些定性要求? 对每个具体要求举例进行说明。

4. 装备维修性工程包含哪些主要的工作项目? 分别在哪些阶段、由谁负责实施?

5. 以某型军民用装备/设备为研究对象,详细分析其维修性的好坏及其设计要点，给出针对性技术措施和建议。通过实际工程案例，深入理解维修性设计概念的内涵。

6. 装备虚拟维修技术有几种技术途径？分别都是什么技术原理？

7. 从试验与评估的基本概念和分类等方面比较可靠性试验与维修性试验的不同。考虑全寿命周期各个阶段的不同试验，两者在具体名称上是否可以统一？

8. 载人航天器维修性的特点有哪些？如何实现其维修性设计、分析与试验？

第4章 装备测试性与故障诊断技术基础

高技术装备往往使用与维修保障任务重、保障技术难度大,特别是由于状态基维修、预测性维修等新型维修方式的大量运用,必须要准确、实时地掌握装备的技术状态和保障需求,甚至是预测装备未来的健康状态,从而达到装备精确保障、快速保障的目的。其中,测试性与故障诊断是关键。

装备测试性与故障诊断的主要任务是依托先进的传感技术和测试性设计技术,使得装备具备良好的状态感知能力,在使用阶段通过装备运行状态的实时测试与参数监控,对装备的技术状态进行判断,诊断出故障发生的原因和位置,甚至预测装备状态劣化的趋势,从而保证装备的安全、可靠使用。

本章主要介绍装备的测试问题和一般测试技术、装备测试性工程基础,以及装备状态监控与故障诊断的一般方法。

4.1 装备测试问题

据统计,对于武器装备系统,测试成本一般可占到装备全寿命总成本的30%以上,有的甚至高达70%。

测试是指"在真实或模拟的条件下,为确定装备性能、特性、适用性或能否有效可靠地工作,以及查找故障原因和部位所采取的措施、操作过程或活动"。

从上述定义可知,测试包含两方面的内涵:①在设备使用过程中,为确定装备的性能、可靠性等各种技术状态而进行的活动,或者说是为获取表征装备各种状态的信息而进行的活动;②针对有故障的装备进行检测和诊断,以便于查找故障的原因和部位,实施相应的修理手段。

测试在装备维修中具有非常重要的地位和作用:

(1)测试是维修保障中信息获取的首要方法。从信息的角度上讲,测试是获取关于装备各种状态信息的主要方法,它是装备的全系统全寿命管理能否成功实施的技术基础之一。

(2)测试通常是维修过程的首要技术环节。装备维修的一般技术过程包括"测试→诊断→修理"等阶段,装备的测试信息是装备故障诊断的基础和信息来源,故障诊断很大程度上依赖于装备测试的有效性。在装备维修中,通常是首先对装备进行测试,获取表征装备健康与故障状态的信息,然后利用所获取的信息对装备中可能存在的故障进行诊断,最后依据诊断的结果实施相应的修理手段。

在工程实践中,测试和诊断往往是密不可分的。除此之外,测试的目的还有调试与校准、验证与评价、产品验收、装备质量监控等。

4.1.1　测试的功能要素与系统组成

测试系统的一般组成如图4-1所示。其基本过程如下:

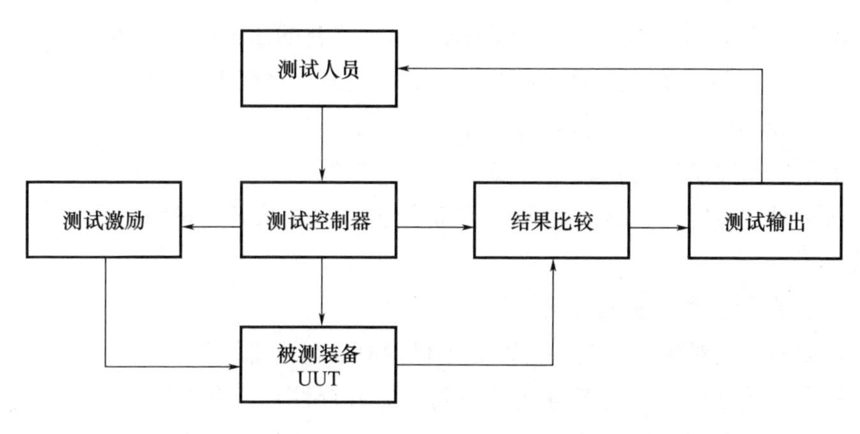

图4-1　测试系统的一般组成

(1)激励的产生和输入。产生必要的激励并将其施加到被测试单元(Unit Under Test,UUT),以便得到要测量的响应信号。必要时还要模拟产品运行环境,把UUT置于真实工作条件下。

(2)测量、比较和判断。对UUT在激励输入作用下产生的响应信号进行观察测量,与标准值比较,并按规定准则或判据判定UUT的状态乃至确定故障部位。

(3)输出、显示和记录。将测试结果用仪表、显示器、音响和警告灯等显示方式输出,并采用各种存储器或数字装置等记录。

(4)程序控制。对测试过程中每一操作步骤的实施顺序进行控制。最简单的情况下,程序控制器是操作者或维修人员,复杂的程序控制器是计算机及其接口装置。

4.1.2 测试的分类

1. 依据是否施加激励信号

依据是否施加激励信号可以分为主动测试与被动测试。设备运行中会呈现若干征兆:噪声、振动、发热、烟雾、电磁辐射等。很多征兆不同于常规,如异常噪声、异常振动、异常发热量、不正常电压/电流、液体/气体泄漏等。

被动测试是由操作人员或设备利用感官或传感器/仪器等对设备进行直接观测、测量、测试,视情做进一步的分析判断,检测定位异常或故障。机械设备的测试应用较多。在被动测试中,测试人员是观察者。

主动测试是通过给被测对象加载测试激励,将设备存在的、不易直接观察的故障激发出来,以某种征兆的形式体现在响应输出中,并通过分析测试响应,准确地判断、定位被测设备的异常或故障。电子设备的测试应用较多。在主动测试中,测试人员通过加载激励控制测试过程,既是测试观察者,又是测试控制者。

2. 依据被测对象运行状态与环境

依据被测对象运行状态与环境可以分为在线测试与离线测试。装备处于工作状态时进行的测试是在线测试;装备处于不工作状态时进行的测试是离线测试。

3. 依据与被测对象构成关系

依据与被测对象构成关系可以分为机内测试与外部测试。

机内测试是在装备内部直接对被测对象开展测试。装备处于运行或停机状态。这种测试一般与装备功能设计在一起,其对象以电子设备居多。

外部测试是在装备外部安装测试系统,对被测对象进行测试。可以加载或不加载工作状态。机械、电子设备均有大量应用。

4. 依据被测对象的类型

依据被测对象的类型可以分为电子设备测试与机械设备测试。

电子设备故障通常是由元件失效和线路缺陷等所导致,多为突发性、偶然性功能故障。测试的关键在于利用合理的测试激励或代码输入,对设备内部状态进行分析。

机械设备故障是由部件的物理失效所导致,多为具有征兆特征的缓变性故障。测试关键在于采用有效的传感技术获取故障的征兆信号。

5. 其他划分形式

(1)系统测试与分部测试:按照测试对象是整个系统还是它的组成部分(现

场可更换单元(Line Replaceable Unit,LRU),车间可更换单元(Shop Replaceable Unit,SRU))来区分的。

(2)静态测试与动态测试:按照输入激励的类型区分。若激励是常数为静态测试;激励若是变量则为动态测试,枪、炮、导弹发射过程测试,车辆行驶中测试是典型的动态测试。

(3)开环测试与闭环测试:按照测试系统中有无反馈区分,有反馈的是闭环测试;无反馈的是开环测试。

(4)定量测试与定性测试:按测试的输出是定量或定性,分为定量测试与定性测试。定性测试也称通过或不通过测试。

(5)自动测试、半自动测试、人工测试:按照测试控制的方式区分的。

4.1.3　电子设备测试技术的发展

装备功能越来越强,结构越来越复杂,电子设备的比重越来越大,电子设备的技术密集度越来越大。图4-2所示为电子设备在机械化和信息化装备总费用中占比的柱状图,信息化程度越高,一般对应的电子设备比例也越高。对电子设备来说,人工测试通常无能为力,自动测试系统/设备(Automatic Test Equipment/System,ATE/ATS)已成为从外部进行电子设备测试的主流。自动测试技术是采用外部测试设备,通过一定的接口或转换器,自动地对设备进行在/离线测试,对其状态或故障进行准确检测和定位技术。其主要特点是:规模和功能强大、获取测试信息全面、检测与诊断能力强。

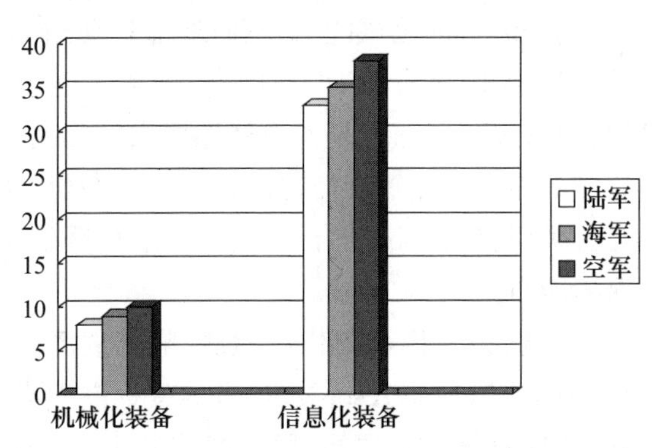

图4-2　电子设备在装备总费用中的百分比

自动测试的一般过程如图4-3所示。主要包括测试生成(Test Program Set,TPS)、测试加载和响应分析等步骤。通常测试生成技术、故障检测隔离技术以及实现信息高效传输的测试总线技术是构建自动测试系统的技术难点。

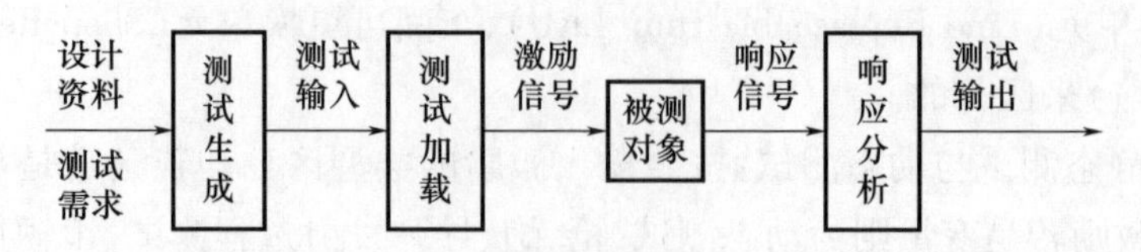

图4-3　自动测试的一般过程

美军CASS系统由洛克希德·马丁公司为主研制,美军应用较成功的测试系统之一。其外观如图4-4所示,采用基于VXI总线的开放式结构。它适用面广,能对美国海军舰船各类电子设备进行测试;测试程序标准化开发,确保测试程序的可移植性和通用性。

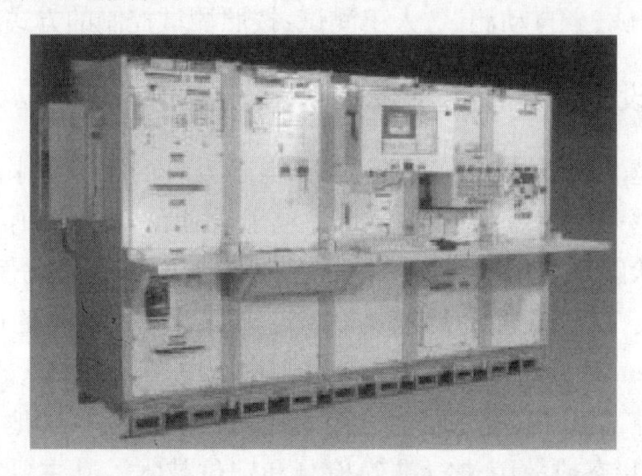

图4-4　美军CASS系统

ATE大大提高了电子装备的测试能力,然而外部自动测试技术存在诸多不足。例如ATE规模庞大,代价昂贵;ATE费用高、种类多、操作复杂、人员培训困难,而且只能离线检测;等等。随着装备维修性要求的提高,迫切需要装备本身具备检测、隔离故障的能力以缩短维修时间,这就必须从设备内部入手,直接从内部获取测试信息,采用机内测试结合外部自动测试,降低测试规模,加快测试进程,提升测试保障能力。

机内测试技术是系统、设备内部提供的检测、隔离故障的自动测试能力的技术,有时又称BIST(Build In Self Test)技术,有的又称嵌入式测试ET(Embedded Test)技术。目前,BIT技术在各国军、民用产品设计中得到越来越多的系统化应用。"为了判定复杂武器系统是否处于正常工作状态,或者为了发现并隔离故障,采用BIT技术已经成为无可替代的选择"。有研究表明,在复杂航空电子系统中使用BIT技术至少可以缩短50%的维修时间。

BIT技术在以下几方面具有重要作用:

(1)提高诊断能力:具有良好层次性设计的 BIT 可以测试芯片、电路板、系统各级故障,实现故障检测、故障隔离自动化。

(2)简化设备维修:BIT 的应用可以大量减少维修资料、通用测试设备、备件补给库存量、维修人员数量。

(3)降低总体费用:BIT 虽在一定程度上增加了产品设计难度和生产成本,但综合试验、维修、检测和设备可靠性等各个方面来看,能显著降低产品全寿命周期费用。

4.2　测试性工程基础

4.2.1　测试性基本概念

现代装备功能越来越先进、性能越来越高,结构越来越复杂,测试难度越来越大,给装备的测试诊断提出了严峻的挑战。要想完成测试的任务就必须对被测对象进行改进设计,使其便于测试,也就是进行测试性设计。

测试性也称可测性(Testability),是指产品能及时准确地确定其状态并隔离其内部故障的一种设计特性。测试性这一术语最早于 1975 年由 F. Liour 等在《设备自动测试设计》中提出,随后相继应用于电路设计等各个领域。

测试性是装备通用质量特性的信息基础,只有获取、检测和预知故障,才有可能确定装备任务正常与否,确定装备是否需要维修,确定保障资源量。测试性直接关系着装备的战备完好率、出动率与战斗力再生等实战化运用水平。

固有测试性(Inherent Testability)指的是“仅取决于系统或设备硬件的设计,不受测试激励数据和响应数据影响的测试性”。

4.2.2　测试性定性定量要求

4.2.2.1　测试性定量参数

测试性定量指标包含故障检测率、关键故障检测率、故障隔离率、虚警率、故障检测时间、故障隔离时间、不能复现率、重检合格率、误拆率等,下面简要介绍常见测试性特征量的计算方法。

1. 故障检测率

故障检测率(Fault Detection Rate,FDR)是被测试项目在规定期间内发生的所有故障,在规定条件下用规定的方法能够正确检测出的百分数,计算公式为

$$\mathrm{FDR}=\frac{N_{\mathrm{D}}}{N_T}\times 100\%$$

式中：N_T为在规定期间内发生的全部故障数；N_{D}为在同一期间内，在规定条件下用规定方法正确检测出的故障数。

这里的“被测试项目”可以是系统、设备、LRU 等。“规定期间”是指用于统计发生故障总数和检测出故障数的时间区间，此时间应足够长。“规定条件”是指测试的时机（任务前、任务中或任务后）、维修级别、人员水平等。“规定方法”是指用 BIT、自动测试设备（ATE）、人工检查或几种方法的综合来完成故障检测，应根据具体被测对象而定。在规定故障检测率指标时，以上这些规定内容应表述清楚。

对于电子系统以及一些复杂装备，在进行测试性分析、预计时可取故障率 λ 为常数，故障检测率的表达式可以改写为

$$\mathrm{FDR}=\frac{\lambda_{\mathrm{D}}}{\lambda}=\frac{\sum\lambda_{\mathrm{D}i}}{\sum\lambda_i}\times 100\%$$

式中：λ_i为第 i 个部件或故障模式的故障率；$\lambda_{\mathrm{D}i}$为第 i 个被检测出故障模式的故障率。

2. 关键故障检测率

关键故障检测率（Critical Fault Detection Rate，CFDR）是指在规定的时间内，用规定的方法，正确检测到的关键故障数与被测单元的关键故障总数之比，用百分数表示。其中，关键故障是指系统处于危及任务完成、危及人员或资源使用状态的故障。

$$\mathrm{CFDR}=\frac{N_{\mathrm{CD}}}{N_{\mathrm{C}T}}\times 100\%$$

式中：N_{CD}为在规定的时间 T 内，由操作人员或其他专门人员通过直接观察或其他规定的方法正确地检测到的关键故障数；$N_{\mathrm{C}T}$为在工作时间 T 内，可能发生的关键故障总数。

3. 故障隔离率

故障隔离率（Fault Isolation Rate，FIR）是被测试项目在规定期间内已被检测出的故障，在规定条件下用规定方法能够正确隔离到规定个数 L 以内可更换单元的百分数。

$$\mathrm{FIR}=\frac{N_L}{N_{\mathrm{D}}}\times 100\%$$

式中:N_L为在规定条件下用规定方法正确隔离到小于或等于 L 个可更换单元的故障数;N_D为在同一期间内,在规定条件下用规定方法正确检测出的故障数。L 是隔离组内的可更换单元数,也称故障隔离的模糊度。当 $L=1$ 时是非模糊(确定性)隔离,当 $L\neq1$ 时为模糊隔离,L 可以表示隔离的分辨能力。

与故障检测率类似,在测试性分析和预计时故障隔离率的计算公式为

$$\mathrm{FIR}=\frac{\lambda_L}{\lambda_D}=\frac{\sum\lambda_{Li}}{\sum\lambda_{Di}}\times100\%$$

式中:λ_L为可隔离到小于或等于 L 个可更换单元的第 i 个故障模式或部件的故障率;λ_D为在同一期间内,在规定条件下用规定方法正确检测出第 i 个故障模式的故障率。

此外,故障隔离率的另一种计算公式为

$$\mathrm{FIR}_n=\frac{M_1+M_2+\cdots+M_n}{M_{FD}}\times100\%=\frac{\sum_{i=1}^{n}M_i}{M_{FD}}$$

式中:FIR_n为模糊度小于等于 n 的故障隔离率;M_n为隔离到模糊度为 n 的故障模式数量;M_{FD}为检测出的所有故障模式数量。

【例 4-1】某雷达系统共有故障模式 250 个,BIT 检测出 200 个。其中,隔离模糊度为 1 的故障模式 170 个,模糊度为 2 的 20 个,模糊度为 3 的 10 个。分别求故障检测率和隔离率。

解:

故障检测率:$\mathrm{FDR}=200/250\times100\%=80\%$

故障隔离率:$\mathrm{FIR}_1=170/200\times100\%=85\%$

$\mathrm{FIR}_2=(170+20)/200\times100\%=95\%$

$\mathrm{FIR}_3=(170+20+10)/200\times100\%=100\%$

4. 虚警率

BIT 或其他检测设备指示被测项目有故障,而实际该项目无故障称为虚警(False Alarm,FA)。虚警虽然不会造成装备或人员的损伤,但它会增加不必要的维修工作,降低装备的可用度,甚至延误任务。所以,要求测试设备或装置虚警越少越好。这就提出了虚警率(False Alarm Rate,FAR)的要求。虚警率是在规定期间内发生的虚警数与故障指示总次数之比,以百分数表示,即

$$\mathrm{FAR}=\frac{N_{FA}}{N_F+N_{FA}}\times100\%$$

式中:N_{FA}为虚警次数;N_F为真实故障指示次数。

考虑虚警事件的频率时,则有

$$\mathrm{FAR}=\frac{\sum\delta_i}{\sum\lambda_{\mathrm{D}i}+\sum\delta_i}\times 100\%$$

式中:δ_i为第 i 个导致虚警事件的频率。包括会导致虚警的 BIT 故障模式的故障率和未防止的其他因素、事件发生的频率等;$\lambda_{\mathrm{D}i}$为第 i 个事件真实的发生频率。

4.2.2.2 测试性定性要求

测试性主要包括以下定性要求:

(1)产品划分的要求:把装备按照功能和结构合理地划分为 LRU、SRU 和可更换的组件等易于检测和更换的单元,以提高故障隔离能力。

(2)测试点要求:在装备上,根据需要设置充分的内部和外部测试点,以便于在各级维修测试时使用,测试点应有明显标记。

(3)性能监控要求:对装备使用安全和关键任务有影响的部件应能进行性能监控和自动报警。

(4)原位测试要求:无充分 BIT 测试能力的装备,应考虑采用机(车)载测试系统进行原位检测,实时在线发现故障、隔离故障,以便尽快修复。

(5)测试输出要求:包括故障指示、报告、记录(存储)要求等。

(6)兼容性要求:被测试项目与计划用的外部测试设备应具有兼容性,这涉及性能和物理上的接口问题。如果不能用 BIT,最好能用通用的外部测试设备。

(7)综合测试能力要求:依据维修方案和维修人员水平,应考虑用 BIT、ATE 和人工测试或它们的组合,为各级维修提供必要的测试能力。应当在各种测试方式、测试设备之中进行权衡,取得最佳性能费用比。

4.2.3 测试性工程及其工作项目

测试性使得测试主体从测试者拓展到了设计者,测试性设计成为装备设计师工作的有机组成,是装备设计的重要方面。装备测试性工程正是按照并行工程思想,从装备全寿命全系统考虑测试问题,改变传统的外部测试为主的测试机制,使装备具备全面协调的机内测试、外部自动测试能力,具备方便、协调的各类测试接口,实现装备测试能力“优生”和全寿命周期测试总体优化。

装备的测试性工程就是“为了达到装备的测试性要求所进行的一系列设计、研制、生产和试验工程活动的总称”。接下来将介绍测试性工程的主要工作项目,特别是与装备保障工程技术密切相关的测试性建模、分配、预计、分析、设计、试验与评估等技术环节。

4.2.3.1 测试性分配

测试性分配是将系统要求的指标按一定的原则和方法逐级分配给分系统、设备、LRU 和 SRU，作为它们各自的测试性指标的过程。

测试性分配应在方案阶段和初样机研制阶段进行，转入正样机研制阶段后做必要的调整和修正。测试性分配时应尽量考虑各有关因素，主要包括故障发生频率、故障影响、维修级别的划分、MTTR 要求、测试设备的规划、类似产品测试性水平以及系统的构成及特性等。

测试性指标分配最常用的是加权分配法，主要分配步骤如下：

(1)把系统划分为定义清楚的分系统、设备、LRU 和 SRU，画出系统功能框图，划分的详细程度取决于指标分配到哪一级。

(2)进行 FMECA，取得故障模式、影响和失效率数据，或从可靠性分析结果中获得有关数据资料。

(3)根据产品的构成、以前类似产品的经验、FMECA 结果和 MTTR 要求等，分析实现故障检测与隔离的难易程度和成本，确定有关加权系数。

(4)根据加权系数数值，按照比例分配测试性参数(如故障检测率、故障隔离率等)。

4.2.3.2 测试性建模

测试性模型用于描述系统故障与测试之间的逻辑关系、对测试资源的占用关系，从而为测试性设计与分析提供有效的支持，提高系统的测试性水平。

相关性模型是一种有效的测试性建模方法，它考虑系统测试与诊断过程中的测试与部件之间的因果连接关系，并采用有向图的形式描述这些关系，使模型不仅描述直观，而且建模难度低。

国内外学者基于相关性建模思想提出了多信号流图(Multi - Signal Flow Graph，MSFG)模型，该模型是测试性分析与设计的主流模型之一。

多信号流图模型在系统结构和功能分析的基础上，以分层有向图表示信号流方向和各模块的构成及连接关系，并通过定义信号(模块功能)与模块(故障模式)、测试与信号之间的关联性，来表征系统故障、功能、测试之间的相关性关系。

1. 多信号流图模型节点定义

多信号流图模型定义了4类节点：

(1)模块节点(Module Node)：表示一个具有特定功能集(依据信号划分)的硬件，模块允许分层建模。

(2)测试点节点(Testpoint Node):表示物理的或逻辑的测量位置,一个测试点中可以定义多个测试项目。

(3)表决节点(And Node):表示冗余连接关系的节点,应用于容错系统建模中。

(4)开关节点(Switch Node):表示内部连接的变动关系,用于系统不同工作状态的建模。

2. 多信号流图模型建模思路

基于多信号流图的测试性模型示意图如图 4-5 所示。其中,$M_1, M_2, \cdots, M_6$表示被测系统的结构模块,$T_1, T_2, \cdots, T_4$表示被测系统可能的测试点。据此,可以采用相关性矩阵的方式,定义被测系统结构模块故障与测试点之间的关系,进行故障检测率、覆盖率等测试性定量计算。

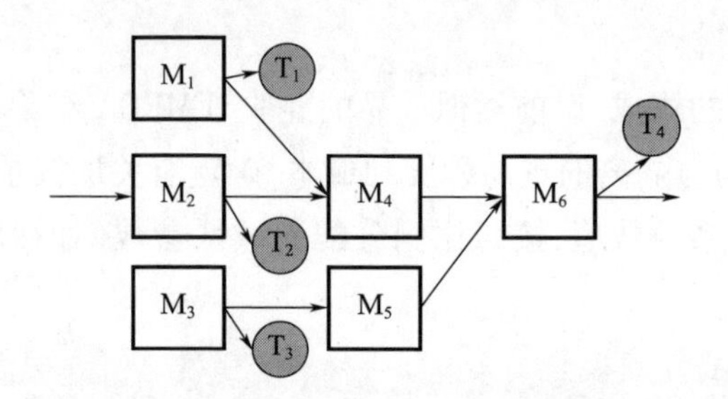

图 4-5　基于多信号流图的测试性模型示意图

基于多信号流图的测试性建模思路:

(1)面向多维故障空间:定义功能故障和一般故障 2 种故障类型,一般故障指阻碍模块正常运行信息流的故障;功能故障指影响模块某项预期功能实现的故障,可以定义多个,功能故障的多维属性决定了 MSFG 是面向多维故障空间的。

(2)基于信号的系统表征方式:MSFG 通过信号表征系统或其组成单元特性的特征、状态、属性及参量,既可是定量的参数值,又可是定性的特征描述,并能够区分为正常和异常两种状态。信号之间是相互独立的,建模从信号的多维属性着手,只需要确定重要的功能属性、不需要考虑具体的故障模式,可以实现对未知故障的检测与隔离,从而降低建模难度。

(3)信号与测试之间的相关性:故障与测试之间的相关性是通过定义模块关联(作用)信号和测试关联(检测)信号的定义来实现的,并以此为基础构造故障——测试相关性矩阵。每个测试点上可以定义多个测试项,每个测试项都对应检测相应的信号,并且测试点的所有测试项都能检测其信息流路径上的所有模块的一般故障。

因此,基于 MSFG 建立的测试性模型不仅使模型更接近系统的物理结构,而且模型集成验证也相对简单。

4.2.3.3　测试性分析

测试性分析主要包括测试级别、测试性分析工作流程、测试性分析工作内容、测试性方案分析与权衡等内容。

1. 测试级别

(1)1 级测试:在基层级维修中的一切故障诊断活动。1 级测试主要依靠机内自检设备(Built - In Test Equipment,BITE)对系统工作状态进行测试,确定其工作状态是否正常。当系统工作不正常或性能下降时,应能把故障隔离到 LRU。

(2)2 级测试:在中继级维修中的一切故障诊断活动。2 级测试依靠 ETE/ATE 对 LRU 状态进行测试、校准。当 LRU 存在故障时,应能将其隔离到 SRU。

(3)3 级测试:在基地级维修中的一切故障诊断活动。3 级测试依靠 ETE/ATE 及多系统测试设备(Multisystem Test Equipment,MTE)对 SRU 状态进行测试、校准。当 SRU 存在故障时,应能将其隔离到有源组件。

当然,这是传统三级维修的测试级别划分。对应到两级维修体制,测试级别应该为 1 级测试(部队级测试)和 2 级测试(基地级测试)。

2. 测试性分析工作流程

测试性分析和设计应与装备系统/设备各方面的设计工作同步进行,由顶层系统开始直到 SRU 逐级深入细化。在系统分析确定和审查测试性要求后,进行系统功能划分研究,确定测试配置方案,绘制功能框图和 FMECA,并把测试性要求分配到下一级,测试性分析流程如图 4 -6 所示。

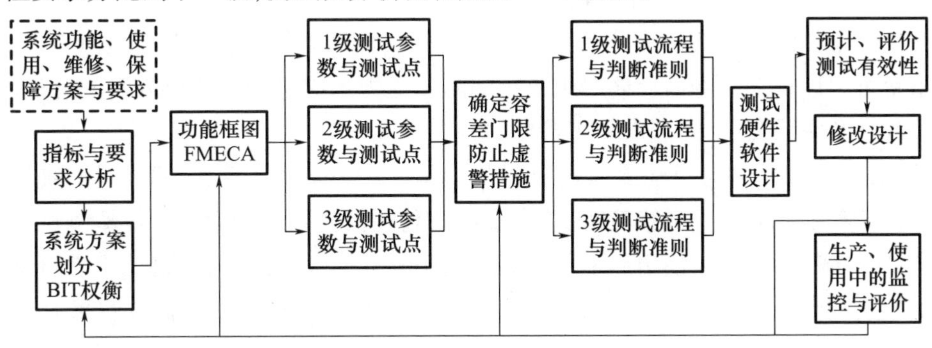

图 4 -6　测试性分析与设计基本流程图

对 LRU 和 SRU 应确定具体的测试参数和测试点、门限值和容差值，进行 BIT 硬件和软件设计，预计测试有效性等，根据评价结果进行修改或补充设计。

3. 测试性分析工作内容

测试性分析是装备设计分析工作要素，包括测试性权衡分析、系统测试性分析、可更换单元(LRU/SRU)测试性分析、固有测试性分析、BIT 分析等。

系统内部、外部、接口的测试性分析与设计如图 4－7 所示。

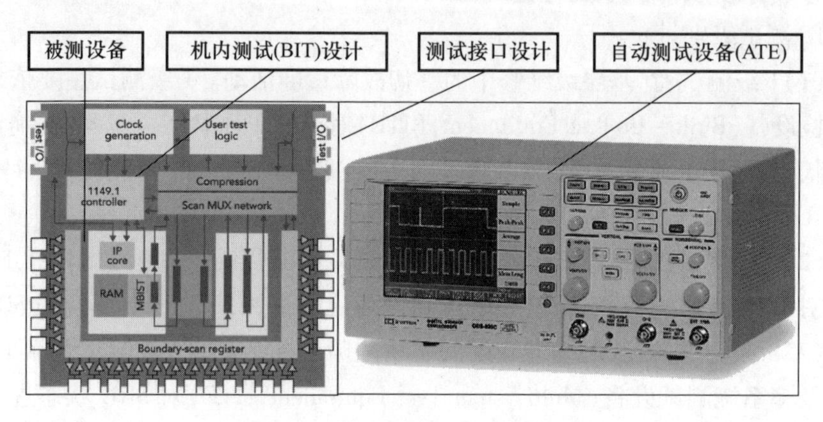

图 4－7　测试性分析与设计示意图

对关键设备，在设计之前必须通过测试性分析来确定设计需求。在详细设计期间，测试性分析有助于实现模块化的总体布局和封装设计，有助于评估设计过程，确定 BIT 性能指标是否得到满足。

FMECA/FMEA 同样是测试性分析的常用方法。测试的目的是及时发现故障，确定其部位，因此测试性工作的首要任务是掌握产品的故障模式、原因、影响、危害等。FMECA/FMEA 是测试性设计的基础。

4. 测试性方案分析与权衡

综合的测试方案通常是把 BIT、ATE 和人工测试等结合在一起，以提供符合系统可用性要求和寿命周期费用要求的测试能力。应分析各备选方案的性能、保障性及费用要求，并选出费用最低的方案。

(1)人工测试与自动测试的分析与权衡。用人工测试还是 ATE 对系统进行监控和维修取决于维修策略、总的维修计划和被测系统的数目。根据测试复杂性、故障隔离时间、使用环境、保障要求、研制时间和费用等，对每个维修级别上的测试要求进行权衡。测试自动化程度必须与设备操作和维修人员的技能水平相一致。

(2) BIT 与 ATE 的分析与权衡。由于 BIT 和 ATE 两者能力上存在固有的差异，所以分配给BIT或ATE的测试要求也不同：BIT用于对系统或设备进行初步的故障检测和隔离。BIT的优点是能在任务环境中独立工作。ATE用于对UUT进行故障检测，并将故障隔离到UUT内部的元器件。与机内测试相比，ATE的优点是不增加任务系统的质量、体积和功率，也不会影响任务系统的可靠性。

4.2.3.4　测试性设计

1. 测试性设计基本概念

测试性设计（Design for Testability，DFT）就是采用某种手段提高产品测试性的过程，通过测试性设计可以使设备内部的状态在其响应输出中显现出来，也就是使设备相对于测试而言变得“透明”。

从传统的被动检测和主动测试向测试性设计转变是测试思想发展中一次飞跃。在测试性设计中，测试人员不仅要对测试过程进行控制和观测，更重要的要对测试对象本身进行设计，成为整个测试过程的设计者。

测试性设计是实现装备测试性要求的关键。只有将测试性设计到装备中，装备才具有所要求的测试性水平。测试性设计的目的是确保装备达到规定的测试性要求，减少对测试人员和测试保障的要求，降低全寿命周期费用。

2. 测试系统设计方法

在实际工程中，测试系统的设计方法也经过了专用设备设计、模块化设计和标准化设计3个发展阶段。

（1）专用设备设计方法。20世纪80年代以前，在测试中，通常是针对具体型号的装备开发专用的测试设备。这种专用设备最大的优点是操作简便，人员培训容易。但是，在实际应用中，专用测试设备的种类很多，而且不同的测试设备之间互不兼容、通用性很差、维护保障费用很高，不能适应现代化机动作战的快速维修保障的需要。

（2）模块化设计方法。针对专用设备设计方法的不足，20世纪80年代，出现了模块化设计方法。模块化设计的主要思想是，首先依据测试功能将测试系统分割为不同类别的模块，然后根据相应的设计规范进行开发。比较典型的模块化系统是美军的MATE测试系统。经过模块化设计，MATE系统具备了初步的通用性，简化了装备的维护过程。但是，由于MATE系统采用了一种相对封闭的结构形式，无法利用先进的测试技术对系统进行更新，从而导致技术的严重滞后。往往是系统刚开发完毕，技术就要濒临淘汰了。

（3）开放式结构、标准化集成设计新方法。20世纪80年代末期以后。针对模块化设计日益明显的不足，产生了标准化设计方法。标准化设计采用开放式硬软件结构，通过制定全行业统一的测试规范和标准，实现硬件的完全互换使用和软件的跨平台操作。显然，这种测试系统的设计方法是前面的垂直综合测试思想的具体体现。采用标准化设计方法，可以减少测试系统的种类、缩短开发周期、降低维护费用、增加装备测试系统的通用性和互换性、提高战场保障能力。比较典型的标准化测试设备是美军基于 VXI 结构的 CASS 系统。

3. BIT 通用测试性设计准则

下列测试性准则适用于所有形式的 BIT 设计，按此准则设计即可保证模块的测试性要求：

(1)在模块连接器上可以存取所有 BIT 的控制和状态信号，可使 ATE 直接与 BIT 电路相连。

(2)在模块内装入完整的 BIT 功能和 BITE。

(3) BITE 应比被测电路具有更高的可靠性，否则就失去了采用 BITE 的意义。

(4)关键电压应能进行目视监控。

(5) BIT 测试时间应保持在一个合理的水平，模块中的 BIT 程序应限于 10min 内。

(6)如果在一个模块内有许多 BIT 程序，那么 ATE 能够对每个程序进行独立的存取和控制。

(7) BIT 程序通常由一个处理机控制。如果在模块中存在一个这样的处理机，那么该 BIT 程序即可由 ATE 从外部控制。

4. 电子产品的模块划分

电子产品复杂性和综合程度的提高使得电子产品故障检测和隔离日益困难，解决这个问题有效的方法之一就是在电子产品测试性设计中对电子产品进行模块划分。这项工作通常在系统逻辑功能确定后进行，通过划分将完整的系统分解成几个较小的、本身可以作为测试单元的子系统，从而保证可以准确确定故障位置。

1)设备级的划分

(1)按功能划分。功能划分是指对较为复杂的系统或设备按其功能实现模块化的方法。该方法可确定故障检测和隔离所需的测试点。如果在系统或设备的研制中保证每个组件均代表一个封闭的功能单元，那么就可以对该系统或设备进行功能划分。进行功能划分有两个主要优点：一是有助于测试程序的定义;二是便于故障定位。

(2)物理划分。在设备级,也可采用物理划分,即根据电路种类划分。对于混合电路,应尽量将其分为模拟和数字两部分并分配到不同的组件内。

2)组件级的划分

在组件级进行电路划分时,应保证划分所产生的元件组(Cluster)从电气上分解为便于测试的模块。

(1)功能划分。同系统或设备级一样,元件组的构成应保证每个元件组的功能完全是独立的,同时应保证独立功能元件组不在空间上相互重叠。

(2)物理划分。如果元件组由混合电路组成,且可进行功能分解,那么应尽可能在局部对模拟和数字功能进行分离。

(3)按逻辑系列划分。当设计某些功能时,人们可能希望获得只有通过某些技术才能达到的特殊特性,如利用射极耦合逻辑获得高速度;利用 CMOS 技术获得低功耗。如果需要将几种技术综合使用,那么就应保证在测试连接器处逻辑信号必须相同,接口应设计成一致,以避免由于采用不同技术所带来的匹配问题。

(4)按电源电压分隔划分。对于复杂组件,如果结构上不可分隔,那么就应从电气上进行划分,为了便于测试,去掉一个或多个有源部件(如集成电路)的任一条电源线。这样整个功能就可按一组子功能对待,其中每个子功能可以在不考虑其他子功能的情况下进行单独测试。

5. BIT 测试点的选择与设置

测试点是故障检测及隔离的基础,测试点选择的好坏直接影响被测系统测试性的好坏。测试点选择的基本原则是测试点要使 BIT 故障检测率和隔离率最佳。

1)测试点的类型

一般来讲,测试点主要有无源测试点、有源测试点、有源和无源测试点3类。

(1)无源测试点。无源测试点是指在电路内某些节点上可以提供测试对象瞬态状态的测试点。通常信号能同时转移到几个其他功能块的节点(扇出节点),几个信号汇合成一个最终输出信号的节点(扇入节点),余度电路中信号分支或综合的节点以及各功能块之间的连接点均是无源测试点。无源测试点仅用于观察电路内部情况,不能检测对内部的影响以及外部行为。

(2)有源测试点。有源测试点允许在测试过程中对电路内部过程产生影响和进行控制。在测试程序设计中应特别注意这样的外部干扰,测试程序的规模与有源测试点的选择有关。有源测试点的选择应保证只需在有源测试点的输入上施加有限的测试矢量就能精确地确定电路状态,测试点的数量应保证安排合理、数量最少、故障隔离能力最佳。有源测试点主要用于:引入模拟信号;数字电路初始化(如重置计数器和移位寄存器);借助于门电路中断反馈回路;中断内部时钟信号以便从外部施加时钟信号。

(3)有源和无源测试点。它主要用在数字总线结构中,在测试期间,设备作为一个总线器件连接到总线本身。这些测试点对测试过程中既有有源影响也有无源影响:在有源状态,它是一个控制器;在无源状态,它是一个接收器。

2)测试点的特性

选择的测试点应允许:

(1)确认故障是否存在或性能参数是否有不允许的变化;在当前修理级,确定故障位置;对一个设备或组件的功能测试保证以前的故障已经排除、性能参数不允许的变化已经消除、设备或组件已经可以重新使用;利用外部测试仪器进行测量,在这种情况下,测试点可能需要附加一些缓冲器、驱动器或隔离电路以保证在没有信号失真的情况下连接。

(2)测试点应保证在制造和维修的各阶段(设备级、组件级和单个电路板级)均是适用的。测试点选择应保证与自动或手动测试设备的测试兼容。

(3)通过附加维护连接器或工作连接器可达的电路节点,通常认为是单纯的面向制造或维修的测试点。这些测试点通常安装在组件上(探针焊点),主要用于组件级或模块级以简化部件故障定位,通常用测试探针、传感头等进行人工观察。在印制电路板上这类测试点应保证外部可达。

3)测试点的选择

测试点的选择是测试性设计的一个重要步骤,测试点选择是否恰当直接关系到系统、设备等的测试性水平。因而,在测试点选择时,应进行充分的分析、研究,认真做好下述工作:①确切地对电路加以说明;②对电路进行详细分析;③确定制造及维修中的测试策略;④了解测试性或自测试电路现有的内部情况;⑤了解测试对象所要求的特性;⑥进行功能划分;⑦分析测试对象的结构,保证其便于测试。

6. 机电设备中测试性设计案例分析

BIT 技术最初产生于航空电子领域,在改善产品维修性能、降低产品全寿命周期费用方面起到了非常显著的作用。随着传感器技术、计算机技术和微电子技术的发展,使得在机械、电子、液压等复杂机电设备中实现 BIT 成为可能。美国 B-1B、F/A-18、F-14 等机型的机电系统中不同程度地应用了 BIT,其 BIT 模块能够检测、显示诸如机载液压系统、动力装置和传动装置等机电系统的性能和参数变化趋势,从而预报和诊断故障;F/A-18 战斗机把加速度计安装在 F404 型发动机中,其输出被发动机振动监控系统接收以确定其运行状态;美国空军怀特飞行动力实验室与麦道公司联合开发了 F-15 战斗机上的基于规则的机上维修诊断专家系统,可以非常有效地识别飞机上的电子、机械、电气、液压系统故障。而这种复杂机电设备中的实现智能 BIT 的结构方式最具代表性的就是被称为中央故障显示系统(Centralized Fault Display System, CFDS)的结构。

CFDS 又称为集中式故障显示系统。空客 A320 客机上采用的 CFDS 如图 4-8 所示。

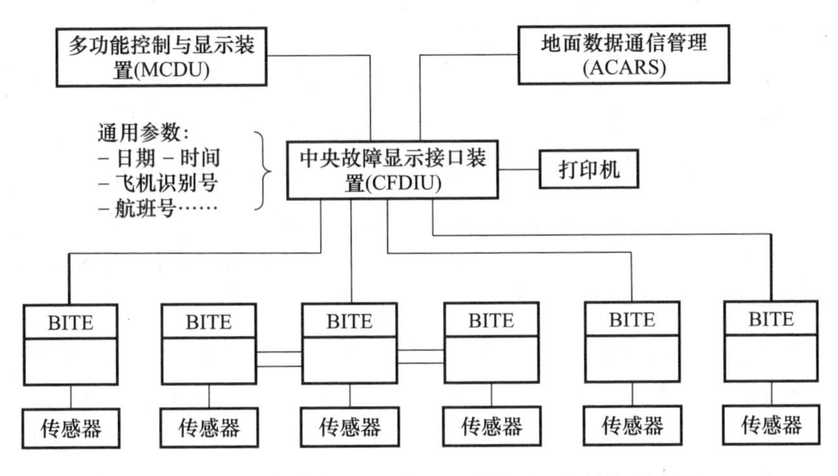

图 4-8　空中客车 A320 中 BIT 系统 CFDS 结构示意图

CFDS 能显示和存储装有 BIT 的所有外场可更换单元(LRU)、发动机关键部件、液压系统、电气设备传感器传送出来的故障数据,能记录设备中接收到的所有故障及相应的时间、测试位置、相关的环境辅助参数等原始数据,它的显示器置于中心操作室,对于在线操作和离线维修,CFDS 能分别提供浅显易懂的指示信息和深度分析的详尽数据。

20 世纪 90 年代初投入使用的 B747-400 飞机标志着按照 ARINC604 设计的数字化、规范化和综合化的 BIT 系统(由计算机控制的 CFDS)得到应用。采用 CFDS 来控制及显示飞机上所有装备 BITE 的 LRU 的故障数据,减少了检测系统的复杂性,提高了 BITE 的标准化程度。维修人员通过座舱里的电子显示器能进行故障自动检测和隔离，简化了维修程序，缩短了维修时间。波音飞机公司把这种 CFDS 称为机载维修系统（Onboard Maintenance System，OMS）。这种 CFDS 的 BIT 系统结构形式可以有效地提高 BIT 效率、降低 BIT 虚警，是未来大型复杂机电系统 BIT 的主要结构形式。

4.2.3.5 测试性预计

测试性预计是根据系统各层次（系统、分系统、LRU、SRU）的设计资料和数据，特别是 BIT 分析设计、结构与功能划分、测试点的设置和有关测试方法的设计资料和数据，来预测产品是否可达到规定的测试性定量要求，找出不足之处，进而修正设计的过程。

测试性预计应在工程研制阶段进行。测试性预计应根据系统的构成，从分组件或组件再到子系统逐级进行，直到预计出系统的测试性量值。

测试性预计的输出内容主要应包括：详细的功能框图（包括 BITE 和测试点），部件或故障模式的测试方法清单，预计的数据表和预计结果（包括检测与隔离时间的评定），不能检测与隔离的功能、部件或故障模式，以及改进建议等。

测试性预计按下列步骤进行：

（1）划分可更换单元。根据系统的划分，详细画出系统功能方框图，并描述或说明每个方框图的功能定义、信号流程和接口关系。

（2）进行 FMECA，分析每一个功能方框图可能潜在的各种故障模式及其影响的有关信息。

（3）分析各个故障模式的检测方法和隔离手段，如 BIT 算法、失效判据、测试点位置、检查和测试方法，以及防止虚警的措施、显示警告和记录等。

（4）获取每个功能方框图中各个项目的失效率及各故障模式所占有的比例（模式系数）。

（5）填写测试性分析工作表格。

（6）根据表格上的数据计算系统的故障检测率和故障隔离率（预计值）。

（7）把得到的故障检测率与隔离率预计值与测试性要求值比较，如果不能满足要求，应提出改进措施。

4.2.3.6 测试性试验与验证

测试性验证是测试性工程的必需工作项目。

1. 测试性验证概念和作用

测试性验证试验，就是在研制的产品中注入一定数量的故障，用测试性设计规定的测试方法进行故障检测与隔离，按其结果来估计产品的测试性水平，并判断是否达到了规定要求,决定接收或拒收。

测试性验证的目的是评价与鉴别测试性设计是否达到规定要求并发现薄弱环节,以便改进。除故障隔离能力(故障检测率、隔离率、虚警率等)外,还要同时考评与测试有关的保障资源的充分性。

测试性验证是承制方与订购方联合进行的工作,一般以承制方为主,订购方审查试验方案和计划并参加试验全过程。测试性与维修性试验都要以故障引入为前提,测试与维修作业样本量的决定与分配、故障模式的随机抽取、故障引入方法都完全一致,所以最好将这两个试验结合进行。

在装备设计定型、生产定型或有重大设计更改时,为了判定是否达到了技术合同规定的测试性要求,应进行验证试验。

测试性验证试验与维修级别密切相关。要区分基层级(部队级)维修与其他维修级别的故障检测和故障隔离。测试性验证试验可以作为维修性验证试验的一部分来进行。

2. 测试性验证的内容

(1) BIT 检测和隔离故障的能力。

(2)被测产品与所用外部测试设备的兼容性。

(3)测试设备、测试程序和接口装置的故障检测与隔离能力。

(4)关于 BIT 虚警率要求的符合性。

(5) BIT 测试时间和故障隔离时间要求的符合性。

(6) BIT 指示与脱机测试结果之间的相互关系。

(7)有关故障字典、检测步骤及人工查找故障等技术文件的适用性和充分性。

(8)其他测试性定性要求如 BIT 工作模式、ETE 配置及自动化程度的符合性。

3. 测试性验证的步骤

在完成系统或设备设计时,应生成测试序列并评价测试性。在 BIT 或 TPS 完成之前,建议使用故障模拟方法,通过注入大量的模拟故障,分析测试性水平。分析结果可用于 TPS 或 BIT 软件的设计,也可用于产品的设计,以改进测试性。

对于那些未被检测或不易隔离的故障,可做如下处理:

(1)如果故障不能用任何测试序列检测出来(如未使用的电路中的故障),则这样的故障应从故障总体中删除。

(2)如果故障能检测出来,但是测试序列不完全,则应在测试序列中增加测试激励模式。

(3)如果故障能检测出来,但是产品的硬件设计妨碍了合理地使用测试序列,则应重新设计,提供附加的测试控制和观测。

测试性验证一般包含以下步骤:①确定测试性试验要求;②制定测试性验证计划,双方同意;③实施测试性试验验证;④进行数据整理与分析;⑤评定试验结果,判定合格与否;⑥写出测试性试验报告。

4. 测试性验证中的故障模拟方法

在一个产品中实际注入足够的故障来确定产品对测试序列的响应显然不现实。即使在该产品中注入为数不多的典型故障,所花费的时间和费用也是不允许的,而且注入故障还受到电路封装的限制。

可行的办法是用计算机程序把大量的故障注入到硬件产品的软件模型中。该程序可以模拟含有某个故障的产品对激励的响应情况。在注入大量故障之后,按照故障检测率和故障隔离率来评价测试激励。计算机程序可以模拟数字电路的故障状态,以此评审 TPS 的测试能力;也可以用该程序评定 BIT 的性能;另外,还可用程序为模拟器自动生成测试序列。对于模拟电路的故障状态,也可以用计算机程序来模拟,不过必须人工提供测试激励。这种方法的实用性取决于模型反映实际故障的准确性。

建立的产品模型必须包括所有关键的故障模式。在模拟故障之前,必须验证产品的无故障特征,验证的方法是采用功能测试并把模型的响应与正确的响应进行比较。

4.3 装备状态监控与故障诊断

4.3.1 状态监控与故障诊断的地位和作用

19 世纪初,美国福特公司一台大型电机发生故障,公司技术专家多次“会诊”均无结果。德国电机专家斯坦门茨经过噪声检查和周密测算,用粉笔在电机外壳画了一条直线,说“打开电机,沿线将里面的线圈减少 16 匝。”照此实施,故障排除。斯坦门茨要 1 万美元酬金,并填写工料单:①画一条直线,1 美元。②知道在哪儿画,9999 美元。

凭运行声音寻找故障原因,这是检测;凭借电机知识和丰富经验准确找到故障部位、原因、解决方法，这是诊断。9999美元是斯坦门茨电机知识和丰富经验的价值回报，这就是诊断的作用和价值。装备状态监控与故障诊断技术是保持战备完好率和战斗力的技术基础，其作用体现在以下几个方面：

(1)掌握装备健康状态。由于高技术装备的结构和技术复杂性不断提高，装备技术状态的实时监控、故障诊断至关重要，相当于实现精确保障的“感知器官”。

(2)提高安全性，防止装备发生严重灾难。在装备使用的过程中，经常出现由于机械设备故障而导致的重大事故。实际上，很多装备故障的发生是有前兆的，通过检测故障前兆就能够预防一些重大故障的发生。美国安全中心曾统计过，直升机A类事故中的85起机械故障，如果采用现今水平的直升机状态监测和故障诊断技术，就完全可以避免其中的54起。

(3)弥补装备维修人员数量、水平的不足；降低装备维修负担和难度，减少损失。现代化装备的增长速度高于维修人员的提高速度，再加上技术人员流失等因素，富有经验技术人员相对减少，依靠强大装备故障诊断能力可有效缓解。另外，现代化武器装备技术先进、结构复杂，检测、诊断工作量大，技术要求高，且不允许经常拆卸检查，因此采用先进的故障诊断方法和设备是装备维修的必需。英国曾对2000家工厂调查，表明采用诊断技术后每年设备维修费可节约3亿镑，而诊断技术投资费为0.5亿镑，诊断技术投资与获利1：5。日本有资料指出，采用诊断技术后设备维修费年减少20%～50%，故障停机减少75%。

4.3.2 概念与基本原理

4.3.2.1 状态监控、故障诊断、健康管理的基本概念

(1)装备状态监控技术(Equipment Condition Monitoring Technology)：对装备状态进行连续或周期性测试、分析监测、控制所采用的技术。包括压力监控技术、温度监控技术、电流监控技术、电压监控技术、功率监控技术、频率监控技术、振动监控技术、油液监控技术等。

(2)装备故障诊断技术(Equipment Fault Diagnosis Technology)：检查判断装备故障部位、程度、范围所采用的技术。包括故障检测技术、故障隔离技术、故障定位技术等。

(3)故障预测技术(Fault Prognosis Technology)：在装备发生故障之前，对装备可能发生的故障及其发生时间进行推测所采用的技术。

(4)剩余寿命预测技术(Remaining Life Prediction Technology)：根据疲劳和

断裂力学理论,分析计算经过一段时间使用后的装备构件或结构剩余寿命的技术。

(5)装备健康管理:根据装备的诊断/预测信息、可用资源和使用需求对维修活动做出正确的保障决策,将已经及时定位的具有潜在故障的部件的相关信息进行信息融合,支撑维修保障辅助决策,进行装备技术状态信息管理,提高维修保障的自动化程度,减少由于故障引起的各项费用,降低风险,提升装备的作战能力。该技术使得装备状态监控和故障诊断由事后检测转移到事前预测。它需要在详细掌握部件故障机理的情况下,构建部件故障模型,达到故障预测的目的;同时,还需要应用各种先进的故障检测方法,用来探测潜在故障,以便在没有造成灾难性事件前,采取措施。

4.3.2.2 故障诊断技术基本原理

装备在运行过程中,内部的零部件必然要受到机械应力、热应力、化学应力以及电气应力干扰等多种物理作用,这些物理作用的累积,将使装备的技术状态不断发生变化,随之可能使装备产生异常、劣化、性能指标下降,伴随着作用应力和装备状态的变化,装备通常会产生诸如振动、噪声、老化、磨损等二次效应。

装备故障诊断技术的基本原理就是:依据上述二次效应的物理参数,来定量地掌握装备在运行中所受的应力、强度和性能等技术状态指标,预测其运行的可靠性和性能,并对异常原因、部位、危险程度等进行识别和评价,确定其改善方法和维修技术。

4.3.2.3 装备诊断与人体诊断的对应关系

"故障诊断"的名称源自仿生学。图4-9所示为装备故障诊断与医学疾病诊断的对应关系。

人们常用医学诊断上的一些概念作比喻,来阐明设备诊断本身的一些概念。它们之间确实有不少相似和可以比拟的原理、方法和特征信息。装备诊断与医学诊断在基本原理、结构组成、技术手段、对策措施等方面都有相似性。例如,电子计算机断层扫描(Computed Tomography,CT)既可以用于人体医学诊断,也有工业CT用于设备故障诊断。很多医学诊断的最新技术和原理都被直接引入装备/设备的故障诊断当中,发挥重要作用。

4.3.2.4 状态预测基本原理

状态预测是故障诊断的一个重要组成部分。状态预测的基本原理如下。

(1)惯性规律:任何事物发展的连续性称为惯性,在设备运行中表现为状态内在联系的惯性。

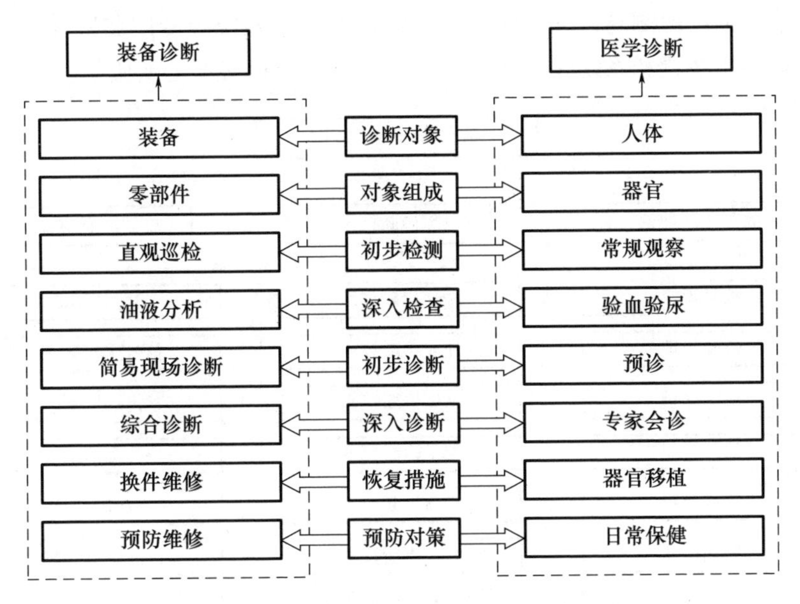

图4－9　装备诊断与医学诊断对比关系图

(2)相似规律:利用事物与其他事物的发展变化有前后不同,但在表现形式上有相似之处的特点,将先发生的事物的表现过程类推到后发展的事物上去。

(3)相关规律:利用事物的变化与其事物变化之间的相互联系和相互影响来确定。

(4)概率规律:利用统计特征参数概率分布,推断事物在一定置信概率区间可能出现的结果。

4.3.2.5　故障诊断体系结构

要了解故障诊断技术的全貌,必须对故障诊断体系结构有所了解,才能在装备故障诊断的实践中做到“把握全局、统筹规划”。

装备故障诊断基本体系是由故障诊断理论、故障诊断技术以及故障诊断装置三大部分构成,如图4－10所示。

(1)故障诊断理论:包括故障规律、故障状态、故障机理、故障模型、故障分析理论,信号处理理论以及诊断知识图谱等理论。这些基础理论是为故障诊断实施技术提供科学的理论依据。

(2)故障诊断技术:包括声振诊断、无损诊断、温度诊断、污染诊断、预测技术以及综合诊断与专家系统等技术的研究,这些故障诊断实施技术是构成该学科体系的主体,也是该学科建立与发展最重要的基础。

(3)故障诊断装置:包括信号采集、特征提取、状态识别、趋势分析、诊断决策、计算机辅助检测与诊断系统以及故障诊断专家系统等专用装置和系统的研制,这类专用装置和系统是为故障诊断实施技术提供必要的实施手段。

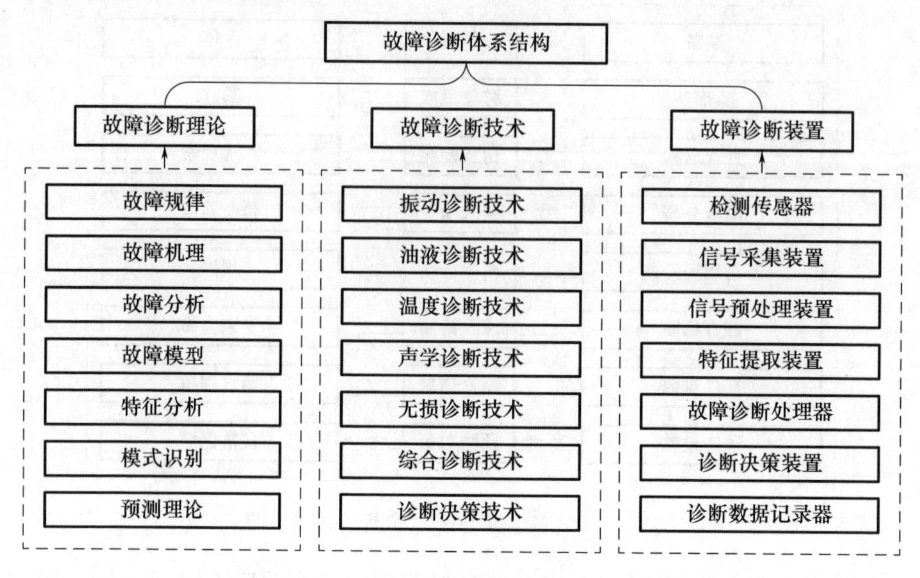

图 4－10　装备故障诊断体系结构示意图

4. 3. 3　故障诊断技术的分类

4. 3. 3. 1　按诊断目的分类

(1)功能诊断和运行诊断:对新安装的设备及部件等,需要判断它们的运行工况和功能是否正常,并根据检测与判断的结果对其进行调整,这是功能诊断;而运行诊断是对正在运行中的设备或系统进行状态监控,以便对异常的发生和发展能进行诊断。

(2)定期诊断与连续诊断:定期诊断是间隔一定时间对服役中的设备或系统进行一次常规检查和诊断;而连续诊断则是采用仪表和计算机信号处理系统对设备或系统的运行状态进行连续监视、检测和诊断。

(3)直接诊断和间接诊断:直接诊断是直接根据关键零部件的状态信息来确定其所处的状态;而间接诊断是通过机械设备运行中的二次诊断信息来间接判断关键零部件的状态变化。

(4)在线诊断和离线诊断:在线诊断一般是指对现场正在运行中的设备进行自动实时诊断;离线诊断则是通过存储设备将装备现场测量的状态信号记录下来,带回实验室后再结合诊断对象的历史档案做进一步的分析诊断。

4.3.3.2　按诊断的物理参数分类

根据诊断所采用的物理参数的不同,可以对应于不同的诊断技术,如表 4 – 1 所示。例如,振动诊断技术所检测的物理参数为机械振动量、机械导纳、模态参数等,适用于旋转机械、往复机械、轴承、齿轮等对象的故障诊断;温度(红外)诊断技术所检测的物理参数为温度、温差、温度场及热成像等,适用于热力机械、电机、电器等对象;强度诊断技术所检测的物理参数为力、扭矩、应力、应变、变形、裂纹等,适用于工程结构、起重机械、锻压机械等对象的故障诊断。

表 4 – 1　故障诊断技术分类表——按诊断的物理参数分类

诊断技术名称	检测的物理参数
振动诊断技术	机械振动量、机械导纳、模态参数等
温度诊断技术	温度、温差、温度场及热成像等
声学诊断技术	噪声、声阻、超声、声发射等
污染诊断技术	气、液、固体的成分变化、泄漏及残留物等
压力诊断技术	气、液体的压差、压力、压力脉动等
强度诊断技术	力、扭矩、应力、应变、变形、裂纹等
电学诊断技术	电磁学参数、功率等
趋势诊断技术	各种技术性能指标
综合诊断技术	各种参数、手段的融合和决策

根据诊断对象的不同,也可以对诊断技术进行分类,如表 4 – 2 所示。

表 4 – 2　故障诊断技术分类表——按诊断的直接对象分类

诊断技术名称	直接诊断对象
机械零件诊断技术	齿轮、轴承等
液压系统诊断技术	泵、阀、液压元件及系统等
旋转机械诊断技术	转子、轴系、叶轮、电机、汽轮/水轮机等
往复机械诊断技术	内燃机、压气机、活塞、曲柄连杆机构等
静止结构诊断技术	金属结构、建筑、桥梁、容器等
工艺流程诊断技术	各种生产工艺过程
生产系统诊断技术	各种机组、生产系统等
电子系统诊断技术	电路板、电子系统、雷达等
光学系统诊断技术	光学元件、激光器、光学成像系统等
机光电耦联系统诊断技术	机械、电子、光学集成系统
其他系统诊断技术	新结构、新材料、新原理设备

4.3.4 装备故障诊断的一般方法

装备故障诊断的基本方法包括:基于征兆的故障诊断方法、基于模型的故障诊断方法和基于知识的故障诊断方法 3 类。以下分别进行介绍。

4.3.4.1 基于征兆的故障诊断方法

该方法是机电装备最常用的故障诊断方法。如果装备不能给出令人满意的较为精确的故障机理和模型,无法获得精确的动力学和过程模型,只能通过设备表现出的征兆信息。

依据振动和噪声等关联的二次效应物理参数,定量地掌握装备在运行中所受的应力、强度、性能、劣化、故障等技术状态指标,对故障原因、部位、危险程度进行识别和评价,并预测运行可靠性。例如,装备齿轮箱内轴承发生表面劣化,从齿轮箱上的振动信号就可以分析出来:轴承没有发生故障时的振动波形,振动幅度较小;轴承发生表面劣化后的振动波形,振动幅度明显增大。

故障诊断主要技术环节和一般步骤为“故障模式和机理分析→信号检测→特征分析与特征提取→状态识别与故障诊断→状态预测→维修决策”。

1. 故障模式和机理分析

除了“浴盆曲线”这种故障率曲线,装备还具有多种形式的故障演化规律,机械设备具有多种形式的变化规律:威布尔分布,指数分布,正态分布,对数正态分布。

故障机理又称为故障机制、故障物理。它主要是为了揭示故障的形成、发展规律。例如,机电装备中典型部件损坏形式有:

(1)磨损:磨损是造成元件失效,进而导致故障的普遍的和主要的形式。据统计,机械零件有 75% 是由于磨损而失效的。磨损的主要形式:磨料磨损,黏着磨损,疲劳磨损,微动磨损,腐蚀磨损。

(2)疲劳断裂:机械零件在使用过程中发生的断裂事故有 80% ~90% 因疲劳引起。随着机械转速的不断提高,引起疲劳的可能性也随之增加。虽然材料的抗疲劳性能也在不断提高,但疲劳仍然是造成故障,特别是发生断裂事故的重要原因。

(3)腐蚀:腐蚀是指金属受周围介质的作用而引起损坏的现象。

2. 信号检测

按不同监测与诊断目的,选择最能表征工作状态的信号,进行拾取与处理,采用合适的特征信号及相应的观测方式(包括合适的传感器、人的感官、设备自身信息等)，在设备合适的部位，测取同设备状态相关的特征信号。其中，涉及传感器技术、传感器的安装布放、信号传输技术等。

(1)传感器技术。传感器在设备状态检测、监测和故障诊断中占有首要地位。没有稳定可靠且精确灵敏的传感器，就谈不上有效的监测和准确的诊断。传感器的作用是采集并转换设备在运行中的各种信号并传输给仪器或计算机加以处理，为判断设备状态的正常或异常提供输入信息。

不同故障模式和故障机理所产生的物理作用和二次效应千差万别，相应的信号检测手段也各不相同，常见的有振动信号检测、温度信号检测、流量信号检测、压力信号检测等。对症下药至关重要，否则事倍功半。机械设备的诊断，尤其是大型、高速、重载、精密的关键设备的故障诊断是一项非常复杂的任务，既要综合运用相关学科的理论基础，又要采用合理的诊断方法，而这些都离不开信号的测试，传感器是测试与诊断系统中的首要环节。

(2)信号传输技术。

装备故障诊断系统中不可避免地需要进行信号传输。其中的主要问题是信号的信噪比、抗干扰、保密性等问题。目前，研究较多的信号传输技术有：总线传输技术(RS232、工业现场总线、VXI 总线)、网络传输技术(局域网、嵌入式设备服务器技术)、无线传输技术(蓝牙技术、802.11b 协议、红外发射)等。

3. 特征分析与特征提取

为了从大量繁杂的原始采集数据中提取出对装备状态识别与故障诊断有用的信息，必须进行装备故障特征分析与特征提取。该工作就是将初始模式向量进行数据压缩、形式变换，去掉多余信息，提取异常或故障特征，形成待检模式，再采用合适的征兆提取方法与装置，从特征信号中提取设备有关状态的征兆。该步骤完成之后，就为下一步的状态识别和故障诊断打下了良好的基础。

最能反映系统状态的特征量的选择非常关键。该特征量可以是时域的，也可以是频域的，也可以是多个特征量的融合。例如，转轴、齿轮、轴承等机械部件在发生故障时，其振动信号蕴含着大量的有用信息，然而通过时域波形所反映的故障特征不明显，而将其变换为振动信号频谱图或者在时频域分析，特征往往会变得比较明显，可以更清楚地识别不同故障。

常用的故障特征量有：时域信号波形、形态、均值、均方值及方差；概率密度函数、概率分布函数、联合概率密度函数；自相关函数、互相关函数；峰值计数、穿越计数；自功率谱密度函数、互谱密度函数、相干函数；幅值阶次函数；相位随时间变化的规律；倒频谱、复倒频谱、倒卷积；上述参数的各种组合；等等。

4. 状态识别与故障诊断

该步骤的主要内容是在上一步故障特征量的基础上进行模式识别和状态分类,这是故障诊断流程的核心步骤。为此要建立判别函数,将待检模式与样本模式对比、分类,规定判别准则并使误差最小化,采用合适的状态识别方法与装置,依据征兆进行模式分类,识别出设备的当前状态。

(1)阈值判决法:最简单的故障诊断方法。参数正常范围事先确定,如实测状态参数超出上述阈值范围,则认为装备处于故障状态。由于决策量的随机性,如果阈值保持一定,则会出现虚警和漏警的可能性。

(2)多参数综合判决方法:如果不能通过单一参数进行状态判决,需要对多个参数进行综合判决,其中主要采用模式识别方法。

常用的模式识别方法有:

(1)统计识别方法:大量正常与故障系统数据积累的基础上,得到基于统计学规律的正常状态模式集和待诊断故障模式集。

(2)函数识别方法:利用系统特征量与故障状态之间的某种函数关系,在得到特征量数值后解算出系统对应的故障状态。

(3)逻辑识别方法:把传感器测得的系统状态数据和其他各种形式的系统运行状态信息进行连续量化或量级量化,这种量化之后的特征量对应于数学中的逻辑量,应用逻辑特征量来诊断系统故障的方法就称为逻辑诊断方法。

(4)模糊识别方法:利用模糊数学解决故障诊断中的不确定性和模糊性的方法,称为模糊识别法,它可以给出故障产生的可能性和故障程度。

(5)灰色识别方法:利用灰色系统理论,把系统的状态视为灰色系统,把不确定量视为灰色量,利用有限的故障数据,按照灰色预测的方法,建立灰色预测模型群,对系统运行时间内的状态进行精密诊断和故障预报。

(6)神经网络识别方法:利用神经网络的分类能力对已有的故障样本和正常样本进行学习,就可以对未知的系统状态进行模式划分,确定其属于何种故障状态。

5. 状态预测

状态预测的目的是预测装备的劣化趋势、预估剩余寿命。具体来说就是采用合适的状态趋势分析方法与装置,依据征兆与状态进行推理而识别出有关状态的发展趋势。状态预测的基本数学方法包括:

(1)主观概率预测法:人们根据多次经验做出的主观判断,利用概率方法进行状态的预测,符合概率论的基本原理。

(2)回归预测法:研究引起未来状态变化的各种客观环境因素的作用,找出其间的统计关系,常见的有一元线性回归和多元线性回归。

(3)时间序列预测法:根据惯性规律对预测目标时间序列的处理来研究其变化趋势,可分为确定型和随机型两大类预测技术。

6. 维修决策

根据判别结果采取相应对策,进行必要干预,采用合适的决策形成方法和装置,从有关状态及其趋势形成正确的干预决策,或者深入系统的下一层次继续诊断,或者对已达指定的系统层次,做出调整、控制、维修等决策。维修决策往往需要与后方装备数据库和专家系统等进行多方面、多层次信息融合,有时维修经验起到非常重要的作用。

4.3.4.2 基于模型的故障诊断

许多机电产品、动态系统的故障大多可以看作是过程参数的变动,如电阻、电容、刚度、阻尼等。这些过程参数显式或隐含在过程模型的参数中。过程参数在过程模型中可以是定常的,也可以是时变的。通过对系统过程状态与参数的辨识、分析与监测,可以实现故障的检测与诊断,其鲁棒性较强。同时,它也便于故障的隔离与定位。

大量的控制系统及过程采用了基于模型的监控诊断方法,并取得了成功。基于模型的故障诊断方法能否有效的关键在于两个问题:一是如何建立系统的动态模型,并运用合适的实时辨识算法进行解析重构;二是如何进行故障的决策,基于解析冗余或过程参数与故障对象间的映射关系,实现故障的准确诊断。

1. 基本方法

基于模型的故障诊断方法首先需要建立系统的数学模型,构建与实际产品相对应的解析冗余系统;然后根据系统的输入输出等信息进行系统辨识,计算得到系统的工作状态或过程参数。在诊断方面一般采用参数诊断法和残差诊断法两种可行的思路。

(1)参数诊断法。根据系统或过程的数学模型,通过输入输出信息辨识模型参数的变化,以确定状态的改变。在此基础上,将模型参数映射到系统的物理参数或结构,可以进行故障的诊断。其主要思路如图4-11所示。

对于线性时不变系统,可以采用最小二乘法、极大似然法等方法进行参数辨识。

(2)残差诊断法。将被诊断对象的可测信息和模型提供的参考信息进行比较,从而产生残差,然后对残差进行分析和处理来实现故障诊断,它包括残差产

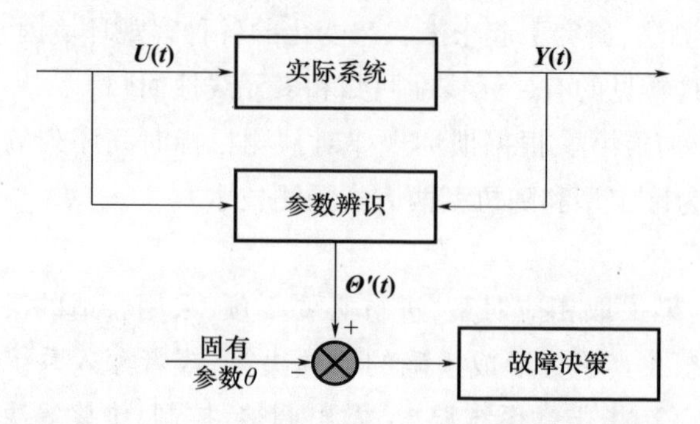

图 4-11　基于参数辨识的故障诊断方法

生和残差决策两个过程。在系统正常运行时，残差在某种意义下近似为零；而当系统出现故障时，则显著偏离零点。如图 4-12 所示。

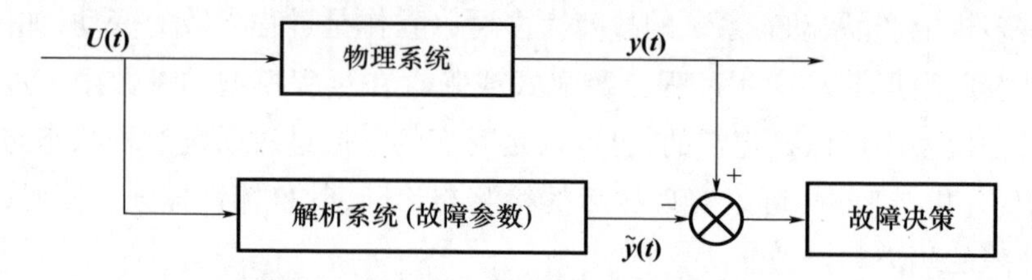

图 4-12　基于解析冗余的故障诊断方法

这种方法可以很方便地实现故障的诊断决策。根据不同的故障模式构建不同的解析冗余系统，分别计算实际系统与各个解析冗余系统输出的残差，残差最小的冗余系统对应的就是与实际物理系统最为近似的系统，通过这种方法可以判定系统的正常或特定的故障状态，可以用于故障检测和隔离。

2. 应用案例

直升机主要由机体、旋翼和尾桨等部分组成，机体又包括机身、垂直安定面及水平安定面，而机体的质心是指包含旋翼和尾桨质量的整个直升机的质心，垂直安定面和水平安定面合称为升力面。其机体坐标系如图 4-13 所示。

直升机机体作为一个 6 自由度（6DOF）的刚体，其动力学方程和运动学方程与固定翼飞机有些类似，可根据牛顿定律在机体坐标系中建立直升机机体的运动方程。假设符号M_a为直升机全机质量，X、Y、Z 为直升机机体轴 X、Y、Z 方向的外空气动力，L、M、N 为 X、Y、Z 轴的外空气动力矩，Ω_a为主发动机转速，U、V、W 为机体坐标系 X、Y、Z 轴方向的速度；P、Q、R 为机体坐标系 X、Y、Z 轴方向的角速度；θ、φ、ψ 为相对于地轴系的俯仰角、滚转角和偏航角。直升机的 6DOF 非线性动力学方程由以下形式给出：

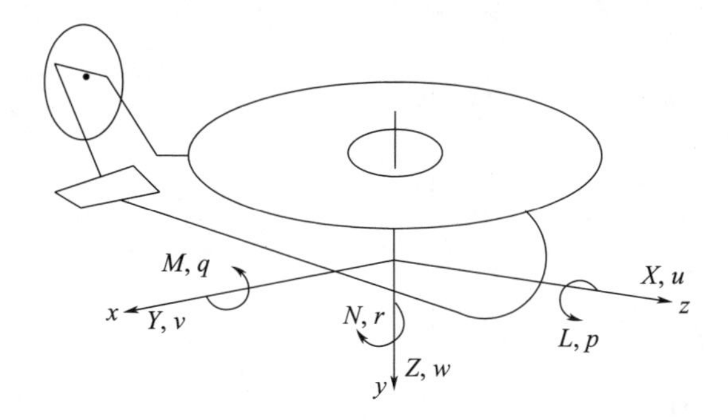

图 4-13　直升机机体坐标系

经过进一步推导,可以得到直升机纵向通道 6DOF 的线性化运动方程为

$$\dot{\boldsymbol{x}} = \boldsymbol{A}\boldsymbol{x} + \boldsymbol{B}\boldsymbol{u} \tag{4-1}$$

其中:

$$\boldsymbol{A} = \left[\begin{matrix} X_u & X_w - Q_e & X_q - W_e & -g\cos\Theta_e & X_v + R_e \\ Z_u - Q_e & Z_w & Z_q + U_e & -g\cos\Phi_e\sin\Theta_e & Z_v - P_e \\ M_u & M_w & M_q & 0 & M_v \\ 0 & 0 & \cos\Phi_e & 0 & 0 \\ Y_u - R_e & Y_w + P_e & Y_q & -g\sin\Phi_e\sin\Theta_e & Y_v \\ L'_u & L'_w & L'_q - k_1 P_e - k_2 R_e & 0 & L'_v \\ 0 & 0 & \sin\Phi_e\tan\Theta_e & \Omega_a\sec\Theta_e & 0 \\ N'_u & N'_w & N'_q - k_1 R_e - k_3 P_e & 0 & N'_v \end{matrix}\right.$$

$$\left.\begin{matrix} X_p & 0 & X_r - V_e \\ Z_p - V_e & -g\sin\Phi_e\sin\Theta_e & Z_r \\ X_p & 0 & X_r - V_e \\ \begin{matrix} M_p + 2P_e I_{xz}/I_{yy} \\ -R_e(I_{xx} - I_{zz})/I_{yy} \end{matrix} & 0 & \begin{matrix} M_r + 2R_e I_{xz}/I_{yy} \\ -P_e(I_{xx} - I_{zz})/I_{yy} \end{matrix} \\ 0 & -\Omega_a\cos\Theta_e & -\sin\Phi_e \\ L'_p - k_1 Q_e & 0 & L'_r - k_2 Q_e \\ 1 & 0 & \cos\Phi_e\tan\Theta_e \\ N'_p - k_3 Q_e & 0 & N'_r - k_1 Q_e \end{matrix}\right]$$

$$B=\begin{bmatrix} X_{\theta_0} & X_{\theta_{1s}} & X_{\theta_{1c}} & X_{\theta_{0T}} \\ Z_{\theta_0} & Z_{\theta_{1s}} & Z_{\theta_{1c}} & Z_{\theta_{0T}} \\ M_{\theta_0} & M_{\theta_{1s}} & M_{\theta_{1c}} & M_{\theta_{0T}} \\ 0 & 0 & 0 & 0 \\ Y_{\theta_0} & Y_{\theta_{1s}} & Y_{\theta_{1c}} & Y_{\theta_{0T}} \\ L'_{\theta_0} & L'_{\theta_{1s}} & L'_{\theta_{1c}} & L'_{\theta_{1T}} \\ 0 & 0 & 0 & 0 \\ N'_{\theta_0} & N'_{\theta_{1s}} & N'_{\theta_{1c}} & N'_{\theta_{1T}} \end{bmatrix}$$

$$X_i = X_i/M_a, Y_i = Y_i/M_a, Z_i = Z_i/M_a,$$

$$L'_i = \frac{I_{zz}}{I_{xx}I_{zz}-I_{xz}^2}L_i + \frac{I_{xz}}{I_{xx}I_{zz}-I_{xz}^2}N_i, N'_i = \frac{I_{xz}}{I_{xx}I_{zz}-I_{xz}^2}L_i + \frac{I_{xx}}{I_{xx}I_{zz}-I_{xz}^2}N_i, \Omega_a = \dot{\Psi},$$

$$k_1 = \frac{I_{xz}(I_{zz}+I_{xx}-I_{yy})}{I_{xx}I_{zz}-I_{xz}^2}, k_2 = \frac{I_{xz}(I_{zz}+I_{xx}-I_{yy})}{I_{xx}I_{zz}-I_{xz}^2}, k_3 = \frac{I_{zz}(I_{zz}-I_{yy})+I_{xz}^2}{I_{xx}I_{zz}-I_{xz}^2}$$

考虑到实际飞行过程当中传感器的测量噪声以及建模噪声,因此需要采用滤波器进行状态的估计,并据此构建分析冗余的飞行控制系统。采用的直升机飞行控制系统故障诊断结构如图 4-14 所示,它是一个全闭环的诊断系统,滤波器输入为控制量和直升机各种测量传感器。

由于篇幅所限,故障诊断的具体过程不再具体阐述,感兴趣的读者可参考文献[74]。

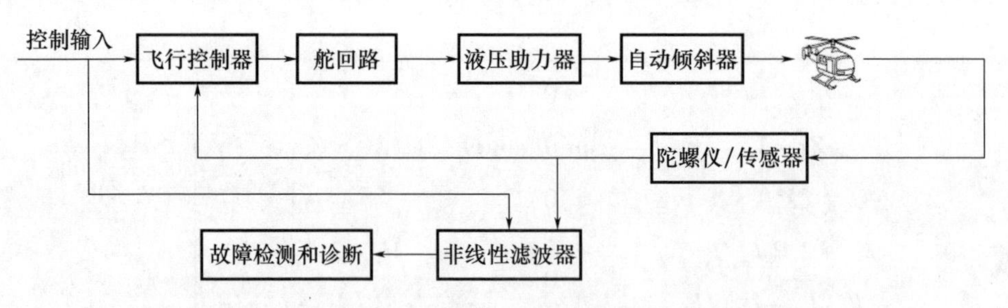

图 4-14　直升机飞行控制系统的故障辨识方案示意图

4.3.4.3　基于知识的故障诊断

随着人工智能技术,特别是知识工程、专家系统和人工神经网络的发展,基于知识的方法在故障诊断中也得到了广泛的应用,它具有不需数学模型、推理能力强、鲁棒性好等优点,适合于复杂大型系统和各种非线性系统,具有较强的生命力。

目前,应用最多的各类装备故障诊断专家系统就是基于知识故障诊断的最佳实例。基于专家系统的故障诊断方法是指计算机在采集被诊断对象的信息后,综合运用各种规则(专家经验),进行一系列的推理,必要时还可以随时调用各种应用程序,运行过程中向用户索取必要的信息后,就可快速地找到最终故障或最有可能的故障,再由用户来证实。专家系统一般由数据库、知识库、人机接口、推理机等组成。近年来,基于粗糙集的知识获取、基于模糊 Petri 网的专家系统知识表达、基于案例/规则的混合推理等方法得到了较快的发展。

故障诊断专家系统的突出优点在于可以摆脱对于技术人员的依赖,随时、随地得到专家级水平的诊断技术支持,利于装备诊断经验和知识的良性积累。其难点往往在于装备故障诊断专家知识的获取和积累。

基于知识的故障诊断方法应用领域比较广泛,特别是运用于需要推理思考而不是数值计算的诊断领域。在这些专家系统中,计算机容易使用符号的、推理的、源于经验的知识,可以如同人的思维一样灵活开展故障决策。

4.3.5　装备状态监控与故障诊断技术应用与发展

4.3.5.1　应用概况

20 世纪 70 年代,美军开始就强调在装备的研制之初就必须充分考虑装备的维修性和故障诊断能力的并行设计,因此大多数美军现役主战装备具有良好的、配套的状态检测和故障诊断设备。在装备的状态监控、故障诊断与维修性能方面,美军水平最高,这一点在伊拉克战争得到了验证。

美军大力推广基于状态维修,以获取装备技术状态信息作为装备保障的决策依据。美国陆军重点研究了嵌入式诊断和预测(Embedded Diagnosis and Embedded Prognosis,ED/EP)系统,强调装备自身具备自检测、自诊断和嵌入式故障预测能力,以保证装备技术保障需求获取的时效性。ED/EP 系统不仅仅是内置于装备的解决其故障的工具,同时,它也是连接装备维修保障其他功能(如数字化预防性维修检查与保养、自动状态报告、远程维修、远程诊断、车辆结构管理、零部件寿命历史记录跟踪)的主要通道,是装备维修信息化实现的重要基础。

美国陆军军械中心/学校和西北太平洋国家实验室联合开发了针对主战坦克 M1A1 的 AGT－1500 型燃气涡轮发动机状态监测和故障预测系统(TEDANN),针对涡轮发动机传感器数据的诊断和预测分析应用提出了一个系统级结构,采集的数据包括仿真数据和现场数据,最后使用人工神经网络技术实现多传感器数据融合和故障决策，获得发动机实时状态监测和车辆健康状况的短期预测。TEDANN 可以减少维修时间，提高战备完好率。另外，TEDANN 还可以通过可视化界面向指挥中心决策者提供高级别的状态信息和预测信息，实现网络化远程诊断。

美国宾夕法尼亚州立大学应用研究实验室（ARL）受美国海军资助，为美国海军研发、建设了多种机械诊断测试台（MDTB），积累了轴承、齿轮、轴等航空母舰中旋转部件的大量失效数据，在装备故障诊断、寿命预测和健康管理技术研究处于前列，并且通过加速试验、建模仿真、实际运行等方式对上述理论和技术进行了长期的验证评估，以上述理论和技术为核心的故障预测与健康管理技术广泛应用于美国陆海空三军的相应系统研究中。

此外，美军还深入开展了先进诊断改进计划（ADIP）、综合状态评估系统（ICAS）等关键技术研究，相关成果在坦克、装甲车辆、大型舰船的技术状态感知和健康管理方面取得了成功应用。

4.3.5.2 装备状态监控与故障诊断技术发展趋势

1. 信号采集嵌入化

（1）嵌入式传感器：嵌入式传感器是指应用微机电系统（Micro - Electro - Mechanical System，MEMS）技术制造的体积和质量可满足嵌入测试对象内部进行信号测试和信息传输的微型传感器。嵌入式传感器的特点：质量和体积代价小、状态信息获取全面、信息准确性高、状态信息实时性强。嵌入式传感器技术是机电 BIT 的基础性技术，嵌入式传感器的性能很大程度上决定了整个机电 BIT 的性能。机电 BIT 的特点要求嵌入式传感器体积小（便于安装埋入）、精度高（保证检测性能）、稳定性好、可靠性高（BIT 本身可靠性要高于被测设备的可靠性）、能承受恶劣的环境条件（机电设备内部的传感器环境较差），最好具有数字接口（便于接入微处理器进行处理）和智能前端（对数据进行初步处理以减少后续部分的计算压力）。

用于测量振动和压力的嵌入式微小传感器如图 4 - 15 所示。

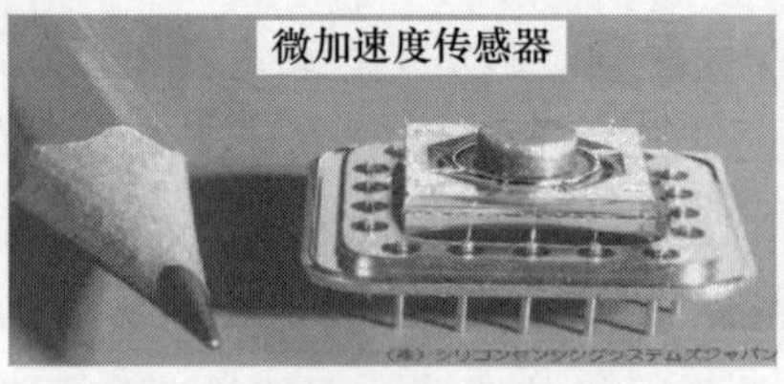

图 4 - 15 各种微小的嵌入式传感器

(2)智能材料和结构:智能结构是将探测元件、驱动元件和微处理控制系统与基体材料相融合,形成具有识别、分析、判断、动作等功能的一种结构。自诊断智能结构可在武器的全寿命期内,实时测量结构内部的应变、温度、裂纹,探测疲劳和受损伤情况。目前,自诊断智能结构技术的热点有:光纤传感器与自诊断技术、可以测量裂纹的传感器与自诊断技术、可监测复合材料层裂的传感器与自诊断技术等。

2. 诊断方法智能化

智能诊断技术试图以计算机模拟人类专家对复杂系统进行故障诊断,做到既能充分发挥领域专家经验进行快速推理,又能很方便地应用于各种不同诊断对象的学习和深度识别。应用最多的是基于模糊理论、专家系统、人工神经网络和深度学习的智能故障诊断方法。

3. 诊断流程自动化

故障诊断流程中的传感器数据采集、信号预处理、故障特征分析与提取、状态识别和故障定位、维修决策等都可以通过计算机控制实现自动化、智能化处理,从而减少人工干预,提高维修效率。

4. 诊断结构自主化

依托 BIT 和测试性设计的技术思路,不管针对何种类型的部件,将诊断能力设计为装备的一种固有特性,采取嵌入系统内部或集成于一体的外在物理形式,在系统运行中或基本不拆卸的情况下,可依据自身的检测诊断能力,独立地掌握系统现在运行状态的信息,可独立地查明产生故障的部位和原因,可预知系统的异常和劣化的动向。

思考题

1. 从全寿命周期的角度分析提高装备故障诊断能力有哪些技术措施?

2. 装备测试性有哪些定性要求? 举例说明。

3. 某一设备对象,理想的全部故障集合为 N,建模分析得到的为 N_1,相当一段长时间内实际发生的故障为 N_2,建模分析可测的故障为 N_3,正确检测到的故障为 N_4,请分析 N_1/N、N_2/N、N_3/N、N_4/N,N_2/N_1、N_3/N_1、N_4/N_1,N_3/N_2、N_4/N_2,N_4/N_3 的含义,故障检测率预计和真实的故障检测率应该用哪一个?

4. 装备测试性工程包含哪些主要的工作项目? 分别在哪些阶段、由谁负责实施?

5. 阐述测试性工程与维修性工程之间的关系。

6. 选取零部件数量不少于20个功能部件的装备或电子系统,分析已有的测试性设计措施,特别是BIT设计措施,并提出2~3项改进设计方法。

7. 选择一种装备,对其机械部件所采用的故障诊断技术进行分析,并提出新的诊断方法设想。

8. 基于模型的故障诊断方法的基本过程是什么?如何建立装备对象的数学模型?

9. 基于知识的故障诊断与智能故障诊断是什么关系?

第5章　装备保障性工程基础

装备在使用阶段能否有效担负任务，从根本上解决装备保障问题，在很大程度上取决于研制阶段所赋予的保障性水平，要将保障性作为装备研制的重要内容。自20世纪80年代以来，国内外装备发展进程中出现了若干装备保障性问题。例如，装备设计中对保障性缺乏考虑，装备故障率高、维修频繁、等待备件时间长，战备完好性低；在主装备研制的同时，没有同步研制配套的保障系统，新研装备长期形不成保障力和战斗力；高技术装备使用与保障费用急剧增长，有些甚至已占到全寿命周期费用的60%～80%。针对上述装备保障性问题，国内外普遍加强了保障性工程工作，先后提出"必须突出战备完好性与保障性要求""必须将保障性纳入到装备性能中去""装备性能指标中必须包括可靠性、可用性、维修性等关键保障性要素"等重要理念。

从第1章装备综合保障和保障性的概念定义可知，保障性是较为宏观的，是衡量整个装备系统是否好保障的重要性能。人们惯称的"四性工程""五性工程"等貌似各性之间是并列关系，但装备是否高可靠、维修是否简便、状态是否好测试皆为好保障的重要体现，因此一般将可靠性、维修性、测试性等性能纳入到保障性的范畴中。也就是说，本章名称为装备保障性工程基础，其内容较为丰富，前面章节所介绍的可靠性、维修性、测试性等内容皆是本章的重要基础和基本内容。

从内涵来说，装备保障性工程是指为了实现装备系统的保障性目标而进行的一整套论证、分析、设计、生产、试验与评价等工作。装备保障性工程具有以下特点：研究对象是装备系统（含主装备、保障系统）；贯穿于装备系统的全寿命过程；是系统工程的一个分支，一项综合性工程，以实现主装备与保障系统的最佳匹配与协调，满足战备和战时使用要求。装备保障性工程的主要工作包括：提出系统保障性要求；转化为设计参数指标；纳入装备系统设计；保障系统与装备的同步设计；保障系统与装备的同步生产；试验、评价与改进。

本章分别介绍保障性要求、保障性设计、保障性分析、保障性试验与评估、保障性工程相关综合案例。

5.1　保障性要求

保障性要求分为定量要求和定性要求两类。保障性定量要求是可度量、可验证的量化参数体系。保障性定性要求一般包括针对装备系统、装备保障性设计、保障系统及其保障资源等方面的非量化要求。

5.1.1　保障性定量参数

描述保障性定量要求的参数可分为三类:①从使用角度描述装备系统的保障性综合参数;②从设计角度描述装备本身的保障性设计特性参数;③保障系统及其资源的参数。下面分别对这三类保障性参数进行简要介绍。

1. 保障性综合参数

保障性综合参数是根据装备系统的保障性目标而提出的指标要求,它从总体上反映装备系统的保障性水平,通常可以用战备完好性参数来表示。

战备完好性是指装备系统在平时和战时的保障条件下,能随时开始执行预定任务的能力。它反映了规定的保障条件下为满足执行任务和作战要求而达到的准备状态,即任一随机时刻可用的能力,是一个点的概念。由于装备类型、任务范围、使用要求等方面的差异,用于标识不同装备战备完好性的参数也不同,如装备完好率(Materiel Readiness Rate)、使用可用度(Operational Availability)等。接下来介绍几种常见的参数:

(1)装备完好率:能够随时遂行作战或训练任务的完好装备数与实有装备数之比。通常用百分数表示。主要用以衡量装备的技术现状和管理水平,以及装备对作战、训练、执勤的可能保障程度。

(2)使用可用度:与能工作时间和不能工作时间有关的一种可用性参数。

使用可用度一种度量方法为:产品的能工作时间与能工作时间、不能工作时间的和之比。通常用 A_0 表示,计算模型为

$$A_0 = \frac{T_0 + T_{ST}}{T_0 + T_{ST} + T_{PM} + T_{CM} + T_{ALDT}}$$

式中:T_0为使用时间;T_{ST}为待机时间;T_{CM}为修复性维修时间;T_{PM}为预防性维修时间;T_{ALDT}为管理和后勤延误时间。

假设不计待机时间,上式的右边同除以维修次数(包括修复性维修和预防性维修)得

$$A_0 = \frac{T_{BM}}{T_{BM} + \overline{M} + T_{MLD}}$$

式中:T_{BM}为平均维修间隔时间(h);$\overline{M}$为平均维修时间(h);T_{MLD}为平均后勤延误时间(h)。

(3)可达可用度(Achieved Availability):仅与工作时间、修复性维修和预防性维修时间有关的一种可用性参数。

可达可用度的一种度量方法为:产品的工作时间与工作时间、修复性维修时间、预防性维修时间的和之比。通常用A_a表示。

(4)固有可用度(Inherent Availability):仅与工作时间和修复性维修时间有关的一种可用性参数。

固有可用度的一种度量方法为:产品的平均故障间隔时间与平均故障间隔时间和平均修复时间的和之比。通常用A_i表示。

$$A_i = \frac{\text{MTBF}}{\text{MTBF} + \text{MTTR}} = \frac{1}{1 + \frac{\text{MTTR}}{\text{MTBF}}}$$

可靠性和维修性共同决定了装备系统的固有可用度。在给定装备可用度要求时,综合权衡可靠性与维修性指标,以期使系统优化。

(5)任务成功度(Dependability):任务成功性的概率度量。原称可信度,通常用D表示,在规定的任务剖面内完成规定功能的能力。

$$D = R_M + (1 - R_M)M_o$$

式中:R_M为任务可靠度;M_o为任务期间的维修率。

(6)任务前准备时间(Setout Time To Mission,STTM):为使装备进入任务状态所需的准备时间,通常包括战备装备的启封、检修等时间。它是保障时间的组成部分。

(7)再次出动准备时间(Turnaround Time):在规定的使用及维修保障条件下,连续执行任务的装备从结束上次任务返回到再次出动执行下一次任务所需要的准备时间。

2. 保障性设计参数

保障性设计参数与装备自身特性相关。包括与保障有关的可靠性、维修性、测试性、运输性等性能参数描述。例如,MTBF、MTTR、FIR等。保障性的设计特性要求由系统战备完好性要求分解导出,可根据使用要求直接提出。各设计参数之间并非完全独立,相互之间存在耦合关系。它们之间的关系在1.3.4.2节中有相关的描述。可靠性从延长正常工作时间来提高可用性,而维修性则从缩短维修停机时间来提高可用性。

保障性设计特性参数分为使用参数和合同参数两类。使用参数一般是与系统战备完好性、维修人力和保障资源费用直接有关的可靠性、维修性等使用参数。合同参数是可以直接用于设计的参数。

3. 保障资源参数

保障系统及其资源方面的要求由系统战备完好性要求分解导出,也可根据使用要求直接提出。常用的保障系统及其资源参数有平均延误时间、平均管理延误时间、备件利用率、备件满足率、保障设备利用率、保障设备满足率、供油速率等。

5.1.2 保障性定性要求

1. 装备设计的便于保障的定性要求

(1)使用保障设计要求。使用保障设计要求是指装备自身的设计特性能够保证装备能够正确动用、能够充分发挥装备规定的作战性能、完成规定任务的能力要求。例如,作战飞机便于进行使用前检查、加注燃料和油气液、补充弹药、操作、储存与运输的各项保障能力要求。

(2)维修保障设计要求。装备维修级别划分的要求,如装备采用两级维修还是三级维修;各级维修机构的维修能力的要求,如基层级维修只限于完成预定的现场可更换单元的更换;战场抢救抢修的要求,如利用配备的保障设备完成任务系统的重新配置等要求。

2. 保障资源定性要求

装备保障性设计时从减轻保障负担、缩小保障系统规模等方面提出要求。应优先选用现役装备保障设备和设施中可利用的资源,并从减少保障资源品种和数量、简化保障资源设计、保障资源标准化等方面提出约束条件。

5.2 保障性设计

装备系统的保障性设计包括装备自身的保障性设计、保障资源和保障系统的设计和规划。前者包含包括可靠性设计、维修性设计、测试性设计和其他相关工程专业特性的设计;后者主要是主装备所需的保障设备、保障设施、备件、技术资料等综合保障要素的规划、研制与筹措,为了保证装备具有良好的保障性,装备部署时需要及时地建成经济高效的保障系统,保障要素必须与主装备同步而协调地进行设计。

5.2.1　保障性要素的设计准则

综合保障要素(ILS Elements)是装备综合保障的组成部分,一般又称为综合保障十要素,即设计接口,规划保障,人力与人员,保障设备,供应保障,训练与训练保障,技术资料,包装、装卸、储存和运输,保障设施,计算机资源保障。其中,包含规划保障和设计接口为 2 个管理类要素,其他 8 个为资源类要素。

5.2.1.1　设计接口

装备综合保障所涉及的要素众多、过程全面,由此导致其中各系统、各模块之间的接口和关联关系非常复杂。在总体的组织协调下,需要确定装备设计与保障系统设计之间的接口、装备保障各性能要求之间的接口、装备各保障资源和要素之间的接口、装备寿命周期各阶段工作的接口,系统研究处理综合保障工程各专业、各阶段、各部门之间关系和管理问题。

因此要将保障性要求引入装备保障各个过程,在此基础上,需要与各相关专业工作之间协调互动,这是非常长期、复杂而系统的工作,需要统一筹划、分工合作、反复迭代、系统推进。

5.2.1.2　规划保障

规划保障(Support Planning)是指从确定装备保障方案到制定装备保障计划的工作过程,包括规划使用保障和规划维修。

保障计划是保障方案的细化,包括使用保障计划和维修保障计划,使用保障计划要针对每项使用保障工作,说明所需的保障工作的步骤、方法、实施时机和所需保障资源等。维修保障计划需要明确各维修级别上应完成的维修工作,列出各维修级别的预防性维修和修复性维修工作项目、维修工作类型、维修间隔期、规定的维修技术条件、维修作业程序和所需的保障资源等。

在进行维修的组织与制度规划时,应考虑以下约束条件:①装备的维修保障应与装备的战备要求和工作环境相适应;②尽可能根据现有的维修保障机构、人员、物资,组织装备的维修保障;③尽量避免使用贵重资源;④应在全寿命过程费用最低的原则下,组织装备的维修保障。

5.2.1.3　人力和人员

人力和人员(Manpower and Personnel)是指平时和战时使用与维修装备所需人员的数量、专业及技术等级。人员是使用和维修装备的主体,也是维修资源的一个部分,主要包括装备使用操作人员、维修人员、训练教员、管理人员等。在确定维修人员的数量、专业及技术等级时,主要依据有:①维修工作分析结果;②平时及战时维修工作及要求;③各维修级别维修人员编制;④专业设置及培训规模等。同时应注意人员业务水平与产品先进程度间的匹配;现有人员结构的适应性;人员培训的困难程度;承制方提供培训服务的能力;与现有系统在技术上的相似程度;等等。

(1)人力和人员分类。直接从事装备运用与保障的人员可以分为三类:一是承担装备使用工作的人员,如装甲装备的乘员,该类人员不仅承担着装备的使用工作,同时也承担着装备部分使用保障工作和乘员能够修复的维修保障工作。二是承担装备使用保障的人员,由于装备的类型不同,使用保障工作有些是装备的使用人员承担的,有些是单独的保障部门承担的。三是承担装备维修保障工作的人员,他们通常隶属于各级保障机构。

(2)确定人员专业、技术等级。不同类型的装备,其保障人员的专业划分是不同的,各有各的划分方式。但对于同一类装备而言,其保障人员的专业划分基本上是确定的。对于装甲装备,使用人员的专业划分为驾驶员、车长、炮手等;维修人员的专业划分如机械修理、光学修理、底盘修理、无线电修理等。某些新装备、新功能可能需要对保障人员的专业划分进行调整与确定。在进行保障人员规划时,必须要考虑人员所从事的专业、按照保障人员的专业规划所需人员的数量和技术等级。

(3)确定人员数量。确定各专业各技术等级人员数量的工作,必须以OMTA对人员的基本需求为依据。通过 OMTA 可初步确定出一次使用与维修保障工作所对应的人员需求,确定部队保障机构中各专业各技术等级中人员的数量可采取一些较为成熟的方法,如利用率法、相似系统法、专家估算法、排队论法等,这里不再详细展开介绍。

5.2.1.4 保障设备

保障设备(Support Equipment)是指使用与维修装备所需的设备,包括测试设备、维修设备、试验设备、计量与校准设备、搬运设备、拆装设备和工具等。保障设备是保障资源中的重要组成部分,在装备寿命周期过程中,必须及早考虑和规划,并在使用阶段及时补充和完善。

在维修设备选配时应考虑以下几方面问题:①在装备研制阶段,必须把维修设备作为装备研制系统中的一项内容统一规划、研制和选配;②要考虑各维修级别的设置及其任务分工;③应使专用设备的品种、数量减少到最低限度;④要综合考虑设备的适用性、有效性、经济性和设备本身的保障问题;⑤配在基层级、中继级的设备应强调标准化、通用化、系列化、综合化和小型化。

5.2.1.5　供应保障

供应保障(Supply Support)是指规划、确定、采购、储存、分发并处置备件、消耗品的过程。供应保障是贯穿装备寿命周期的一个工作过程,从论证阶段提出初始保障要求开始,直至装备停产后的供应和报废退役处理为止。

供应保障的基本目标是:以最低的费用及时、充分地提供装备使用与维修所需的物资器材。它包括以下内容:①要保证装备使用与维修中所需备件和消耗品能得到及时和充分地供应,满足部队平、战时使用与维修装备的需要;②将全寿命周期相关费用降至最低;③在可承受的费用、要求的进度和风险条件下,将供应保障要求有效地纳入装备设计,在研制装备的同时同步研制各级所需的供应物资器材,以使部署的装备能够及时得到各种保障物资。

供应保障主要包括两项工作:一是在论证时规划、确定装备使用与维修所需备件和消耗品的种类与数量,并在寿命周期各阶段反复进行调整。在确定数量时考虑的主要因素是各种部件的可靠性、使用时间和工作环境;二是根据装备部署后确定的消耗标准筹措、储存、供应所需的备件和消耗品,这也需要反复迭代进行。

考虑供应保障时,需要充分支持既定的维修政策,同时还应考虑:满足需求的维修站点的数目;保障环境;承制方对已停产的备件的保障安排;充分利用可靠度、利用率等相关数据;考虑相伴随的二次失效引起的对备件与消耗品的需求;对保质期的管理与控制;修理还是报废的决策原则;对设计状态不稳定的产品的保障;相似产品的联合保障。

5.2.1.6　训练与训练保障

训练与训练保障(Training And Training Support)是指训练装备使用与维修人员的活动与所需的程序、方法、技术、教材和器材等。装备训练工作应当与装备研制相同步,及早开展装备训练及保障系统的研制,在装备的设计与研制过程中,必须同步进行训练与训练装置的规划设计,使得装备投入部队后同步形成战斗力。其基本设计准则是以尽量少的费用培训出能胜任新研装备使用与维修的合格人才。军事装备人员的训练是一个非常复杂的问题,它涉及军事教育方针、原则以及现有军队教育训练体制等重大问题。

装备人员的训练按时间可分为初始训练与后续训练两个阶段。①初始训练是指为接收新研装备的部队培养使用与维修人员所进行的训练。初始训练的目的是保证新装备部署后部队人员尽快掌握装备的使用与维修工作,使装备迅速形成战斗力。按照装备研制与订购合同的规定,该项训练任务通常由承制方(或在军队协助下)承担。②后续训练是指为源源不断地培养正常替补的使用与维修人员所进行的训练。后续训练较之初始训练更加正规,训练要求更为严格。为了使训练单位能尽快地担负起后续训练的任务,一般在装备设计与研制阶段就着手规划后续训练,并选派教员深入装备设计、研制、试验与生产的现场,熟悉新研装备。

按培养对象的不同,可将训练划分为使用人员训练、维修人员训练、教员训练以及指挥与管理人员训练 4 种类型。对于初始训练侧重于前 3 种类型。后续训练时,按照军队现行的训练体制和各军兵种的训练机构由各种训练基地(如飞行训练基地)和不同类型的军队院校分别承担。

训练的方法可以有多种多样,如正规课堂教授、跟厂培训、在职在岗训练及自学自训等,应根据训练目标和内容的要求灵活选择各种高效的训练方式。随着现代信息技术及人工智能的发展,利用虚拟现实技术可以实现基于数字样机的沉浸式训练,利用混合现实技术可以实现基于少部分实物样机的高逼真训练。同时基于远程通信网络的远程教学正在兴起,将成为高效率很有前途的训练方法。相比使用训练而言,维修训练的科目和内容更多,应作为装备训练工作研究和发展的重点。

训练器材是指为进行教育训练所需的各种教学装置与设备,包括教学用装备、实物教学模型与教具、训练模拟器、电教设备等。利用实际装备进行训练是必不可少的,但是充分利用实际装备以外的其他训练器材,对于提高训练效果与训练效率、节省训练费用、加速人才培养速度,以及减少对训练场地及环境条件的依赖是非常有意义的。因此,飞机驾驶、坦克驾驶、火炮射击、导弹射击、通信等模拟器,以及各种多媒体教学课件已广泛地用于装备人员的训练。

除此之外,在装备使用维修训练及训练保障过程中,还应考虑各维修级别的保障工作、培训教材与相应的技术手册和实际装备状态相协调、培训内容的更新与产品的变化相适应等问题,使得装备的训练效率更高、训练的系统性更强。

5.2.1.7 技术资料

技术资料(Technical Data)是指使用与维修装备所需的说明书、手册、规程、细则、清单、工程图样等的统称。技术资料为装备的正确使用和装备的进一步发展提供指导和参考,为此,技术资料必须准确、清晰、完备并及时反映当前技术状态。

编写技术资料,需要:①制定好编写计划,这是编制工作成败的关键;②技术资料要简单明了，通俗易懂，要充分考虑到使用对象的接受水平和阅读能力，必须按资料的审核计划对其进行确认和检查；③资料必须准确无误，提供的数据和说明必须与装备一致；④技术资料编写所用的各种数据与资料是逐步完善的，要注意资料更改后，相互衔接，协调统一。同时，应当考虑：明确可用的基线文件（图样、数据等）；内容符合性验证及相应的管理到位；各相关单位间技术资料的交换能力（电子、硬拷贝等）；交互能力或功能的界定；更改控制；编制进度与装备的研制、部署进度相协调。

5.2.1.8　包装、装卸、储存和运输

包装、装卸、储存和运输（Packaging, Handling, Storage & Transportation）是指为保证装备及其保障设备、备件等得到良好的包装、装卸、储存和运输所需的程序、方法和资源等。

包装是指为准备分发产品所需的各种工作的操作规程和所需的物质保证，如防腐包装、捆包、装运标记、成组化及集装箱运输。

装卸是指在有限范围内将货物从一地移动到另一地。通常限于单一的区域，如在货栈、仓库区之间或从库存转移到运输状态。常用装卸设备有铲车、货盘起重器、起重机和辊轴车等。

储存是指装备或产品在不工作状态时，为保持其技术状态所进行的一系列技术和管理活动，可分为短期或长期储存。可以储存在临时性的或永久性的设施中。

装运是指利用通常可利用的设备如火车、卡车、飞机、轮船将货物从一地转移一段相当远的距离。

运输是指某项装备用牵引或通用运输工具通过公路、铁路、河道、航空或海洋等方式得以移动的活动。

5.2.1.9　保障设施

保障设施（Support Facilities）是指“使用与维修装备所需的永久性和半永久性的建筑物及其配套设备”。保障设施按照用途可分为使用设施、维修设施、储存设施、训练设施和辅助设施等主要类型：

（1）使用设施。使用设施可分为装备技术准备设施、阵地设施和特殊使用设施。装备技术准备设施是指部队在作战训练或执行其他重大任务过程中或之前对装备进行技术准备所需的设施，如装备技术性能检查与装填转载间、火工品间、测试间、气密检查间、系统与分系统分解再装及综合测试场所等；阵地设施包括装备临战前检查与停放场所、人员装备掩蔽部、战斗单位待机场所及其他配套项目,如通信设备、警戒与跟踪雷达场所等;特殊使用设施指对装备特殊使用或实施特殊保障所需的特别设施,如导弹发射井、战斗部、引信准备测试间、防爆测试间、有害物质防护及加注场所等。

(2)维修设施。维修设施是指执行装备维修任务所需的设施,包括各维修级别和各专业的测试与维修场所等。在三级维修体制中,维修设施又可分为基地级维修设施、中继级维修设施和基层级维修设施。基地级和中继级维修设施一般包含有车间、仓库、实验室等,配有固定的生产设备和试验台架等。

(3)储存设施。储存设施是指储存装备及为装备储存提供保障条件的设施,如装备库、火工品库、特种燃料库、器材仓库等。

(4)训练设施。训练设施是指用于训练装备使用和维修人员的设施,如靶场、训练基地、教室等。训练设施通常被设计成具有多功能,可供多种科目训练之用。

(5)辅助设施。辅助设施是指间接为装备使用与维修提供服务的保障设施,包括计量站、气象站、化验室、油库、气源站、输配电线路、道路桥梁、运输转载设施等。

在规划和设计保障设施时,一般应考虑的问题包括:及时明确保障要求,注意军事建筑的提前期问题;充分顾及与其他保障资源间的相互影响;随任务的变化同步地进行调整;设施管理机构与装备管理机构的协调;等等。

5.2.1.10　计算机资源保障

计算机资源保障(Computer Resource Support)是指使用与维修装备中的计算机所需的设施、硬件、软件、文档、人力和人员。计算机资源的确定主要依据装备维修保障对象的技术含量以及实施维修保障任务单位的科技水平而定。软件密集系统的软件保障对于系统的稳定运行、系统性能的提高和系统寿命的影响日益增大。应考虑:①需要什么文档(需求说明文档、设计文档、程序员手册、用户手册等);②源码、数据权问题的合理解决;③针对软件的产品保证;④不同使用单位、不同维修级别的软件合同要求;⑤软件的再开发条件;⑥长时期(可能达30年)的软件维护问题。

5.2.2　保障资源和保障系统的设计和规划

完成装备保障任务,需要一个完善的装备保障系统,装备保障系统是由经过综合和优化的保障要素构成的总体。装备保障要素,除人与物质因素外,还应包括组织机构、规章制度等管理因素,以及包含程序和数据等软件与硬件构成的计算机资源或系统。所以,装备保障系统可以说是由装备保障所需的物质资源、人力资源、信息资源以及管理手段等要素组成的系统,也可以说是由硬件、软件、人及其管理组成的复杂系统。

装备保障方案是装备保障工程的重要组成部分,也是装备保障性设计的主要对象。一个完整的装备保障方案组成结构如图 5-1 所示。

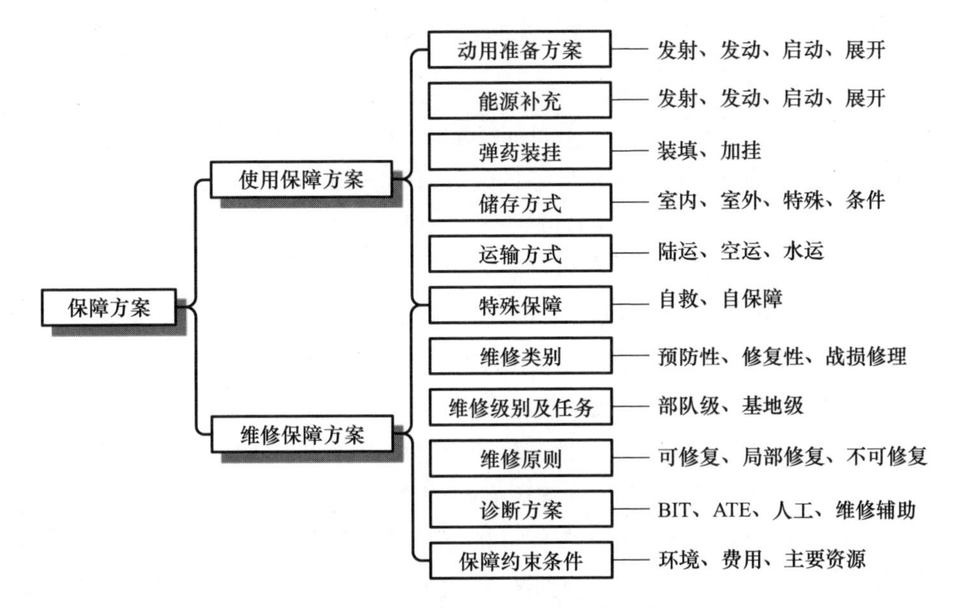

图 5-1　装备保障方案组成结构示意图

装备保障系统完成保障任务,将待保障装备转变为技术状态符合规定要求的装备。在此过程中,它还需要投入各种作战和任务要求相关的能源、物资等。保障系统完成其功能的能力就是保障力。保障系统的能力既取决于它的组成要素及相互关系,又同外部环境因素(作战指挥、装备特性、科技工业的供应水平以及运输、储存能力等)有关。

保障系统可以是针对某种具体装备(如某型飞机、某型火炮)来说的,它是装备系统的一个分系统;也可以是按装备使用单位编制体制来说的。建立、建设或完善保障系统,是贯穿于装备研制、采购、使用等各阶段的重要任务。对装备技术部门来说,是长期性的任务。

装备保障系统的科学构建应当由作战指挥部门、装备保障部门和国防工业部门共同完成,必须依托装备使用单位已有的保障设备、保障设施和技术人员,构建新装备的保障系统。作为装备使用部门管理者要关注新装备保障系统的设计和构建,确保新装备投入部署之后,能够顺利接装、快速形成保障能力和作战能力。

装备保障系统的设计具体包含但不限于以下技术内容:优化备件分配;保障方案优劣的权衡;最佳修理级别评估;无备件供应的战时模型;无供应商自主任务模型。

5.3 保障性分析

保障性分析(Supportability Analysis)是指"在装备的整个寿命周期内,为确定与保障有关的设计要求,影响装备的设计,确定保障资源要求,使装备得到经济有效的保障而开展的一系列分析活动"。保障性分析是落实综合保障设计要求的系统手段,确立合理的保障资源集合是其中心目的。

保障性分析研究装备系统在初步设计、研制、试验、生产、建造、使用及维修中的各种保障性问题,从而为保障性要求的制定、保障系统方案的制定与优化、保障性设计特性、保障资源要求的确定与优化,以及保障性评估等任务提供支持。

按照装备保障的内涵,保障性分析相应也可以分为使用保障性分析与维修保障性分析。其中维修保障性分析是重点,指的是涉及维修工作的相关分析过程,主要包括故障模式影响和危害性分析、维修级别分析、以可靠性为中心的维修分析等,主要模块、功能和流程如图 5-2 所示。本质上与可靠性分析、维修性分析、维修工程分析等工作是一致的,在前面第 2 章和第 3 章都分别进行了介绍。有些维修保障性分析与使用保障性分析工作可以合并,比 OMTA、寿命周期费用分析。

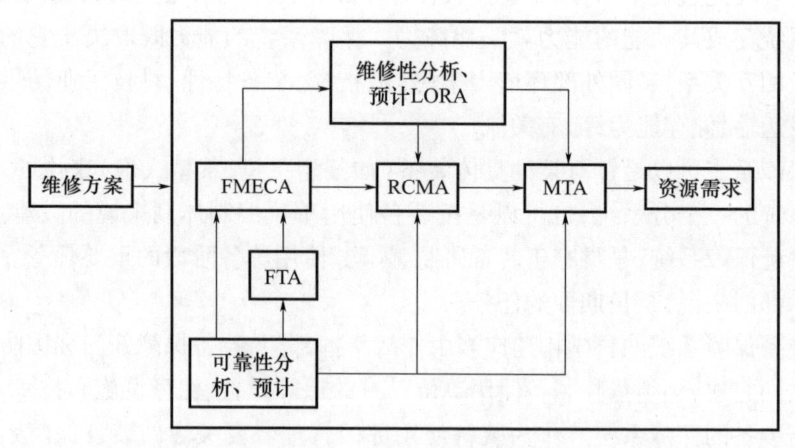

图 5-2 维修保障性分析主要模块、功能和流程示意图

5.4　保障性试验与评估

装备保障性试验与评估的主要目的:验证并考核新研制装备系统的保障性和保障系统的技术保障能力,在预计的使用环境里对装备系统进行保障性评价。装备管理机关、装备监制机构和装备使用单位共同监督、评价新型装备保障系统的效能。在装备试验基地、接装使用单位、装备维修保障基地,按照装备研制与管理法规、条令和国军标要求,共同制定新型装备保障系统考核大纲,监督、评价新型装备保障系统效能能否符合联合作战需要,与现有保障力量水平、保障资源配置是否匹配。保障性评估可以对保障性设计、保障性分析的有效性进行验证,并在需要时调整设计与分析。

5.4.1　装备保障性试验与评估的工作内容

保障性试验项目主要是装备系统综合性试验以及保障验证试验,除为了保障性评估而进行的试验以外,还包括可靠性试验、维修性试验、人素工程试验、环境试验、耐久性试验等其他试验,以及诸如技术资料的审查和验收、试验结果的分析、使用与保障计划的修改与完善等。被保障装备必须与保障系统一起运行才能进行分析和评定。

1. 保障性验证试验的时机

保障性验证试验可以在装备研制期间的研制试验或使用试验中进行,也可在定型试验及定型后的部署试用试验中进行。前者是验证主要的维修性、保障性指标要求并为形成保障系统的最终方案提供实测数据;后者为装备的定型提供较全面的维修性和保障系统及保障资源指标验证的依据。保障性验证试验可以分期或逐项进行。

2. 保障性验证试验的主要内容

装备保障性试验与评估的主要工作内容包括:保障性设计指标、各综合保障要素、与保障资源有关的使用与保障费用;分析不同作战单元、不同任务阶段满足任务要求的能力,优化装备保障系统效能评估指标体系,为保障系统的改进设计提供数据反馈;以联合作战中装备体系任务成功率为目标,进行联合作战装备系统保障能力评估,提升一体化装备保障能力。

3. 保障性验证试验的限制条件

(1)在保障性验证时一般不进行能损坏装备或产生潜在安全性危险的故障

设置,除非认为对保障性评价必不可少或具有很好的效费比。对于必须开启已经密封的组件的或需清去涂层(或保护涂层)和密封物质的维修工作只进行分析而不予以实施。

(2)不进行涉及切削、焊接、机械加工或就地制造的装配和维修工作,以及一般车间所进行的工作(如钎焊、拆焊和电线去皮等)。对在规定的维修级别上使用分配的工具、供应品及适用的人员技能所完成的这类工作的能力应加以分析,然后将维修工时要求与现有时间标准进行比较。

(3)不进行更换如指示灯和熔断丝或更换无遮挡的零件等简易的维修工作。可以采用如拆卸和安装一个紧固件的时间乘以应装配此紧固件总数的方法求总拆装工作时间。这种方法也可用于重复更换多个同类零部件时求总工作时间。

(4)对于已列入军兵种通用标准设备目录,并已有文件明确规定其保障性数据的产品,保障性验证可仅提出与标准模拟时间或与新(改进的)装备有联系的一些验证要求。

(5)故障诊断程序的验证主要应通过设置模拟故障(见上述(1))来实现。所设故障的征兆应能代表在外场进行维修时会出现的那些故障征兆,并且在该设备中和附近的工作区域内不出现其他妨碍确定故障性质的明显迹象。在验证前后应检查受试单元的运行是否正常。

(6)由于某些原因在保障性验证中省略的,而又证明其对装备的保障有潜在影响的工作,应作为一项单独的专项试验去实施。

上述限制条件是基于陆军装备试验准则和方法方面的规定,其他装备可根据自身的特点和要求专门制定。

4. 保障性验证试验的数据要求

在维修保障性验证期间记录的工作时间应仅是有效维修时间,即不应包括行政与保障延误的停机时间。保障性验证试验数据应记入保障性分析记录。所记录的试验数据的形式应便于与维修分配表和保障性分析记录数据表进行对照。

5.4.2 装备保障性试验与评估的分类

根据执行的时机,可将保障性试验进行如图5-3所示的分类。

(1)研制试验与评估:主要验证装备及其保障系统的工程设计是否符合技术规范、优选设计方案与保障方案,评价装备保障资源的有效性、适用性与主装备的匹配程度。

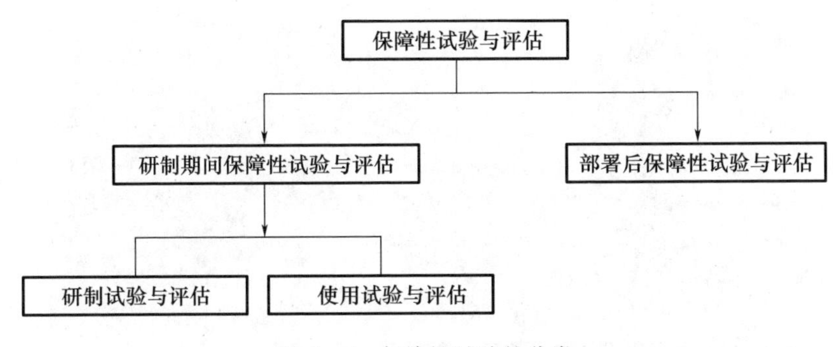

图5-3　保障性试验的分类

(2)使用试验与评估:由装备使用部门组织在接近实战条件下按实际保障体系和保障方案进行的试验,可以对保障性设计参数和综合保障的各个要素进行全面的评估。

(3)部署后的保障性评估:在装备正常使用一定时间后,对其实际保障能力和战备完好性的评定,是装备保障性的最终衡量,其目的是验证在实际使用条件下,计划的保障资源对保证装备使用的充分性。这类评价结果可以为装备及保障系统进行进一步完善,特别是装备改型和下一代装备的研制提供有价值的数据和资料。

5.5　装备保障性工程综合案例

我国开展装备保障性工程的型号很多,特别是近几年发展非常快,本节以民用装备为例来简单展示装备保障性工程的实施过程和应用效果,帮助理解装备保障性工程技术在实际装备上的工程运用实施过程和管理方式。

5.5.1　K-8教练机简介

K-8飞机是中外合资、国际合作由南昌飞机制造公司研制的一种喷气教练机。主要用于基础训练,能担负起落、航行、编队、仪表飞行、复杂特技和攻击等训练任务。

K-8教练机是我国最早全面开展可靠性、维修性、保障性并行设计的飞机之一。该机具有飞行品质好、可靠性高、维护性好、全寿命费用低等特点。K-8教练机如图5-4所示。

图5-4　K-8喷气式基础教练机

5.5.2　K-8教练机研制定位

K-8飞机设计思想的核心之一是用综合效能取代单一的战技性能，进行性能、可靠性和维修性、费用的综合权衡设计，使之具有良好的战技性能、可靠性、维修性、安全性和较低的寿命周期费用。

为此，K-8飞机在研制之初就制定了下述明确的研制方针和策略：

（1）把"提高效能、降低寿命周期费用、获取寿命周期内最佳效费比"作为研制目标。

（2）强调对产品实施全寿命管理，将可靠性、维修性管理工作向两翼延伸——向前伸到"确定并行设计要求"、向后延到"售后服务和使用保障"。

（3）强化可靠性、维修性设计，将资源优先用于预防故障（缺陷）的发生。

（4）采用国家颁发的标准、规范和法规，最大限度地与国际技术标准接轨。

通过规范化的装备保障性工程技术和工程管理，达到上述研制目标。

5.5.3　K-8教练机保障性工程的技术实施

K-8飞机作为教练机，设计难点是要覆盖和模拟战斗机的各项飞行特性，而且由于教练机数量多，为了提高训练效率和降低训练费用，飞机的长寿命、可靠性和维修性成为设计的关键。

1. RMS参数与指标的论证和确定

根据K-8教练机的教学特点和使用要求，如起落频率高、出勤率高、全寿命期费用低、学员操作可能出现粗暴动作等，收集分析了国内外类似机种的可靠性维修性参数及指标量值，经论证后确定其主要参数为：平均故障间隔飞行小时（MFHBF）、完成任务成功概率（MCSP）、每飞行小时的直接维修工时

（DMMH/FH）、再次出动机务准备时间（TAT）、更换发动机时间、总寿命等。

通过评估与综合权衡，确定了可靠性维修性参数的设计目标值。

2. 可靠性、维修性建模、预计与分配

建模、预计和分配是进行可靠性维修性定量设计中的关键项目，它将为设计决策提供重要依据。随着设计的逐步深化，该项工作反复迭代进行。

（1）基本可靠性预计与分配。基本可靠性预计的关键是如何确定失效率数据。电子元器件的失效率取自 GJB 299 和 MIL－HDBK－217。对于系统级与非电子产品应用相似类比法。通过外场调研，收集了强－5 飞机 11000 多条故障信息、歼教－5 和歼教－6 飞机 5000 多条故障信息，求出有关系统和成品的 MFHBF现场统计值，建立了系统与设备级的 MFHBF 现场统计库。基本可靠性分配应用比例分配法。部分设备沿用老机种的成熟产品，无须重新设计。

（2）任务可靠性预计。K－8 飞机有多个典型的任务剖面。完成不同的任务剖面，其任务可靠度是不同的。为了预计整机的 MCSP 值，利用加权综合法，建立预计模型。

（3）维修性指标的预计。再次出发机务准备时间和更换发动机时间这两项维修性指标的预计方法是，先将与指标有关的工作内容按先后顺序进行详细的分解，估计每项工作所需的时间，再按预定的维护人数和分工用网络图进行合理的编排，求得预计值。

以上可靠性维修性预计结果表明，规定的整机可靠性、维修性设计目标值是合理并且可以达到的。

3. 可靠性、维修性、测试性、安全性、保障性分析与设计

1）可靠性分析与设计

（1）按机载设备的分类方法对 168 项设备进行分类，其中 A 类为 29 项，B 类为 98 项，C 类为 41 项，为开展 RMS 设计、分析、试验工作的重点提供依据。

（2）对 K－8 飞机的主要部件进行故障模式影响分析（FMEA），结果发现 48 个Ⅰ类、357 个Ⅱ类故障模式，并采取相应的改进预防措施。

（3）制定贯彻《可靠设计准则》和《维修性设计准则》，这两个准则既吸收了国外飞机可靠性设计的经验，也是初教－6、强－5、歼－8 等多机种设计所积累的经验总结。贯彻中做到逐条对照、逐条落实，设计完成后发出贯彻两个准则的符合性报告。

（4）择优选用国内外先进成熟的设备，特别是从国外引进的 TFE－731 涡轮风扇发动机、MK－10 弹射座椅、环控系统、EFIS－867 电子飞行仪表系统等都

具有高可靠性，在很大程度上为实现整机的可靠性指标提供了保证。

(5)开展环境防护设计，如机载设备的减震缓冲设计，将环控系统的排气接至电子设备舱，以改善电子设备的温度环境。

(6)飞行仪表系统除配置了电子飞行仪表系统外，还配备了常规的飞行仪表作为备份。电源、起落架收放系统、襟翼收放系统等重要系统也采用余度设计。

(7)进行飞机结构可靠性设计，实现结构目标寿命8000h。

2)维修性设计

(1)总体设计时对系统和设备进行合理布局：同一系统的设备和机件尽可能做到单舱布置、单层布局。仪表、导航、电源、电气和火控等系统的设备集中安置在前机身的4个设备舱中，电缆和液压导管分设在机身左右两侧，操纵系统从飞机背脊内通过，燃油系统管路从机身下部走，这样可避免维修时交叉作业和重复拆装。

(2)根据设备的故障率高低、拆装时间的长短、维护工作之难易，将其配置在可达性不同的部位上，经常需要维修的设备配置在机身侧面和下部，地勤人员可避免采用跪、卧、趴等别扭姿态操作。绝大多数维护工作站在地面上就能进行，无须借助于工作梯。

(3)提高飞机的可达性、开敞性。K-8飞机共开设了134个口盖，口盖总面积达22.4m^2，占飞机总表面积的27.7%；其中机身口盖103个，机身口盖总面积13.13m^2，占机身表面积的34.6%。这比强-5、歼-6、歼-8飞机均有较大幅度的提高。59%以上的口盖采用快卸形式。对需要经常开启检查维护和保养的口盖，一律采用不需任何工具的手动快卸板锁连接(A类)，定检用的、有维护时间要求的口盖用快卸锁连接形式，必要时(如发动机舱门)用承力锁(B类)；不需要经常维护检查的口盖(C类)，如空气散热器口盖，采用托板螺帽、螺钉连接方式，保证口盖参与总体传力。需目视检查项目，如液压油量指示器设置透明的观察窗(D类)，不用打开口盖就可直接检查。

3)测试性设计

(1)电子飞行仪表系统、发动机、综合告警器等具有自检测功能，操作简便。

(2)机上设置综合告警器，能及时判断发电机、燃油泵、滑油滤清器、环控系统的工作是否正常，飞机着陆后可及时采取措施节省再次出动机务检查的时间。

(3)液压油量等可通过透明观测窗直观显示。

4)安全性分析与设计

(1)进行区域安全性分析,判定系统与系统、设备与设备之间的相容性。通过分析及时发现不安全的因素并予以排除。如,发现电子设备继电盒正好装在机身10号柜前后的燃油管下方,存在漏油导致短路失效的危险,就将其移装他处。

(2)应用故障树分析(FTA)对起落架收放系统等进行安全性评定,论证了起落架收放系统采用液压应急、氮气和手拉钢索三余度设计的必要性。

5)保障性设计

为减少更换发动机的时间,采取如下设计措施:

(1)拆装发动机不采用国内飞机传统的解脱后机身的方案,改为从机身下腹部拆装,后机身腹部开设了长1.95m的发动机舱口,设置的整体、快卸式大开口型发动机舱门既能快卸又能承受机身总体扭矩。

(2)发动机为单元体结构,发动机的主安装节点、后吊挂点和风扇喷筒吊挂点均采用快卸式安装方式,拆装十分简便。发动机与飞机的机械接口和电气接口及安装在发动机上的部件多数采用快卸式连接,少数采用螺纹连接的均采用自锁螺母,以节省拆卸和打开保险的时间。

(3)重新设计的发动机安装车,取消了原用吊车起吊的方案,利用飞机结构上的4个挂点进行吊装。该安装车结构高度低、质量轻、易于定位、便于操作,能显著缩短发动机拆装时间。

此外,为减少再次出动机务准备时间,采取如下设计措施:采用单点压力加油,加快加油速度。总体布局时将各系统的走向分开,充、填、加、挂工作可平行作业,互不干扰。充氧接头位置设于机头左侧,便于充氧车靠近。配置HB 3869 FT-9711顶弹车,挂弹安全可靠,迅速省力。

4. 保障特性试验

新研制和经改进的部件贯彻航空机载设备环境试验新航标HB 5830系列,包含振动、冲击、碰撞、恒加速度、高低温、温度冲击及三防(湿热、盐雾和霉菌)等试验。K-8飞机是首次全面贯彻HB 5830的机种。该航标与美军标MIL-STD-810C相当,其规定的试验条件比老航标HB 71—76严格,也更接近飞机真实的使用环境。综合告警器等关键电子产品按GJB 899—90《可靠性鉴定与验收试验》的要求,根据K-8飞机的使用特点和任务剖面编制了相应的可靠性试验剖面,进行了振动—温度—电应力三综合试验。上述可靠性试验为保证部件的质量和可靠性打下了基础。

新研制产品的可靠性通过“试验—分析—改进”(TAAF)方法不断增长。如襟翼限位机构是一个全新的设计,为保证其工作可靠性,对模拟件和全尺寸试件进行了上千次的加载运动试验，在高低温与工作载荷的综合应力下进行可靠性增长试验。针对试验中暴露出来的设计缺陷，进行失效分析进而改进设计，再通过地面试验和试飞验证，满足了设计要求。

关键非电子系统或设备，开展可靠性增长与寿命综合试验。例如，襟翼液压收放系统，其首翻期为1800飞行小时，MFHBF为163飞行小时，经换算，可靠性增长试验总数为8390次，寿命试验为18014次。试验剖面是高低温与工作载荷复合循环。

通过试验进一步发现薄弱环节，采取了改进措施，1992年7月通过可靠性鉴定试验，产品判为合格予以接收。

首飞前，运用可靠性工程方法与传统的质量复查相结合的方法进行可靠性、安全性检查。设计人员进行综合分析，确定了78项需进一步分析解决的可靠性安全性工作项目，并逐项进行研究解决。这项工作抓得细、抓得实，使首飞前遗留的问题大大减少，首飞一举成功。

试飞期间，多次邀请空勤、地勤人员召开K－8飞机使用维护意见座谈会，从中总结归纳出63条使用维护改进意见，制定专项措施逐项进行改进，使飞机的维修性得到进一步提高。

5. 保障系统同步研制

K－8综合保障系统包括整套的飞机空、地勤人员训练计划和辅助训练设备，包括训练软件、飞行模拟器、维护模拟器和外场维护测试车等。

在K－8教练机研制的同时，同步开展了地面维修保障设备和设施的研制和建设，保证了试飞及试用工作的顺利进行。为满足埃及用户对K－8E保障系统的要求，研制了飞机综合数据管理系统AIDMS。1999年开始AIDMS的研制工作。2000年了解客户具体需求，对自身方案进行了修改和改进，最终提供的保障系统全面与埃及采用的军标接轨，完全能在其综合数据管理系统平台上使用。新保障信息系统可以对K－8E零件、技术状态、配件合同、发运情况、返修记录进行有效管理。

上述保障系统的同步研制显著提高了飞机综合效能。

5.5.4 K－8教练机保障工程的显著成效

1. K－8教练机保障工程实施成效

由于K－8在研制过程中进行了充分的功能、可靠性、维修性综合权衡以及可靠性、维修性设计分析工作，因而减少研制的反复，与常规的研制周期相比，

K－8从研制开始到首飞时间缩短了一年。由于K－8的可靠性、维修性高，所以鉴定试飞进行顺利。从首飞到设计鉴定仅用了两年时间。试飞结果表明，RMS均已达到该阶段的指标要求：

（1）K－8教练机发动机拆装只需50min。

（2）飞机的平均故障间隔飞行小时（TMFHBF）为14飞行小时。

（3）再次起飞准备时间为8min。

（4）每飞行小时维护工作为1.7h。

（5）全机开敞率达27.7%。

（6）定期更换寿命件仅24件。

2. K－8教练机成为我国航空外贸的经典

1994年后，K－8先后出口到巴基斯坦、缅甸、赞比亚、纳米比亚、斯里兰卡等国家。优异的可靠性、维修性等保障性能以及高性价比是K－8教练机取得巨大成功的重要因素。用户普遍反映K－8飞机性能好，比较"皮实"，即不易出故障，即使出了故障也能较快修好，且装备保障售后服务工作做得较好，获得用户的赞扬。

1999年12月27日，中国与埃及在开罗签署合同，中方与埃及合作生产80架K－8E教练机，由中方提供工装设备、材料和技术服务，建设一条具有埃及本地化生产能力的飞机生产线，并由中方提供软硬件为埃及建立飞机研究发展中心，建设K－8E教练机综合后勤保障系统，合同总金额3.45亿美元，这是当时我国航空工业就单机型一次出口数量最多、金额最大的合同。合同的签署标志着中国航空工业已从出口航空产品、修理线和专业生产线发展到出口整条飞机生产线，创造了我国出口飞机生产线和对外输出飞机设计、制造技术的历史。2005年，又与埃及续签了出口40架K－8E飞机的合同，创造了单个产品对一个国家出口120架的纪录。2006年7月，K－8E项目埃及空军研发中心建设工程竣工，埃方盛赞该工程为中、埃合作项目的典范，中方为埃及航空事业作出了巨大的贡献。据报道，该机型的出口交付一度占到全世界同类教练机出口贸易总量的70%。K－8E项目还曾被中国工程院评为新中国成立以来重大工程成就之一。

思考题

1. 装备自身的保障特性包含哪些内容？

2. 保障性要求与可靠性要求、维修性要求是什么关系?

3. 使用可用度与固有可用度有什么区别?

4. 装备保障性的主要定量参数有哪些? 给出常用计算公式,阐述参数之间的相互关系。

5. 什么是保障性设计/综合保障十要素? 举例说明。

6. 选择一种装备或系统(不少于 20 个部件),调研其保障性设计方案,并进行改进和优化。

7. 保障性分析与维修工程分析有什么异同?

8. 装备自身保障特性与装备保障系统之间的关系如何?

第6章　装备保障系统设计与保障运用技术

前面章节主要探讨的是关于装备研制阶段的“好保障”问题,主要目的是使得所研制、采购的装备通用质量特性好,降低对使用阶段保障人力、物资等资源的要求。本章主要研究装备的“保障好”问题,装备投入到应用单位和相关使用场景后,能够根据先进的保障理念设计其保障系统,使得使用部队、保障部门能够协调一致工作,充分、持续发挥装备的使用性能,弹药油料充足,在发生故障和意外损伤情况下能够得到及时、精确的维修保障。

本章围绕装备投入到部队后的保障系统设计与运用,讲述装备保障理念与策略、射频识别与保障资源感知技术、装备保障系统集成、装备保障优化决策、装备保障系统仿真与评估技术、装备保障作业支持等主要内容。

6.1　装备保障理念与策略

随着高科技武器装备和新兴技术的广泛运用,现代战争节奏明显加快,战场态势瞬息万变,作战信息量呈爆炸式增长,对装备保障的时效性、精确性提出了极为苛刻的要求,装备保障的难度急剧增大。传统的数量型、粗放式、被动反应的保障模式和落后的技术保障手段已经很难适应现代战争的需求。因此,应大力加快装备保障模式转型研究和应用,推进保障体系向高度敏捷、精确、可靠的保障体系转变,形成新的装备保障能力生长点。

现代战争存在着大量的不确定性,装备保障会遇到各种新的需求和问题,决定了装备保障转型过程的创新性。创新是装备保障转型的灵魂,是转变保障力生成模式过程中不可缺少的重要环节,更是实现保障力诸要素及其组合方式变革的原始动力。近年来,美军为推动转型不断提出新的保障概念,如“聚焦后勤”“精确保障”“自主式保障”“基于性能的保障”“感知与响应保障”等创新概念,使得美军综合后勤保障的能力和水平不断提升,引起了世界各国的关注。

接下来介绍装备保障的新理念与新策略,包括精确保障与聚焦保障、基于性能的保障、装备自主保障等技术。

6.1.1 精确保障与聚焦保障

20世纪80年代以来,信息技术在军事领域得到广泛运用,高技术装备实现了物质、能量、信息三大要素的有机结合,导致了高技术武器装备保障模式、保障理论、保障理念的革命性变革。为适应信息化战争需求和高技术装备发展现状,精确保障、聚焦保障等新理论和新理念应运而生。

6.1.1.1 精确保障、聚焦保障的概念与内涵

针对信息化战争条件下一体化联合作战装备保障的新要求,世界各个军事强国提出了一系列装备保障新理论、新思想、新理念。下面重点介绍精确保障和聚焦保障新理论。

1. 精确保障

1)基本概念

“精确保障”是一种集理论、技术、管理于一体的先进战略思想,是装备保障、现代管理模式和先进信息技术的综合运用和集成。这一概念由美军于20世纪90年代提出,经过阿富汗战争和伊拉克战争的检验,获得了巨大的军事和经济效益,引起了世界各国军队的广泛关注和研究。

装备精确保障:“充分运用以信息技术为核心的高技术手段,精细而准确地筹划、建设和运用装备保障资源,在准确的时间、准确的地点为部队提供准确数量的装备物资和高质量的装备技术保障,使保障适时、适地、适量原则达到尽可能精确的程度,最大限度地提高装备保障的军事效益和经济效益。”概括地讲,精确保障就是用最小保障资源来满足最大的保障需求、以最低风险和代价达成最佳的保障效益。

2)精确保障的主要功能

(1)保障信息的无缝链接。通过一个全维覆盖、端到端、具备全资可视能力的信息系统,把全维保障信息流融合链接,实现保障力量精确使用、保障对象精确定位、保障方式精确选择、保障时间精确调整、保障资源精确分配、保障体系精确协同、保障效能精确控制等。信息化战争中,通过网络、数据库、智能检测等技术,全程控制装备物资的动态情况,整个保障实现储备、配送及保障的“全资可视”,这主要源于保障信息的精确掌握与控制。

为了确保在保障行动中能够及时准确地获取保障信息,保证精确保障的实现,美军已经建立了比较完善的自动化信息系统,典型的有全球战斗保障系统(GCSS)、库存控制点(ICP)、陆军全资可视系统、全球运输网络等。

（2）保障力量的精确使用。广泛运用先进的信息化手段，统一调度各种保障力量，通过准确预测实现对保障力量的精确使用。

在伊拉克战争中，美军建立了信息化“作战保障系统”，精确调配占总数20%的现役保障力量和80%的预备役、合同商保障力量，使飞机和舰船的完好率达到92%以上。

（3）保障物资的精确配送。美军在伊拉克战争中用自上而下的“主动配送”代替了传统坐等申请的被动补给，利用零星补给管理系统和勤务保障系统，直接将物资从美国本土保障到作战师。以信息流减少或部分取代物流，是削减保障“尾巴”，以实现精确投送的重要措施。

除拥有精确的信息获取能力外，强大的投送能力至关重要。伊拉克战争期间，美军大批运输直升机用于实施精确的“蛙跳”保障。

（4）战损装备的精确抢修。数字化和远程技术为精确抢修提供了有利条件。美军在伊拉克参战的大多数主战武器装备都配备了数字化“工具箱”，士兵们可用来随时对装备进行检测、维护和抢修。同时，五角大楼专家还可以通过远程信息网直接进行远程抢修指导，使装备修复率大大提高。增强战场抢修能力一直是高效保障的重要基础。

伊拉克战争中，美陆军将原有的三级维修保障体制改为现场级和支援级两级保障体制，从而更加适应于信息化战争的精确保障需求，此项改革已纳入其《国家维修纲要》。

3）精确保障的主要特征

精确保障的主要特征是：网络化、信息化、智能化、一体化。

（1）网络化是指在合理配置保障资源、优化维修结构的基础上，形成基地保障/机动保障和技术支持保障等多种保障模式有机结合、反应灵活的保障体系，以提高机动保障和综合保障能力。

（2）信息化是指以计算机网络技术和卫星通信技术为基础，各种保障部门、各种保障单元和保障平台连成协调一致的保障体系，实现纵横结合、多边协作。

（3）智能化是指实时掌握所有保障对象的各种需求，自动统计、分类，确立最佳保障方案；实施远程检测、远程诊断；实现装备采办、使用保障、维修保障、指挥管理全面自动化。

（4）一体化是指装备保障实行集中统一管理，形成与市场接轨、国际接轨和社会融为一体的运行机制；三军联勤、军民一体，产生综合效益，实现“保障力的倍增”。

4）精确保障的军事应用

美、英、法、日、俄等国纷纷瞄准打赢信息化战争构建新的装备保障框架，加快精确保障建设的步伐。美军率先在伊拉克战场上演绎了信息化战争的雏形，精确保障成效显著。据有关统计，伊拉克战争与海湾战争相比，指挥控制能力提高了 2 倍，信息处理能力增强了 75%，精确制导武器使用率由 8% 上升到 68%，保障物资数量减少了 2/3 以上，装备故障诊断率由 25% 提高到 50%，抢修效率提高了 92%。可见，精确保障在信息化战场凸显了极强的生命力。

2. 聚焦保障

1）基本概念

1996 年 5 月，美军参谋长联席会议颁发了《2010 年联合作战构想》，提出了“聚焦保障”的思想，其概念界定为“是信息、后勤和运输技术的融合，能对危机做出快速反应，能跟踪和调拨包括运输途中物资在内的各种资产，能在战略、战役和战术输送中恰当编组配套后勤力量和持续保障力量”。

“聚焦保障”是综合运用信息流、物资流和人员流，实现灵活、高效、精确的装备保障和后勤保障，用有限的资源快速完成对战争热点的优势保障。

聚焦保障概念的核心思想是联合全资产可视化。美军认为“聚焦保障能充分适应我们愈益分散和机动部队的需要，提供保障的时间将以时或日计，而非以周计。它将使未来的联合部队变得更加机动、多能，能从世界任何地区实施投送”。

美军的聚焦保障构想包括六大原则：信息融合、多国后勤、联合战区后勤指挥与控制、联合卫生勤务保障、联合部署与快速前送、灵活的基础设施。

美军在《2010 年联合构想》中，把聚焦保障作为与“主宰机动、精确打击、全维防护”相并列的四大作战原则之一。

2）聚焦保障与精确保障的异同

聚焦保障、精确保障都是与以前“过度储备、低效配送”的粗放型保障运作方式截然不同的新型保障模式和保障理论，其目的都是提高保障的效能，最大限度地降低保障成本。它们都是新的保障理念，依赖于一个共同的前提和基础——信息技术、信息化保障装备和信息化指挥手段。

两者也存在一些区别：聚焦保障的本质特征是突出保障力量的集中使用问题，着重强调的是集中使用各种保障力量和一切高技术保障手段，满足部队的各种需求；而精确保障的本质特征是突出保障的精确性问题，着重强调的是保障的时间、地点和数量都要准确。

6.1.1.2　适应信息化战争要求的装备精确/聚焦保障系统

“科学预知、精确保障”是装备保障领域适应信息化特点的必然要求。在装备保障态势的“科学预知”基础上,在保障决策和保障执行过程中真正实现保障的“精确”。在保障决策下达之后,为了提高“精确”保障效能,通过远程技术支援等手段弥补战场保障技术力量的不足。

美军初步设想了适应信息化战争要求、实现“科学预知,精确保障”的装备保障系统,以提升新型高技术装备的保障能力和保障效率,该保障系统的功能结构与基本组成如图 6－1 所示。

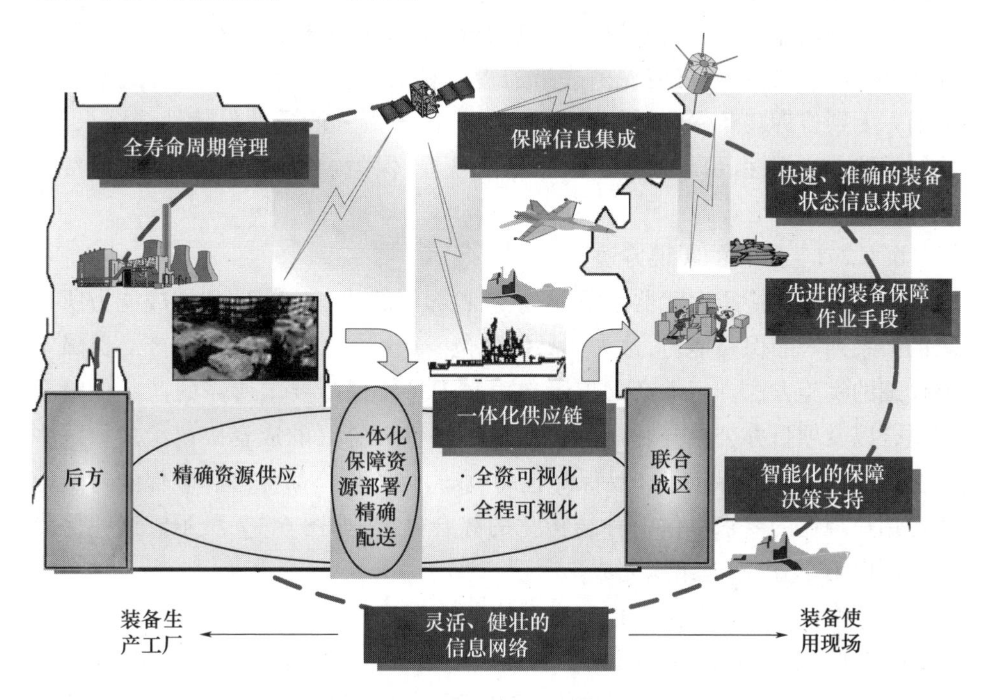

图 6－1　实现“科学预知、精确保障”的装备保障远景示意图

从系统工程角度,建设一个充分适应信息化特点的装备保障系统,解决装备保障体系内部主装备与保障装备、各个军兵种保障要素之间的系统优化和设计评估问题,从系统层面保证整个保障系统中信息化要素的齐全、配套,从系统的组成和结构上保证可以实现装备保障态势、装备保障资源的“预知”和保障响应的“精确”。

此外,按照装备保障的一般技术流程,解决装备保障态势的“预知”问题,需要通过嵌入式传感等技术实现装备状态的准确获取,需要依托装备故障机理、健康衰退规律和综合诊断技术,准确、及时地感知装备技术保障需求,再通过全资产可视化等技术手段以准确掌控保障物资的存储、运输、到达等情况。

6.1.2 基于性能的保障技术

基于性能的保障技术是将保障作为一个经济上可承受的一体化性能包(产品保障包)来购买,以优化武器系统的战备完好性。国外习惯称为"基于性能的后勤",或基于性能的全寿命周期综合产品保障。

基于性能的保障是一种基于性能结果的产品保障策略。它将武器装备传统上以采购具体产品和服务为主的"基于交易"的保障模式,转变为采购"保障性能"的模式。这种转变将保障决策的责任和风险转移给了装备保障提供方,使用方无须告诉装备保障提供方如何做,只需告诉其所需的保障性能结果,即武器系统的可用性、可靠性、维修性、保障规模、保障响应时间或单位使用费用等方面的要求。

6.1.2.1 PBL 的实现方法

为部署和保持重大武器系统、子系统和部件的战备完好性和作战能力所要求的一系列产品保障能力,称为产品保障包。产品保障包提供的是产品保障策略详细的实施方法。每个产品保障包由实现持续保障要求所需的产品保障要素组合以及项目办公室与建制和民用保障提供方签订的成套协议组成。这些综合产品保障要素界定了产品保障包的范畴,为管理产品保障和确保随时随地满足用户规定的要求提供一种结构化的综合框架,如图 6-2 所示。这些保障能力可以由军方、地方组织完成。

基于性能的全寿命保障以具备清晰权力和责任界线的长期性能协议为基础,来实现武器系统的性能目标。它代表了过去基于性能的后勤的最新发展,继承了基于性能的后勤的主要原则,即购买性能结果,项目经理(Product Manager,PM)对全寿命周期系统管理(TLCSM)负责,签订以客观的性能度量标准为基础的基于性能的协议(Performance Based Agreement,PBA),明确产品保障集成方(Product Support Integrator,PSI)和公私合作等。在此基础上,它更强调了对全寿命各层次产品保障性能和费用的关注和过程管控,明确了实施全寿命保障的具体负责人(产品保障经理)和所有利益相关方的责任,突出了对所有综合产品保障要素的有效、综合考虑。基于性能的全寿命保障为交付规定的寿命周期战备完好性、可靠性和拥有费用提供最佳战略途径。保障源可以是军方、工业部门或双方组合,大力提倡建立公私合作伙伴关系。

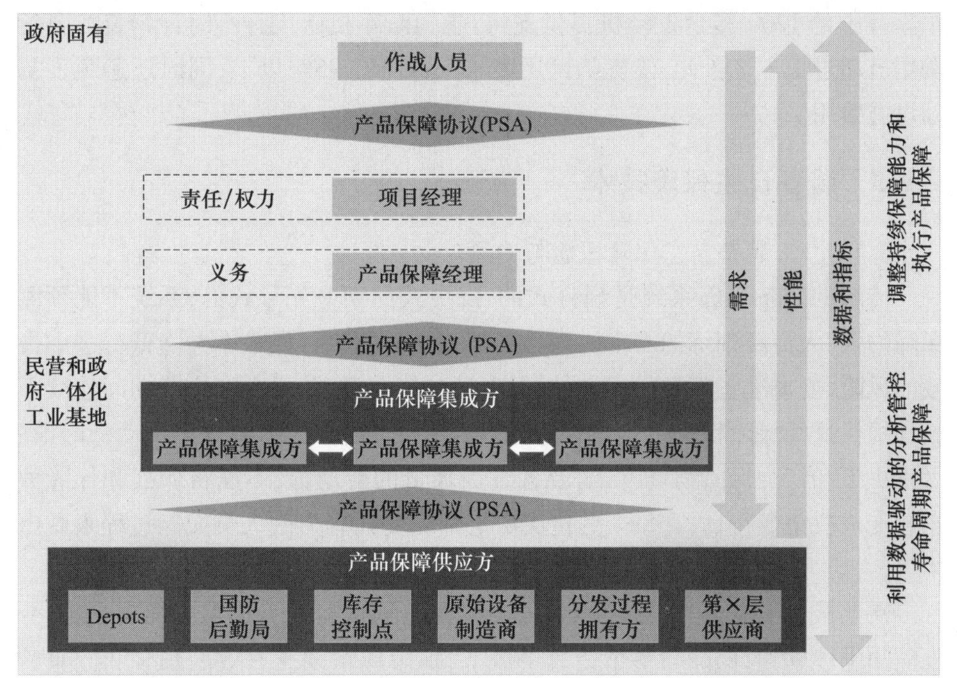

注：PSBM突出强调了PSM是作战人员的产品保障主代理，负责整合PSIs来实现作战人员的需求

图6-2　产品保障业务模型框架

6.1.2.2　PBL的基本应用

PBL作为一种优化系统可用性、降低寿命周期费用和缩小保障规模的保障策略，已得到美国及欧洲各国实践证实。近年来，进一步在中东和亚太地区显现出蓬勃兴起之势。

20世纪90年代，为适应新军事变革，美军积极推进基于性能的保障策略。其目的是适应新的作战环境和作战样式对装备保障的要求，缩减保障规模，降低使用和保障费用，提高经济可承受性以及装备的战备完好性。美军基于性能的保障应用进展迅速，从2000年第一个基于性能的保障项目——海军陆战队霍尼韦尔辅助动力装置，发展到2002年已经实施了57个项目。2005年，主要基于性能的保障项目累计数达到143个。虽然此后就基于性能的保障的利弊争论持续了几年，使基于性能的保障项目有所下降，但经美国国防部的专门调查研究表明，只要运用得当，基于性能的保障能显著降低武器装备寿命周期费用。基于性能的保障已发展成美国国防部首选的武器装备保障策略。特别是在当前严峻的国防预算形势下，美国国防部将增加PBL的有效使用作为激励工业界和政府部门提高生产力和增加创新的一项重要举措。目前，PBL为美国海军库存中的1200多台发动机提供支持，它为海军机队飞行小时计划直接节约费用已超过1.1亿美元，使机队可用度水平保持在95%以上，同时还避免了基础设施费用。

6.1.3 装备自主保障技术

6.1.3.1 装备自主保障概念与内涵

传统的装备保障系统是预订式的、反应式的而非先导式的，系统不能预测保障物资、人员或训练的需求。为达到可接受的能执行任务率并降低行进中失效的风险，要求准备额外的零备件、保障设备和人员，并要求在作战期间连续不断地提供这些保障物资。这种保障系统本身不能思考，不能自主行动，并且在做出决策和订购保障物资时，需要各方面大量的劳动力，不能将作战和保障数据转变成决策或行动，在每个约定层次上都需要强有力的人员交互过程来做出决策。

海湾战争和科索沃战争中，美军在保障方面取得较大成功的同时，也充分暴露出上述问题，保障与整个信息链脱节，保障体系缺乏有效的预警和健康管理机制，不能主动将装备维修态势转换为维修活动，各种诊断、维修要素和信息源之间的协调性和一致性差，导致故障与维修决策、维修物质调配需要技术人员基于多方面的、分散的信息进行，作战行动和保障行动之间缺乏有效、统一的协调，给指挥决策者带来诸多不便，不利于联合作战的开展。另外，美军平时的保障同样也存在类似的问题，尤其是信息化装备和信息化战争模式的转型，保障计划和备件决策存在盲目性，测试诊断准确性差、周期长，保障的协调性和一致性较差。为此，美军在进行F-35联合攻击机研制时，针对综合诊断实施情况和海湾战争、科索沃战争暴露出的维修保障问题，结合精确保障、聚焦后勤等新理念，为实现装备智能与预知维修，提出了“自主保障”这一保障概念和系统，用以指导21世纪的装备维修保障，并在F-35联合攻击机等新一代武器装备中开展预研和演示验证。自主保障的目标是设计一种先导式、预知式、主动式而非反应式的保障系统。

自主保障系统（Autonomic Logistics System，ALS）是一种能够模拟人的自治性神经系统，是对自主激发和指挥身体而无须被告知去做什么的智能保障系统。它具有有效的状态监控、预警和健康管理机制。它能够自己思考和行动，在决策和调配保障资源时，能获得一致的保障解决方案和最佳的协调性，无须技术人员在每个级别上频繁地决策和调度。

6.1.3.2　ALS 构成

自主保障体系是一种智能保障体系。装备自身的 PHM 系统是其“触觉器官和激励源”,具有保障自主决策与调度能力的联合分布式信息系统(Joint Distributed Information System,JDIS)是“大脑中枢”,通信系统(包括装备和保障服务体系及保障服务体系各组成部分之间的通信联络)是其“神经网络”,保障基地设施、保障资源、各维修工作单元、部门、设备、工具等是“执行器官和工具”,它们形成一个有机统一的整体,构成系统的基本核心要素。美军所构想 F-35 联合攻击机的 ALS 系统总体框架如图 6-3 所示。

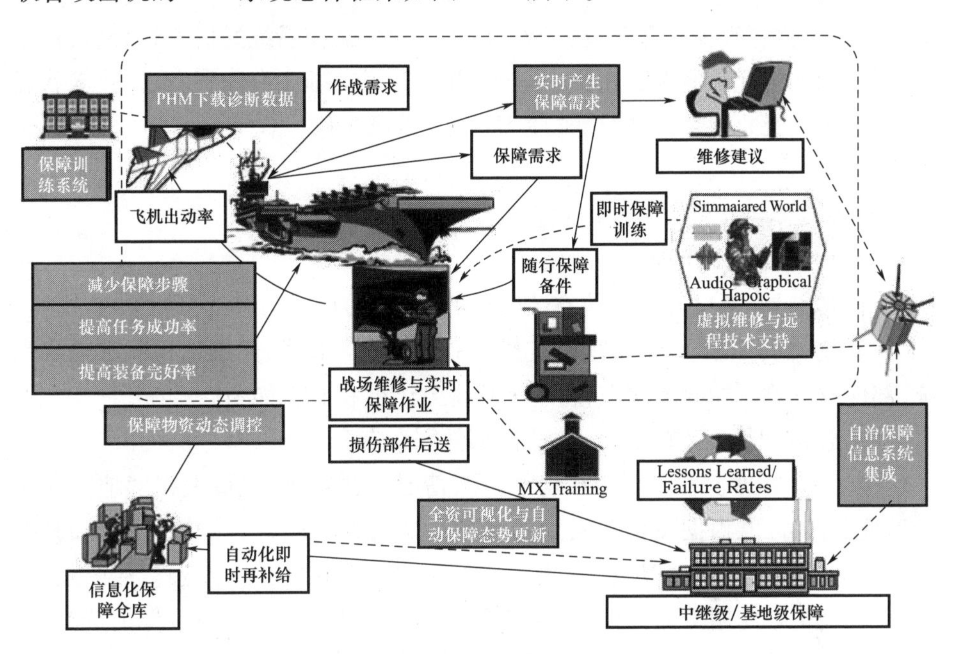

图 6-3　美军 F-35 联合攻击机自主保障体系示意图

F-35 联合攻击机所构建的自主保障系统的基本工作过程为:①当飞机在空中飞行时,机内诊断系统预测到飞机故障并自动下载;②通过联合分布信息系统传输到地面各保障要素;③ALS 自主进行保障任务规划,并进行保障方案预演,准备好维修人员、备件和设备,一旦飞机着舰/着陆,立即开展维修。

1. F-35 的 PHM 系统

PHM 系统结构必须便于从部件级到整个系统级综合应用故障诊断和预测技术。PHM 采用先进的传感器来采集与系统异常属性有关的特征参数,然后将这些特征与有用的信息相关联,借助各种算法和智能模型来分析、预测、监控和管理飞机的工作状态,整个飞机的 PHM 系统由下列区域的智能化实时监控系

统构成:

(1)推进系统的实时监控系统:包括发动机吸入碎屑监控系统、滑油状况监控系统、发动机应力监控系统、静电式轴承监控系统、静电式滑油碎屑监控系统、先进寿命算法和部件状况监控系统等。

(2)航空电子系统的实时监控系统:采用电子射频的预测性诊断系统。

(3)结构实时监控系统、飞行器管理系统(Vehicle Management System, VMS)以及其他任务分系统和低观测性(Low Observability, LO)特征的实时监控系统。

飞机的航空器区域管理系统(VZM)将上述各监控系统的信息综合后,传给地面的JDIS,据此来判断飞机的安全性,并且开展安排飞行任务、实施技术状态管理、更新飞机的状态记录、调整使用计划、生成维修工作项目,以及分析整个机群的状况等工作。

PHM 具体包含的主要功能:

(1)测试性和 BIT 能力。

(2)传感器、部件和分系统有关数据的采集能力。

(3)增强的诊断功能,借助系统模型和信息融合技术,精确地检测和隔离系统、部件或子单元的故障状态,超越了传统测试性和 BIT 能力。

(4)预测即将发生的故障,并估计部件剩余寿命。

(5)状态管理。在飞机存在功能降级情况下,能够保证最大程度地完成飞行系统的任务,能根据飞行器实际的和预计的材料状况进行维修、供应和其他后勤保障活动。借助上述能力,可完成的主要功能包括:故障检测、故障隔离、故障预测、剩余使用寿命预计、部件寿命跟踪、性能降级趋势跟踪、保证期跟踪、故障选择性报告(只通知立即需要驾驶员知道的信息,将其余信息通报给维修人员)、辅助决策和资源管理、容错、信息融合和推理,以及信息管理(将准确的信息在准确的时间通报给准确的人员)。

2. F-35 联合攻击机联合分布信息系统

F-35 联合攻击机综合保障体系中设有完善而技术先进的分布式的综合保障信息系统,支持诸如维修、支援、培训和作战等所有 F-35 联合攻击机保障任务。综合保障信息系统能向用户提供使用和维修 F-35 联合攻击机所必需信息的一种信息环境,与承包商一起为用户提供一种经济可承受的分布式信息环境,以实现自主式综合保障。该信息系统由软件保障、规划与分析、技术保障、技术资料与集成等几部分组成,美军 F-35 联合攻击机的 JDIS 系统构成如图 6-4 所示。

图6-4　F-35联合攻击机的JDIS系统结构

6.1.3.3　ALS建设效益分析

F-35联合攻击机综合保障体系在飞机的系统研制与验证过程中完成开发和验证，到正式服役时系统建立完成，成为F-35联合攻击机战斗力形成的重要保证。据美军试验数据估计，同类机型维修人力可减少20%～40%，保障规模缩小50%，出动架次率提高25%，使用与保障费用减少50%以上。

6.1.4　其他典型装备保障策略与系统

6.1.4.1　全球作战保障系统

伊拉克战争中，美军利用其强大的信息优势，以完善的卫星通信网络系统为支撑，依托"全球运输网""全资产可视系统"和"全球战斗保障系统"，构建了从本土到战区、从统帅部到作战平台、从指挥中心到保障基地的战略运输指挥体系，完成了作战力量的战略投送和精确的战区后勤运输支援。"全球运输网"是美运输司令部的核心指挥信息系统，由全球卫星定位系统、卫星通信系统、台式视频系统、卫星跟踪系统、计算机网络系统、地理信息系统、电子数据信息交换系统、内部可视传输系统、在运物资可视系统、托盘化装载系统等组成。该系统能够对全球范围内美军战略、战术运输的全过程进行实时监控，真正实现了"在运物资可视"和"全资可视"，对运往海湾以及在战区内运送的人员、物资、装备等进行了有效的跟踪和控制。另外，它还把全球作战保障系统(Global Combat Support System，GCSS)任务应用程序纳入到全球指挥与控制系统(Global Command and Control System，GCCS)中，改善联合决策支持工具，提高综合保障数据的完整性和决策支持的快速性。

美国国防部针对海湾战争、科索沃战争中各保障部门之间、信息系统之间协同能力不强的问题，大力推进全球作战保障系统（GCSS）的建设，把涉及作战任务的人员、维修、器材、弹药、运输及其支持功能集成为统一的网络环境，提供一个融合的、实时的、多维的装备保障空间，使各用户无须关心信息的来源即能对共享数据和应用软件进行透明访问，实现装备保障的精确和实时可视。

也就是说，为了给战场指挥员提供战场的一体化视图，确保为联合作战提供实时精确的保障，针对作战中各保障部门之间、信息系统之间“烟囱”林立、协同能力不强的问题，依据美军2010联合构想、2020联合构想提出的综合保障能力需求，美国国防部于2002财年启动了全球作战保障系统（GCSS）计划，试图建立通用的操作环境、通用的数据环境和共享的基础设施服务，从而使得在作战保障领域的系统之间、软件之间和数据之间实现互操作，提高其作战保障的能力和效率，实现从供应源到需求地的全球综合保障网络直达保障。

GCSS结构如图6-5所示。GCSS通过建立一体化的信息基础设施，将分散于各种信息系统中的装备技术状态信息、保障资源信息、作战指挥信息等信息资源综合集成，为战略、战役、战术各个层次上的军事指挥人员和后勤人员提供战场保障状况的一体化动态视图；并以这些综合信息为基础，利用系统提供的联合决策支持工具（JDST）和全资可视化，为任何一个作战节点的精确保障提供统一、全面的信息支持。

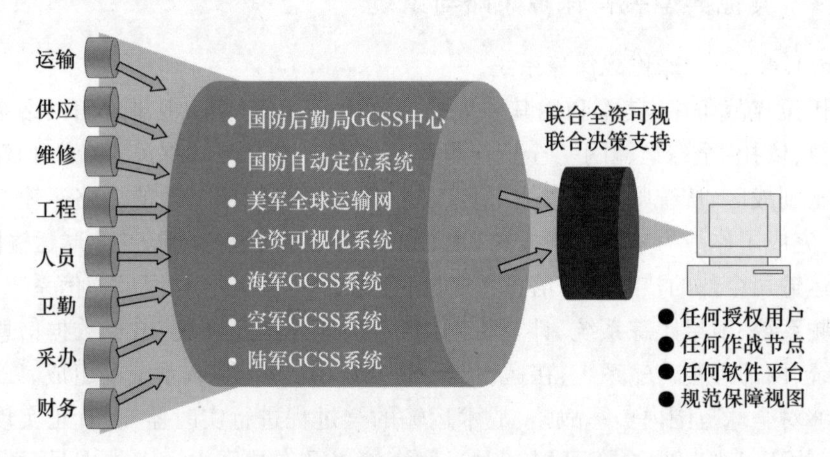

图6-5　美军全球作战保障系统结构示意图

6.1.4.2　通用后勤操作环境

美军在借鉴C^4ISKR（Command, Control, Communications, Computer, Kill, Intelligence, Reconnaissance, Surveillance）系统的基础上，为了实现端对端的综合

保障和视情维修,变革保障组织及流程,提出并研究了通用后勤操作环境(Common Logistics Operating Environment,CLOE),通过设置通用数据标准、规范和协议,将各装备信息平台、装备相关技术数据以及命令、控制和通信(Command,Control,Communications,C^3)系统集成起来,开发支持视情维修并和信息网络结构相容的自诊断平台,保证前方作战力量的装备维修保障需求,有效提升维修保障的快速反应能力、可靠性和可操作性,为整个陆军装备平台层次的保障业务过程提供有效支撑,并指导战术级后勤保障信息技术的发展和应用。美国陆军后勤改革处建立了“斯瑞克”快速打击旅(Stryker Brigade Combat Team,SBCT)示范系统来集成和测试 CLOE 操作环境的相关技术。CLOE 是美国陆军向技术使能型军队转型发展的重要支撑技术,将使得未来的保障过程更简单、更灵活、更迅速,同时在满足保障需求时更为柔性化。

6.1.4.3　美军的感知与反应后勤

伊拉克战争之后,美军针对战争中后勤与装备保障存在的问题,完整地提出了“感知与反应后勤”(Sense & Respance Logistics,S&RL)。S&RL 是美军适应网络中心战特点而设计的综合保障系统计划,其基本流程如图 6-6 所示。

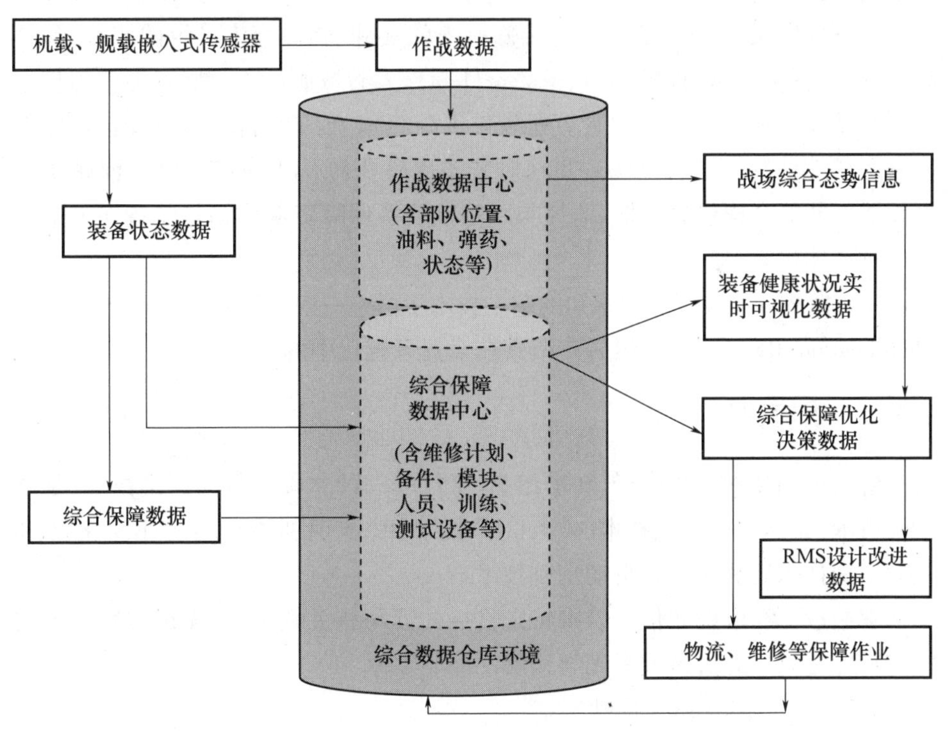

图 6-6　美军感知与反应后勤基本流程示意图

美军在原来聚焦后勤的基础上,更加鲜明地提出了利用信息资源改造传统保障,把保障作为一个系统与“网络中心战”联为一体,保障与作战实现一体化、网络化、信息化,更加强调保障的适应性、偶然性、同步性和制定保障计划的应急性,实现“保障资源现状”和“部队保障需求”两个透明,凭借先进的物资投送系统,形成从供应源到需求地的直达配送保障,以更快的速度、更灵活的方式,为装备使用单位提供精确保障。

6.2 射频识别与保障资源感知技术

信息化的战场环境要求军事物流必须适时、适地、适量地为作战部队提供资源保障,即在准确的时间与地点向作战部队提供适量的军用物资,这给军事物流保障的快速性、机动性和准确性等提出了更高的要求,要求军事物流信息准确、可靠、快速、高效地进行传输、采集、处理和交换,对物资保障的全过程实施指挥控制,建立“精确型”战场物资保障系统,实现物资保障决策的科学化和快速化,提升战场资源保障能力。

装备保障资源是装备使用与维修所需的硬件、软件与人员等的统称,包括物资资源(保障设备、保障设施、备品备件等)、人力资源(人员数量、专业与技术水平)、信息资源(技术资料、计算机软件资源等)。装备保障资源感知技术以保障资源科学分发、供应为目标,实现对装备保障资源从供应商、仓库、保障基地到作战部队的全程信息获取、监控与跟踪。装备保障资源感知是装备保障信息化的重要体现。

本节首先介绍保障资源感知的基本技术手段——射频识别(Radio Frequency Identification,RFID)技术,然后介绍其在全资可视化中的应用。

6.2.1 射频识别技术

射频识别技术是兴起于20世纪90年代的一种非接触自动识别技术,是继条码技术、光学字符识别技术、磁条(卡)技术、IC卡识别技术、声音识别技术和视觉识别技术后的又一种自动识别技术。

它通过无线电射频信号识别特定目标并读写相关数据,而无须识别系统与特定目标之间建立机械或者光学接触。

6.2.1.1 RFID基本原理

射频识别(RFID)技术基本原理与应用系统结构如图6-7所示。

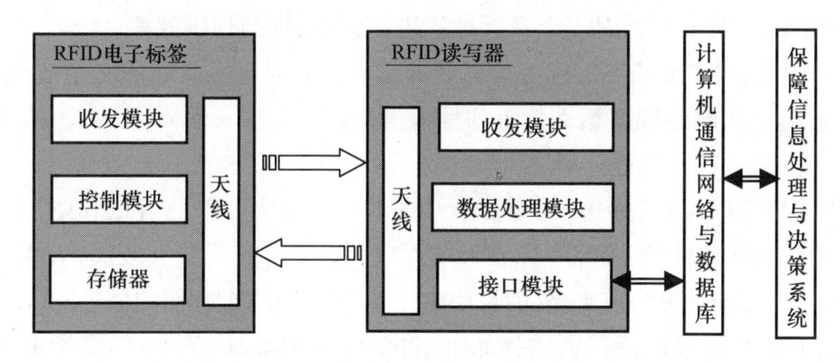

图6-7　射频识别(RFID)技术基本原理与应用系统结构示意图

RFID应用系统一般由电子标签、读写器、通信网络与数据库、数据处理应用软件组成。RFID通过读写器与粘附在装备物资上的电子标签之间的电磁或者电感耦合进行数据通信,从而对标签物品进行自动识别。应用软件对采集到的数据进行综合处理和集成应用,针对不同需求开发出不同的信息化管理功能。RFID本身可以单独存储信息,理论上可以不依托中心数据库进行应用开发,但是实际上目前RFID芯片存储容量有限,很多详细的信息需要依托通信网络与数据库才能进行集成应用。

在标签进入磁场时,接收读写器发出的射频信号,凭借感应电流所获得的能量发送出产品信息,或者主动发送信号;读写器读取信息并解码后,送至信息系统进行数据处理。RFID技术的主要特点如下:

(1)非接触式自动识别。RFID主要通过电磁波或者电磁感应方式进行识别,不需要建立读写器与识别对象之间的直接接触。

(2)使用快捷方便。RFID的组成结构较为简单,电子标签通过粘贴或悬挂的方式置于被识别物体表面,使用部署也比较方便。

(3)识别读取距离远。RFID的优点是不局限于视线,可以识别比光学系统距离远的物体对象,例如在工厂的流水线上跟踪物体。长距离的RFID产品多用于交通上,可达几十米,如自动收费或识别车辆身份等。

(4)射频标签存储信息量大。RFID标签利用无线电波形成电子化的产品标签和无线的身份标识。与条形码只提供产品的身份识别不同,RFID标签可存储更多的产品信息。

(5)对使用环境要求不高。射频标签不怕油渍、灰尘污染等恶劣的环境,短距离的射频标签可以在这样的环境中替代条码。

(6)可同时识别多个标签。采用基于电磁波的通信和信息获取方式,可以在不接触的情况下同时对多个目标标签进行识别,提高识别效率。

(7)可识别运动状态的标签。标签的运动一般对电磁波通信不会造成明显的影响,可以实时感知其运动位置和标签信息。

6.2.1.2 电子标签

电子标签(Tag)又称为射频标签、应答器或射频卡,它是信息载体,是构成RFID的基础件,由标签芯片和标签天线组成。电子标签是带有线圈、天线、存储器与控制系统的低电集成电路,能自动或在外部作用下,把存储的信息发射出去。

电子标签附着在待识别的物品上,每个电子标签具有唯一的电子编码,是射频识别系统真正的数据载体。在射频识别系统中,电子标签的价格远比读写器低,但电子标签的数量很大、应用场合多样,其组成、外形和特点也各不相同。

1. 电子标签的形状和结构

电子标签的形状多种多样,如图6-8所示,有卡片型、环型、钮扣型、条型、盘型、钥匙扣型和手表型等。卡片型电子标签比较常见,如我国广泛使用的第二代身份证、城市一卡通、门禁卡等都属于电子标签。

电子标签结构一般是独立的,也可以与其他物品集成制造。封装材质有纸、PP、PET、PVC等。通常标签芯片体积很小,厚度一般不超过0.35mm,可以印制在纸张、塑料、木材、玻璃、纺织品等包装材料上,也可以直接制作在物品标签上,通过自动贴标签机进行自动贴标。

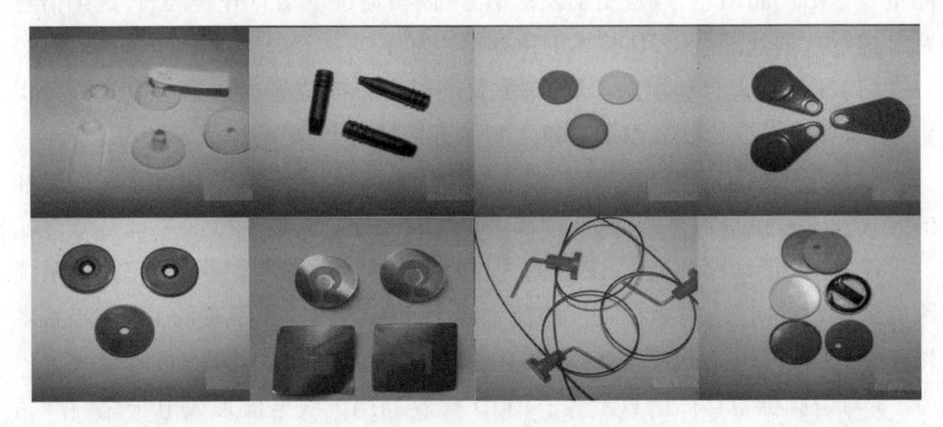

图6-8 各种不同形状的电子标签

2. 电子标签的分类

(1)按工作方式分类。分为主动式标签(有源)和被动式标签(无源)。

有源标签使用内置的电池能量,用自身的射频能量主动地发送数据给读写器,识别的距离长,但是它的价格较高且寿命短。被动式标签自身不带有电源,它必须利用读写器的载波来调制自己的信号，当读取装置对标签进行读取时，所发射出的无线电接触到RFID标签的天线后产生电量。它的质量轻、体积小，寿命可以很长，但是发射距离受限。

主动式标签主要用于有障碍物的应用中，如应用在门禁和交通系统中。表6-1所示为主动式与被动式电子标签的区别。

表6-1　主动式与被动式电子标签的区别

项目	主动式	被动式
标签电源	内置于标签内	读卡器通过无线电频率传输能量
标签电池	有	无
所需信号强度	低	高
范围	可达100m	3~5m
读取多标签	1000个	3m内，几百个
数据存储	128 KB可读可写	128B可读可写

(2)按存储器的类型分类。分为只读标签与读写标签。如图6-9所示。

只读标签的结构功能一般比较简单，包含的信息较少并且不能被更改。出厂只读标签在出厂时就写入了标签信息，使用时内容不可改动；一次性编程只读标签在出厂时内容为空，在应用前一次性写入信息；可重复编程只读标签在应用时支持擦除功能，经擦除后可重新编程写入，但在RFID工作期间标签内容不改写。读写标签好比计算机的内存条，在应用过程中标签内的信息能被双向更改或重写。

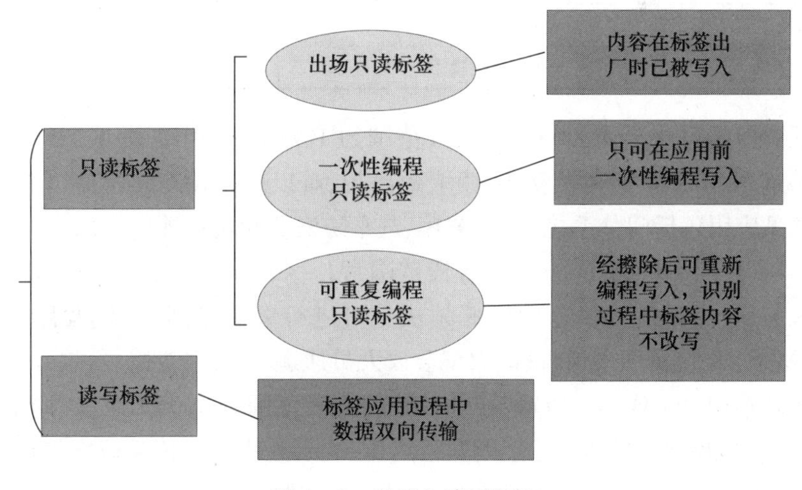

图6-9　只读与读写标签

(3)按信息量分类。分为标识标签和便携式数据文件标签。

标识标签存储的是标签号码,标签的详细信息需查询信息系统数据库。便携式数据文件标签中存储的数据非常大,足可以看作是一个数据文件,用户可编程,标签中除了存储标签码外,还可存储大量的其他相关信息,如包装说明、工艺过程说明等。

(4)按工作频率分类。RFID 系统的工作频率是一个很重要的参数指标,它决定了工作原理、通信距离、设备成本、天线形状和应用领域等各种因素。一般来说,频率低则距离短、信息量小;频率高的通信距离长、信息量大。RFID 典型的工作频率有 125kHz、133kHz、13.56MHz、433MHz、800Hz、960Hz、2.45GHz、5.8GHz 等。按照工作频率的不同,RFID 系统集中在低频、高频、超高频和微波等区域。不同工作频率下的标签性能如表 6-2 所示。

表 6-2 不同工作频率下的标签性能

频率	低频	高频	超高频	微波
	10kHz ~ 1MHz	1 ~ 400MHz	400MHz ~ 1GHz	1GHz 以上
识别距离	小于 60mm	约 60mm	无源标签 3.5m,有源标签 100m	无源标签 1m,有源标签 50m
一般特性	价格高但性能受环境影响小	价格较低,适合短距离识别和多重标签识别	价格低廉,适合多重标签识别,距离和性能突出	与超高频标签类似,受环境影响最大
是否有源	无源	无源	有源或无源	有源或无源
读取速度	读取速度从低到高			
环境敏感	对环境越来越敏感			
尺寸	尺寸和波长成正比,越来越小			

低频(Low Frequency,LF)的频段范围为 10kHz ~ 1MHz,常见工作频率为 125kHz、135kHz。一般为被动式,读取距离短、难以同时读取多标签、信息量较低。常见应用包括门禁系统、动物芯片、汽车防盗器和玩具等。

高频(High Frequency,HF)的频段范围为 1 ~ 400MHz,常见为 13.56MHz,以被动式为主,优点是传输速度比低频快且可进行多标签辨识,读写距离小于 1m。常见应用包括图书馆管理、大型会议人员通道、智能货架等。

超高频(Ultra High Frequency,UHF)的频段范围为 400MHz ~ 1GHz。主动式和被动式均常见,被动式标签读取距离 3 ~ 4m,其优点是传输速率较快,成本较低,可同时进行大数量标签的读取与辨识。它是当前应用的主流,广泛应用于航空旅客与行李管理系统、货架及栈板管理、出货管理、物流管理等。特别是频率800～960MHz之间是物联网和供应链主要频率区间，据统计全球每天产生数百万个、每年则有几十亿个RFID。

微波（Microwave）使用的频段范围为1GHz以上，常见的主要规格有2.45GHz、5.8GHz。其带宽很宽，则天线尺寸小，可采用蚀刻或印刷的方式制造。特性与应用和超高频段相似，但是对环境敏感性较高、传播损耗大，一般为有源，距离可以达到数十米甚至上百米，可应用于电子不停车收费系统（Electronic Toll Collection，ETC）等。

6.2.1.3　读写器

读写器是利用射频技术读取或写入标签信息的设备，它不仅可以读写数据，还可与计算机或其他系统进行联合，完成对射频标签数据处理，同时实现信号状态控制、奇偶错误校验与更正等。

1. 主要功能

读写器可将主机的读写命令传到电子标签，对发往电子标签的数据加密，将电子标签返回的数据解密后送到主机。读写器将要发送的信号，经编码后加载在特定频率的载波信号上经天线向外发送，进入读写器工作区域的电子标签接收此脉冲信号，然后标签内芯片中的有关电路对此信号进行调制、解码，再对命令请求、密码、权限等进行判断。若为读取命令，电子标签的控制逻辑电路则从存储器中读取有关信息，经加密、编码后经标签内的天线发送给读写器，读写器对接收到的信号进行解调、解码后送至计算机处理；若是修改信息的写入命令，控制逻辑电路会提升工作电压，对标签中的内容进行改写。

2. 基本组成

读写器由控制单元、射频模块和读写器天线3个基本的功能模块组成。

（1）读写器控制单元的功能包括：与应用软件进行通信，并执行应用系统软件发来的命令；控制与电子标签的通信过程；信号的编码与解码。在一些复杂的系统中，控制单元还要对电子标签与读写器之间要传送的数据进行加密和解密，并且进行电子标签和读写器之间的身份验证。

（2）读写器射频模块的功能包括：产生一定频率的发射功率，为启动电子标签提供能量；对发射信号进行调制，从而将数据传送给电子标签；接收并解调来自电子标签的射频信号。

（3）读写器天线主要参数有工作频率、频带宽度、方向性增益、极化方式（线极化、圆极化）和波瓣宽度，天线结构根据频率不同有不同结构，一般在低频、中频和高频系统中采用偶极天线、双偶极天线、阵列天线、八木天线、平板天线、螺旋天线、环形天线,而在超高频和微波系统中广泛使用平面型天线,包括全向平板天线、水平平板天线和垂直平板天线。接天线的接口有共享内存结构(Shared Memory Architecture,SMA)和 BNC(Bayonet - Neill - Concelman)同轴电缆用的卡口连接器。几种常见天线如图 6 - 10 所示。

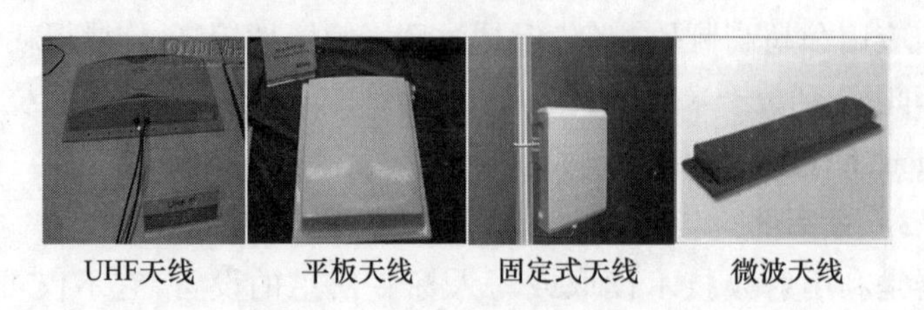

图 6 - 10　几种常见 RFID 天线

3. 读写器的结构形式

根据天线与读写器是否分离,读写器可以分为集成式读写器和分离式读写器。根据外形和应用场合,读写器可以分为固定式读写器、手持式读写器、工业读写器和读卡器等。

固定式读写器一般是指天线、读写器与主控机分离,读写器和天线可以分别安装在不同位置,读写器可以有多个天线接口和多种 I/O 接口。典型的固定式读写器主机如图 6 - 11 所示。

手持便携式读写器是指天线、读写器与主控机集成在一起,适合用户手持使用的电子标签读写设备,其工作原理与固定式读写器基本相同。手持便携式读写器一般带有液晶显示屏、键盘,常用在付款扫描、巡查、物品识别和测试等场合。典型的手持式读写器如图 6 - 12 所示。

图 6 - 11　固定式读写器

图 6 - 12　手持便携式读写器

6. 2. 1. 4　RFID 工作方式

射频识别系统工作时利用射频标签与射频读写器之间的射频信号及其空

间耦合、传输特性，实现对静止或移动的待识别物品的自动识别。在射频识别系统中，射频标签与读写器之间通过天线架起空间电磁波传输的通道，实现能量和数据信息的传输。

按照不同的读写器天线和标签天线之间传递的射频信号的耦合方式来划分，系统可以分为电感耦合系统和电磁反向散射耦合系统。

1. 电感耦合系统

在电感耦合系统中，标签一般是无源的，它以电感耦合的方式从读写器天线的近场中获得能量。当读写器和标签之间建立连接、传送数据时，标签需要以合适的位置放置在读写器附近，读写器和电子标签谐振电路的电感耦合实现了能量的传递，此过程中，标签的摆放角度、位置及其距离读写器的远近决定了能量传输大小。

在电感耦合 RFID 中，读写器天线和标签天线一般是电感线圈，可以采用单圈或者多圈的方式，电流通过馈线流入读写器线圈后会在四周产生磁场，标签线圈被磁场穿过时就会产生感应电压，并激发出感应电流。图 6－13 和图 6－14 所示为电感耦合系统的结构和工作原理。

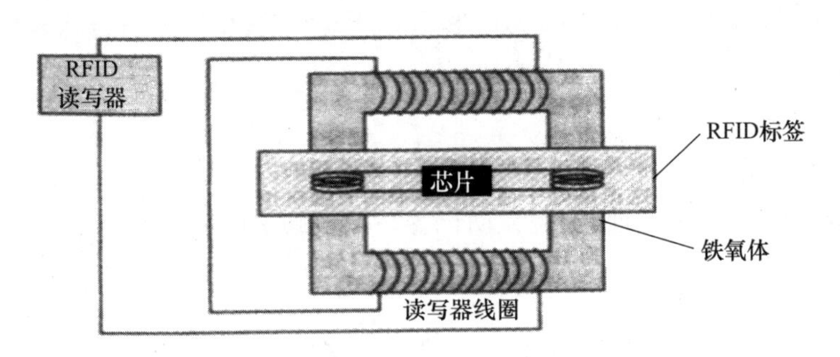

图 6－13　RFID 电感耦合的结构

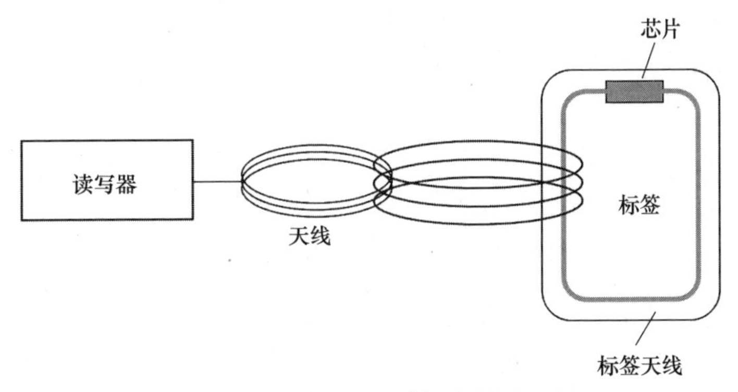

图 6－14　RFID 电感耦合的原理

在读写器的工作范围内,读写器线圈和标签线圈之间的电感耦合在较低的工作频率时更加明显。因此,现阶段电感耦合系统主要应用于低频段和高频段上。其中,低频段主要包括 125kHz 和 133kHz,高频段主要包括 6.78MHz 和 13.56MHz。

低高频电感耦合系统已经成熟应用于智能卡中,如公交卡。针对一些其他的应用场合,如传送带,往往需要较大的识读距离,因此,国内外一些学者针对超高频段的电感耦合系统进行的研究,主要包括欧洲频段 866MHz 和美国频段 915MHz。

2. 电磁反向散射 RFID 系统

电磁反向散射 RFID 系统利用雷达散射原理,天线发射出去的电磁信号碰到目标发生反射,而反射信号包含目标物体的特征信息,其工作原理如图 6-15 所示。电磁反向散射方式适合于超高频段和微波频段,是远距离 RFID 系统的典型特征。

电磁反向散射方式系统的读取距离一般大于 1m,典型工作距离为 3~10m,甚至 10m 以上。现阶段,典型的工作频率有 433MHz、欧洲频段 866MHz 和美国频段 915MHz,以及微波频率 2.45GHz 和 5.8GHz。电磁反向散射方式系统的波长很短,与低频和高频 RFID 系统相比,该方式的天线尺寸要小得多,且具备更高的辐射效率和读取距离。

现阶段应用的超高频、微波频段的 RFID 系统主要采用电磁反向散射的方式,在动物管理、车辆管理、物流自动化等领域得到了广泛应用。

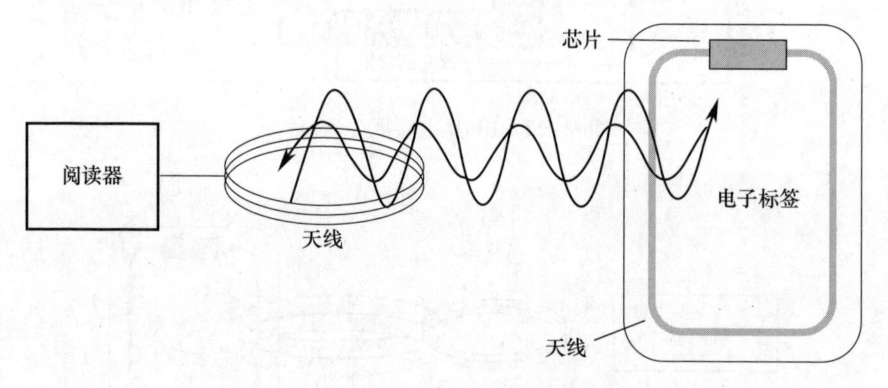

图 6-15　RFID 的电磁反向散射原理

6.2.1.5　RFID 的应用和发展

RFID 因其所具备的非接触甚至是远距离读取、可全天候使用等特性而备受瞩目,目前在国内外军民领域均得到了较为广泛的应用。

美国国防部曾在2004年发表的RFID政策备忘录中,强制性地要求其供应商于2005年1月1日开始在货盒和可交付的物品上贴被动式RFID标签,涉及服装、食物、修理零件和武器部件;到2007年1月1日,美国国防部的供应商都必须在每件物品上贴被动式RFID标签。

可以说,RFID是未来信息存储提取和处理的主流技术之一,越来越多的国际性大公司已经加入该技术的开发研究,逐步显出大规模发展的态势,RFID技术受到国内外市场的广泛关注。据估计,到2023年,射频识别标签的市场总值达到了140亿美元,尤其在零售行业RFID可以发挥其技术优势,在零售业中占据较大的市场份额。RFID将是未来一个新的经济增长点。同时,RFID技术在我国发展潜力巨大,2020年末,我国RFID市场规模突破1200亿元。

为保证RFID在物流等领域更为广泛的应用,有些技术问题仍需要进一步的突破:

(1)RFID安全问题的解决。采用RFID技术的最大好处是可以对企业的供应链进行透明管理,但同时会使个人隐私受到影响。因此,RFID的安全性令人关注,需要尽快推出增强安全性能的RFID产品。

(2)RFID成本进一步降低。RFID系统的成本目前是困扰企业大量应用RFID技术的问题,主要是标签、读写设备及相关管理软件的成本。

(3)加强RFID与电子供应链的研究。EPC(产品电子代码)、物联网与RFID同样作为物流信息及其管理的最新技术,在近年得到了飞速发展。RFID技术的发展和应用应该跟电子供应链技术紧密关联,才能在供应链环节得到更广泛的应用。

6.2.2　联合全资产可视化系统

6.2.2.1　JTAV简介

美军构建了覆盖各军种、对资产的采购/收发/存储/运输等所有环节实施动态监控的联合全资产可视化(Joint Total Asset Visibility, JTAV)系统。所谓"联合全资产可视化"是指及时、准确地向总部、各军兵种提供全资产位置、运输状况及类别等信息的能力,包括根据这些信息采取行动以改善国防部后勤工作总体效能的能力。联合全资产可视化既是美军保障的一项创新,也是美军保障信息化的重要体现。美军在总结海湾战争的保障教训时,公布了《国防部全资产可视化计划》,启动联合全资产可视化系统的建设。JTAV可与国防部其他计划和措施相协调,便于改进现代化战争中装备保障和后勤补给,保证战略和战术任务的实施。

联合全资产可视化作为美国军事后勤革命的六大目标之一，是美国国防部后勤发展战略计划的重要内容。根据新的作战构想，美军后勤应能够在各种军事行动全过程中，在准确的地点与时间向联合作战部队提供数量适当的所需人员、装备与补给品。要实现这一目标，就必须做到后勤保障中资产的高度透明化。

6.2.2.2　JTAV 体系结构

美军在实施联合全资产可视系统集成战略计划中，明确规定要采用统一的技术体系，以全军通用的 C^4ISR 结构框架为依据，包括系统体系结构和技术体系结构等，采用统一的信息技术标准，实现自动化系统软件开发的标准化和系列化，为系统集成和信息共享奠定了基础。

JTAV 系统可以自动跟踪整个补给系统中各类保障资产的品种、数量、位置、承运工具和单位等信息，为系统使用者准确实时显示所有保障数据，从而使整个保障系统的各种活动全景一目了然。JTAV 的系统结构框架如图 6－16 所示。

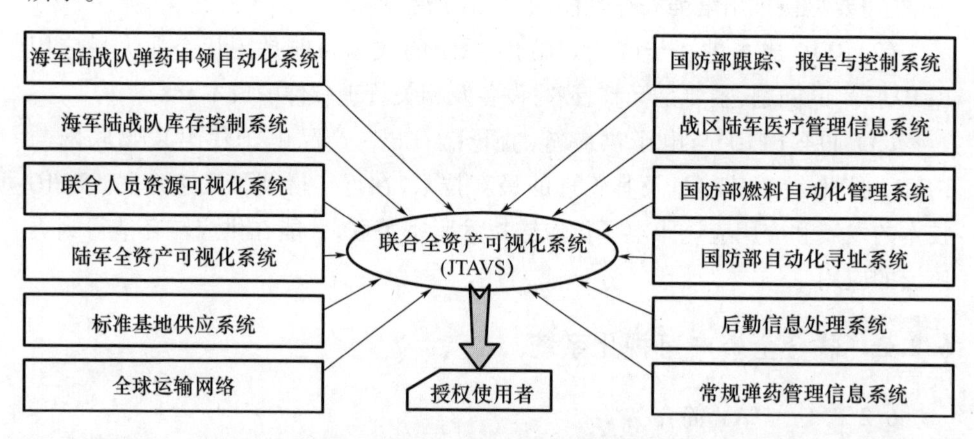

图 6－16　JTAV 的系统结构框架

联合全资产可视化系统（Joint Total Asset Visibility System，JTAVS）实质上是一个集成的数据环境，可供查询、处理的保障信息具体包括保障库存信息、运输信息、国防机动跟踪资产信息、射频识别标签信息、采办信息、战备物资信息、部队装备信息、散装油料信息、弹药信息、医疗信息等各种保障相关信息。JTAVS 已不再是传统的、仅局限于美军后勤内部的单一结构，而是前伸到战场、后延到国民经济相关部门的广域信息系统，是与作战信息系统、经济信息系统互联互通的大型网络化体系，同时也是美军 C^4ISR 体系中不可或缺的组成部分。

1. 在运保障物资可视化系统

JTAVS涵盖了储存中的资产、运输中的资产、处理中的资产等3种类型的保障资产。其中,技术难度最大的是运输中资产的可视化管理,另外两种资产的可视化管理相对容易一些。联合全资可视化系统中"在运保障物资可视化系统"的体系结构如图6-17所示。

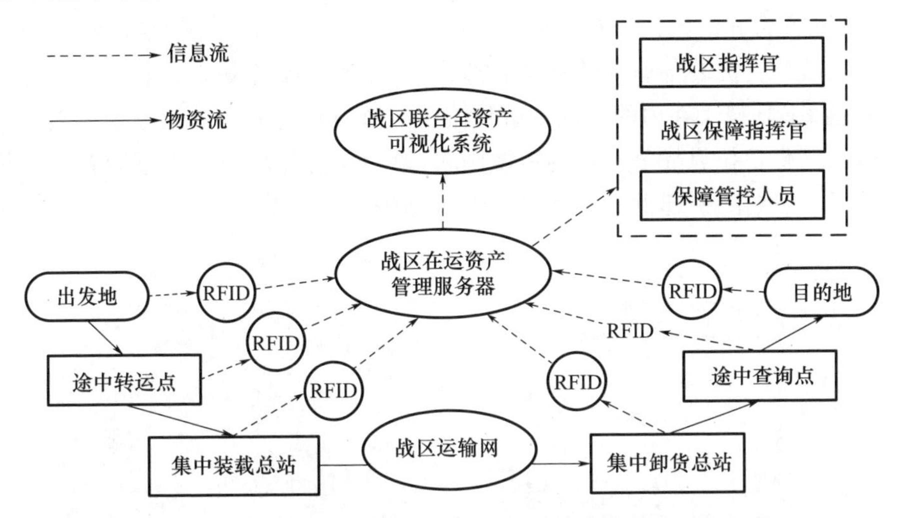

图6-17　全资产可视化系统中在运保障物资可视化系统示意图

对于保障信息的末端采集,美军统一采用标准化的射频识别技术(RFID)。在装有RFID标签的货物运输过程中,射频识别询问系统远距离地记录和报告货物在途中转接点(如港口和分发中心等装有RFID读写器的转运点)的通过和数据变化情况,战区在运资产可视化系统服务器将数据传送给战区运输网络和战区联合全资产可视化系统,作为途中可视化信息资源。战区用户(战区指挥官、保障指挥官、保障管控人员)可检索这些转运点的在运资产可视化数据。装在货物包装箱上的射频标签也可为途中作业(卸货、分发、装货、转运)人员提供相关的信息支持。

2. 应用效益

在海湾战争中,美军先后从本土向海湾地区了投送40000余个集装箱,其中20000多个中转时被打开并重新登记,延误了保障周期。战争结束时,尚有8000多个打开的集装箱未转运,其余未开封的集装箱又大多原样运回国内,浪费极大。

而在伊拉克战争40余天里,美英联军耗资400亿美元,投送人员30万,作战物资300多万吨,全资产可视化技术发挥了重要作用,图6-18所示为该系统的部分工作界面。它深入到美军战时保障物资、人员信息化管理的方方面面,结合电子数据交换(Electronic Data Interchange,EDI)技术,使美军可从工厂到一线部队全程跟踪发运物资的位置、状况,提供及时、准确的各类保障物资信息,使数万部队的输送、几十万种不同型号和规格的装备物资流动得以顺利进行,帮助美军在40个国家每天完成30万个集装箱军用物资的处理。

与海湾战争相比,伊拉克战争中美军海运量减少了87%,空运量减少了88.6%,战略支援装备动员量减少了89%,战役物资储备量减少了75%。应当说,包括RFID技术在内的现代军事物流供应链技术的成功应用是提高美军保障效能、确保伊拉克战争胜利的重要因素,堪称信息化战争条件下装备保障物流供应链的杰作,引起世界各个国家和军队的极大兴趣。

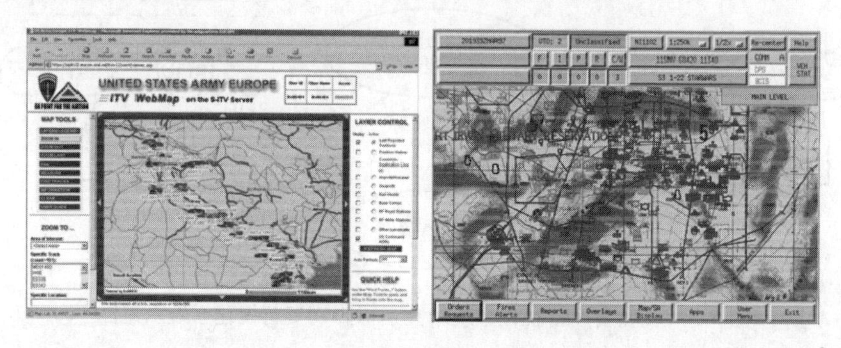

图6-18 美军联合全资产可视化系统

6.3 装备保障系统集成

信息化战争条件下,装备精确保障的实质在于:在准确的时间、准确的地点为作战力量提供准确的保障,使得保障效能最大化。而信息是实现精确保障的核心要素。通过保障系统集成,使得战场各部队保障态势透明,保障资源高度共享,才能使各种装备保障力量、保障资源融合为一个有机整体,为实现保障决策的快速、高效建立基础。

6.3.1 信息孤岛问题

信息孤岛,又称为信息烟囱,它是指相互之间在功能上不关联互助、信息不共享互换、信息与业务流程和应用相互脱节的计算机应用系统。以一个企业为例,企业内部各种信息系统之间的"信息孤岛"问题如图6-19所示。

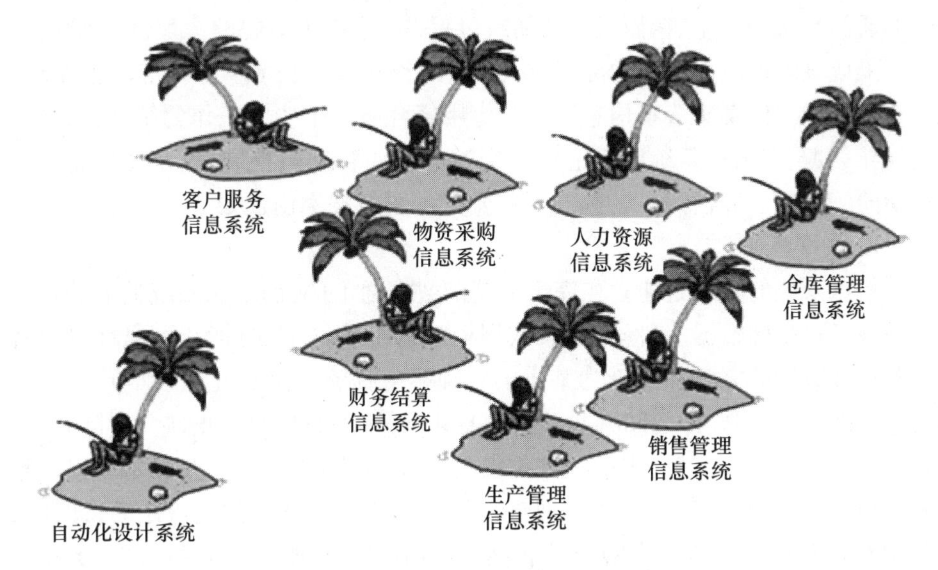

图6-19　企业的"信息孤岛"问题示意图

冷战结束后,为了实现全球作战需要,美军总结其在海湾战争的经验和教训,为了最大限度地发挥士兵在全球任何地方、任何时间的作战效能,改善作战决策能力,大幅度降低作战成本和军费预算,克服各军种/兵种的信息系统难于互联、互通和互操作的弊端,决定下大力气消除美军各个军兵种信息系统"烟囱林立"和"信息孤岛"现象,如图6-20所示。

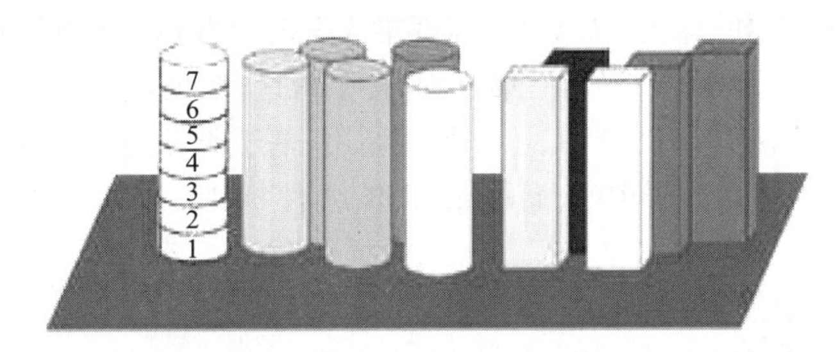

图6-20　美国各个军兵种信息系统"烟囱林立"示意图

6.3.2　集成和信息集成

集成是人们日常生活中普遍存在的现象:将各部分彼此有机地连接起来,使其协调地进行工作,以发挥整体效益,并达到整体优化的目的。集成有两层含义:一是将分散、异构的部件联合在一起形成一个协同的群体,从而实现更强的功能,完成各个部分不能独自完成的任务;二是通过提高不同功能子系统之间的通信与协调效率、精简冗余功能或过程,达到实现系统整体最优的目的。

集成概念被应用到信息系统领域,成为整合“信息孤岛”和“自动化孤岛”的有力手段。信息集成将信息资源及应用聚合成一个协同工作的统一体,分别实现在数据、应用和系统层面上信息交互的统一管理与控制,以及各信息系统之间的“互联互通互操作”。信息系统集成的可行技术途径如下。

1. 数据集成

信息系统的实施是建立在完善的基础数据之上的,而信息系统的成功运行则是基于对基础数据的科学管理,数据处理的准确性、及时性和可靠性是以各业务环节数据的完整和准确为基础的。理顺数据流是信息化建设成功的关键之一。因此,要明确部门间哪些数据需要共享,哪些数据要上报,哪些部门需要获取外部的知识或信息,哪些数据需要对外发布,哪些数据需要保密。当数据流理顺后,相应的业务流程和管理流程也更加清晰。理顺数据流之后,涉及数据层面的集成问题,包含数据格式转换、数据迁移、数据复制、数据合并、数据冗余、数据完整性保持等。

2. 应用集成

通过应用集成平台将业务流程、公共数据、应用软件、硬件和各种标准联合起来,在不同信息应用系统之间实现无缝集成,使它们像一个整体一样进行业务处理和信息共享。当在多个信息系统之间进行业务交易的时候,集成平台也可以为不同部门之间实现系统集成。信息系统一般通过分类、归并和汇总等操作实现信息和数据的深度集成,这些深度集成有助于得到对系统管理者决策有价值的信息。信息集成广度是指集成的时间、地区、职能部门等。信息应用系统集成的实现方法有:API 调用、业务组件调用、基于服务功能调用等。具体的技术工具有 OMG 的 CORBA、Java 的 EJB 组件标准、微软的 COM、DCOM、COM + 等。

3. 用户界面集成

它将原先不同信息应用系统的人机交互界面使用一个标准的界面(如标准浏览器)来替换。不同信息系统应用程序的功能界面可以映射到标准的浏览器用户界面,对于使用者来说就是面对一个统一的使用界面,但是可以访问到不同的信息系统。具体实现途径上,用户界面集成对带有 API 或没带 API 的应用进行打包处理,使之可以被以组件为标准的应用(如 Web 应用)直接调用。

6.3.3 装备保障集成体系结构

装备保障系统本质就是集成,将装备保障系统的各个环节、各个构成要素有机地集成起来,对保障资源进行全局调度和共享,以信息流带动资源流、技术流向保障对象聚焦,达到整体最优。装备保障综合信息系统建设不应推翻现有信息化建设成果而另起炉灶或重新规划,应在广泛吸收现有建设成果的基础上进行应用集成。

装备保障系统是复杂的大系统,实施集成必须有一个总体集成框架。后续存在一些改动或调整,但不会产生太大偏差。体系结构描述了装备保障的各项活动以及各活动对系统的约束关系、接口和依从关系,对系统集成实施具有约束和规范作用。必须采用统一的术语、模型、描述方法,遵循通用的规则和步骤,确保使用人员、设计人员和开发人员之间的一致性。

体系结构是指:"系统的各组成部分之间的相互联系以及自始至终必须遵守的设计与开发的原则和指南。"它包括业务体系结构、系统体系结构和技术体系结构,三位一体、相互关联,如图6-21所示。

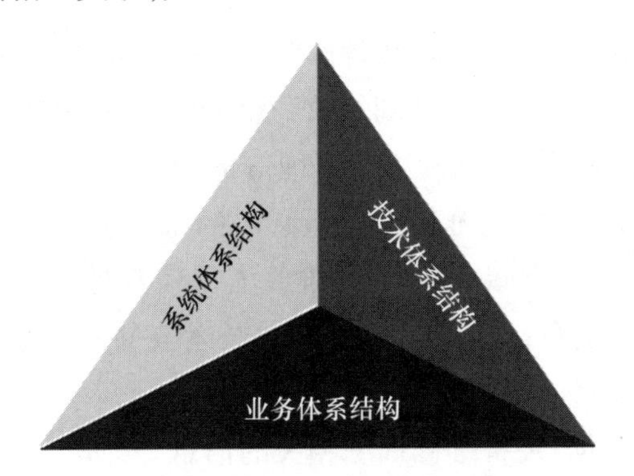

图6-21　装备保障集成体系结构

(1)业务体系结构是关于任务和业务活动、活动要素以及完成业务活动所需要的信息流的描述,通常采用易于理解的图形和表格方式。描述内容包括信息交换类型、交换频度、信息交换支持哪种任务和行动等。

(2)系统体系结构描述了支持业务功能所需要的系统及其相互之间的物理连接关系、性能要求,说明系统之间如何联系及互操作。

(3)技术体系结构描述了实现物理系统所需要的支撑技术,实际上是相关技术标准、规范、规则等构成的集合,明确了系统之间的服务接口和相互关系。

6.3.4　装备保障数据集成

适时、适地、适量的装备精确保障,需要集成装备综合保障所有环节,将主装备及其保障系统设计单位、装备生产单位、装备使用单位、装备保障单位和装备指控单位的装备保障相关数据纳入一体化的装备综合保障数据环境,实现整个保障体系范围内的数据共享。然而,由于各式各样的装备保障信息系统根据特定的保障业务处理要求研制,装备保障数据资源存在零散、冗余等情况,并且由于编码规则、应用平台和底层数据库系统的不一致,各种数据库之间很难进行数据交换和数据共享,必须要研究装备保障数据的集成方法。

6.3.4.1 装备保障基础数据体系

装备维修保障综合数据环境基础内容:

(1)装备基础数据:主要描述装备自身的相关信息和装备系统的结构和配置。

(2)装备故障与可靠性数据:主要描述装备故障和相关的可靠性数据。

(3)装备状态监控数据:主要描述装备状态检测和其他测试诊断设备获取的装备状态数据。

(4)维修作业过程监控数据:装备作业实施过程相关的数据。

(5)维修计划和决策数据:计划维修、视情维修、预测性维修等不同维修策略情况下相关的装备维修计划和决策管理信息。

(6)维修资源数据:实施维修作业所必需的维修资源信息。①仓储器材信息是指装备维修相关的仓储和器材;②维修人员信息是指装备维修相关的人员和能力;③维修技术信息是指装备维修相关技术支持;④经费信息是指装备维修相关经费和经济性分析。

(7)维修训练数据:装备维修训练相关的信息。

这里面的信息来源非常多,而且这些数据类型还可以往下进行多层分级。在实际信息集成过程中,应对各类数据进行完备、系统的分析。例如,GJB 3837—1999《装备保障性分析记录》规定,保障性分析记录关系表结构及说明对装备保障相关数据结构和数据体系进行了约定。

6.3.4.2 装备保障数据集成的常用模型和方法

数据集成是把不同来源、格式、特点的数据在逻辑上或物理上有机地集中,从而提供全面的数据共享。数据集成的核心任务是要将互相关联的分布式异构数据源集成到一起,使用户能够更加透明地访问这些数据源。

集成是指维护数据源整体上的数据一致性、提高信息共享利用的效率;透明的方式是指用户无须关心如何实现对异构数据源数据的访问,只关心以何种方式访问何种数据,它为用户提供统一的数据源访问接口,执行用户对数据源的访问请求。数据集成系统模型如图 6-22 所示。

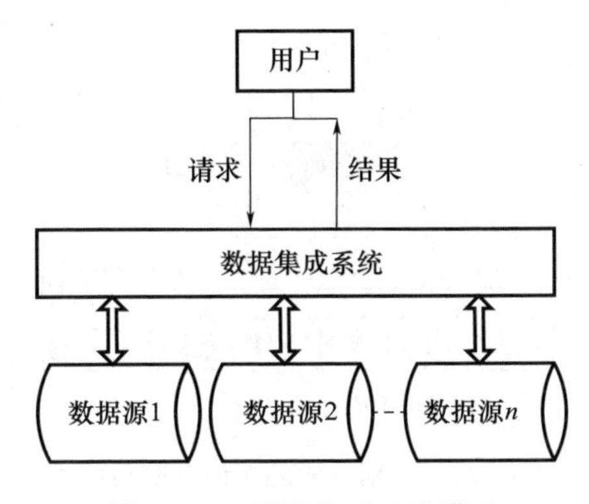

图 6－22　数据集成系统模型

数据集成通过应用间的数据交换从而达到集成，主要解决数据的分布性和异构性的问题，其前提是被集成的应用必须公开数据结构，即必须公开表结构、表间关系、编码的含义等。数据集成的数据源主要指 DBMS，广义上也包括各类 XML 文档、HTML 文档、电子邮件、普通文件等结构化、半结构化信息。数据集成是信息系统集成的基础和关键。

在企业数据集成领域已经有很多成熟的框架可以利用。目前，通常采用联邦数据库、中间件集成方法、数据仓库方法来构造集成的系统。

1. 联邦数据库

联邦数据库是最早采用的一种数据集成方法。其基本思想是，在构建集成系统时将各数据源的数据视图集成为全局模式，使用户能够按照全局模式透明地访问各数据源的数据。全局模式描述了数据源共享数据的结构、语义及操作等。用户直接在全局模式的基础上提交请求，由数据集成系统处理这些请求，转换成各个数据源在本地数据视图基础上能够执行的请求。要解决两个基本问题：一是构建全局模式与数据源数据视图间的映射关系；二是处理用户在全局模式基础上的查询请求。将原来异构的数据模式作适当的转换，消除数据源间的异构性，映射成全局模式，它由一系列元素组成，每个元素对应一个数据源，表示相应数据源的数据结构和操作。如图 6－23(a)所示。

2. 中间件集成方法

中间件集成方法是目前比较流行的数据集成方法，中间件模式通过统一的全局数据模型来访问异构的数据库、遗留系统、Web 资源等。中间件位于异构数据源系统（数据层）和应用程序（应用层）之间，向下协调各数据源系统，向上为访问集成数据的应用提供统一数据模式和数据访问的通用接口。各数据源的应用仍然完成它们各自的任务，中间件系统则主要集中为异构数据源提供一

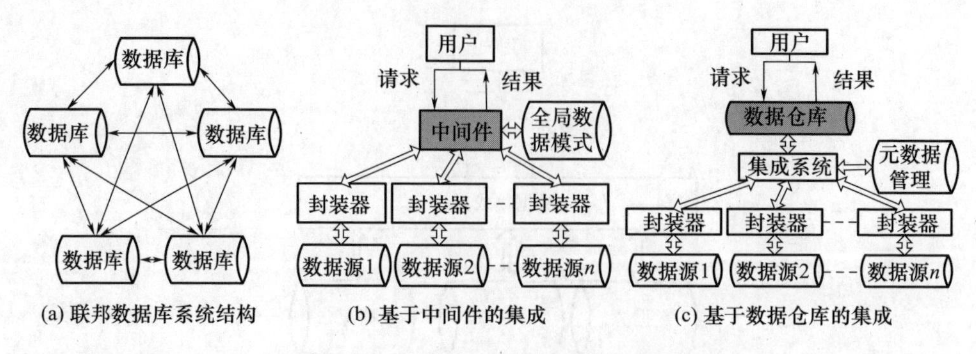

图6-23　数据集成的3种模型和方法

个高层次检索服务。它同样使用全局数据模式,通过在中间层提供一个统一的数据逻辑视图来隐藏底层的数据细节,使得用户可以把集成数据源看为一个统一的整体。这种模型下的关键问题是如何构造这个逻辑视图并使得不同数据源之间能映射到这个中间层。

典型的基于中间件的数据集成系统,如图6-23(b)所示,主要包括中间件和封装器,其中每个数据源对应一个封装器,中间件通过封装器和各个数据源交互。用户在全局数据模式的基础上向中间件发出查询请求。中间件处理用户请求,将其转换成各个数据源能够处理的子查询请求,并对此过程进行优化,以提高查询处理的并发性,减少响应时间。封装器对特定数据源进行了封装,将其数据模型转换为系统所采用的通用模型,并提供一致的访问机制。中间件将各个子查询请求发送给封装器,由封装器来和其封装的数据源交互,执行子查询请求,并将结果返回给中间件。中间件注重于全局查询的处理和优化,相对于联邦数据库系统,它的优势在于能够集成非数据库形式的数据源,有很好的查询性能,自治性强;中间件集成的缺点在于它通常是只读的,而联邦数据库对读写都支持。

3. 数据仓库方法

数据仓库方法是一种典型的数据复制方法。该方法将各个数据源的数据复制到同一处,即数据仓库。用户则像访问普通数据库一样直接访问数据仓库,如图6-23(c)所示。

数据仓库是在数据库已经大量存在的情况下,为了进一步挖掘数据资源和决策需要而产生的。由于有较大的冗余,所以需要的存储容量也较大。数据仓库技术是为了有效地把操作型数据集成到统一的环境中以提供决策型数据访问的各种技术和模块的总称,目的是让用户更快、更方便地查询所需要的信息,从而提供决策支持。

6.3.5 装备保障应用集成

应用集成指的是"建立一个统一的综合应用,将基于各种不同平台、不同方案建立的应用软件和系统有机地集成到一个无缝的、并列的、易于访问的单一系统中,并使它们就像一个整体一样,进行业务处理和信息共享"。

信息系统应用集成一般有点对点集成策略、总线式集成策略和面向服务的集成策略3种方式。

1. 点对点应用集成方式

图6-24所示为端到端的应用集成方式,对当前每一个需要集成的系统搭建一个专用的"信息桥",使每个系统之间可以两两互相交换数据。这种集成方式工作量大,如果有 N 个系统需要集成,则共需 $N(N-1)/2$ 个不同的整合点。一个信息应用系统发生改变或升级,整个集成都会被打破。

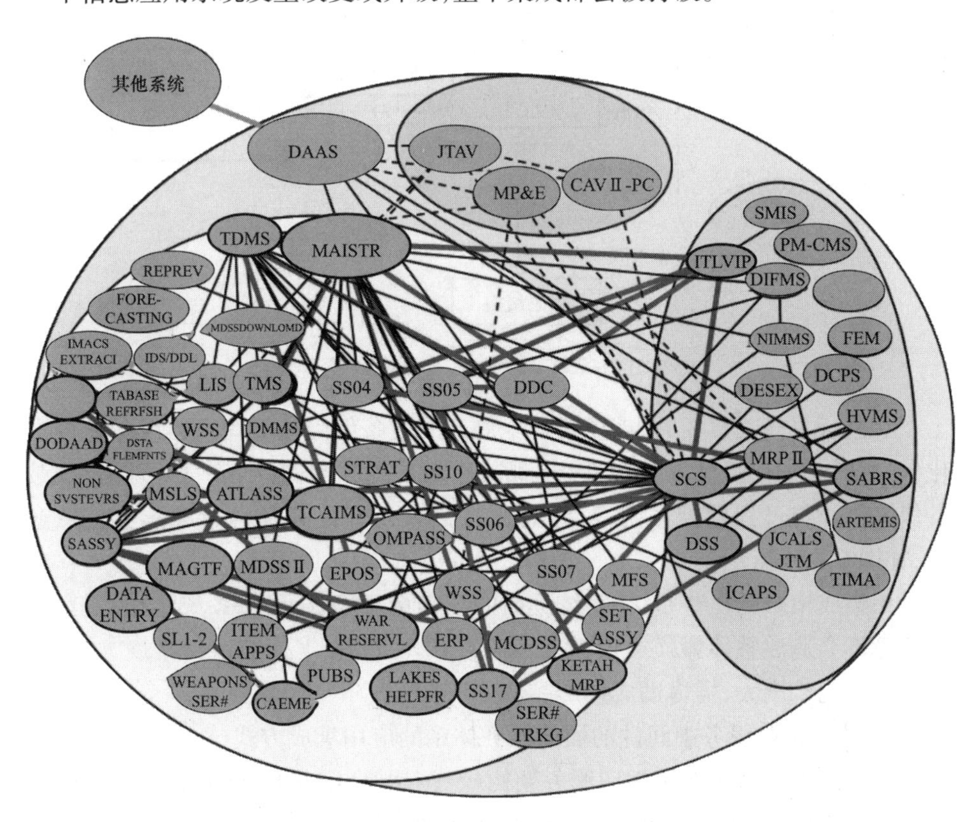

图6-24 点对点集成方式示意图

在此模式下,应用之间通过专用的接口和适配器连接起来,系统集成的框架是固定的,各应用之间的连接是专用的,系统集成费用较高。由于被集成应用之间信息的存储和管理的标准不一致,流程的建模和管理方式也不相同,在集成系统中要实现信息交换和流程整合变得异常困难,集成后的系统也不利于系统的维护和发展。

2. 总线式集成方式

这种集成方式不再是对各个需要集成的信息系统进行点对点连接,而是搭建公共的"信息桥",不同信息系统之间通过共同的信息环境交换数据,它是一种面向消息的集成策略。通过对各个信息系统进行深入分析,根据体系结构建立业务和信息模型,并提取共性要素形成开放式信息集成总线,其基本过程如图 6-25 所示。

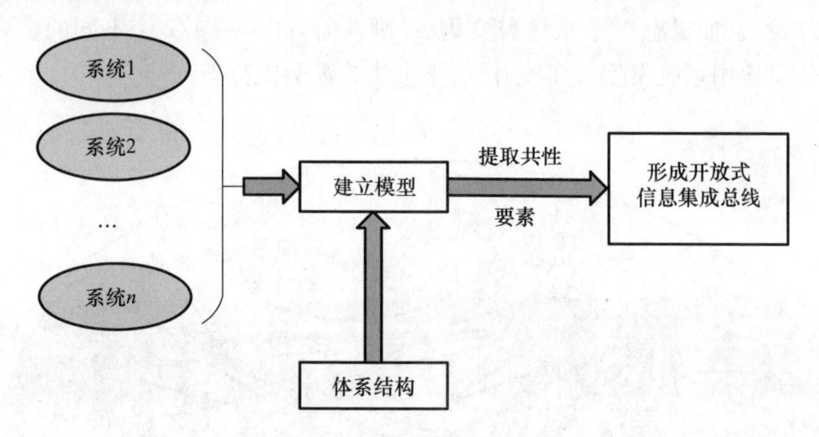

图 6-25 建立总线的基本过程

在进行总线式集成时,需要对每个局部的装备保障业务信息系统建立标准化信息结构,如保障计划管理系统、测试诊断系统、装备基础信息管理系统、装备保障作业与过程监控系统等,然后通过接口与开放式信息总线建立信息通信,如图 6-26 所示。

该集成策略的优势是:①系统集成的工作量显著降低;②系统结构稳健,局部故障不会造成整体瘫痪或崩溃。而存在的不足是:①标准定义难度大;②总线协调控制难度大,需借助成熟产品(中间件)。

3. 基于企业服务中间件的面向服务体系的应用集成方式

该集成方式采用基于面向服务架构(Services Oriented Architecture,SOA)的软件体系结构,利用标准 JMS 和 Peer-Peer 通信机制,建立服务之间的通信、连接、组合和集成的动态松耦合机制,建成各种系统和业务集成的公共服务平台。在此基础上,开发面向不同应用的业务适配器组件,实现各集成应用之间可管

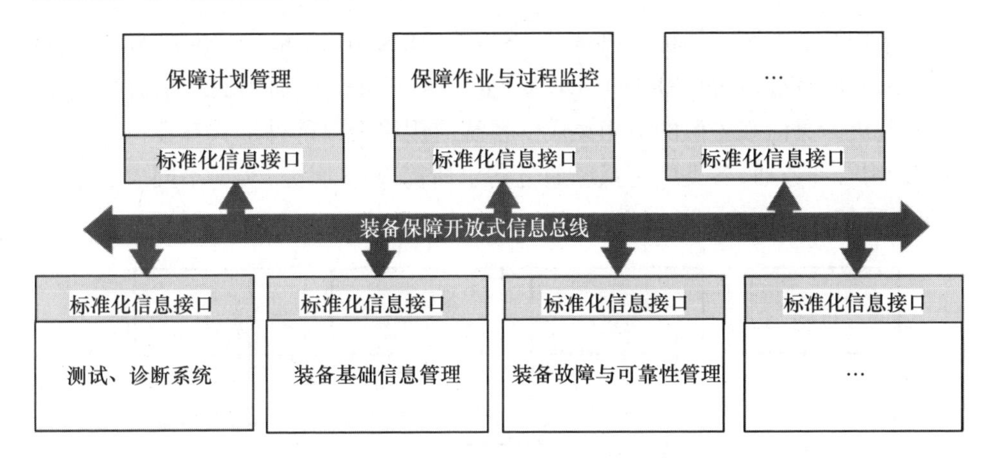

图 6－26　基于总线集成的基本方法

理的接口透明,为企业应用提供了便捷、一致、安全并符合标准的丰富接口,保证服务之间信息的可靠传送,进而实现不同厂家的数据库、中间件运行平台及其基于这些平台之上开发的应用软件的服务集成,如图 6－27所示。

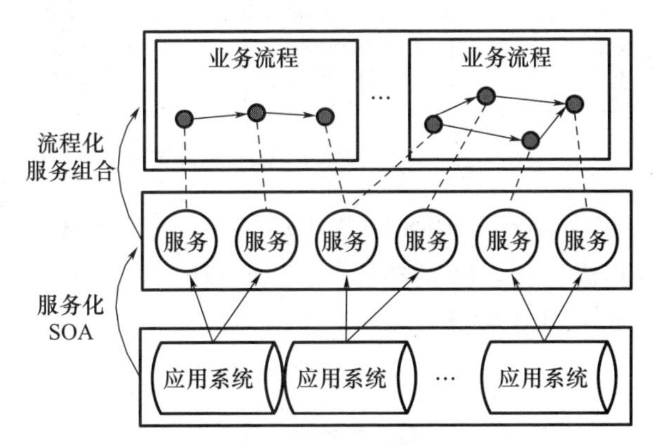

图 6－27　基于 SOA 的 EAI 集成策略

企业服务总线(Enterprise Service Bus,ESB)作为新一代的企业集成技术,巧妙地将总线集成和 SOA 思想结合起来,允许开发人员进行异构系统集成,不再面向定制的业务接口,而是面向公共服务,为服务提供者和服务消费者之间的集成提供了一个平台,相对集线器模式的集成系统,具有更有效、更灵活的内部体系结构。ESB 也是实现面向服务总线模式的应用集成的基础。

采用 SOA 和 Web 服务技术,将已经建成的信息系统封装成一个个的 Web 服务或 Web 服务的业务处理。通过松散的服务捆绑集合形式,快速、低代价地开发、发布、发现和动态绑定应用,可以抛开数量繁多的中间件选择和厂商依赖问题,采用标准的可扩展标记语言(Extensible Markup Language,XML)和基于简单对象访问协议(Simple Object Access Protocol,SOAP)的通用底层消息传输协议,实现更为灵活和松散的应用集成。系统应用将会以部件形式存在并可以随时进行组合和连通,各类应用系统通过请求所需 Web 服务,实现不同应用系统的集成通信。如图 6-28 所示。

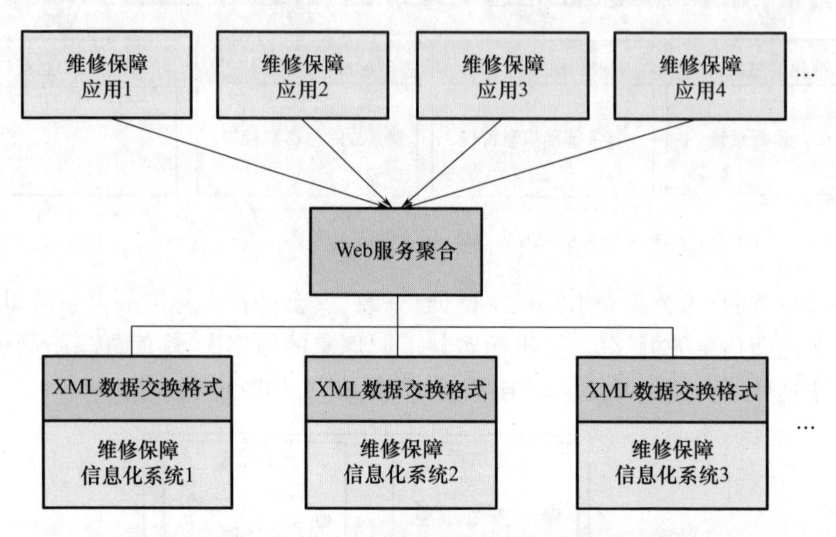

图 6-28 基于 SOA 的 Web 集成策略

在 SOA 的思想指导下,利用 SOA 提出的灵活、敏捷、高效的特性,实现分布异构应用之间的集成。在 SOA 的架构下,系统将获得高度的敏捷和灵活特性。

4. 应用集成方式的比较分析

点对点集成方式和 SOA 的集成服务平台方式对比分析如表 6-3 所示。

表 6-3 两种信息系统应用集成方式的对比

方式	点对点集成	SOA 的集成服务平台
模式	局限于应用系统功能;不断加入维护节点和联结	系统化;抽象集成接口;独立的流程设计
属性	紧耦合;连接系统的数量增加迅速	基于订阅和发布的松耦合架构;可扩展、可管理
技术	专有的技术;不规范的编码和协议	基于开放的技术:XML 和 Web Services;集中化、可管理的流程
限制	不可管理;高昂的维护成本	依赖于集成平台的可靠性和性能

6.4　装备保障优化决策

装备保障信息集成的重要目的在于基于信息系统的装备保障决策。所谓装备保障决策，是指装备保障指挥员及其决策机构，为解决装备保障过程中的管理问题，利用相关数据和信息，进行保障分析、优化、决断的活动。

为实现装备精确保障，需要在实现装备保障数据集成和应用集成的基础上，依托先进的优化决策支持工具，动态、全局性地规划和配置保障资源，把信息优势转化为决策优势，提升装备保障系统运行的整体效能。然而信息化条件下装备保障的信息量极大增加，为对装备保障行动实施集中统一的指挥、协调和控制，必须要提高装备综合保障快速决策能力，以最经济、最快捷、最高效的方式对大量高技术复杂装备实现精确维修。

具体来说，感知到装备保障需求之后，为满足这些保障需求，需要综合保障指挥机关依据作战要求、保障资源、保障能力和运输条件，利用优化决策支持技术寻求最优的保障方案，在众多的综合保障要素权衡时做出科学合理的决策，提高综合保障的效能。由于综合保障方案的决策涉及因素众多、要素实时变化，需要运用诸如仿真等各种计算机辅助优化决策技术，保证保障方案客观科学、决策速度快。

6.4.1　装备综合保障优化决策内容

装备综合保障是一个对象复杂(装备数量大、种类多、分布广、要求各异等)、要素众多(保障体制与编制、备件与器件、设施与设备、人员与训练、技术与资料等)、环境多变(自然环境约束、战备任务约束、已有编制体制和资源约束以及经费约束等)的大系统，必须从系统工程的高度来对保障活动所涉及的人力、物力、财力以及技术、信息、时间、空间等进行合理的优化决策，以最少的资源消耗，使装备获得及时、有效而经济的维修保障，从而充分发挥装备的效能。

装备综合保障优化决策包括修理体制决策、维修物质资源决策、维修人员决策、备件储供决策、维修保障费用决策等内容。需要既具有良好的战备完好性和任务成功率(军事效益要高)，又要求人力、物力、财力的投入要少(经济效益要高)。典型的装备保障决策内容如表 6 - 4 所示。

表 6-4 典型装备保障决策内容

序号	决策内容	详细内容
1	确定保障目标	装备补充保障目标、装备使用管理目标、装备物资器材保障目标、维修保障目标
2	确定保障体系与力量编成	战役装备保障体系构成、装备保障任务分工、战役装备保障力量兵力编成(种类与规模)
3	确定保障力量部署	部署形式、力量编组、保障任务区分与配置
4	武器弹药器材保障	需求量预计;筹措的渠道、种类与数量;储备的构成、种类、数量和布局;补充的种类、数量、方式、方法、时机、顺序;消耗标准和限额
5	使用管理	装备使用管理的指标、方式、方法
6	装备修理	装备维修方案确定、维修级别分析、维修任务分析等;维修资源管理
7	保障动员	动员需求预计;动员方式、方法、动员力量使用方式方法
8	保障组织指挥	建立保障体系,确定指挥机构编成编组,确定指挥关系及权限,确定与保障对象的协同方式、方法和手段,指挥所开设位置及时间
9	保障防卫自我保障	防卫与自身保障的方法与措施
10	装备时限	完成保障准备、保障任务的时限
11	保障费用	运用全系统和全寿命的观点,对装备保障的费用—效能进行综合权衡

6.4.2 优化决策的基本原理、分类和过程

6.4.2.1 优化决策概念

最优化决策技术(也称为运筹学)是近几十年形成的,它主要运用数学方法研究各种系统的优化途径及方案,为决策者提供科学决策的依据。它的主要研究对象是各种有组织的、系统性的管理问题;它的目的在于针对所研究的系统,求得一个合理运用人力、物力和财力的最佳方案,发挥和提高系统的效益,最终达到系统的最优目标。

许多保障计划与决策问题都可以归纳为最优化问题,此类问题的一般形式为

$$\mathrm{Min}\ F(X),\ \mathrm{s.t.}\ X \in \Omega$$

式中:Min $F(X)$是最优化目标函数(如保障时间最短、物资送达数量最多、运输

路径最安全等)；Ω 为可行解的范围；“$X \in \Omega$”是最优化过程中的约束条件(如物资种类数量、仓储与运输条件等)。

优化决策就是在特定的约束条件下，对于特定的优化变量，在可行解域中得到最优解(最优保障方案或计划)，达到指定的最优化目标。优化变量、约束条件、优化目标这 3 个要素的确定是建立优化决策模型的关键，需要对保障问题进行深入分析和研究，表 6－5 所示为保障备件决策、保障部队选址和保障物资筹措的优化三要素确定思路。

表 6－5　优化三要素确定思路

要素	优化变量	约束条件	优化目标
保障备件决策	备件类型和数量	质量、费用等	使用可用度最高
保障部队选址	保障部队地址	给定地域内	保障时间最短
保障物资筹措	物资类别数量	时间与资金	任务成功率最大

6.4.2.2　优化决策问题分类

最优化模型是数学建模中应用最广泛的模型之一，其内容包括线性规划、整数线性规划、非线性规划、动态规划、变分法、最优控制等。

(1) 多目标优化：若 F 是多个目标函数构成的一个向量函数，则称为多目标规划。

(2) 线性规划与非线性规划：当 $F(X)$ 为线性函数时称为线性规划，否则称为非线性规划。

(3) 整数规划：当决策变量的取值均为整数时称为整数规划；若某些变量取值为整数，而另一些变量取值为实数，则称为混合整数规划。

(4) 动态规划与多层规划：若决策是分成多个阶段完成的，前后阶段之间相互影响，则称为动态规划；若决策是分成多个层次完成的，不同层次之间相互影响，则称为多层规划。

6.4.2.3　优化决策求解过程

优化决策求解过程大致如下：

(1) 辨识优化决策目标，确定优化的标准。

(2) 确定影响决策目标的决策变量 X，形成目标函数 $C = F(X)$。

(3) 明确决策变量的取值范围，形成约束函数。

(4) 设计求解算法，寻找决策目标在决策变量所受限制范围内的极小化或极大化。

6.4.3 常用优化决策方法

6.4.3.1 线性规划

1. 线性规划基本概念

线性规划(Linear Programming,LP)是研究线性约束条件下线性目标函数的极值问题的数学理论和方法,是运筹学中研究较早、发展较快、应用广泛的一个重要分支,广泛应用于军事作战、经济分析、经营管理和工程技术等方面,为合理地利用有限的人力、物力、财力等资源作出的最优决策提供科学的依据。

一般地,求线性目标函数在线性约束条件下的最大值或最小值的问题,统称为线性规划问题。其中,满足线性约束条件的解称为可行解,由所有可行解组成的集合称为可行域。称其为线性规划,是因为数学模型的目标函数为线性函数,约束条件为线性等式或不等式。

从实际问题中建立线性规划数学模型一般有以下 3 个步骤:①根据影响所要达到目的的因素找到决策变量;②由决策变量和所在达到目的之间的函数关系确定目标函数;③由决策变量所受的限制条件确定决策变量所要满足的约束条件。

所建立的线性规划数学模型具有以下特点:每个模型都有若干个决策变量$(x_1, x_2, \cdots, x_n)$,其中 n 为决策变量个数,决策变量的一组值表示一种方案,同时决策变量一般是非负的;目标函数是决策变量的线性函数,根据具体问题可以是最大化(Max)或最小化(Min),二者统称为最优化(Opt);约束条件也是决策变量的线性函数。

2. 线性规划决策实例

【例 6-1】空运问题。为支援某地抗震救灾,由两个近邻机场 A 和 B 空运救灾物资至两个重灾区目标 Ⅰ 和 Ⅱ。两机场各有运输机 70 架,两目标也恰好各需 70 架运输机的运输量。两个机场至两个目标的距离如图 6-29 所示。试求运输量最节省的空运方案(运输量 = 运输架次 × 运输距离)。

解:首先把空运方案表示为数学中的变量。设由 A 机场派出 x 架飞机至 Ⅰ 目标。为了满足 Ⅰ 目标的需要,由 B 机场还应派出 $70-x$ 架飞机至该目标。A 机场尚能派至 Ⅱ 目标的飞机只有 $70-x$ 架,B 机场尚能派至 Ⅱ 目标的飞机为 $70-(70-x)=x$ 架。二者之和为 70 架。

x 变量的取值范围:$0 \leqslant x \leqslant 70$,该式称为约束条件。$x$ 每取一个值,得到一

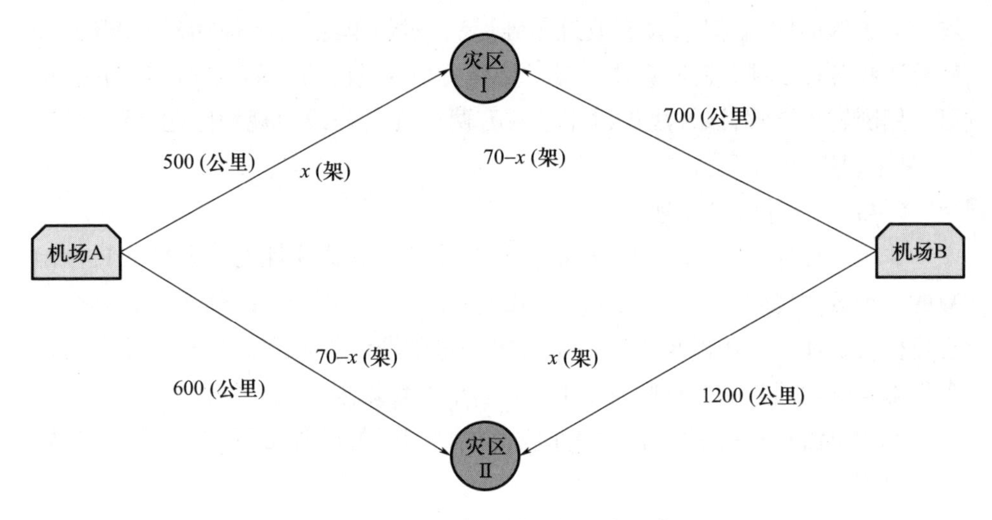

图6-29 空运问题的目标距离示意图

个可行解。以 F 表示总的运输量(单位为架公里),可得

$$F = 500x + 600(70 - x) + 700(70 - x) + 1200x = 91000 + 400x$$

该式表示运输量 F 与方案 x 之间的数量关系,可用来分析和计算每一方案的运输量。本题选择空运方案的目标是运输量最小,因此,该式称为空运问题的目标函数。

由该式可知:x 越小,F 也越小。又按约束关系式,x 的最小值为0,即可行解(方案)$x = 0$ 能使运输量最小,称之为最优解(方案)。这样,我们得到了空运的最优方案为A机场的70架运输机全部派至Ⅱ目标,B机场的70架则全派到Ⅰ目标。

这一最优方案的运输量,可用 $x = 0$ 代入目标函数式后算出,即 $F = 91000$ 架公里。如果选用 $x = 70$(A机场70架飞机全派至Ⅰ目标,B机场飞机全派至Ⅱ目标),其运输量为:

$$F = 91000 + 400 \times 70 = 119000(\text{架公里})$$

最优方案比它节省运输量28000架公里,约占运输总量的24%。

这个例题虽然简单,但可启发我们,空运方案问题可以转化为一个数学问题,求非负变量 x 的值应满足约束条件公式并使目标函数公式达到最小值,这样的数学问题就是一个线性规划问题。

3. 线性规划求解方法

求解线性规划问题的基本方法是单纯形法,现在已有单纯形法的标准软件,可在计算机上求解约束条件和决策变量数达10000个以上的线性规划问题。为了提高解题速度,又有改进单纯形法、对偶单纯形法、原始对偶方法、分解算法和各种多项式时间算法。对于只有两个变量的简单的线性规划问题,也可采用图解法求解,该方法仅适用于只有两个变量的线性规划问题,特点是直观、易于理解,但实用价值不大。

6.4.3.2 非线性规划

非线性规划(Nonlinear Programming,NP)是具有非线性约束条件或目标函数的一种数学规划,它研究在一组等式或不等式的约束条件下的极值问题,而且目标函数和约束条件至少有一个是未知量的非线性函数。目标函数和约束条件都是线性函数的情形则属于上面讲过的线性规划。

无约束法和有约束法是求解非线性规划问题的两种常用方法。下面简要进行介绍。

(1)无约束法。

许多约束最优化方法可将有约束问题转化为若干无约束问题来求解。无约束最优化方法大多是逐次一维搜索的迭代算法。这类迭代算法可分为两类。一类需要用目标函数的导函数,称为解析法。另一类不涉及导数,只用到函数值,称为直接法。这些迭代算法的基本思想是:在一个近似点处选定一个有利搜索方向,沿这个方向进行一维寻查,得出新的近似点。然后对新点施行同样手续,如此反复迭代,直到满足预定的精度要求为止。

根据搜索方向的取法不同,可以有各种算法。属于解析型的算法有以下几种。

①梯度法:又称最速下降法。这是早期的解析法,收敛速度较慢。

②牛顿法:收敛速度快,但不稳定,计算也较困难。

③共轭梯度法:收敛较快,效果较好。

④变尺度法:这是一类效率较高的方法。其中达维登—弗莱彻—鲍威尔变尺度法,简称 DFP 法,是较为常用的方法。属于直接型的算法有交替方向法(又称坐标轮换法)、模式搜索法、旋转方向法、鲍威尔共轭方向法和单纯形加速法等。

(2)有约束法

常用的有约束非线性最优化方法有 4 种。

①拉格朗日乘子法:它是将原问题转化为求拉格朗日函数的驻点。

②制约函数法:又称系列无约束最小化方法。它又分两类,一类叫惩罚函数法,或称外点法;另一类叫障碍函数法,或称内点法。它们都是将原问题转化为一系列无约束问题来求解。

③可行方向法:这是一类通过逐次选取可行下降方向去逼近最优点的迭代算法。如佐坦迪克法、弗兰克—沃尔夫法、投影梯度法和简约梯度法都属于此类算法。

④近似型算法:这类算法包括序贯线性规划法和序贯二次规划法。前者将原问题化为一系列线性规划问题求解,后者将原问题化为一系列二次规划问题求解。

6.4.3.3　多目标规划

多目标规划(Multi－Objective Programming,MOP)是数学规划的一个分支,它研究多于一个的目标函数在给定区域上的最优化,即在决策变量满足给定约束的条件下,研究多个可数值化的目标函数同时极小化(或极大化)的问题,又称为多目标最优化。

直接求解多目标规划问题的有效解集是NP问题。多目标规划问题间接解法的基本思路都是将多目标规划问题转化为一个或多个单目标优化问题。求解多目标规划的方法大体上有以下几种:

(1)化多为少方法:把多目标化为比较容易求解的单目标或双目标,如主要目标法、线性加权法、理想点法等。然后利用非线性优化算法求解该单目标问题,所得解作为MOP问题的最优解。关键问题在于:保证所构造的单目标问题的最优解是MOP问题的有效解或弱有效解。

(2)分层序列法:把目标按重要性给出一个序列,每次都在前一目标最优解集内求下一个目标最优解,直到求出共同的最优解。

(3)其他方法:修正单纯形法求解;层次分析法是由美国运筹学家沙旦于20世纪70年代提出的,采用定性与定量相结合,进行多目标决策与分析,该方法对于目标结构复杂且缺乏必要的数据的情况更为实用。

6.4.3.4　整数规划与组合优化

整数规划(Integer Programming)要求在问题的解当中,全部或一部分变量为整数的数学规划。对于某些具体问题,常要求某些变量的解必须是整数。例如,当变量代表的是机器的台数、工作的人数或装货的车数等。为了满足整数的要求,初看起来似乎只要把已得的非整数解舍入化整就可以了。实际上化整后的数不见得是可行解和最优解,所以应该有特殊的方法来求解整数规划。在整数规划中,如果所有变量都限制为整数,则称为纯整数规划;如果仅一部分变量限制为整数,则称为混合整数规划。整数规划的一种特殊情形是0－1规划,它的变数仅限于0或1。不同于线性规划问题,整数和0－1规划问题至今尚未找到一般的多项式解法。0－1规划在整数规划中占有重要地位,一方面因为许多实际问题,如指派问题、选地问题、送货问题都可归结为此类规划,另一方面任何有界变量的整数规划都与 0-1 规划等价,用 0-1 规划方法还可以把多种非线性规划问题表示成整数规划问题,所以不少人致力于该方向研究。求解 0-1规划的常用方法是分枝定界法,对各种特殊问题还有一些其他方法,如求解指派问题用匈牙利方法就比较方便。

6.5 装备保障系统仿真与评估技术

前面介绍了基于解析模型的装备保障优化决策方法。在实际工作中,由于装备保障系统往往是系统庞大、要素众多、关系复杂的大系统,而且保障系统表现出非常复杂的动力学特性,采用解析模型方法求解将变得非常困难。因此,基于仿真的方法来开展装备保障系统设计与决策是一种可行的技术途径。

通过保障过程的建模和仿真分析,可以将想定的军事需求转化为保障系统设计的定量指标,从而提出较为合理的保障资源配置要求、保障性水平要求以及保障系统单元要素的费效需求。另外一方面,通过保障系统建模,可以对各种备选的保障方案进行优化和权衡,从而遴选出更为经济、高效和快速的保障方案。同时,装备综合保障建模与仿真在装备保障工程中具有非常重要的作用,它对于装备全寿命周期各个阶段综合保障工作的开展均可起到良好的辅助决策作用。

6.5.1 常见的装备保障系统仿真模型

目前,综合保障模型为数众多,仅以美军为例,各军、兵种开发的相关模型就有 100 多个。以下简要介绍几个典型的装备保障系统模型。

1. LCOM 模型

LCOM(Logistics Composite Model)是一个基于蒙特卡洛、资源排队论、系统工程的仿真工具,创建于 20 世纪 60 年代末,是由美国空军后勤司令部航空系统中心(ASC)发起,美国兰德公司与空军后勤司令部共同合作开发的装备评估与分析仿真系统。

LCOM 最早主要用于空军维修人力资源与飞机出勤率的研究,目前它被作为一个策略分析工具使用。它的特点在于,能够将基地级的维修保障资源相互联系起来,并分析它们对飞机出勤率等与装备的可靠性、维修性、保障性关系很密切的性能参数的影响。LCOM 模型的用途主要包括:

(1)确定最优的保障资源组合,这些资源主要包括人力、备件、保障装备和保障设施。

(2)评估维修需求、工作负荷、维修策略、保障方案等因素的变化对装备使用效能带来的影响。

(3)评估备选设计方案的保障性。

(4)用来实施灵敏度分析,分析的因素可以包括飞机固有性能、零件/子系统可靠性、维修策略/规程、基地管线时间、备件数量、保障装备/设施/人力和其他资源、涂层/密封修复时间、飞机周转时间、出勤率、出动时间、已部署飞机的数量、分散的工作位置、磨损、改良诊断/可达性、任务综合、关键与非关键维修等。

(5) LCOM 的输出可以输入到费用模型来进行寿命周期费用分析。

LCOM 模型被广泛地用于后勤、可靠性、维修性、保障性的权衡、分析等领域,主要用于飞机,但也适用于各种武器系统。美国国防部采办部门将其广泛地用于各项武器系统的采办,如 F－16、F－22、C－17、CV－22、JSF 等项目。20 世纪 90 年代中期,LCOM 曾用 F－15E 在“沙漠风暴行动”中的数据进行检验,结果证明 LCOM 是一个非常准确而有效的仿真模型。

2. OPUS10 模型

OPUS10 是由瑞典系统与后勤工程公司(SYSTECON)开发的一个多功能计算机仿真模型,它可以用来解决与保障相关的各种问题,如保障方案、保障费用、系统可用度等。它是能够在备选的保障机构、系统设计参数、维修策略、库存策略、商业利益等问题之间进行权衡的研究与决策工具。

OPUS10 是一个经历了 30 年开发优化的软件模型,该模型可以使用户实现:降低维修费用;在给定预算的条件下实现更高的系统可用度;降低与大量备件库存有关的其他费用(储存、登记、员工工资等);最小化参数(价格、故障率、周转时间等)变化带来的风险,其确定的最优结果具有很低的敏感性;模拟非常灵活的供应保障活动;确定优化的备件配置/分类;确定最优的维修位置;选择最具效费比的解决方案。

OPUS10 可用于产品寿命周期的所有阶段,特别是在产品的早期设计阶段,效益更加显著。OPUS10 已经被成功地应用在许多不同的、积极寻求降低保障费用(备件、维修等)的,同时保持或提高产品的可用度的领域,如飞机、铁路、雷达、电信、国防和钻井平台等。OPUS10 在全球有诸多用户,其中包括 10 个国家的空军、6 个国家的陆军和 3 个国家的海军,以及大量的大型公司和机构,如

BAE 系统公司、波音、洛克希德·马丁、SAAB、DASA、CASA、Alenia、Alvis、Agusta 和 Celsius 等。

3. SCOPE 模型

供应链运行性能评估器(SCOPE)是美国空军建模中心开发的一个保障系统仿真工具。它是一个用 SIMSCRIPT 仿真语言开发的随机事件仿真模型,提供了对保障策略和规程变更对武器系统可用度影响进行量化分析的功能。它模拟从基层级到基地级的整个保障机构,可用于处理 LRU 和 SRU 两个装备结构层次以及不同修理级别的备件数据。

该仿真模型可以监视多达 20 种不同武器系统,在基层级站点具有多种零散供应和批量供应策略时的装备可用度。

SCOPE 的输入数据由 100 多种不同类型的输入组成。主要的输入类型包括:运输时间、武器系统特性、零散供应与批量供应特性、单个器件特性和一些用户指定的选项。

SCOPE 的主要输出是武器系统的可用度。仿真模型监视每天不可用武器系统的数量并计算整个武器系统中的可用武器系统的百分比,其他的输出结果包括零散供应和批量供应及保障单位之间的出货类型和数量,以及零散供应单位之间的横向出货量。SCOPE 还统计许多第二层次的参数,如零散供应级和批量供应级修理活动的数量等,也统计许多第二层次的供应变量,如供应可用度、报废系统的可重利用率、修理车间利用率以及在基地级等待维修的可修备件(Awaiting Parts,AWP)的数量。

SCOPE 已经被用于评估:设置零散供应级与批量供应级的供应水平;为基地级的可修件编制修理计划;管理横向补给;当批量供应级单位缺货时为备件确定分配的优先性等。

SCOPE 可以支持国防部中工程项目管理、后勤管理、供应链管理、工程管理等部门的决策制定和评估等工作。

此外,国外知名的装备保障系统模型还有 SALOMO 模型、LOGAM 模型、LOGSIM 模型和 TOPSAM 模型等。

6.5.2 离散事件系统仿真

6.5.2.1 离散事件系统

若系统中状态的变化是在某些离散点上或者量化区间上发生的,这样的模型称为离散事件模型,对应的系统称为离散事件系统。客观现实中,这样的系统是大量存在的。装备保障系统的仿真过程总体上是系统的状态在离散时刻发生变化的过程,许多属于离散事件系统。

在各种各样的离散事件系统中,离散事件虽然有多种类型,但是它们的主要组成要素是相同的。这些基本要素如下:

(1)实体:一般指系统研究的对象。用系统的术语说,它是系统边界内的对象,系统中流动的或活动的元素可以称为实体。在装备保障系统中,实体包括武器装备、维修人员、备件、维修装备、设施等。

(2)属性:实体由它的属性来描述,属性反映实体的某些性质。

(3)时刻:在系统的某个事件数值上,至少有一个实体的属性被改变,则称此时单数值为时刻。

(4)间隔:相邻两个时刻之间的持续时间称为间隔。

(5)状态:在某一个确定时刻,对系统实体、属性的描述称为状态。

(6)事件:在一个时间点上,系统状态变化的产生,称为一个事件。事件是改变系统状态的实体的瞬间行为。例如,在装备的维修过程中,备件的到达、维修活动的开始、结束、装备恢复战备完好等都是事件。

(7)活动:实体的一个持续期间称为活动。活动的开始或结束的瞬间则是一个事件。

1. 离散事件仿真过程

离散事件仿真的重要特点在于所仿真的系统的状态呈离散性变化。建立一个离散事件仿真过程,主要应规定系统状态可能发生改变的事件以及确定与每类事件相关的逻辑关系。按照在一定时间序列中每种事件的逻辑关系,引起系统状态发生变化。

在离散事件仿真中,系统的状态是通过变量以及具有参数的实体来表述的,在仿真之初,要对系统状态进行初始化。其中,包含对仿真变量赋初值、产生初始实体、安排初始事件等。在仿真进行过程中,随着实体的运动,系统由一个状态变化为另一个状态,并且系统的状态变化只发生于事件时间点,它们是活动的开始或结束。仿真程序的主要功能在于随着仿真时钟的向前推移,按照模型规定的逻辑关系,安排和处理相应的事件,直至仿真过程终止。

离散事件仿真过程通常包括以下组成部分:

(1)系统状态:它由一组系统状态变量构成,用于描述系统在不同时刻的状态。

(2)仿真时钟:用来提供仿真时间的当前时刻的变量,它描述系统内部的时间变化。

(3)未来事件表:包含有即将发生的事件的类型和时间,在仿真过程中,按时间顺序所发生的事件类型和时间对应关系的表。

(4)统计计数器:用于控制与储存关于仿真过程中的结果的统计信息。在计算机仿真中往往设计一些工作单元来进行统计和计数,这些工作单元称为统计计数器。

(5)初始化子过程:在开始仿真时对系统仿真进行初始化的子过程。

(6)定时子过程:此子过程根据事件表确定下次事件,并将仿真时钟前移到下次事件时间。

(7)事件子过程:一个事件子过程对应于一种类型的事件,在相应的事件发生时处理该事件、更新系统状态。

(8)仿真报告子过程:它在仿真结束时,计算并打印仿真的结果。

(9)主过程:它调用定时子程序以确定下次事件,并传递控制各事件子程序以更新系统状态。

2. 离散事件系统的仿真方法

离散事件系统的仿真方法一般有周期扫描法和事件扫描法两种:

(1)周期扫描法。周期扫描法所计算的时间均以步长间隔的末端来计算,即在间隔内发生的所有事件都被当作是在间隔的末端发生的。因此,此方法的缺点是在时间上间隔比较小的事件却表现为同时发生。为克服这个缺点,需要将时间步长取得足够小,但步长越小,完成仿真所需的计算量就越大。周期扫描法的另一个缺点是每一个时间间隔给予了同等重要的注意,而实际上,在没有事件发生的时间间隔里,并没有做什么有用的事情,只是仿真时钟的推进。如果系统表现出相对长的非活动时期,而只有较短的活动时期,这样就使得大部分仿真运行时间只是单纯地推进时钟,从而造成很大的浪费。

由于上述缺点,在简单的仿真系统中周期扫描法一般很少采用。但有些特殊情况却适用于采用这种方法。例如,事件以规则的方式出现时,或进行某些复杂保障系统仿真,各随机变量间的关系并不明确或无已知的关系时,采用周期扫描法则是比较适合的。

(2)事件扫描法。此类的仿真时钟的推进,是按照下一事件的发生时刻来触发的。大多数发生的事件,并不是某个固定的、预先确定的间隔,两个相邻的事件发生时间间隔一般是随机的,因此事件扫描法是一种变步长法。采用事件扫描法时,当事件被发现或产生时,它们是按时间的先后次序排列在一个表格里。时钟推进间隔的长度只由扫描事件表里下一个最早发生的事件所确定。因此,仿真过程始终是被仿真的事件的发生时间推进的。事件扫描法的处理步骤如下:①初始化:仿真时钟、系统状态及统计量等置为初始值;②扫描事件表,将时钟增加到下一个最早发生事件的时间;③处理该事件,相应地改变系统状态;④收集统计数据;⑤若仿真期间未到,返回②,否则执行下一步;⑥分析收集到的统计数据,产生报告。

事件扫描法目前被广泛采用,一般情况下能节省时间,但事件扫描法的设计和实现比较复杂,而周期扫描法则较易实现。

3. 系统仿真中的随机变量

系统发生的事件,一般分为必然事件、不可能事件和随机事件3类。系统的正常行为和功能一般为必然事件,属于确定性事件范畴。不可能事件是指系统在其使用过程必然不发生的事件。随机事件是在一定的条件下,可能发生、也可能不发生,是必然性和偶然性的辩证统一,是复杂系统的一个重要特性:随机性(Randomicity)。

在装备保障系统中包含多种随机因素的交互作用和影响,本质上属于复杂随机过程。例如,故障是系统的固有特性,装备系统必然会发生故障,但何时、以何种模式发生,造成何种程度的影响却是不确定的,是一个随机事件。有了故障就需要维修,维修时间的长短、维修效果等也是不确定的。

在离散事件系统仿真过程中,无论是各种随机离散事件的发生时刻,还是产生流动实体的到达流与流动实体在固定实体中的逗留时间等,都是不同概率分布的随机变量,每次仿真运行都要从这些概率分布中进行随机抽样,以便获得该次仿真运行的实际参数。当进入系统的流动实体数量很多,每个流动实体流经的环节也比较多时,仿真过程就需要成千上万次地进行随机抽样,使每个流动实体在每个环节上触发产生的离散事件都能得到规定概率分布的抽样时间,从而使原系统在运行中的随机因素和相互关系得以复现,并得到所需的随机结果。在离散事件仿真过程中,应该存在能产生多种概率分布的随机变量的随机数发生器。

6.5.3 装备保障系统仿真模型建立

6.5.3.1 主要功能

装备保障仿真模型的主要功能包括但不限于:

(1)对系统的可靠性、维修性和保障性特性进行评估,以找出造成系统可用度或费用变化的关键因素。

(2)对系统的使用方案进行分析,确定应当提供的保障活动。

(3)对系统的备选保障方案进行评估,确定最经济有效的保障方案。

(4)对系统的保障方案进行分析,优化资源的配置和资源的使用、供应策略。

(5)确定其他与装备保障相关的问题的最优解,如零部件最佳的维修级别、最佳的预防性维修间隔期等。

这些功能是通过对系统的整体在一定的时间内进行运行模拟,再通过对运行结果的分析而实现的,在这一过程中,系统所表现出来的是总体性的行为,反映的是系统的总体特性,如可用度、寿命周期费用、资源利用率等,通过这些指标来评价系统的设计、使用、维修和保障方案的优劣,更反映系统使用方关心的主要问题。

6.5.3.2 建模内容

装备保障仿真建模的关键体现在保障任务建模、保障对象系统建模、保障资源建模和使用与维修活动建模四个方面。

(1)保障任务建模:以对任务或者装备系统的使用想定、使用方案为建模描述对象,以适当的形式表现任务的发生、任务剖面、任务内容、任务时间、任务约束、任务成功条件以及任务执行中突发事件的处理等。对任务的建模水平将直接影响仿真系统与真实使用环境的逼真程度,直至影响到模型的仿真结果。目前,国外的大多数仿真模型都能够以真实的作战与训练任务需求为输入,分析可能的任务结果和需要的保障,从而能够很好地满足军方的实际需要。

(2)保障对象系统建模:是对武器系统本身的建模,现有的仿真模型对系统的建模深度根据其用途各有不同,较高级的模型能够实现到零部件级的建模,但通常最低也能达到 LRU 和 SRU 级。对系统的各个要素的建模要求对其可靠性、维修性参数进行描述,并能够通过所给参数,模拟各要素工作、故障、修理等活动;另外,高水平的仿真模型能够高度逼真地模拟系统的工作过程,如系统中各零部件在不同任务剖面下的运行情况,系统中冗余设计部分的工作情况,系统中零部件故障造成的二次效应等细节,这些系统行为的仿真,需要具有很强的建模能力和先进的仿真技术。

(3)保障资源建模:也是装备保障仿真模型中一个很关键的问题,它主要涉及对各种保障资源的分类、定量配置和优化。对保障资源的建模,通常考虑的资源类型包括人力、备件、保障设备、保障设施等。对资源的建模时,一个很重要的问题是要考虑装备使用部门的编制体制、装备的维修体制(三级维修或二级维修等)和维修策略(换件维修等)、维修机构的级别/数量/地理位置和相互之间关系等,目前大多数的RMS和装备保障仿真模型均能够考虑到以上问题,特别是多级别的装备维修体制等。有些模型还考虑了多个同级别供应部门之间的横向补给等问题,如OPUS10、SIMLOX等。

(4)使用与维修活动建模:对系统中使用与维修活动进行建模,可以说是装备保障仿真最关键的一步,这一工作需要对系统中可能发生的各种类型的使用与维修活动进行描述,特别是系统要素之间的交互行为,如任务需求与待命的装备之间、故障的装备与零部件的供应机构之间、故障件与维修机构之间等。通常需要运用行为网络建立系统中各环节的行为网络图,这些网络图将作为仿真系统运行控制的依据。

另外,从数学层面分析装备使用与保障行为的特点,装备综合保障系统可以看作一个离散时间动态系统(DEDS),系统的建模过程包括:

(1)系统元素建模:建立整个系统的基本仿真元素,如使用任务、系统/子系统、故障模式、维修工作类型、保障设备、人力人员等。

(2)子模型建模:通过定义元素之间的关系来建立仿真系统子模型,包括维修结构模型、故障树模型、维修网络模型、维修单位模型等。

(3)仿真实体建模:建立保障系统中仿真实体的成员模型,包括装备实体、任务单位实体、维修单位实体等、供应单位实体等。

(4)仿真想定建模:详细描述对象系统的任务定义、任务规则、兵力部署、任务关系、保障机构配置、保障资源配置、保障关系、保障策略、故障件的周转、退出条件等。

6.6　装备保障作业支持技术

如何对装备保障作业进行高效辅助和支持是当前世界各国研究的热点,大量保障作业支持新技术层出不穷,各种保障作业系统和装备也不断涌现。尤其是近些年各种信息化、智能化技术的发展,有力推动了装备保障作业模式的转型升级。本节主要介绍对装备保障作业的信息化支持技术,涉及装备智能保障的内容将在第7章进行讲述。

信息技术是提升保障作业效能的倍增器。保障作业信息化支持充分利用信息技术,通过装备保障过程数字化,为保障人员开展使用操作、故障诊断、部件拆装等过程提供智力支持,全面提升保障作业效能。它能使保障作业任务更加简明、保障作业过程精准高效,使得维修行为可视可控。

经过近些年的发展,涌现了诸多装备保障作业信息化支持技术手段。例如,维修人员可以利用交互式电子技术手册来获取维修资料和知识,也可以利用便携式维修助手来指导维修,对于比较复杂的维修工艺,可以采用虚拟维修训练技术来进行现场训练。而对于现场不能解决的维修难题,可以通过远程维修支援技术来进行远程支持。此外,3D 打印也是在现场获取保障资源的新型信息化手段,如图 6-30 所示。

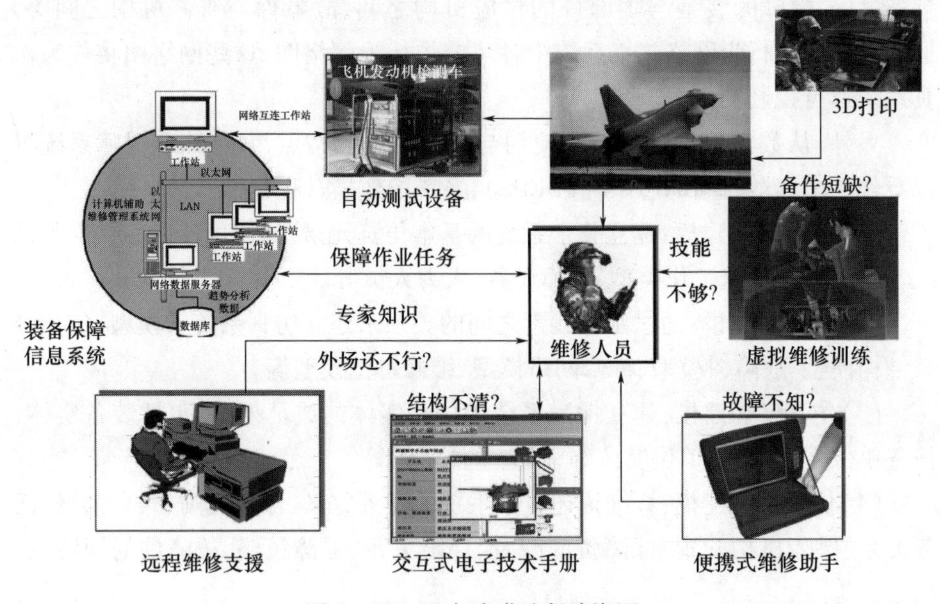

图 6-30 3D 打印获取保障资源

欧美各个军事强国对装备保障作业信息化支持技术非常重视,取得了大量技术研发和应用成果。例如,英国海军委托罗尔斯-罗伊斯公司开发研究了皇家海军舰载原子能推进系统维修训练项目,取得了良好的军事和经济效益。英国的先进机器人研究实验室 ARRL 在工业界 16 家企业的支持下,提出一项虚拟现实与仿真计划,为罗尔斯-罗伊斯公司的飞机发动机建立模型,以便在设计过程中就能评估发动机维护中容易出现的问题。美国麻省理工学院、斯坦福大学、密歇根大学研究了远程诊断与维修支撑技术,在 2008 年实现核潜艇的远程诊断与维护。美国卡内基-梅隆大学人机工程研究所、佐治亚技术研究所开发了智能军用维修助手技术用以提高现场维修保障效率。

本节主要介绍交互式电子技术手册、便携式维修助手、远程维修支援等技术。虚拟维修训练和引导也是保障作业信息化支持的一种方式,其主要技术内涵与前面的维修性分析技术有很多相似之处,这里就不再赘述。

6.6.1　交互式电子技术手册

对装备保障系统而言,装备的技术信息是其不可或缺的重要组成部分,也是支持装备正常使用和维修保障作业的重要资源和基本工具。对大型复杂装备系统来讲,往往由很多承包商参与研制,导致技术文件和技术手册数量急剧增加。采用传统方法将其印制成册,编制、运输、分发、存储、维护需要大量人力、物力和财力,而且由于资料手册繁多、管理和使用不便,将会严重影响装备的保障能力。

据美军统计,对于复杂武器装备,若技术资料保障及时,85%的维修任务可在第一时间内正确地完成,此外大约30%的维修费用是由不正确的维修所造成。因此,采用先进的装备技术资料及应用技术,对于提升部队维修能力、提高装备的战备完好性、降低维修保障费用具有现实意义。

采用交互式电子技术手册(Interactive Electronic Technical Manual,IETM)代替传统纸质技术手册和文档成为一种必然选择。所谓交互式电子技术手册,是以数字化格式储存的特殊形式的技术手册,它可以与使用者进行信息交互,精确展现装备维修或装备操作所需要的特定技术信息(如文字、声音、影像、图片等),以加速装备使用和保障活动的实施。

6.6.1.1　IETM军事价值

装备技术资料主要经历了以下3个发展阶段,如图6-31所示。

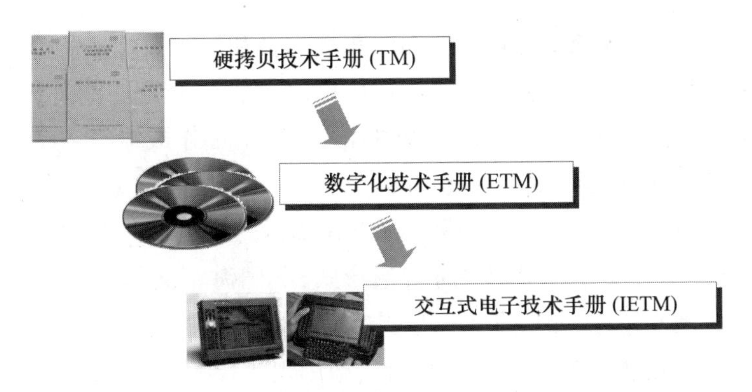

图6-31　装备技术资料发展的3个阶段

(1)硬拷贝纸质技术手册。

(2)数字化技术手册(如只读资料光盘)。

(3)交互式电子技术手册。

同纸质技术手册相比,IETM 体积小、便于携带,非常适合基层级等一线使用与维修保障场合。另外,由于其数字化特性,技术资料一经建立即可重复共享使用,并可及时更新升级,在降低维修费用和提高维修准确性方面具有很大的优势。更重要的是,基于 IETM 提供的交互能力,它可以生动展现维修人员所需要的特定技术信息(如文字、声音、影像、图片等),从而加速维修活动实施,提高装备的维修效能和训练水平。

IETM 是装备保障中"技术信息数字化、信息交换标准化、信息传输网络化"理念的技术体现。IETM 融合了多媒体、虚拟维修、诊断专家系统等信息技术,在复杂信息化装备的维修保障中具有重要应用价值。交互式电子技术手册可将武器系统全寿命周期内产生、传递、使用的大量技术信息和数据(包括工程图纸、设计说明、工艺卡、使用手册、培训手册和维修手册等)有机地结合为一体,构成数字化技术文档,并可嵌入到装备、维修设备、训练模拟器以及教学演示系统中,从而建立起无纸张的、信息化的、人机和谐的自动化训练和维修环境,为技术人员提供适时、适地、适需的操作指导和信息支持。

6.6.1.2 IETM 的基本原理

交互式电子技术手册代替了纸质手册,包括 3 层含义。

(1)IETM 是技术手册,是包括武器系统、武器系统部件和保障设备的安装、使用、维修、培训以及保障说明书在内的一种出版物,为用户和维修人员提供使用和维修该项装备所需的资料和说明。

(2)IETM 是电子格式,其存储方式、传播途径和显示方式都采用电子方式。

(3)IETM 是交互的,主要指用户和 IETM 的交互,交互功能是为了用户提供友好的 IETM 使用环境,但是明显增加了 IETM 的创作成本。

6.6.1.3 IETM 国内外发展动态

IETM 最早由美国国防部于 1992 年提出需求并进行研究开发,现已成为美国及其他北约国家军方应用的一种普遍形式,美国海军又是研究、开发和应用 IETM 的发源地。IETM 不是 TM 简单转换为数字格式,它具有不同于 TM 的特点和使用功能,是在 TM 基础上的再创作,即用现代技术实现它的功能增值。为了规范 IETM 的创作和应用,美国国防部从 1992 年起陆续制定和颁布了一系列有关的军用规范和标准,如 MIL - PRF - 87268A、MIL - PRF - 87269A 就是对

IETM 的显示界面以及支持 IETM 的数据库的规定。2000 年美国国防部颁布 IETM 互用性手册 MIL - HDBK - 511，对系统结构、信息流程、用户网络交互界面、数据结构、通信安全、基础设施建设等方面提出了统一标准性建议。

按照技术手册的内容、存储的体系结构、数据格式、显示方式和功能，通常将技术手册分为 5 级：加注索引的扫描页图、滚动文档式电子技术手册、线性结构电子技术手册、基于数据库的电子技术手册和基于综合数据库的集成式电子技术手册。5 级 IETM 的功能特点如图 6 - 32 所示，其差别分析如表 6 - 6 所示。这 5 级电子技术手册中，最基本的是第一级，最先进的是第五级。实际上各类电子技术文档和技术手册都有自己的特点，有自己的使用对象。目前，美国很多装备配备的 IETM 一般属于比较先进的第四级。

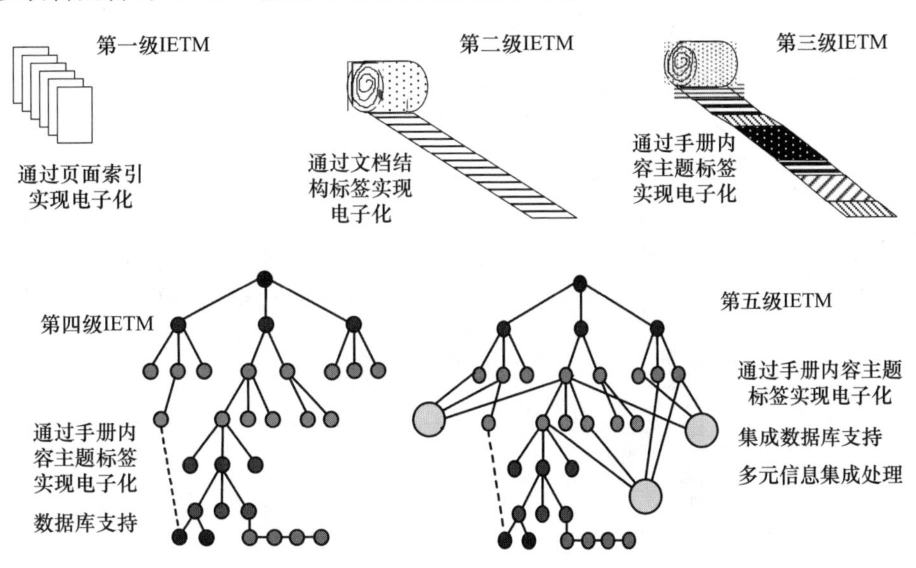

图 6 - 32　IETM 的五个发展阶段

表 6 - 6　各级 IETM 的相互比较

IETM	特点及代表工具
1 级：加注索引的扫描页图	和用户基本上没有交互，只是给用户提供了基于索引浏览的一种机制。只能够定位到一个页面，而定位不到所需看到的一个信息模块。其代表工具是基于页面扫描的 Adobe Acrobat Reader 等
2 级：滚动文档式电子技术手册	和用户基本上还是没有交互，只是给用户提供了简单的导航功能；可以通过 XML 标签定位到所需看到的一个信息模块滚动式文档，结构仍然是线性的。其代表工具是 SGML 开发编辑软件 ADEPT + Editor 和 Framemaker + SGML 等

续表

IETM	特点及代表工具
3 级:线性结构电子技术手册	和用户可以通过简单的对话框交互,仍然是线性结构,交互方式单一,代表工具是美国陆军的 Netscape
4 级:基于数据库的电子技术手册	和用户可以通过对话框、复杂导航、多元化链接、查询等多种方式进行交互;非线性结构,提供了信息交互集成机制,其代表工具是美国海陆空三军开发的 Techsight,美国波音公司开发的 Quill21,美国雷神公司开发的 AIMSS 软件等
5 级:基于综合数据库的集成电子技术手册	可以基于综合数据库创编,与外部软硬件系统互联;实现多元信息共享;与外界的集成系统进行交互,交互外延进一步拓展

6.6.1.4　IETM 开发技术

如何开发 IETM? 为了保证电子手册的交互式、精确性和扩展性,涉及一系列技术问题。

1. IETM 文档组织

涉及文档的组织通常有线性结构和非线性结构两种形式,如图 6－33 所示。常规文档信息组织采用由上到下的线性结构,跳转需采用书签或目录。IETM 将技术信息分解为细小的独立单元,通过数据库进行管理,按树状结构组织。

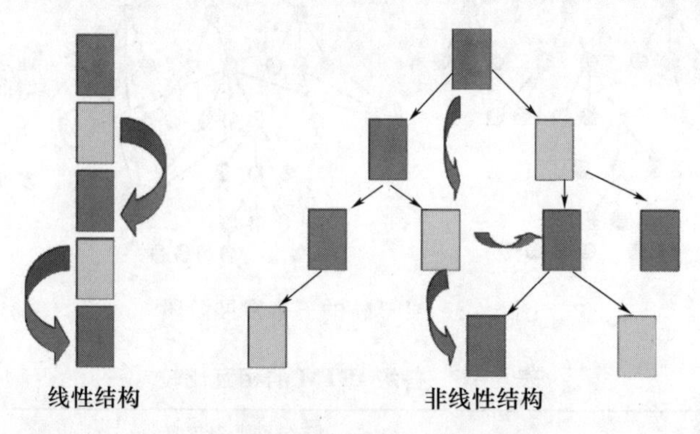

图 6－33　线性结构与非线性结构

2. IETM 数据模型

在 IETM 系统的开发过程中,IETM 数据模型是一个非常重要的问题。IETM 数据模型是对不同设备的使用和维护过程中所需要的技术信息进行规范分类的信息模型。通过使用严格规范定义的数据模型,可以使得 IETM 文档中的技术信息在存储到数据库时,不受各种软、硬件的限制,实现跨平台信息交换,同时为未来 IETM 系统数据更新以及和其他各种信息系统进行高效数据集成提供了基础。

IETM 数据模型的结构如图 6－34 所示，模型所描述的装备技术信息，按照信息的粒度大小可以细分为主题信息层、通用单元层、基本元素层 3 个层次。主题信息层代表了技术信息的功能类型，将装备的技术信息按主题进行分类，如设备介绍、操作信息、维护维修信息、零部件信息。通用单元是指描述各种主题信息时所需要使用的、具有通用性的信息单元模块，如描述单元（叙述性信息）、任务单元（过程性信息）、故障诊断单元（故障诊断树结构）、零件单元等通用信息单元。基本元素层包含两类信息，一类是可显示信息元素，如文本、图形、表格等可以显示的元素，它们是组成技术信息的基础；另一类是导航元素，用于存储 IETM 文档中的上下文导航信息和链接导航信息。IETM 文档中所有的内容信息元素都应当支持上下文导航机制（Context－Sensitive Navigation），即 IETM 文档浏览器在与用户交互的过程中，可以根据交互上下文来决定如何给用户提供信息。链接导航机制使得 IETM 文档创编人员可以在任意的内容信息元素之间建立导航关联。

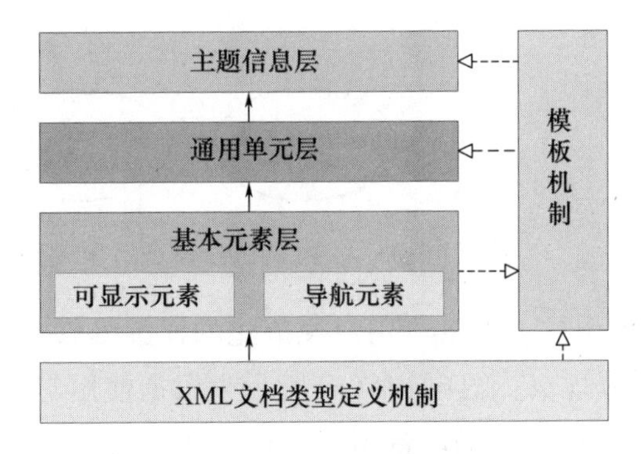

图 6－34 IETM 数据模型

模板机制给出了利用基本元素构建复杂元素的规则。模板机制使得 IETM 数据模型能够很容易地扩充新的技术信息类型，同时使其支持上下文导航机制和链接导航机制。

3. IETM 对维修过程的全面支持

IETM 可以实现对维修过程的全面支持，其核心的功能包括交互式的故障诊断和规范化维修引导。

（1）交互式故障诊断。利用故障树、人工智能等技术，提供故障诊断和查找程序，辅助进行故障定位。典型的交互式诊断树如图 6－35 所示，利用它可以逐层、逐步深入地根据故障征兆分析出具体的故障模式/原因。

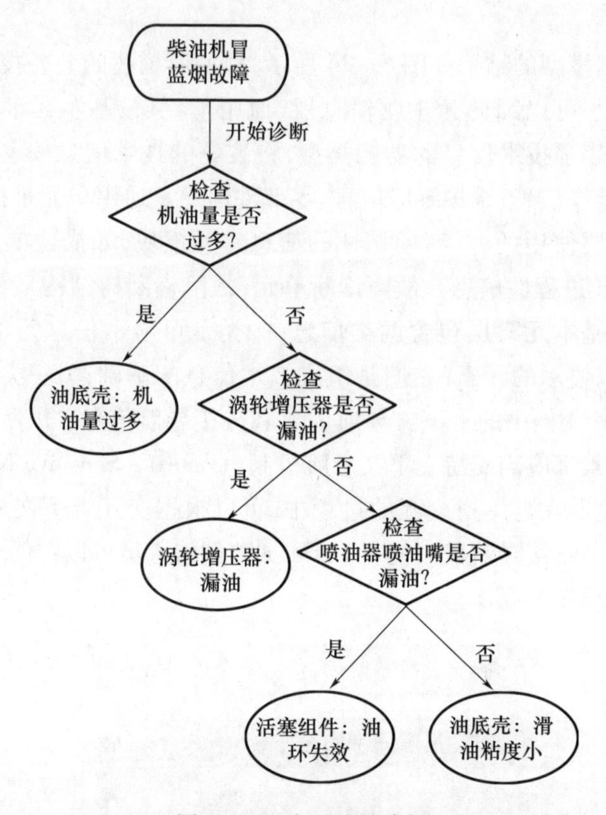

图 6-35　交互式故障树

(2)规范化维修引导。提供给用户规范化的详细维修流程,根据需要向维修人员提供维修操作规范。图 6-36(a)所示为根据使用与维修工作分析得到的具体流程,作为 IETM 引导的后台驱动;图 6-36(b)所示为利用 IETM 数据模型和文档组织所得到的可视化引导画面,展示给维修人员用于引导维修操作。

4. IETM 交互能力

同纸质技术手册相比,IETM 一项鲜明的特色是其交互能力。综合来看,这种交互能力体现在 3 个层面:一是 IETM 与使用者之间的交互能力;二是手册与设备之间的交互能力;三是手册对交互行为的响应能力。要真正实现上述能力,必然要解决两个方面的技术问题。首先,要解决人机接口设备与技术,以更人性化实现技术信息录入和访问,如可穿戴式计算设备,以及 RFID 与 IETM 信息接口等。其次,是解决 IETM 智能化技术,能自动识别使用者的习惯和要求,给出精确的技术信息,如语义理解、语音识别、智能检索和专家系统等。

IETM 信息交互与控制方式包括动态访问数据库、信息要素间相互链接、基

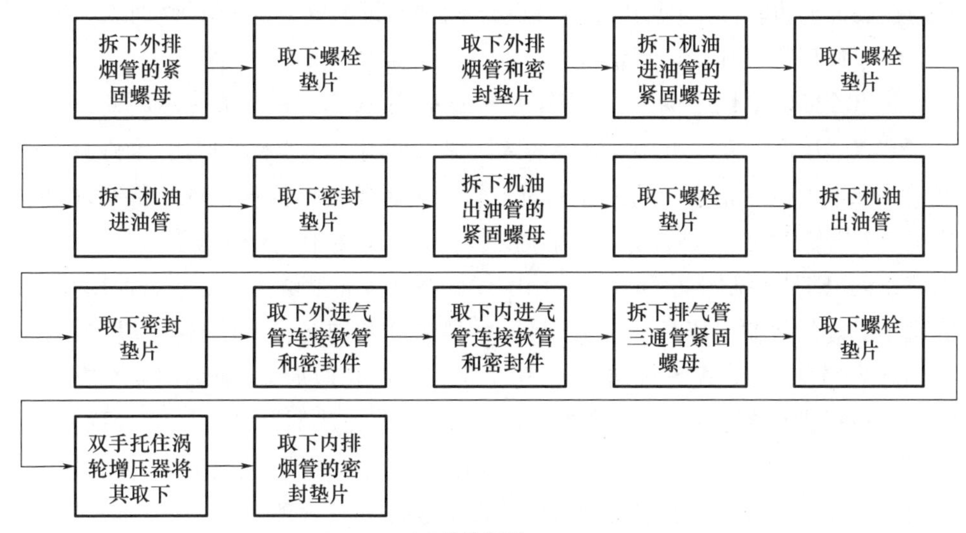

(a) 维修流程

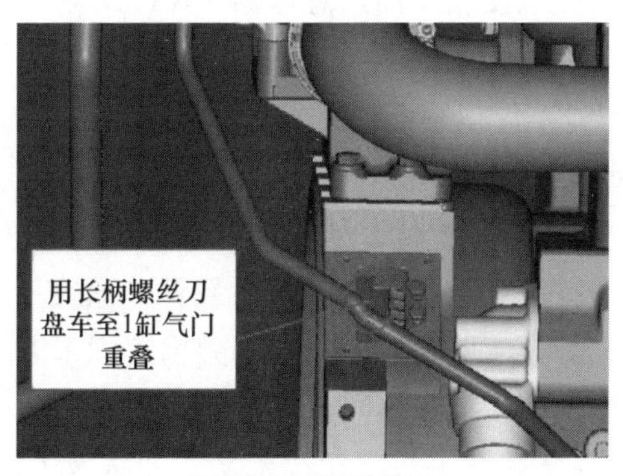

(b) IETM可视化引导

图6－36　规范化维修引导流程

于对话框的跳转、基于变量和表达式的上下文过滤等。这样可以使得表达形式丰富，信息要素独立可控；交互机制非常灵活，交互能力极大提高；按用户的要求精确展现信息，大大提高手册利用效率。

5. IETM 与其他系统集成

装备维修需求正在进一步推动 IETM 的发展，这包括 IETM 中多媒体信息的应用、IETM 与专家系统和其他智能系统的综合，解决 IETM 的功能增值和互用性是 IETM 今后的主要发展方向。其中，IETM 的智能化正在引起研究开发者的关注。如第五级 IETM 以多功能整合为最大特征，将 IETM 与专家系统、自动诊断和培训等外在智能系统进行整合，从而增加了 IETM 的智能性。同时，IETM

还应扩展训练功能,帮助使用人员和维修技师进行即时的、自主的维修训练。

6.6.1.5 IETM 的应用情况

20 世纪 70 年代中期,美国海军特种作战中心(Naval Surface Warfare Center,NSWC)开始研究采用新的途径为部队提供可用于武器装备使用、维修、训练和后勤保障的技术信息。这方面的研究引发了装备技术信息领域的革新,即采用 IETM 代替传统的纸质技术文档和技术手册。80 年代,美国海军和空军进行的一系列 IETM 研制试验和外场使用实践表明,IETM 能够为武器装备使用和保障带来显著的效益。1985 年,为了推行武器采办和国防工业信息化发展战略,美国国防部设立了 CALS 规划办公室,负责协调联合政府、工业部门与军方,为武器装备提供全系统、全寿命管理的信息支持,即在武器装备的采办、研制、设计、生产、培训、使用、保障及退役的全寿命过程中,利用网络、数据库、多媒体等信息技术建设集成的共享数据环境,对武器装备进行管理,这样有关研制厂商和用户可便捷地存储、管理、使用所需信息数据。CALS 的主要任务之一就是实现技术资料的电子化,美国防部和工业界普遍支持推广 IETM。

1989 年 8 月,美国海军作战中心成立了 IETM 研究中心(Tri - Service IETM Technology Working Group,IETM TWG),率先开始全面研究 IETM 技术,鼓励有关 IETM 采办思想和方法的交流,制定国防部和商业需要的 IETM 相关规范和标准。该组织成员后来扩展到包括美国陆军后勤保障研究所、美国空军产品数据系统现代化办公室、海军陆战队系统司令部,并由美国军方 CALS 规划办公室和 CALS 工业指导小组负责联络和协同各军种的 IETM 研发活动。1992—1995 年,美国国防部颁布了一系列有关数字化技术文档和技术手册的军用规范和标准,包括 MIL - PRF - 87268A 、MIL - PRF - 87269A、MIL - PRF - 28000A、MIL - PRF - 28001C、MIL - PRF - 28002C,对数字化技术文档和技术手册的内容、格式、用户交互要求、显示风格、图标图示以及支持数字化技术文档和技术手册的数据库等方面做了规定,这些措施大大推动 IETM 的研究与发展。美国海军首先研发了 F - 14A 战斗机和 F/A - 18 战斗机的 IETM。随后,美国空军把 F - 16 战斗机的高达 75 万页的技术文档和技术手册制成了 39 片光盘 IETM,并加载于外场使用的便携式维修助手(Portable Maintenance Aid,PMA)。IETM 的使用大大提高了外场技术人员的装备使用、维修和保障能力。其中,F - 16 战斗机的故障诊断时间减少了 38%,故障诊断率提高到 98%。随后,采用了 IETM 的机型扩展到 E - 6B 电子干扰机、F - 22、E - 8“联合星”飞机和“阿帕奇”直升机等。采用 IETM 还节约了大量经费。据美国国防部发布的信息表明,SH - 60

直升机由于使用了IETM,每年节省300万美元;美国海军AEGIS作战系统由于使用了IETM,每年至少节约100万美元;爱国者导弹系统由于使用IETM系统,每年仅纸张就节省25万美元。

6.6.2　远程维修支援

1. 基本内涵

现代战场形势瞬息万变,装备十分复杂,仅靠一线维修力量难以解决装备维修中遇到的所有问题,必须尽量实施靠前维修。为此,迫切需要研究装备远程维修支援技术,依托信息技术和通信网络,为前方装备的修理维护人员迅速提供急需的维修技术咨询、维修方案建议等相关信息,提高作战力量的野战维修能力。

过去的装备维修支援主要采用前线向后方申请技术支援,后方派专家到前线进行现场指导的模式,耗时长、效率低。而远程维修支援借助计算机、网络通信、视频处理等技术,使得前线装备维修人员可以通过网络迅速获得后方装备专家提供的维修建议,这样就减少了大量人员和装备物资在前后方之间投送产生的消耗,节省了时间,从而大大提高了前线装备维修保障的水平和效率,避免不必要的人员、装备和物资损失风险,加快一线作战力量装备战斗力的恢复。

远程维修支援技术(Remote Maintenance Support Technology)是综合运用通信、计算机网络、信息采集与处理、卫星定位、测试与诊断等手段,从远距离向现场维修人员提供维修信息、维修技术支持、维修器材保障所采用的技术。

根据远程维修支援系统的结构特点,大体可以分为两类:其一是人在环路远程维修系统,前方维修人员是远程维修系统的一个组成部分;其二是遥控维修系统,后方通过网络遥控操纵前方维修。随着5G、云计算、大数据等技术的应用,对于这两类远程维修支援系统而言,原保障信息传输效率低、前后方保障信息交互困难等问题都得到了较好的解决。

2. 军事应用

美国海军根据其国家全球战略,各舰队经常远涉重洋执行任务,为提高舰队的战备完好率,构建了海军远程技术支援信息系统,使后方基地能通过网络为世界各地的美海军舰船提供远程诊断与维修的技术支援。

“远程技术保障”是美国海军装备保障的一个重要组成部分。经过几年的努力,“远程技术保障”已初具规模并发挥了重要的作用,获得了显著的经济和军事效益。美国海军“远程技术保障”由舰队和五大系统司令部共同创办。主管部门为海军海上系统司令部的04L13部门,该部门负责“远程技术保障”项目(计划)的开发和保障。

美国海军的“远程技术保障”的宗旨,是利用当今的新技术优势为部署于世界各地的水兵提供低成本的技术帮助。美国海军的“远程技术保障”系统,由综合通话中心、电子商务连接主页、共享数据环境、系统远程工具4个基本部分构成。

1)综合通话中心

由美国海军供应系统司令部和海上系统司令部共同创设,“中心”提供24h不间断服务。舰员只需进入“舰队保障”网站(www. fleetsupport. navy. mil)或拨打一个免费电话即可请示技术帮助或后勤支援;也可通过该网站了解远程保障的内容。

当舰员向该网站提出技术帮助或后勤支援的请求后,其请求即被记录进一个跟踪系统。同时,申请人即得到一份通知,告知“中心”已收到其请求。随后,“中心”对请求进行研究,并采取下列行动:用电子邮件向申请人提供需要的资料;为解决所提出的问题,对寻找有关的资料来源进行指导。“中心”对每一请求保持开放直至问题得到解决。

2)电子商务连接主页

美国海军1999年8月开通,在help@ anchordesk. navy. mil为水兵和工程师们提供电子形式的工程帮助。该网站由海军海上系统司令部在费城、戴姆内克、克伦、怀尼米港的指挥部和海军空间战系统司令部共同提供支持。

3)共享数据环境

建立了各种专业数据库和数据中心,进行技术信息之间的交换。如海军航空系统司令部“自动维修环境”把后勤保障信息从纸上转为电子化。原来美国海军仓库中存储大量的海军航空系统司令部的技术手册和图纸,专门对各类技术手册和纸质资料进行扫描,将其制成“只读”型电子读物。

4)系统远程工具

目前可提供10种主要的工具和服务,其中包括“现场远程工具”。这些工具中还有摄像机、便携式计算机、电子便携存取设备及其他设备。

“远程技术保障”就是将安装在舰上的远程技术保障(维修)样机与舰上的光纤局域网连接,再通过一个天线系统与海军的“智能链接”相连,从岸上为海上的舰船提供维修和后勤数据。海上的舰船可以从各种数据库中获取图纸、交互式技术手册以及各类诊断信息、供应数据和训练信息,从而帮助舰船进行各系统的修理。此外,该系统还为舰船提供了音频/视频接收能力,使舰船可以与部队的工程机构进行通信,在故障诊断及修理等方面得到帮助,进而减少了对岸上技术人员上舰的需求。美国海军在舰上安装了通用的指挥、控制、通信、计算机、情报、监视和侦察开放式网络结构，实现了新的技术与新的作战观念相融合，同时也为“远程技术保障”提供了平台。

美国海军太平洋舰队和大西洋舰队均已进行过各种“远程保障”工具和工作程序的试验或试运行。“林肯”号航母作战群，是美国海军第一艘在部署过程中安装“海军远程保障”软件并进行试运行的作战群。在2000年9月至2001年3月的部署期间，“远程保障”系统在作战群和岸上各司令部之间曾使用了1600次，前三个月的使用达到了1300次。当“林肯”号的SPS-49对空监视雷达出现问题时，岸上的技术专家认为，只有技术人员上舰才能修理，而这至少需要8天时间。利用远程保障系统，舰上的技术人员与岸上的专家进行即时交流，双方在1h内完成的工作量比通过电子邮件在一星期内完成的还多，并及时地排除了故障。作战群的7艘舰船和航空中队每天召开一次联合后勤和维修会议。进行会议时，岸上的技术代表与各舰船的工程师、供应军官或维修主管保持联系。无论作战群在世界的任何地方，都与位于圣迭哥的舰船技术保障中心、弗吉尼亚州诺福克的海军综合呼叫中心及海军海上系统司令部的9个作战中心保持联系。利用聊天室，可以快速获得诊断图像和技术会议情况，得到后勤及技术问题的解决方案。

6.6.3　便携式维修助手

1. 需求与作用

在复杂装备维修过程中，通常会遇到以下两类棘手问题：

（1）BIT能力不足，外部测试设备规模庞大。当前武器装备的测试性设计水平以及在线测试能力都有明显的提升，但是仍然存在故障检测率和隔离率偏低的问题，难以对故障进行精确定位。例如，某型三代主战飞机，当前仅能检测出35%的故障，能够检测并隔离的仅占22%，其他大部分故障还需要人工检测。

（2）缺乏统一的单兵数字化维修终端。在信息化维修过程中，需要测试终端、移动计算与显示终端、通信终端、IETM终端、维修信息采集终端等各种终端，如果不能实现通用化、集成化，将使得这些终端过于杂乱，利用率低、浪费严重，也影响了维修工作实施的效率。

为了解决这两个问题，出现了便携式维修助手（Portable Maintenance Aids，PMA），它是用于维修现场的便携式维修辅助设备，依托信号处理、数据库和网络通信等技术，给基层维修人员提供强大的维修信息获取、分析、决策和显示平台，辅助开展现场维修。

PMA 作为一种具有交互能力和自动处理数据能力的信息化工具，能在不同环境下满足信息化装备保障对维修训练、维修指导和维修管理能力的要求，并可在战场环境下实现快速修复和远程技术支持，有助于提高维修水平，在复杂的装备维修领域中具有极大的应用前景。

2. 典型的 PMA

从 20 世纪 90 年代起，美军就将 PMA 作为装备维修保障的重要设备予以充分重视。PMA 在美国国防部应用计划中推广迅速，涌现了各种结构、功能和外观的 PMA，如图 6－37 所示。PMA 设备经常用于技术数据显示、故障诊断和隔离、修复指导、物资管理、维修文件编制、状态监控和预测、操作数据的上传和下载等。

图 6－37　美军所采用的各种 PMA

PMA 之所以能够在装备维修领域中得到大力推广，主要的推动力是来自武器系统和相关技术数据的快速数字化进程。根据美国军方的研究显示，装备维护人员在维护过程中有 40% ~50% 的时间是花费在信息查询上的。装备越复杂，就要耗费越多的时间去研究。PMA 使维修人员能够着重于维修工作本身的关键问题，可以减轻他们在故障判断与维修决策等方面的负担。对于正在处理的故障，能够越快地获得相应的信息，则越能够提高整个维修过程的效率。

以下介绍美军两种典型的 PMA。

1）F/A－L8 E/F“超级大黄蜂”PMA

该型 PMA 是由 Immedius 与卡内基－梅隆大学人机交互研究所开发。包括可穿戴 IBM 计算机和单目镜，分别安装在驾驶舱充气救生衣和头盔上。维修人员与 PMA 接口是维修人员胸前安装的拨号指针（Dial－And－Pointer），如图6－38所示。

图6－38　F/A－L8 E/F 的 PMA

2）F－22 战机的 Datatrak PMA

F－22 战机的 Datatrak PMA 是由霍尼韦尔公司和 IBM 共同研制。2002 年 8 月交付给 Nellis 空军基地，每飞行联队提供 104 套 PMA 和 9 台服务器，单套价值 3 万美元，如图 6－39 所示。

图6－39　F－22 PMA 操作图

维修人员将 PMA 连接飞机上的一个数据口（位于轮舱和驾驶舱里），由它接受指令。首先用 PMA 来激励某个系统，进行一次 BIT 检查，核实故障。如果

维修说明要求打开武器舱的舱门,维修人员就可以通过 PMA 将舱门打开,而不需要真实进入武器舱。它的主要功能如下:

(1)显示 5 级 IETM 技术数据。

(2)状态监控和预测。下载诊断数据,获取发动机测试数据并显示状态。

(3)“作战飞行计划”上载和飞行数据下载。

(4)作为控制设备,启动辅助动力装置,打开武器舱门,测试操作飞行控制面。

(5)通过 PMA 装载 F-22 飞机软件。

(6)7h 电池寿命,能与飞机电源相连。

3. PMA 的主要功能与关键技术

在信息化维修过程中,PMA 的主要功能非常丰富,并且仍然在不断发展当中。典型的功能包括:

(1)与武器装备的直接信息交互。与装备内部嵌入式监控装置数据连接,实时下载并显示装备技术状态数据,如图 6-40 所示。

图 6-40　PMA 与武器装备的交互

(2)故障检测与诊断。在装备维修活动中,故障隔离是最基本的工作。PMA 具备故障诊断隔离功能,有助于维修人员进行快速定位,提高维修效率。

(3)维修向导。PMA 具备维修向导功能,能指导经验不丰富的维修人员高效、安全地进行维修。

(4)维修备件查询与请领。可以查询维修备件库存情况。若短缺,向仓库申请备件。

(5)维修信息采集。PMA 辅助维修人员现场录入并上报维修数据,使装备管理部门掌握装备的维修状况。另外,可以对装备进行准确的RMS评定,为改型、更新换代提供依据。

(6)远程维修支持。PMA通过无线接入,可以远程访问后方维修支持中心,获得远程技术支持。在信息获取方面,可以通过网络获取由装备研制部门发布的有关装备设计、制造、使用、维护方面的技术资料;在远程诊断方面,后方专家远程访问PMA的测试资源,进行远程状态监控和故障诊断;在协同维修方面,远程专家协同解决维修技术难题。

PMA开发的关键技术包括:

(1)通用、规范的PMA开发框架。研究PMA系统级集成方法,避免出现重复数据输入。例如,F/A-18E/F维修数据要人工输入到海军航空后勤指挥管理信息系统NALCOMIS中,需要改进。

(2)PMA的人机交互性设计。PMA意义已经脱离了传统的单机系统概念,采用可穿戴的智能解决方案,包括轻量化佩戴方案设计、IETM自然交互与体感设计、基于增强现实的维修引导等。

(3)PMA的环境适应性设计。需提高PMA的电子显示屏在阳光下的视觉可辨识性;延长电池使用寿命;提升环境适应性(如高湿度、温度异常、沙漠环境等条件下的使用)。

思考题

1. 分析某种装备保障新理念在我国的发展现状。

2. 精确保障的前提条件是什么?能否与基于性能的保障相结合?

3. 装备自主保障的关键技术有哪些?和前面章节介绍的保障技术本质区别是什么?

4. 展望其他的装备保障新理论与新方法。

5. 举例并论述射频识别技术在现代装备保障各环节中的作用与特点,展望其发展趋势。

6. 结合部队实际或文献调研,论述装备保障信息集成面临的需求、存在的问题、解决的技术途径,畅想装备保障信息集成技术的发展趋势。

7. 论述如何通过GIS进行装备维修保障决策和视图生成。

8. 分析未来作战对保障作业支持的新需求,论述IETM或虚拟维修训练或远程维修支援技术的发展趋势。

9. 调研并论述保障作业信息化支持的新手段和新技术。

10. 什么是“信息孤岛”和“信息烟囱”？根源何在？举例说明成因和后果。解决“信息孤岛”问题有哪些方式？进行对比分析。

11. 装备保障系统集成有哪些较为成熟的技术途径？分别阐述其特点和适用性。

12. 装备保障优化决策有哪些类别？优化决策有哪些常用计算方法？举例说明。

第7章　装备保障智能化技术

随着大量智能技术的快速发展和在军事领域的广泛应用,智能化战争成为大势所趋,当前世界军事发达国家均积极加强对智能化战争形态、特点及规律的探索研究。战争形态的加速演变和武器装备的升级换代必然呼唤保障技术的创新发展,高质量的装备保障成为打赢未来智能化战争的重要支撑点,装备保障的智能化成为未来战争制胜的必然选择。为此,迫切要求全面构建智能高效的装备保障体系,提升保障能力,为智能化战争作战行动提供坚强有力的装备保障。

近年来,以美国为代表的西方发达国家不断加大装备智能保障技术的研究力度,人工智能技术加速向装备保障领域融合,智能保障成为装备综合后勤保障的重要发展趋势。除了前面所介绍的F-35战机的自主保障系统,各类智能保障机器人及保障装备、各类智能自修复材料和结构技术层出不穷。另外,美国还提出了旨在保证装备"近零故障"的智能维护理念,通过深入研究PHM、信息物理系统、工业大数据分析以及智能决策技术,实现装备自主意识、自主预测、自主配置。

当前我国装备保障水平虽然取得了稳步发展,但总体上仍处于被动反应式的保障模式,存在主战装备可靠性/维修性/保障性水平不高、新材料复杂结构技术状态感知能力偏弱等问题,体系化的装备保障方案难以优化,维修保障仍以传统的计划维修、视情维修和层次化组织管理模式为主,装备保障作业仍然主要依赖于人工模式,难以适应未来一体化联合作战需求。

为适应我军未来军事战略和战争形态深刻变化,装备保障必须着眼于未来联合作战空间全域多维、作战力量多元融合的特点,向精确、集约、高效的方向发展。智能保障作为一种先进的主动反应式保障模式,通过装备保障全寿命过程数字化,将保障各要素无缝整合成一个高度智能化快速响应系统,能够自主触发系统各类保障需求,利用信息技术精确调控保障资源,并正确实施各种智能保障作业,最大程度地代替人力活动,以最小保障规模和最低保障费用获得装备较高的战备完好率。

装备保障智能化技术不能简单地理解为“人工智能+装备保障”,而应该是以装备保障的效能实现为目标,通过各种新型材料技术、机电工程技术、信息技术、智能技术等的渗透和运用,使得保障工作更加智慧、高效、经济,呈现出保障需求获取更加精准、保障决策更加优化、保障过程更加快速、保障作业更为自主等方面的显著特征。为此,本章所介绍的装备保障智能化技术不能单纯从人工智能技术的应用角度加以理解,而是以整体保障智能化、智慧化为目标的各方面技术的综合应用。

7.1 装备智能保障的要求和特征

7.1.1 装备保障智能化的必然要求

智能化技术的快速发展及其在军事领域的广泛运用,推动战争形态向智能化战争加速转变,装备保障智能化已经成为战争形态发展以及装备保障模式转型的必然要求。

1. 智能化武器装备强化装备保障力量运用

智能弹药、智能舰艇、智能作战平台等智能化武器装备是未来战争武器装备发展的方向,其智能化主要体现在战场感知、智能决策和精确打击等方面,标志着装备的组织结构和技术战术属性将发生深刻变化。装备保障是为武器装备作战使用服务的,随保障对象变化而变化,智能化武器装备结构的复杂性进一步增加了装备保障的难度。为此,要紧扣智能化武器装备的性能特点和作战应用方式,增强装备保障力量运用的科学性和有效性,最大限度地发挥智能化武器装备的作战效能。

2. 智能化作战样式加快装备保障模式重塑

智能化技术装备的发展应用催生智能化作战样式,以无人机蜂群作战、人机协同作战、智能认知作战等为代表的新型作战样式将颠覆以往传统的作战概念和装备运用模式,加快了智能化战争的作战进程。战争的特点决定作战行动的特点,而作战行动的特点决定装备保障的特点。必须打破现行装备保障模式,根治战时装备保障反应缓慢、可靠性差、保障效益不高等问题,合理配置保障力量和保障资源,构建与智能化战争作战样式相适应的敏捷反应、精确运行和智能高效的装备保障模式,促进装备保障模式与作战行动的协调一致。

3. 智能技术推动装备保障能力提升

智能技术极大提升了装备数据采集和状态感知的能力，使联合物理域、网络域、感知域进行跨域作战保障成为可能。随着深度学习、强化学习、群体智能等人工智能领域不断突破，计算机对战场态势的阅读能力大幅提升，对装备保障需求预判更加准确，能够在全域范围内实现信息资源的自动搜索、甄别、过滤、监测和跟踪。人工智能技术赋予计算机自主学习能力，能够精准分析不同作战样式、作战规模、作战强度下的装备保障规律，科学预测物资消耗，从而辅助指挥员制定保障计划，指导开展装备调拨、供应、运输、排故、维修等具体业务工作，使装备保障决策更加精准高效。

7.1.2　装备智能保障的主要特征

智能化装备保障以“智能 + 保障”为基本模型，依托“物联网 + 云平台”一体的信息网络进行决策，通过智能装备执行任务协同行动，颠覆传统的保障机理，呈现新的时代特征。具体来说，装备智能保障所呈现的基本特征如下。

1. 状态感知自主化

为实现装备智能化保障，需要首先对装备的技术状态予以智能化监测，同时充分保障装备的需求并进行自主感知，建立对于装备运行状态和资源态势的精准化感知和高效预测，实现对于不同种类信息的全周期自动化收集，建立对于各类信息的集成化管理，充分发挥智能检测、大数据深度挖掘等技术的优势，构建针对装备系统状态在线实时化监测的系统，展开对于装备健康状态和战损状态的充分监测和全面感知，以促进装备全寿命周期健康管理水平提升。

2. 保障供应融合化

建立对于装备保障资源及要素情况的清晰把握，综合运用物联网、大数据等技术进行动态分析，将其与全维信息流进行充分整合，让各类资源可以得到充分配置和调动，为装备提供充足的信息支持。要求将装备保障信息系统和战场态势感知机制进行全面整合，以便展开对于战场装备实际和保障资源调配状态的充分管理和全面感知，建立对于战场保障活动的精准化管控，以便高效开展战场保障资源调配，使得作战保障任务的执行有效性得到充分保证。

3. 组织架构体系化

在智能化保障背景下，为了更好应对武器装备多样化和分布式的运行维护需求，需要打造以“网 - 云 - 端”为组织架构的基础保障平台，将平台中所发布的前端保护端点、综合保障大数据中心、保障单元进行充分联通，借助数字化网络的形式构造可以实现前后联动、无缝对接的智能化保障网络，以充分转变以往的层级式综合保障组织架构模型，打造网络化、立体化的装备保障机制，让不同的保障单元、要素及数据中心和指控中心实现高度互联。

4. 保障决策最优化

针对传统装备保障存在的决策难度大、链路长等不足，依托广域空间分布和全维度覆盖的装备保障信息系统，通过智能化保障决策和优化调度，改变传统的粗放式决策模式，将决策主体由人工决策向人机混合和机器决策模式转变，并具备自主学习、自主进化等多方面能力，充分体现保障决策的智能化和精确化水平，实现对保障资源和保障行动的智能控制。

5. 保障作业智能化

改变传统的以人力为主的装备保障作业模式，采用智能作业机械、智能机器人、智能自愈系统等先进的智能化作业手段，针对装备深度检测维护、故障件拆解装配、战场应急抢修、能源弹药补给等不同类型的作业任务，能够高效开展人机协作的保障作业行动，显著降低对人的体力和智力要求，甚至直接根据保障决策结果进行自主保障作业。

7.2 装备智能保障技术体系

7.2.1 智能保障系统构成

在装备智能保障过程中，广泛运用各种数字化、智能化等高技术手段，特别是利用各种人工智能技术，实现状态监控、故障诊断、保障指挥、功能修复、保障作业等保障手段的“智能化”，引导保障资源向待保障装备聚焦，提升装备保障的整体水平，提高装备完好率和任务可靠度。如图 7－1 所示，装备智能保障应建立在智能保障性优生设计的基础上，装备保障的各个过程和环节呈现出明显的智能化特征，包括智能保障感知、智能保障决策、智能保障供应以及智能保障作业等。其主要过程包括：

（1）装备智能保障性优生。在装备研制过程中，充分考虑到使用阶段保障的智能性要求，进行智能保障性的论证、设计、分析和验证，甚至包括必要的智能保障行为训练。总体来讲，装备智能保障性优生包括装备自主故障发现与智能治愈的一体化、装备智能作战使用和智能保障过程的一体化、装备自身智能保障和融入任务环境场景后智能保障的一体化等方面的优生。

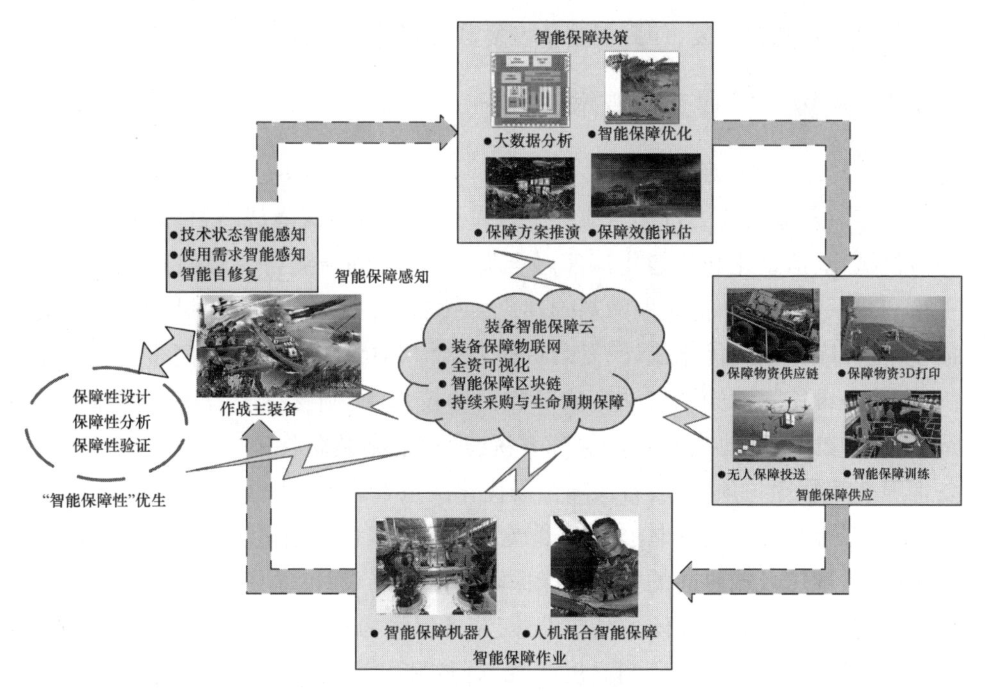

图7-1　装备智能保障系统的概要设计

(2)智能保障感知。保障态势的感知智能化是实现无人智能化装备保障的逻辑起点。依托智能保障云,构建智能化、透明化的状态监测系统,能够对武器装备的技术状态与使用需求进行自动感知和分析,为装备保障指挥提供全面、直观、清晰的装备战场态势。

(3)智能保障决策。保障决策智能化是指在装备保障指挥系统中,依托指挥智能化系统的方案比对和自学习、自适应功能,自动生成适应战场实际的装备保障方案,自动发出装备保障行动指令,替代传统的经验型和层级式的装备保障模式,实现科学高效的装备保障决策、行动控制和过程管理。

(4)智能保障供应。围绕装备使用和维修保障的各类能源、物资与人力需求,能够通过高效智能的保障要素筹措、运输、投送和补给作业,实现从后方工厂到前线装备供应链各过程的无缝集成和智能运行,使得装备能源弹药和备件器材充足、装备持续可用。

(5)智能保障作业。各类装备使用和维修保障作业既是装备保障的主要任务,也是装备保障的逻辑终点。保障作业智能化应充分利用数据统计、断裂力学、虚拟维修技术、自修复技术、纳米技术、信息技术、新兴表面工程技术等科学技术,通过智能机器人对发生的故障和损伤进行拆解、修复、替换,或实现故障部位的自愈合和自修复,使武器装备恢复其良好的技术状态。

7.2.2 关键技术和支撑技术

7.2.2.1 主要关键技术

瞄准装备作战能力持续生成和全域作战范围智能保障战略目标,基于装备保障机械化、信息化和智能化深度融合发展理念,创新装备保障信息物理系统理论和全系统全寿命优化保障基础理论,突破装备智能保障顶层设计与异构集成、装备保障性敏捷优化设计、复杂材料和结构 PHM、装备维修保障全流程优化决策、装备维修保障知识自动生成等方面的技术,研制支撑装备使用保障自治运行及维修产业链协同的智能保障系统,形成复杂装备保障特性优生设计、装备保障态势感知与预测、装备保障全局优化决策及装备保障智能作业能力。

(1)装备智能保障总体技术。开展装备保障信息物理系统基础框架及前沿理论研究,聚焦云端协同的装备智能保障体系顶层设计、系统之系统(System of System,SOS)级智能保障体系结构设计、装备保障力量柔性动态配置、装备供应链协同机制等关键技术,研制高度集成、开放和共享的智能保障信息化服务平台,逐步开展面向一体化联合作战的装备智能保障系统验证与应用。

(2)装备保障性敏捷设计技术。基于智能保障云架构建设网络化、协同化、开放式的装备研制数字环境,聚焦装备保障性敏捷优化设计、保障性与装备专用特性并行设计,突破基于全虚拟、半实物、实物等不同样机形态的保障性一体化试验与评估技术,实现基于装备全寿命周期信息融合的可靠性/维修性/保障性设计闭环,具备装备保障性优生及即时响应更改能力。

(3)保障态势实时感知技术。由于复杂服役环境与装备内在动力学的强耦合作用,装备的核心动态部件与承载结构部件的退化状态与剩余寿命的演变呈现高度复杂性、非线性和可变性,主要聚焦特种环境下新型传感机理与方法、复杂工况装备损伤识别与故障诊断技术、复杂服役环境下装备性能退化辨识与故障预测技术,实现装备技术状态的准确检测、诊断与预测。

(4)装备智能保障优化决策技术。针对区域作战、全域作战等不同层次下的单装备、群体装备智能保障需求,以云端数据为基础,深入研究装备使用、保障涉及的各业务构成及其信息耦合机制,聚焦保障任务自动规划技术、保障资源优化配置技术等关键技术,以信息流、知识流带动保障力量和保障资源向保障对象聚焦,实现保障行为精确控制和全局优化。

(5)装备保障智能作业技术。聚焦以仿生自愈、智能保障机器人作业等为主要形式的智能保障作业新技术,深入研究基于虚拟现实、增强现实的装备保障虚拟演练、即时培训和现场引导技术,突破保障作业知识自动挖掘、学习演化和全寿命服务机制,研制云端与技术专家协同的远程保障作业信息化支持系统,实现保障作业行为的实时响应与自主实施。

7.2.2.2　主要支撑技术

装备智能保障需要以人工智能、生物智能等技术为核心的高新技术群的支撑,依赖于保障感知、保障决策、保障作业、保障供应等方面的关键支撑技术,基本组成如图7－2所示。以智能保障感知技术为例,包括新型传感器技术、故障检测与诊断、故障预测技术、智能材料技术、数据建模技术、数字孪生技术等。以下简要介绍一些代表性的支撑技术,限于篇幅,其他内容就不再展开一一介绍。

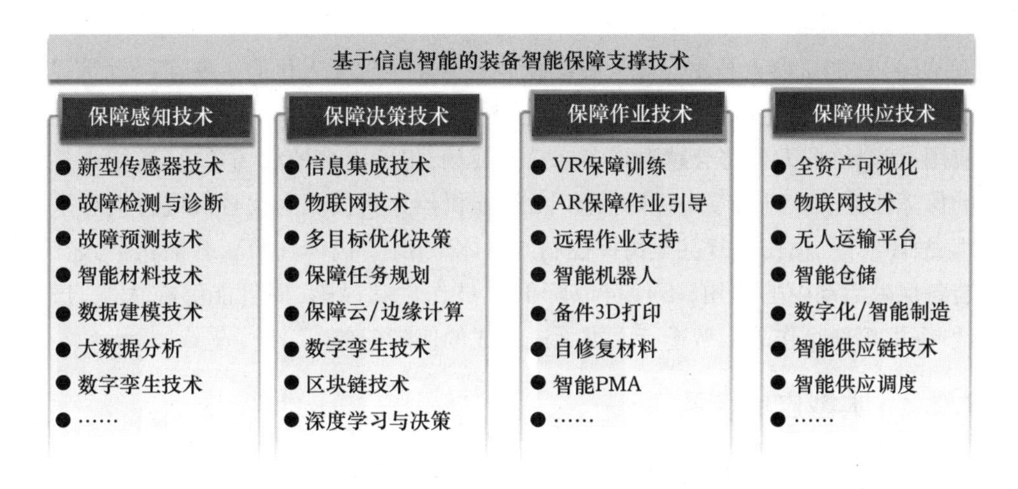

图7－2　基于信息智能的装备智能保障支撑技术

(1)智能传感器技术。传感器是信息的采集者和发送者,是实施无人智能化装备保障的“耳朵”和“眼睛”,没有传感器技术的支撑,就无法获取装备的位置、数量、性能等战场态势信息,装备保障指挥员和指挥机关就会成为“聋子”和“瞎子”,也就无法进行故障诊断和做出决策。智能传感器是将传感器与大规模集成电路综合集成,能够完成信号探测、变换处理、逻辑判断、功能计算和双向通信,实现自检、自校、自补偿、自诊断的功能。将大量的智能传感器广泛散布于全维立体空间,能够为装备保障指挥员呈现战场装备实况。

(2)人工神经网络技术。当前有两种备受关注的保障智能化实现途径:一种是从神经生理学的角度,通过仿生学模仿结构;另一种是从控制论的角度,通过计算机技术模仿神经网络功能。当前,人们主要通过第二种方式即人工神经网络技术实现智能化。人工神经网络是一个并行和分布式的信息处理网络结构,具有类似人类大脑独特的联想、记忆和学习功能,根据外界环境的变化,能够自我学习、自我适应和自我调整,迅速找出解决问题的优化方案。人工神经网络技术既是支撑无人智能化装备保障的关键核心技术,也渗透于无人智能化装备保障的各个环节。

(3)自动修复技术。自动修复技术是实现装备功能修复无人智能化的主要途径,也是进行装备修复保障的理想模式。随着精确制导武器的广泛应用,装备面临损伤的风险和威胁不断加大,装备功能修复的任务更加繁重。自动修复就是通过综合运用新材料、新工艺,使装备硬件和软件损伤后能够自动修复、自动愈合,即通过赋予装备自身维护能力,提高装备维修的时效性、装备运行的可靠性和稳定性。

(4)智能机器人技术。无人智能化装备保障实现无人化的主要途径就是智能机器人的研发与运用。随着人工智能技术的更加成熟和在军事领域的广泛应用,智能机器人也将会越来越多地投入战场,担负更多的战场角色,遂行更多的保障任务。在进行装备保障活动中,智能机器人将会成为代替人进行信息采集、故障诊断、损伤修复甚至指挥控制的主体。相比"肉体凡胎",智能机器人在装备保障活动中的运用,不仅可以降低人员伤亡和风险,而且能够在太空、极地、深海等新型作战领域遂行人类无法完成的保障任务。

7.2.3 典型应用场景

图7-3所示为面向无人作战的装备智能保障典型应用。在该场景中,无人作战装备具备三种智能保障模式。一是"自我保障",利用嵌入式的自我状态感知能力,进行自我保障决策和自修复;二是"伴随保障",利用基于信息系统的智能保障决策和投送能力进行链条型保障;三是"返航保障",智能装备在遇到物资用尽、部分受损等情况时,自行返航到后方场所进行保障。

对于"伴随保障"和"返航保障",信息智能发挥重要作用,基于北斗导航系统和物联网等信息化技术,可实时感知作战装备的技术状态和资源需求,并在装备智能保障云平台中进行分析、推演和决策,在此基础上,根据联合作战保障指挥官的意图生成保障指令,精确调度和控制后方保障资源。为响应伴随保障需求,可进行智能无人投送,将保障物资和保障力量运送到作战现场并进行智能作业。

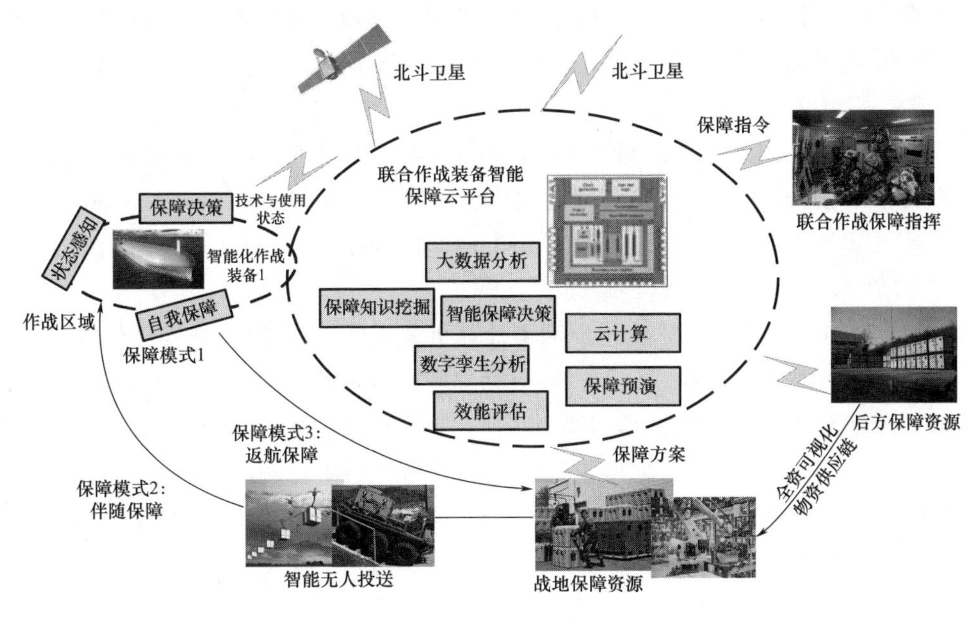

图 7－3　联合作战装备 3 种智能保障模式

7.3　装备智能保障的若干技术途径

围绕前面所介绍的装备智能保障的关键技术和支撑技术，以下介绍 3 种颇受关注的技术途径。一是面向装备智能保障对象识别的深度学习技术，主要目的是利用卷积神经网络技术，对实施保障的目标进行视觉识别和物理定位，从而为保障作业提供目标输入；二是面向装备智能保障的作业机器人，主要目的是介绍当前在装备保障方面的一些新型作业机器人，介绍其基本组成和使用方式，帮助大家开阔视野；三是装备智能自修复技术，这是不依赖于外部作业的智能保障技术，应用前景非常广阔，主要介绍基本分类和基本原理。

7.3.1　面向装备智能保障对象识别的深度学习技术

在装备保障过程中，往往需要对保障的目标进行智能的识别。根据摄像机所获取的图像或者视频搜寻目标，获得目标在图像中的位置。在一些动态保障场景应用中，甚至还需要目标跟踪，指的是对图像序列中的运动目标进行检测、提取、识别和跟踪，并且获得运动目标的运动参数如位置、速度、加速度和运动轨迹等，从而进行下一步的处理与分析，实现对运动目标的行为理解，以完成相应的保障任务。在增强现实应用中,需要利用目标跟踪来实现实时的物理对象位姿获取,并且根据物理对象的位姿和运动状态来改变相应的虚拟模型注册方式。

在这方面,以卷积神经网络为代表的智能学习算法是人工智能及智能保障领域的研究热点。下面首先介绍卷积神经网络(Convolutional Neural Networks,CNN)的基础知识,然后介绍一种多视图卷积神经网络的保障对象识别方法。

7.3.1.1　卷积神经网络基础

卷积神经网络的广泛应用推动了计算机视觉任务的发展,在检测任务、分类与检索、超分辨率重构、医学任务、自动驾驶以及人脸等领域得到了大量的应用。然而,针对传统的机械零部件检测存在特征提取困难、实时性较差的问题,将深度学习应用于机械零部件检测与识别成为一项重要的研究内容。通过对部件进行检测,然后对零部件进行动态跟踪,最后计算出零部件的位姿信息。该项技术可以应用于AR眼镜设备,维修人员穿戴AR眼镜设备进行维修操作时,可以准确识别到所需要维修的机械部件,以及动态的位姿信息。本节对卷积神经网络的基本结构和训练方法进行介绍,详细介绍典型的目标检测算法以及算法性能评估所使用的评价指标。

卷积神经网络是一类包含卷积计算且具有深度结构的前馈神经网络(Feedforward Neural Networks),是深度学习(deep learning)的代表算法之一。卷积神经网络具有表征学习(representation learning)能力,能够按其阶层结构对输入信息进行平移不变分类(shift - invariant classification),因此也被称为"平移不变人工神经网络(Shift - Invariant Artificial Neural Networks,SIANN)"。

1. 神经元与卷积神经网络基本结构

神经元是卷积神经网络的基本单元,其本质特征是将卷积层和池化层进行逐层连接,可将神经元抽象化为"M - P 神经元模型",其结构示意图如图 7 - 4 所示。其中x_i为第 i 个神经元的信号,与其对应的权重w_i相乘后得到$w_i x_i$作为神经元当前的一个输入,神经元所接收到的总输入信号 $\sum_{i=1}^{n} w_i x_i$ 与自身的阈值 θ 比较后,经过激活函数处理从而得到最终的输出。其中常用的激活函数有Sigmoid、ReLU、Tanh。典型的卷积神经网络模型如图 7 - 5 所示,它由卷积层、池化层以及全连接层组成,卷积神经网络具有强大的特征学习能力以及表征能力,基于卷积层、池化层、全连接层,以及激活函数的灵活设计,可以适应不同的任务需求。

$$\text{Sigmoid}: f(x)=\frac{1}{1+e^{x}}$$

$$\text{ReLU}: f(x)=\begin{cases}x, x>0\\0, x\leqslant 0\end{cases}$$

$$\text{Tanh}: f(x)=\frac{e^{x}-e^{-x}}{e^{x}+e^{-x}}$$

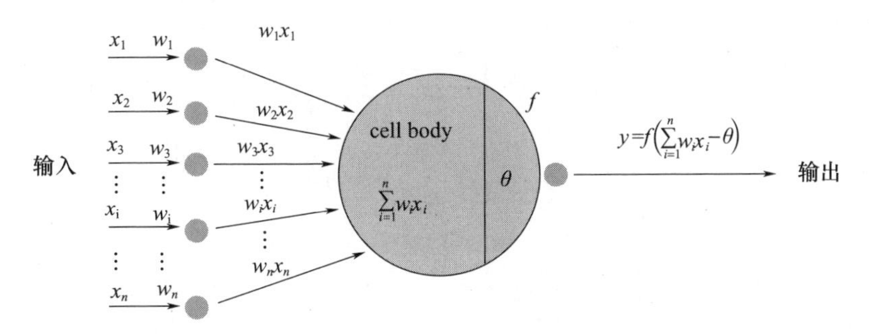

图 7－4　M－P 神经元模型

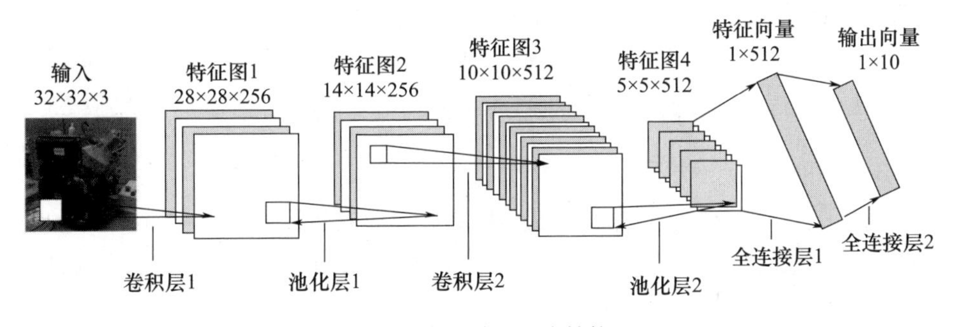

图 7－5　卷积神经网络结构图

2. 卷积层

卷积层(Convolution Layer)是 CNN 中最重要和最基本的结构,通过输入图像与多个卷积核进行卷积操作来获取数据的特征,卷积的计算过程是输入矩阵和卷积核的矩阵点乘运算和求和运算。卷积层中设计的参数有:①滑动窗口步长(stride);②卷积核尺寸(kernel size);③边缘填充(padding);④卷积核个数。各项参数的简单理解如图 7－6 所示,滑动窗口步长表示的是滑动窗口从左到右、从上到下所移动的大小;卷积核大小可以根据需要自行设定;边缘填充表示的是沿着图像边缘再填充若干层像素,即将填充的位置都填上“0”值,图 7－6 中所填充的层数为 1,即 padding = 1;卷积核个数可以为单个或者多个,图像的特征提取工作可以由多个卷积核的操作实现。

$$S(i,j) = \sum_{m=0}^{M}\sum_{n=0}^{N} g(i+m, j+n) f(m,n)$$

式中:$g(\cdot)$为输入的特征图;f为大小为$m \times n$的卷积核;$S(i,j)$为特征图输出。卷积的基本运算如图7-6所示,卷积核与每个子窗口进行卷积操作。

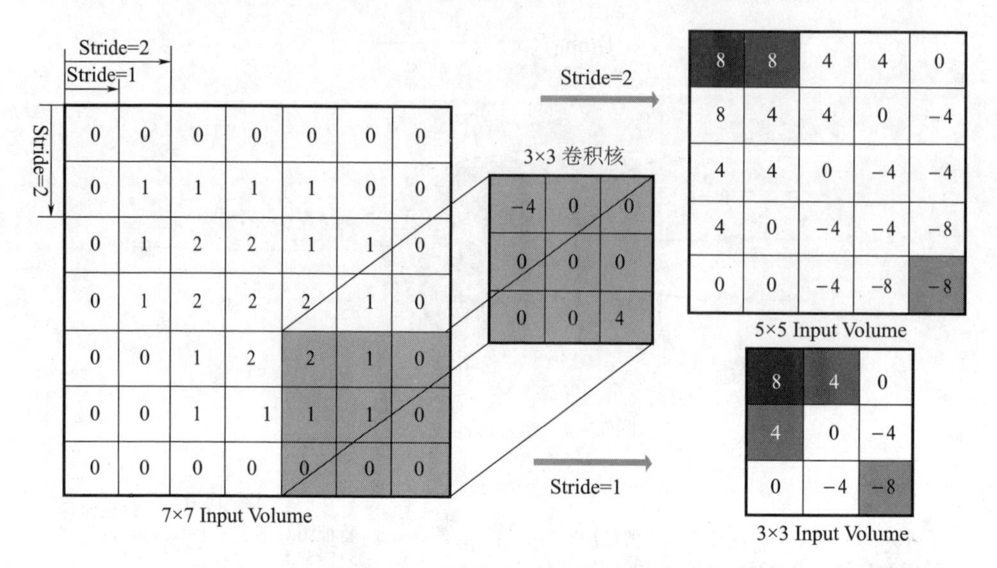

图7-6 卷积层参数和卷积操作示意图

3. 池化层

池化层(Pooling Layer)通常在卷积层之后。通过卷积操作获取特征映射后,如果不经过池化操作就对特征进行分类,就会让网络的计算量显著加大。池化操作本质上是下采样操作,其目的是有效降低数据维度,增大感受野。池化一方面能够降低计算量,一方面能够缩小图像的尺寸同时保留其中最重要的特征。在不断减小数据的空间大小的同时,也在一定程度上控制了过拟合现象的发生。池化层中通常使用最大池化(max pooling)和平均池化(average pooling),其定义为

$$s(i,j) = \max_{m,n} g(i-m, j-n)$$

$$s(i,j) = \mathrm{Ave}_{m,n} g(i-m, j-n)$$

式中:$g(\cdot)$为特征图输入;$s(i,j)$为特征图输出。

最大池化函数max()在图像区域中的池化窗口中选取最大值,平均池化函数Ave()是计算池化窗口中的平均值,其原理如图7-7所示。

4. 全连接层

全连接层(Fully-Connected Layer)一般存在于卷积神经网络的顶层,能够将

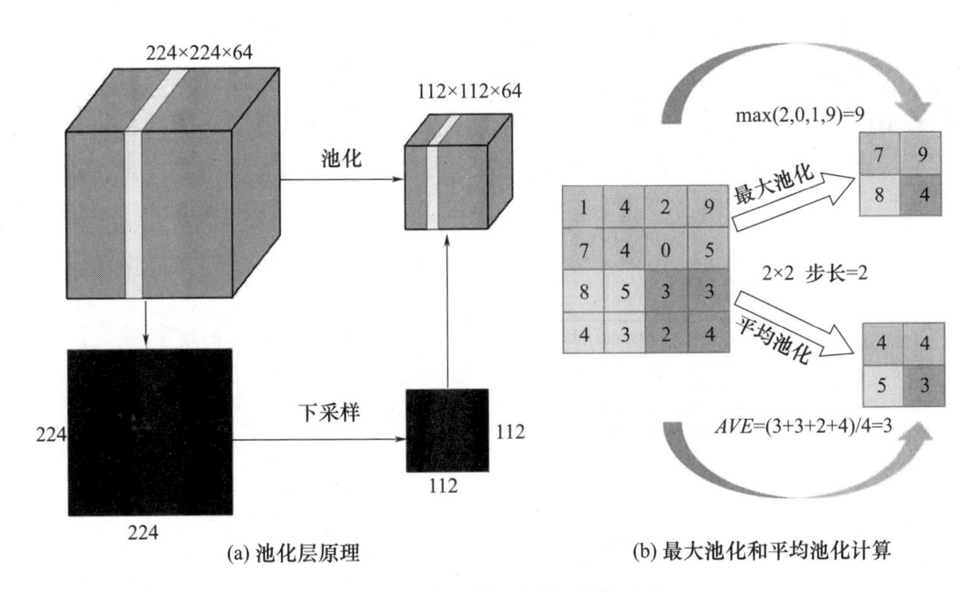

(a) 池化层原理　　(b) 最大池化和平均池化计算

图 7-7　卷积神经网络池化过程

卷积层输出的所有特征矩阵转化为一维的特征大向量,到达该层的一维向量拥有浓缩和丰富的特征信息。全连接层其本质作用就是完全连接所有的神经元,每个节点和上下层所有神经元都存在连接关系。神经网络存在一个固有问题就是过拟合,通过 DROP-OUT 可以降低网络过拟合风险,其原理是在每个训练批次的前向传播中以概率 p 保留部分神经元。全连接网络的计算如图 7-8 所示。

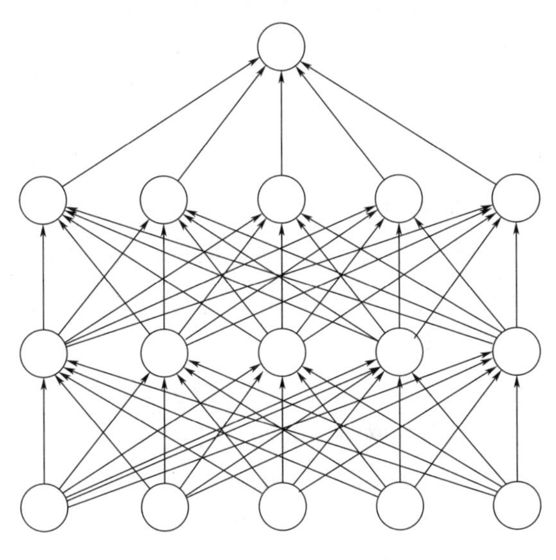

图 7-8　全连接网络的计算过程

7.3.1.2　卷积神经网络训练方法

卷积神经网络的训练过程分为前向传播和反向传播两个阶段。其中,前向传播是将输入训练数据从低层向高层传播的阶段,反向传播则是前向传播输出结果与预期结果不相符时,将误差从高层传向低层进行训练的阶段。训练过程如图7-9所示。

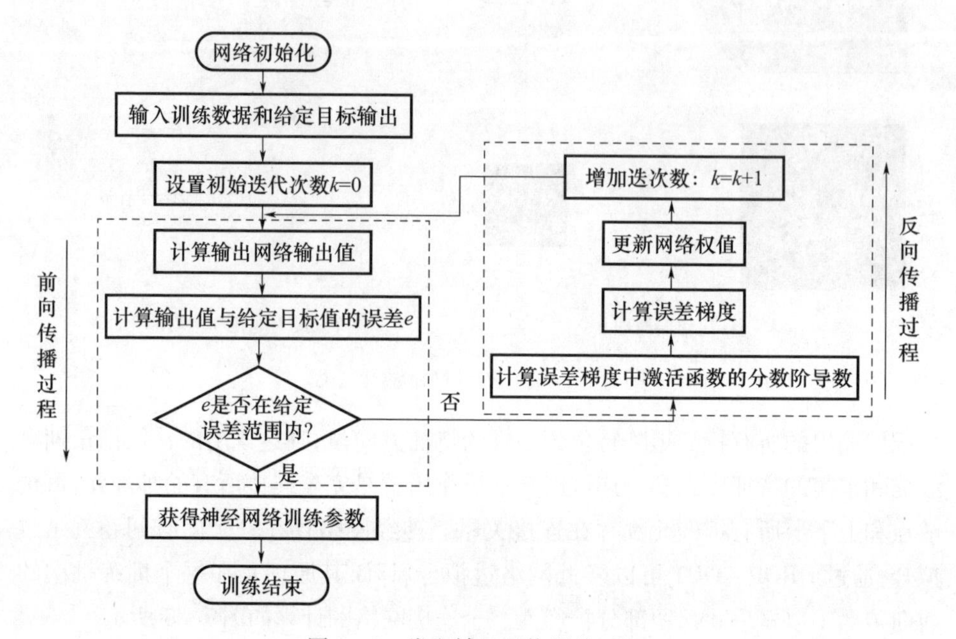

图7-9　卷积神经网络训练过程

卷积神经网络在训练过程中,预测值和真实值会存在一定的偏差,通常使用损失函数比较衡量两者之间的差别。模型训练的本质就是让损失函数达到理想的最小值。卷积神经网络中常用的网络训练方式有随机梯度下降法(Stochastic Gradient Descent,SGD)、带有动量的随机梯度下降法(SGD with momentum)、RMSProp(Root Mean Square Prop)、自适应梯度下降(Adaptive Gradient,AdaGrad)等。

以SGD方法为例,它在每一轮参数更新时,对随机部分样本进行优化,该优化方法的梯度更新的表达式为

$$\theta_{t+1} = \theta_t - \eta \nabla L(\theta_t)$$

式中:θ_t为第t个轮次训练后的网络参数;η为学习率。

随机梯度下降迭代的原理如图7-10所示,其主要目的是使用梯度下降来更新模型参数,最终让梯度降低至接近理想值。其优点是迭代速度快,但是使用随机梯度下降时常不能沿着最佳的更新方向逼近最优参数。

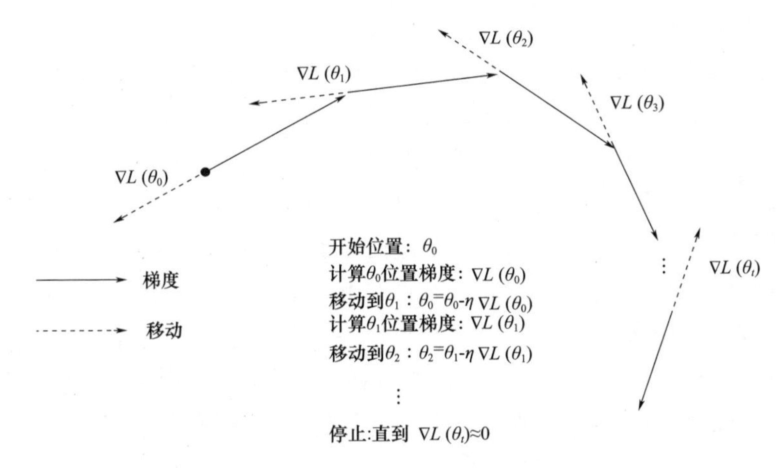

图 7－10　随机梯度下降迭代原理图

7.3.1.3　基于多视图卷积神经网络的保障对象特征识别

基于多视图卷积神经网络(Multi－view Convolutional Neural Networks，MVCNN的多视图物体识别框架,可设计一个端到端的保障对象三维识别网络。网络主要分为视角选择模块、特征提取模块和特征融合模块 3 个模块。如图 7－11 所示。视角选择模块负责选择不同的角度将三维物体投影到二维平面。由于不同的视角所涉及的物体方向和结构信息都不同,合理的视角选择策略可以优化网络的训练数据。特征提取模块负责分析二维视图,提取视图特征。为了从多个视图推断一个物体的标签,特征融合模块负责以合理有效的策略将多个特征融合,并输入到全连接网络中分类。

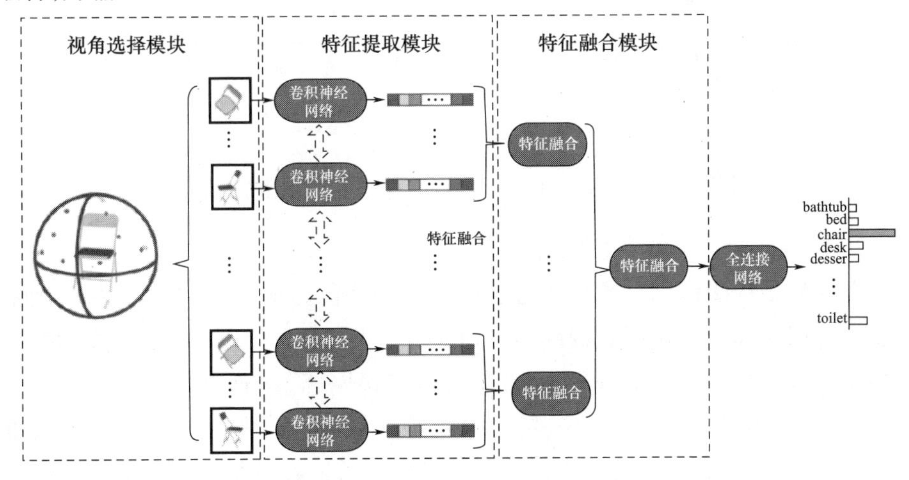

图 7－11　多视图特征融合框架

1. 视角选择策略

在处理多视图的三维物体时,不同的物体的投影视角决定了不同的模型输入数据。对于特征提取神经网络而言,信息量丰富且具有识别特征的图像更容易训练出一个有效的模型。为了避免传统的环形视角采集方式将视点设置在同一个高度上可能造成的视图信息过分冗余,采用可以产生任意细分度视角的视角选择策略。用一个正八面体完全包住识别的物体,物体的中心与正八面体的中心重合。正八面体的各个面可以看作由 8 个等边三角形组成,每个三角形的中点到正八面体原点的向量可以看作是一个视角方向。同时,为了保证在极坐标下物体的投影大小相当,需要让所有视角点与物体中心的距离相等,即可以看作所有的视角点都分布在正八面体的外切球的球面上,效果如图 7-12 所示。在确定了视角方向后,沿着外切球径向与球面相交的点,就是被选择的视角点。这样当遇到关于 Z 轴旋转不变的三维物体时,不会出现环形选取视角策略遇到的在相同高度下所有视图完全一样的问题。此外,在正八面体的三角形面上进行均分,产生 4 个较小的三角形。这些三角形的中心点可以被看作是更为紧密的视角点,且这 4 个视角在空间上可以被认为是上一级视角的发散。通过反复分割三角形并取其中心,就可以生成更多数量级的视角。基于上述策略,可以生成任意细分度的视角选择。

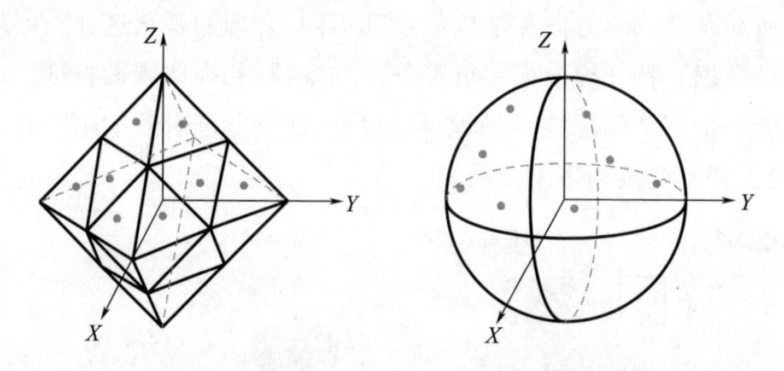

图 7-12 左为八面体上视角点,右为外切球上的视角点

2. 在特征向量上的卷积融合

大多数多视图识别三维物体方法中融合的特征为输出层的输入特征,即视图通过卷积层和全连接层后的高维特征向量。以 MVCNN 的框架为例,其所用的特征提取网络为 5 层卷积网络和 2 层全连接网络,全连接网络输出大小为 1×4096 的一维特征向量。这些特征已经成为了三维物体局部特征的抽象描述,失去了空间信息。它们对于高维信息的融合普遍在特征的列维度上操作。

基于上述的视角选择策略，进行在特征向量上的卷积操作。该操作考虑到邻近视角的空间相关性，用卷积对特征进行加权求和操作，通过训练网络使得特征融合时的权重可以根据数据的分布调节。融合操作可以被描述为一个映射，即

$$F_1(w):(d_1,d_2,\cdots,d_m)\rightarrow g_1$$

式中：w 为两次融合操作中可训练的参数。

$[d_{i\_0},d_{i\_1},d_{i\_2},d_{i\_3}]$ 分别对应视图 $[V_{i\_0},V_{i\_1},V_{i\_2},V_{i\_3}]$ 在经过特征提取网络VGG后的特征向量，卷积核大小为 4×1。权重用 w^1 表示，$w^1=\{w_0^1,w_1^1,w_2^1,w_3^1\}$ 在第一次的特征融合中，将同一个组的4个特征以列维度对齐，拼接为 4×4096 维的特征矩阵。卷积从左边窗口滑动到右边，输出融合后的层级特征。融合的过程可以用公式表达为

$$l_i=w_0^1d_{i\_0}+w_1^1d_{i\_1}+w_2^1d_{i\_2}+w_3^1d_{i\_3}+b_1$$

对4个不同的基础视角进行同样的操作，得到层级特征 $L=\{l_0,l_1,l_2,l_3\}$。再进行与上述类似的操作，将特征 L 拼接成 4×4096 维的特征矩阵。再用卷积融合成一维的全局特征 g 该卷积的权重用 w^2 表示，融合的表达式为

$$g_1=w_0^2l_0+w_1^2l_1+w_2^2l_2+w_3^2l_3+b_2$$

之后将 g_1 输入全连接层FC中输出三维物体的类别。特征向量上的卷积操作如图7-13所示。

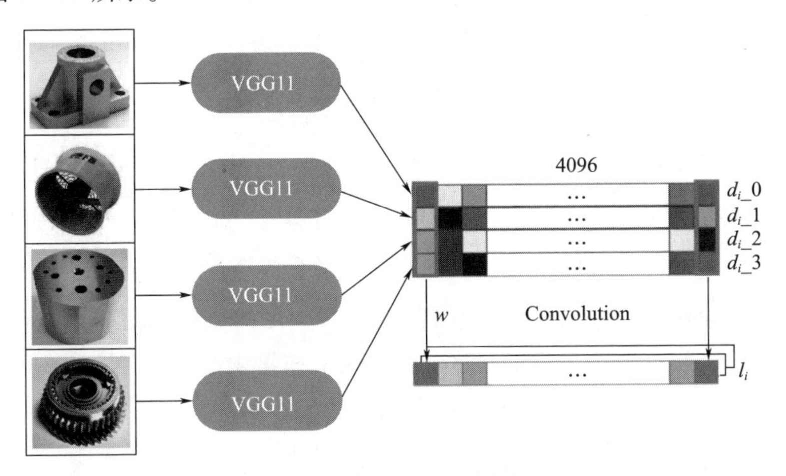

图7-13 特征向量上的卷积操作

3. 在特征图上的卷积融合

除了上述在特征向量上的卷积融合的方法，还可以利用不同视图间物体的结构信息部分重叠且相互补充的特性，直接对特征图进行卷积融合。特征提取

网络 VGG11 由 8 层卷积层和 2 层全连接层组成，将融合操作放在卷积层的最后一层，即第 8 层卷积之后。此时，特征图为 7×7 的矩阵形式。获取特征图上的最大响应，并在特征的维度上拼接起来。根据视角选择策略中的分组结构，每个组内有 4 个视图。将这些视图的最大响应拼成 2×2 的特征图，再利用卷积核大小相同的卷积学习响应之间的相关性，并对特征进行降维。

基于特征图响应的卷积融合模块的映射函数用 F_2 来表示，其定义如下：

$$F_2(w):(f_1,f_2,\cdots,f_m)\to g_2$$

式中：f_m 为特征提取网络的卷积层 VGG_2 的输出；w 为卷积操作中涉及的参数 g_2 为融合后的全局特征。

特征的拼接与卷积操作如图 7－14 所示。

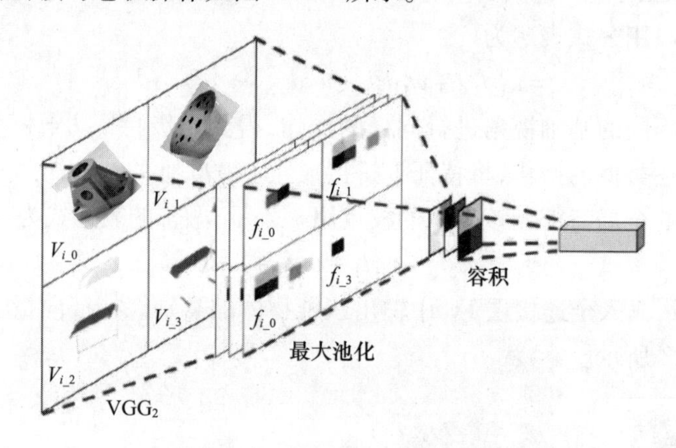

图 7－14　特征图上的卷积操作

利用一个 2×2 的卷积学习同一个方向上 4 个视图的特征拼接而成的组合特征 $\bar{f}_m$，并将其融合成一维的层级特征 l。对于 4 个方向，同理产生 4 个层级特征 $[l_0,l_1,l_2,l_3]$ 拼接并再次利用 2×2 的卷积融合成全局特征 g_2。之后将它输入到全连接网络中，由于 $F_2(w)$ 的输出仍然具有一定的空间信息，所以需要在全连接层中进一步提取高维特征。将 g_2 输入的全连接层改成 3 层，前两层神经元数目均设为 512，最后一层与类别数目相同作为输出层。

7.3.2　面向装备智能保障的作业机器人

利用机器人开展装备保障作业是智能保障的重要发展趋势。然而当前机器人主要用于车间环境下的焊接、装配、喷涂等工作，在外场开展装备保障作业的应用并不多，特别是战场环境下的作业机器人受制于复杂任务和环境因素的影响,其场景感知、行为控制、综合作业等方面存在重大挑战,目前还处于早期发展阶段。

7.3.2.1　FORTIS 21 世纪人的力量增强器

由洛克希德·马丁公司开发 FORTIS 21 世纪人的力量增强器(Human Augmentation For The 21st Century,HAS)的目的正是增强人的力量和持久力,以减少人员伤害,并提高生产率。图 7-15 所示为借助 HAS 进行维修作业。目前 FORTIS 已是可供销售的商用产品,供给维修活动的民用技术最早的 2 个单元在 2014 年 10 月交付。

图 7-15　利用 HAS 进行维修作业的应用场景

HAS 的基本结构和主要用途如图 7-16 所示。这个系统是一个被动式的外骨骼,也是一种多用途的工具系统,可用于多种维修作业。其技术性能如下:

(1)支持的工具可达 16kg。

(2)在站立或跪下时可将载荷传递到地面。

(3)自重约 12kg。

(4)可供身高从 1.57~1.93m 及两种体型的人体使用。

(5)调整尺寸、位置时不需要工具。

(6)只需最少的训练并且操作简单。

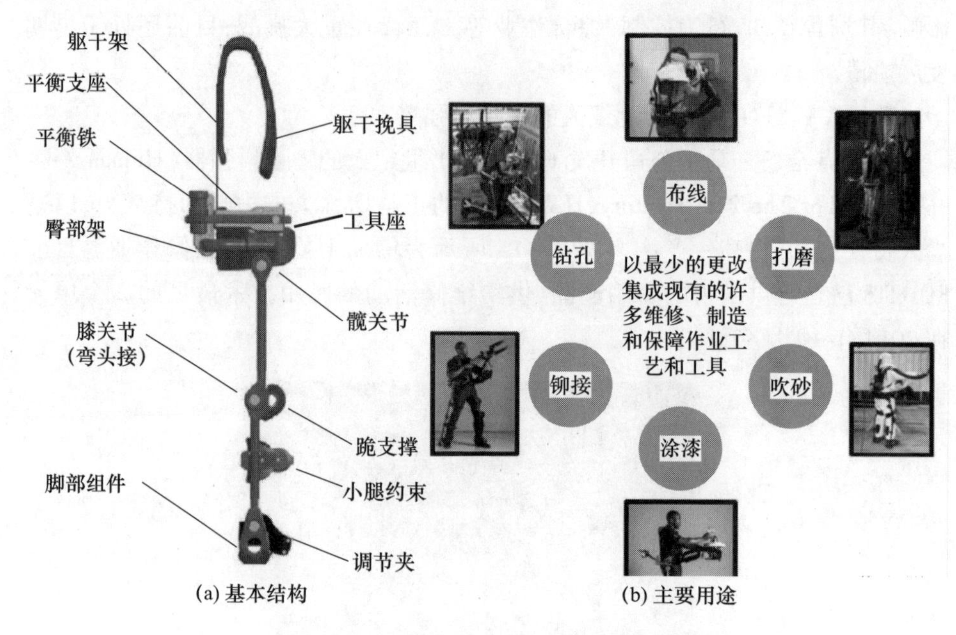

(a) 基本结构　　(b) 主要用途

图 7-16　FORTIS 21 世纪人的力量增强器

(7)工具臂和平衡组件拆卸很容易。

(8)减少容易使人疲劳和振动的感觉,提高生产率。

(9)不需带电池或动力。

对于工业企业可以根据实际需要调整外骨骼,以适应具体作业的需求。FORTIS 具有的优点包括:

(1)减少报告的疲劳伤害 300%。

(2)每个 FORTIS 每年为专门的船体处理节省计划费用 104000 美元。

(3)普季特湾海军造船厂工人在实际使用该增强系统中,进行连续的高架工作时间平均可达 27min。而在不利用该系统增强的情况下,通常在 25min 时间中会 21 次中断工作。

(4)零报告伤害。

《专门的船体处理的热感应拆卸使用 21 世纪人的力量增强器技术》(洛克希德·马丁公司)报告指出:"21 世纪人的力量增强器技术是在根本上重新确定工人与工具之间关系,工人的力量大小不再是分派工作的限制因素。采用 HAS 的费用优势容许普季特湾造船厂将热感应工具应用工作小组规模从 3 人减少到 2 人,相当于每年节省经费 104000 美元,并且所节省的费用随着部署的 HAS 数量和用于专门船体处理(SHT)拆卸项目的增加而增加。"

7.3.2.2　美国空军研究实验室飞机维修的机器人 A5

2018年5月10日，美空军莱特－帕特森空军基地宣布，美国空军研究实验室制造技术部展示了用于飞机维修的一种新的机器人系统。该“敏捷航宇应用的先进自动化”(A5)机器人如图7－17所示，重22000磅(9980kg)，采用传感器反馈，在局限环境下完成车间维修作业。在执行去除飞机涂层的工作时预期可缩短时间达50%。

图7－17　用于飞机维修的“敏捷航宇应用的先进自动化”机器人

A5机器人借助传感器收集的数据形成一种路径计划，来指导维修活动，避免了对系统再编程的需要。美空军研究实验室的一名自动化机器人项目经理里克(Rick Meyers)说，A5机器人安装在一个移动平台上，便于其在飞机周围移动。一名人类操作员与机载计算机之间建立联系，由机器人计划和完成手工作业。A5已经完成其前阶段的研制，并在一架C－17战略战术运输机上接受补充测试。

7.3.2.3　GE航空发动机维修蛇形机器人

过去，航空发动机内部检查主要依靠使用工业内窥镜，这类似于医疗内窥镜的工业版本，它可以插入发动机上许多的端口，允许工程师确认风扇或压气机叶片的损坏。麻烦的是，这种检查方式需要一定的专业技能，而美国通用电气公司(GE公司)目前在役航空发动机超过了35000台，在各机场没有足够的工业内窥镜专家进行这项诊断工作。

GE、普惠和罗尔斯·罗伊斯等发动机制造商都在使用智能算法来监控飞机发动机的健康状况。但是尽管这些智能算法能够进行发动机的故障诊断，但需停飞并进行发动机分解确认，要耗资数十万美元，因此需要快速检查的技术。

机器人能够在危险和难以到达的密封区域，进行检查、维修和清洁，可以应用在航空航天、建筑、核能、石化和安全等多个行业。2017 年，美国 GE 公司收购了 OC Robotics 公司。OC Robotics 在蛇形机器人等技术上研发了 10 多年，大量投资用于开发蛇形机器人技术，并致力于航空业的应用。

GE 公司将在航空发动机上使用该技术。该蛇形机器人可以伸展超过 2.7m，弯曲超过 180°。携带紫外线激光器的蛇形机器人能够很快地进入航空发动机，寻求发动机潜在的损坏，甚至进行修复，如图 7－18 所示。

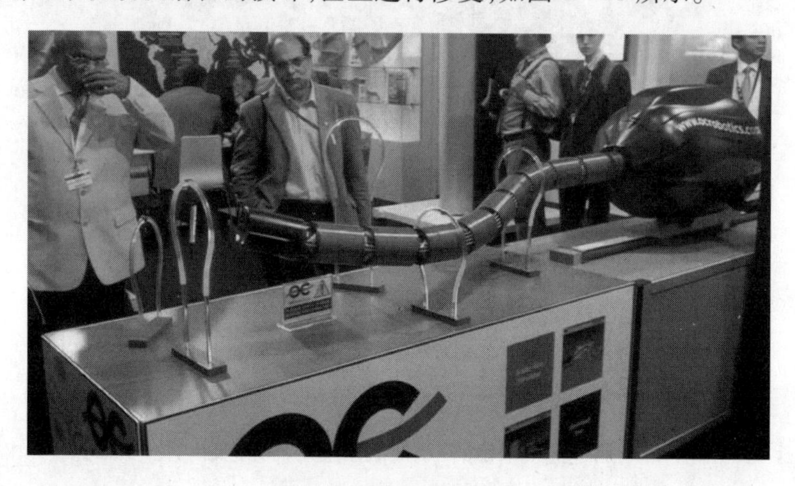

图 7－18　蛇形机器人

另外，英国罗尔斯·罗伊斯公司也投资了 400 万欧元进行蛇形机器人的研发。罗尔斯·罗伊斯高级副总裁 Pat Emmott 对此表示："我们没有足够的工业内窥镜专家来解决这个问题，所以我们需要自动化这个功能。我们的答案就是开发一个机器人，让一个相对不熟练的工程师可以将其引导到发动机上并自动工作。"他说，蛇形机器人将进入航空发动机内部并将图像送回远程控制的专家，有点像远程外科手术。

7.3.2.4　地球同步轨道卫星服务机器人

目前地球同步轨道上有 400 多个地球同步卫星正在运行，它们距离地面高度达到 36000km，是全球通信的重要组成部分，有的单价甚至高达数亿美元，但是一旦它们发生故障或耗尽燃料，就是一堆没有用的太空垃圾。维修与升级卫星面临巨大的技术挑战，但一旦成功将大幅变革军事与商业航天运行能力，降低卫星建造与部署成本，延长卫星寿命，提升"弹性"和可靠性。

"地球同步轨道卫星机器人服务"（Robotic Servicing of Geosynchronous Satellites,RSGS)通过研发验证加速获取高精度检查、排除机械故障(太阳电池阵、天线展开等)、辅助变轨,并可安装附加有效载荷或对在轨资产进行升级。

在轨服务卫星运行在与目标共面但轨道高度比目标低的待机轨道上,收到任务命令后,调整相位,进入转移轨道,向目标机动;接近目标过程中,通过远距离捕获传感器发现目标,并生成目标相对距离、方位等信息;然后在轨服务卫星逼近目标并绕飞,从多个角度对目标拍照,通过计算机视觉系统计算相对位姿信息;展开机械臂后,机械臂末端的视觉相机开始工作,在目标上寻找抓捕部位,一旦发现抓捕部位,利用图像处理算法计算抓捕部位的位姿,实施抓捕;抓捕目标后,进行一系列大角度机动,以计算抓捕后与目标一起构成的组合体的中心,然后利用机械臂调整组合体,使组合体中心与在轨服务卫星的推力器在一条直线上;最后通过机械臂末端执行器对目标开展各种操作,如图7-19所示。

图7-19　地球同步轨道卫星机器人机械臂

根据规划,RSGS将为后续在轨服务任务提供较全面的实践与技术标准。相关技术可用于排除在轨航天器故障、延长寿命和拓展功能,提高在轨资源使用效率,进而使单星一次性使用方式向全寿命周期可维护的使用方式转变,改变航天器体系结构和研制模式。此外,相关技术还可用于破坏对手航天器、守卫己方航天器,通过“寓军于民”的方式成为太空攻防的新途径。

7.3.3　装备智能自修复技术

在装备发生故障和损伤后,维修保障是进行性能恢复的常规途径。随着智能技术的进步,人们通过设计可自修复的材料、结构硬件或软件,能够智能检测致损因素和故障/损伤大小,利用内部自修复机制实现自愈,逐渐成为装备维修保障领域的发展热点。

自然界不乏自修复的例子。几乎所有复杂生物体都具备某种形式的伤口自愈机制。对于人体而言,划伤能使皮肤表面出现裂口、出血,但我们的身体有能力使其止血、结痂并愈合,一般包括凝血过程和组织伤口愈合过程。在整个生命历程中,人体不断受到病毒的侵害或外界环境造成的伤害,但依靠自身免疫和修复机制,人体的整体功能通常是非常可靠的。通过模拟生物体的自修复机制,开发具有自修复能力的装备一直是人们的梦想。近年来,随着人们对生物体免疫和修复机制认识的不断深入,给工程技术研究带来了更丰富的灵感,生命科学和工程技术学科进一步交叉,仿生自修复技术已呼之欲出。

接下来主要介绍智能自修复材料、硬件结构自修复和软件自修复 3 种智能自修复技术,主要介绍其基本原理和发展概况。

7.3.3.1 智能自修复材料

自修复材料指的是当材料的完整性遭到破坏,如出现裂痕、断裂,可以自动或者通过相关的外力作用而引发修复。它是依据仿生学的原理提出的,模拟了生物组织受损后的再生修复机理,利用了黏结材料可以和相关的基体相发生聚合反应的机理,对材料的受损部位进行自修复,恢复或者保持材料的原本性能。自修复材料能够对材料的内部或者外部受损部位进行自修复,能够保证材料的稳定性和安全性,从而消除了相关的安全隐患,延长了材料的使用寿命。

一般来说,自修复材料按照其机理可以分为两大类,一类是在材料或基体内部分散或者复合一些功能性物质来实现的,这些功能性物质主要是装有修复剂或者催化剂的微胶囊。另外一类主要是通过加热等方式提供能量,从而使材料发生结晶、产生交联或在表面成膜等作用实现自修复。

当前,关于智能自修复材料方面的研发成为智能保障领域的热点。例如,在外部复杂环境影响作用下,对环境有自适性,能自动调节表面结构和性能,具有自组装、自强化、自补偿、自愈合功效的金属基复合材料、无机复合材料、功能纳米材料;能够抗复杂环境侵蚀、感知环境变化、具备自修复特性的多种聚合物材料和传感器等。

1. 金属磨损自修复技术

金属磨损自修复技术是近些年发展起来的一项表面工程领域新技术。它是一种对机械零件磨损区域进行自动补偿,恢复零件原始尺寸和力学性能的抗磨减磨技术。该技术采用了一种“矿石粉体润滑组合物”(粒度不大于 10μm)的修复材料,添加到油品和润滑脂中使用。修复材料的主要成分为蛇纹石及少量的添加剂和催化剂。润滑油或脂作为载体,将修复材料的超细粉粒送入摩擦副的工作面上。它不与油品发生化学反应,不改变油的黏度和性质,也无毒副作用。这种自修复材料的保护层不仅能够补偿间隙,使零件恢复原始形状,而且还可以优化配合间隙。

1)金属磨损自修复技术的作用机理

金属磨损自修复,总微观过程上分为超精研磨、表面清理、修复剂微粒表面凹坑处充分冷作硬化、修复层形成4个阶段。当金属磨损自修复材料中粒径为微米级的颗粒材料以润滑脂作为载体进入相互摩擦的机械零件中时,这些微粒材料在机械零件的摩擦中对相互摩擦的机械零件产生超精研磨作用,并通过一系列物理变化和化学变化改变摩擦表面的金属微观结构。

修复材料在机械零件摩擦表面发生的物理变化是:机械零件在相互摩擦过程中,在摩擦力的作用下,超细微粒颗粒被进一步碾碎,此时微小颗粒对金属摩擦表面产生超精研磨作用,有足够硬度的微粒的超精研磨作用造成金属表面微凸体断裂,使得机械零件摩擦表面的光洁度进一步提高。

2)金属磨损自修复的分类

(1)摩擦成膜自修复。磨损部件的摩擦成膜自修复原理是在摩擦过程中,利用机械产生的摩擦作用、摩擦化学作用和摩擦电化学作用,摩擦副与润滑材料之间产生能量交换和物质交换,从而在摩擦表面上形成正机械梯度的金属保护膜、金属氧化物保护膜、有机聚合物膜、物理或化学吸附膜等,以补偿摩擦副的磨损与腐蚀,形成磨损自修复效应。摩擦成膜自修复包括铺展成膜自修复、共晶成膜自修复和沉积成膜自修复。

(2)原位摩擦化学自修复。其原理是特种添加剂与金属摩擦副之间产生物理和化学作用,在摩擦副表面纳米级或微米级的厚度内渗入或诱发产生新物质,使金属的微组织、微结构得到改善,从而改善金属的强度、硬度、塑性等,实现摩擦副的在线强化,提高摩擦副的承载能力和抗磨性能。

(3)摩擦自适应修复。摩擦自适应修复实际上是一种条件自修复,是在摩擦条件下通过润滑介质及环境的物理化学作用,在摩擦副表面形成吸附补偿层、物理沉积补偿层、化学转化膜补偿层和摩擦副表面改性来实现的一种自修复。

(4)微流变塑性整平。润滑介质在摩擦界面的微流变现象是基于摩擦表面不平整所发生的一种润滑状态,结合高分子润滑剂的流变特性,形成了微流变金属表面塑性整平技术。

(5)微观磨损整平。由于高载荷条件下的高接触应力,摩擦表面的流体动压润滑膜也发生塑性化，导致润滑油在弹流接触区内产生流变特性。同时，由于摩擦副表面的微观不平度，特别是在黏着、疲劳磨损等形成的凹坑处，造成摩擦副表面润滑油膜不连续，在这样的情况下因凹坑或微区的作用，该微区内流体受到的剪切应力大大下降，分子受到表面应力的影响大大加强，微区内特种润滑流体的活性高分子聚集，导致微区内流体流变特性发生变化，微区内高分子链互相缠绕，流体的黏塑特性加剧，并在高接触应力的作用下，形成交织的黏塑性固结层，起到整平摩擦磨损表面的作用。

2. 生化防化服自修复

众所周知，穿上整套生化防护服的士兵能够与外界及神经毒气、病毒、细菌等诸多有害物质隔离；当士兵执行任务时，其生化防护服若被灌木、荆棘、树丛、石头或针状金属刺透，则会产生针孔大小的破损，虽然肉眼不易觉察，但如果遭遇杀伤力极高的毒气，士兵很可能还没反应过来就会丧命。

为此，美国陆军所研制的生化防化服采用自修复面料或涂层，这种面料或涂层中含有微型胶囊修复流体，当面料或涂层因外力出现切口或破损时，就可以进行自我修复，如图 7－20 所示。根据防护服类型，自修复涂层可以是喷覆涂层或连续涂层。防护服自修复技术采用自修复微型胶囊进行间隙填补的创新方法，当微型胶囊被撕破时，它将被激活来修复切口、刺孔或破损处；当切口、刺孔或破损处被修复如初时，自修复涂层中含有的反应剂会解除因破损所带来的潜在危险。这种自修复技术有助于对致命的化学品、细菌和病毒建立物理屏障，从而为参战士兵提供及时、不间断的生化防护。

图 7－20　自修复生化防化服

自修复技术将使军服面料上的切口、裂口、破洞、刺孔能够快速自修复。该技术将被应用到美军三军轻便一体化服装技术项目和飞行员防护套装项目中。其中,前者是基于一种携带活性碳球的无纺布料,特点是穿着舒适、透气干爽,但是不易于内嵌微型胶囊,为此必须在其表面喷涂微型胶囊和发泡剂。后者的防护机理是基于一种选择性渗透膜,当微型胶囊被嵌入到选择性渗透膜中或一个辅助性的反应式选择性渗透膜层内时,选择性渗透膜将充当自我修复的辅助性阻隔材料。战斗中,当薄膜破裂时,这些微型胶囊将自动打开,在大约60s时间内修复破裂口,并借助于间隙填补技术进行裂口修补,从而有能力阻止化学制剂等有害物质。选择性渗透膜结构表现得像一种制剂屏障,但是允许汗液等温/热性水、气体排出,即湿气能够从人体被输送到防护服之外。

3. 军用车辆防锈自修复

金属锈蚀会给武器装备造成极大的危害,会破坏武器装备的外表光泽与表面结构。若是机械配合件,锈蚀后会导致螺丝、螺母等配合件松动或者锈死。锈蚀中含有水、空气、电解质等,会加速武器氧化,进而造成损坏。据概略统计,美军每年因金属锈蚀而报废的军事设备与材料占总装备的5%以上,而且金属锈蚀还会造成武器装备维修与保护费用的巨额增加。据美国国防部披露,美国海军部门每年因锈蚀问题造成约70亿美元的巨大损失,其中有5亿美元用于修复锈蚀的海军陆战队地面车辆。为此,美国海军率先为军用车辆研发自修复防锈涂料添加剂。

2014年,美国海军研究局和约翰·霍普金斯大学应用物理实验室联合开发了一种新的涂料添加剂,可以使海军陆战队“联合轻型战术车辆”等军用车辆的涂料具有类似于人体肌肤的自愈合功能,从而防止车辆锈蚀。这种粉末状添加剂称为“聚成纤维原细胞”,可以添加到现有的商用底漆中,它由填满油状液体的聚合物微球组成,一旦划伤,破损包膜处的树脂便会在外露的钢材外形成蜡状防水涂层,防止车辆表面锈蚀,这种技术特别适合在恶劣环境下使用的军用车辆。

美军技术人员在实验室测试中将表面涂有涂层的钢材置于充满盐雾的房间内,结果表明:涂有聚成纤维原细胞涂层的钢材能够保持6周时间内不生锈。与其他的自我修复涂料相比,聚成纤维原细胞底漆能够防止军用车辆在各种环境下被腐蚀。

4. 防御工事自修复

战斗中,即使最坚固的防御工事也会遭到进攻方的猛烈轰炸,出现破损、裂纹等现象在所难免。为此,以美军为代表的西方军队开始研制自修复混凝土技术,相继出现了水泥基导电复合材料、水泥基磁性复合材料、损伤自诊断水泥基复合材料、自动调节环境温度/湿度的水泥基复合材料等。

自修复混凝土是一种具有感应与修复性能的混凝土,是智能混凝土的初级阶段,但却是混凝土材料发展的高级阶段。由这种材料构建的混凝土结构出现裂纹或损伤后,可以进行及时而有效的修复与愈合。研究混凝土裂纹的自修复最早可以追溯到1925年,科技人员发现混凝土试件在抗拉强度测试开裂后,将其放在户外8年,裂纹竟然愈合了,而且强度比先前提高了2倍。后来挪威一名学者的研究也表明,混凝土在冻融循环损伤后,将其放置在水中203个月,混凝土的抗压强度有了5%的恢复。

美国军方对钢筋混凝土裂缝实施修复进行了深入研究,并取得了一定实验性成果:他们在100mm×100mm×200mm混凝土试件上预制裂纹(可以是表面裂纹也可以是穿透裂纹),然后将带有预制裂纹的试件浸泡在氯化镁溶液中,施加直流电源;在通电的前两个星期内,裂纹闭合速度最快,4~8个星期后,裂缝几乎完全闭合。早在20世纪末,美军科研人员就将缩醛高分子溶液作为胶黏剂注入到玻璃空心纤维,并埋入到混凝土中,当混凝土结构在使用过程中出现裂纹时,短管内的修复剂流出渗入裂缝,通过化学作用而使修复胶黏剂固结,从而抑制开裂、修复裂缝。

7.3.3.2 硬件结构自修复

1. 电子电路细胞自修复

机电装备中的数字电路在深空、深海探测等领域面临着复杂恶劣的运行环境考验,容易发生故障,且故障后人力维修困难甚至不可达,如何提高其环境适应性,是提升机电装备任务可靠性的一个关键难题。仿生自修复硬件是有效提高数字电路环境适应性的一种手段,其基于可重构的电子细胞阵列结构,自主动态地移除、替换故障细胞,从而实现硬件自修复功能。借鉴生物体细胞/组织自修复机制,构建具备类似结构的冗余电路网络,实现硬件电路运行过程中的故障自修复。

仿生自修复硬件是由许多结构相同的电子细胞组合而成的二维阵列,单个电子细胞可以实现简单的电路逻辑功能,多个电子细胞通过布线资源连接起来可以协同完成复杂的逻辑功能。其中,布线资源包括布线通道和可编程交叉开关,每个电子细胞的IO接口与其四周的布线通道相连,其中水平布线通道用以连接横向互连线段,垂直布线通道用以连接纵向互连线段,位于水平和垂直布线通道交会处的可编程交叉开关用以控制互连线的走向。图7-21所示为一个6×6的仿生自修复硬件结构示意图,图中左侧为电子阵列,右侧为阵列中的一个电子细胞结构示意图。当阵列中的某个电子细胞由于外部环境或自生老化等原因导致功能失效时,细胞内部的故障检测单元检测到故障并发出故障信号,触发电子阵列实施在线重构,阵列中的部分或者全部细胞通过重新计算或者直接读取配置存储模块中的配置信息来对逻辑功能模块进行配置,从而避开故障区域,完成自修复功能。

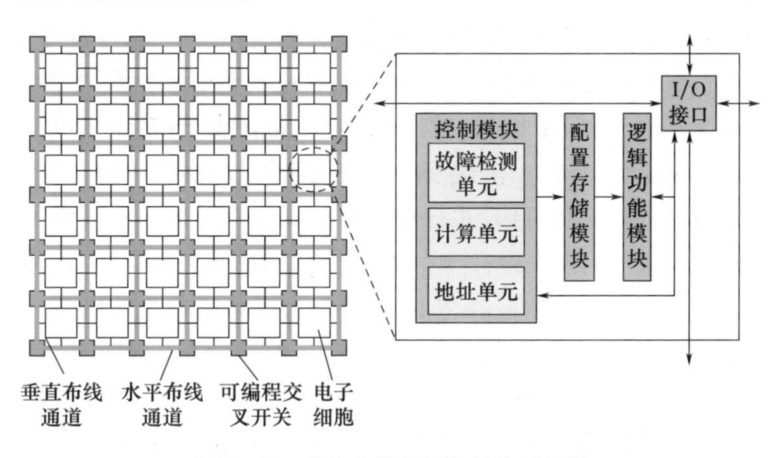

图7-21　仿生自修复硬件结构示意图

2. 基于水凝胶驱动器的结构自修复

武器装备的外部结构在出现较大范围的损伤和破坏时,微观层次的自修复难以发挥作用,而水凝胶驱动器为解决该问题带来了新的生机。科学家受软体动物的运动启发,设计了能够将各种形式的能量转化为机械功的软执行器。水凝胶由于其与软组织相似,具有出色的生物相容性、大变形能力、高透明性等,是软致动器的有吸引力的候选者,并已应用于各种领域。换言之,水凝胶具有缩小合成致动器与生物有机体之间性能差距的潜力。

2022年,韩国首尔国立大学使用膨胀压力和电渗来实现强大而快速的基于水凝胶的致动器。由选择性渗透膜限制的凝胶制成的膨压致动器可以保持驱动凝胶膨胀的高渗透压,因此该执行器使用1.16cm^{3}大小的水凝胶得到非常大的应力(在96min内达到0.73MPa)。随着电渗引起的水传输加速,凝胶迅速膨胀,驱动速度9min内进一步达到0.79MPa。

3. 自修复飞行控制系统

为使现代飞行器及其飞行控制系统具有一定故障工作和故障安全能力,发展智能飞行控制系统将是大势所趋。自修复飞行控制技术是在电传飞行控制系统基础上发展起来的一种主/被动容错技术相结合的、具有一定智能化的先进飞行控制技术,在飞行器发生故障时可重新配置或重新构造飞行器控制律,可解决现代飞行器电传操纵系统余度管理技术无法处理的飞行器损伤、卡死或松浮等硬故障发生后的控制性能保持问题。

保持飞行器的稳定性是自修复飞行控制系统的基本要求,并在此基础上尽可能恢复飞行器原操纵品质。飞行器间接自修复飞行控制系统主要由飞行器故障检测/辨识和飞行器可重构控制两大模块组成。其中,飞行器可重构控制系统模块由自修复机构和操纵杆/脚蹬等操纵机构部件构成的基本控制器组成。其简要工作原理如下:飞行器输出信号送入故障检测/辨识模块,当飞行器某控制面受损或卡死后,首先由此模块实施控制面故障的检测和辨识;然后将检测辨识信号送入自修复机构,并自动切换至鲁棒性极强的应急控制律,以便保证飞行器在短时间内不失控;此后对故障实施精确检测,确定故障部位、故障性质、受损程度,即常规故障检测与识别;最后根据精确检测结果,对飞行器控制律实施重构。

7.3.3.3 软件智能自修复

软件缺陷在软件的开发过程中是不可避免的,特别是随着现代信息技术的迅速发展,软件规模在不断增加,软件缺陷的数量也在随之增加。软件缺陷会破坏程序的正常执行,使得程序在某种程度上不能满足其既有的功能要求。严重的软件缺陷不仅会造成企业的重大经济损失,甚至会对人们的生命安全造成重大威胁。因此,及时修复程序中的缺陷十分重要,已经成为软件维护中的一项重要任务。对 Linux 开发者的一项调查研究表明,在程序的开发过程中大约一半时间是用在了缺陷修复上。然而,修复程序中的缺陷不仅耗时,且开发者在修复软件缺陷时,有可能会引入新的程序缺陷,使得软件缺陷的修复变得更加困难。

软件缺陷智能修复技术有希望将开发人员从繁重的修复任务中解脱出来。从 2009 年开始,软件缺陷自动修复技术成为了一个热门的研究方向,吸引了来自软件工程、程序语言、人工智能、形式化验证等多个领域的大量研究人员。已有研究提出了一系列的软件自动修复技术,综合使用了软件分析、软件缺陷隔离、启发式搜索、程序综合以及机器学习等多种技术手段。缺陷智能修复技术根据程序中的测试或者通过静态分析技术等获取程序的规约信息,并基于此定位程序中出错的代码位置,最后采用不同的技术手段尝试生成修复代码使程序满足规定要求。

为了支持系统的持续运行，需要把可能引起故障的软件缺陷与系统运行相隔离，进行暂时性维修，使得缺陷代码不会被执行，以保证系统主要任务的正常执行。根据不同的情况和要求，可以进行软件故障隔离、代码隔离和控制隔离。

(1)故障隔离最直接的方法，就是禁止运行包含缺陷的软件代码模块。如果该模块所实现的功能不是关键任务，该功能即使不使用也不会影响产品主要功能的正常发挥，而使用则有可能会造成整个系统崩溃，那么可以在纠错性维护之前禁止对该功能的使用。判断出该功能模块的起始位置一般较为容易，可以以此位置作为插装点，插入的二进制补丁代码使得每次出现对该模块的调用时，将跳转到系统安全位置，或提示操作者可能会出故障，并给出停止、返回或继续等选项让操作者选择。

(2)当软件缺陷所属的功能模块涉及软件的主要功能，是完成关键任务所必需的，或者缺陷代码所在的函数是软件正常运行过程中一定要使用的，那么此时禁止该模块的使用会使得整个系统无法继续正常运行。这时就要考虑如何使该模块仍然继续工作但不会导致故障的发生，即把该模块可能导致的软件故障与模块的正常运行隔离开，即实现代码隔离。

(3)由于软件运行到某些指令或遇到某些参数值时，出现了测试中未覆盖到的输入或环境，程序未能正确处理，从而导致故障出现，这可考虑控制隔离。这些故障一般具有一定的触发条件或环境，确定这些故障的触发条件是隔离故障的前提。一方面，可以分析程序控制流和数据流中依赖关系，判断导致指令出错的变量、环境的取值范围；另一方面，可以通过软件重复执行和故障复现，结合机器学习技术，最终得到故障触发条件。通过插装合适代码可以判定这些故障的触发条件是否被满足。插装点可以是故障触发条件中相关变量的最后赋值，或是错误代码执行之前，可以通过程序静态分析、模型检验等技术辅助确定。

思考题

1. 调研各种装备智能保障新理论在我国的发展现状。
2. 分析装备智能保障与智能作战之间的关系。
3. 装备智能保障与信息化保障的区别和联系是什么？
4. 分析某种智能保障技术的基本原理、应用方式和发展前景。

5. 选择某型装备,分析对其进行智能保障的基本措施和关键技术。

6. 借助双目相机,运用卷积神经网络,设计对某种保障对象进行深度学习和识别的技术方案。

7. 设计一型用于装备智能保障的作业机器人的基本结构,最好具备多种作业能力。

8. 选择某种装备结构,展望对其故障进行智能自修复的思路和方法。

参考文献

[1] 温熙森,徐永成,易晓山,等. 智能机内测试理论与应用[M]. 北京:国防工业出版社,2002.

[2] 温熙森. 模式识别与状态监控[M]. 北京:科学出版社,2007.

[3] 杨拥民,葛哲学,罗旭,等. 装备维修性设计与分析技术[M]. 北京:科学出版社,2019.

[4] 徐永成. 装备保障工程学[M]. 北京:国防工业出版社,2013.

[5] 温熙森,陈循,张春华,等. 可靠性强化试验理论与应用[M]. 北京:科学出版社,2007.

[6] 郭霖瀚,章文晋,等. 装备保障性分析技术及其应用[M]. 北京:北京航空航天大学出版社,2020.

[7] 陈循,陶俊勇,张春华,等. 机电系统可靠性工程[M]. 北京:科学出版社,2010.

[8] 邱静,刘冠军,吕克洪,等. 机电系统机内测试降虚警技术[M]. 北京:科学出版社,2009.

[9] 中国人民解放军总装备部. GJB 451A—2005 可靠性维修性保障性术语[S]. 北京:总装备部军标出版发行部,2005.

[10] 中国人民解放军总装备部. GJB 1378A—2007 装备以可靠性为中心的维修分析[S]. 北京:总装备部军标出版发行部,2007.

[11] 中国人民解放军总装备部. GJB 1909A—2009 装备可靠性维修性保障性要求论证[S]. 北京:总装备部军标出版发行部,2010.

[12] 中国人民解放军总装备部. GJB/Z 1391—2006 故障模式、影响及危害性分析指南[S]. 北京:总装备部军标出版发行部,2006.

[13] 中国人民解放军总装备部. GJB 899A—2009 可靠性鉴定和验收试验[S]. 北京:总装备部军标出版发行部,2009.

[14] 国防科学技术工业委员会. GJB/Z 768A—1998 故障树分析指南[S]. 北京:国防科学技术工业委员会,1998.

[15] 中国人民解放军总装备部. GJB 368B—2009 装备维修性工作通用要求[S]. 北京:总装备部军标出版发行部,2009.

[16] 国防科学技术工业委员会. GJB/Z 91—1997 维修性设计技术手册[S]. 北京:国防科学技术工业委员会,1997.

[17] 国防科学技术工业委员会. GJB/Z 57—1994 维修性分配与预计手册[S]. 北京:国防科学技术工业委员会,1997.

[18] 国防科学技术工业委员会. GJB 2072—1994 维修性试验与评定[S]. 北京:国防科学技术工业委员会,1997.

[19] 国防科学技术工业委员会. GJB 1371—1992 装备保障性分析[S]. 北京:国防科学技术工业委员会,1992.

[20] 中国人民解放军总参谋部武器装备综合论证研究所. GJBZ 20437—1997 装备战场损伤评估与修复

手册的编写要求[S]. 北京:中国人民解放军总参谋部,1998.
[21] 蒋跃庆. 中国军事百科全书·军事装备保障(学科分册)[M]. 2 版. 北京:中国大百科全书出版社,2007.
[22] 龚庆祥. 型号可靠性工程手册[M]. 北京:国防工业出版社,2007.
[23] PECHT M G,KA – PUR K C,康锐,等. 可靠性工程基础[M]. 北京:电子工业出版社,2011.
[24] 刘品,刘岚岚. 可靠性工程基础[M]. 3 版. 北京:中国计量出版社,2009.
[25] 秦英孝. 可靠性·维修性·保障性概论[M]. 北京:国防工业出版社,2002.
[26] 甘茂治,康建设,高崎. 军用装备维修工程学 [M]. 2 版. 北京:国防工业出版社,2005.
[27] 甘茂治. 维修性设计与验证[M]. 北京:国防工业出版社,1995.
[28] 康锐,石荣德,肖波平,等. 型号可靠性维修性保障性技术规范:第 1 册[M]. 北京:国防工业出版社,2010.
[29] 郭永基. 可靠性工程原理[M]. 北京:清华大学出版社,施普林格出版社,2002.
[30] 徐宗昌. 装备保障性工程与管理[M]. 北京:国防工业出版社,2006.
[31] 单志伟. 装备综合保障工程[M]. 北京:国防工业出版社,2007.
[32] 宋太亮. 装备保障性系统工程[M]. 北京:国防工业出版社,2008.
[33] 马绍民. 综合保障工程[M]. 北京:国防工业出版社,1995.
[34] 陈军生,葛立德,谭凯家. 战役装备保障基本问题研究[M]. 北京:国防大学出版社,2002.
[35] 李智舜,吴明曦. 军事装备保障学[M]. 北京:军事科学出版社,2009.
[36] 崔向华. 战略装备保障基本问题研究[M]. 北京:国防大学出版社,2002.
[37] 中国人民解放军军事科学院. 中国人民解放军军语[M]. 北京:军事科学出版社,1997.
[38] 冯静,孙权,罗鹏程,等. 装备可靠性与综合保障[M]. 长沙:国防科技大学出版社,2008.
[39] KINNISON H A. 航空维修管理[M]. 李建瑂,李真,译. 北京:航空工业出版社,2007.
[40] 左洪福,蔡景,王华伟. 维修决策理论与方法[M]. 北京:航空工业出版社,2008.
[41] RAUSAND M. 系统可靠性理论:模型、统计方法及应用 [M]. 2 版. 郭强,王秋芳,刘树林,译. 北京:国防工业出版社,2010.
[42] 钟秉林,黄仁. 机械故障诊断学[M]. 3 版. 北京:机械工业出版社,2006.
[43] 徐灏. 机械设计手册:2[M]. 2 版. 北京:机械工业出版社,2000.
[44] 陈进. 机械设备振动监测与故障诊断[M]. 上海:上海交通大学出版社,1999.
[45] 章国栋,陆廷孝,屠庆慈,等. 系统可靠性与维修性的分析与设计[M]. 北京:北京航空航天大学出版社,1990.
[46] 何水清,王善. 结构可靠性分析与设计[M]. 北京:国防工业出版社,1993.
[47] 周正伐. 可靠性工程基础[M]. 北京:宇航出版社,1999.
[48] 宋昆. 基于 Petri 网的装备保障系统建模与仿真技术研究[D]. 长沙:国防科学技术大学,2008.
[49] 徐东. 装备综合保障关键技术研究[D]. 长沙:国防科学技术大学,2006.
[50] 徐永成,李岳,徐东,等. “装备综合保障”教学体系国内外现状分析与建设建议[J]. 高等教育研究学报,2007(4):71 – 73.
[51] 王立群. 国外飞机保障性发展动向及我国宜采取的对策[J]. 航空标准化与质量,1999(3):34 – 38.

[52] 丁利平．浅谈 F－22 飞机的设计特征和保障性[J]．航空维修,2001(5):21.

[53] 丁利平．从 JSF 看美军在飞机型号研制中开展可靠性维修性保障性工作的做法[J]．军用标准化,2001(3):43－46.

[54] 徐永成,温熙森,刘冠军,等．智能 BIT 概念与内涵探讨[J]．计算机工程与应用,2001,37(14):29－32.

[55] 温熙森,徐永成,易晓山．智能理论在 BIT 设计与故障诊断中的应用[J]．国防科技大学学报,1999,21(1):97－101.

[56] 温熙森,易晓山,徐永成．智能机内测试技术及其应用[J]．中国机械工程,1998(12):18－20.

[57] 温熙森,徐永成,胡茑庆．采用 AI 理论降低电子设备 BIT 虚警率[J]．测控技术,1998,17(4),31－33.

[58] 葛哲学,杨拥民,胡政．一种新颖的直升机舵回路故障诊断方法[J]．航空学报,2006,27(6):1122－1126.

[59] 葛哲学,杨拥民,胡政,等．基于知识的直升机自动驾驶仪故障融合诊断策略[J]．中国机械工程,2006,17(4):338－342.

[60] 赵天彪,徐航,陈春良．精确保障的理论研究与发展[J]．装甲兵工程学院学报,2004,18(1):6－9.

[61] 翁华明．信息化战争装备精确保障浅析[J]．国防科技,2005(11):62－64.

[62] 戴云展,孟波．略论装备可视化聚焦保障[J]．通用装备保障,2004,33(3):20－21.

[63] 崔济温,李莉．聚焦保障,精确保障,即时保障——信息化战争装备保障新概念解析[J]．装备,2004(4):42－44.

[64] 魏爱鹏,康勇,查浩．对装备精确保障的思考[J]．物流科技,2010(4):70－71.

[65] 苏永定．装备测试性方案优化设计技术研究[D]．长沙:国防科学技术大学,2011.

[66] 吕晓明,黄考利,连光耀．基于多信号流图的分层系统测试性建模与分析[J]．北京航空航天大学学报,2011,37(9):1151－1155.

[67] 周晟,李先君,杜文军．美军联合全资产可视化建设及其启示[J]．军事经济研究,2009,30(8):71－73.

[68] 王月,张树生,白晓亮．点云和视觉特征融合的增强现实装配系统三维跟踪注册方法[J]．西北工业大学学报,2019,37(01):143－151.

[69] 戚祝绮．无力反馈沉浸式虚拟维修性评估技术研究[D]．长沙:国防科技大学,2019.

[70] 吴耿．基于决策树的网络流量分类研究[D]．长沙:中南大学,2011.

[71] 李文勋．基于物联网应用的 RFID 天线设计技术[D]．北京:北京邮电大学,2013.

[72] 刘晓东,张恒喜,尚柏林．装备综合保障模型及应用综述[J]．装备指挥技术学院学报,2001,12(1):69－72.

[73] GE Z X,QI Z Q,LUO X,et al. Multistage Bayesian fusion evaluation technique endorsing immersive virtual maintenance[J]. Measurement,2021,177:109344.

[74] 李强．面向虚实融合维修性试验的部件位姿估计方法研究[D]．长沙:国防科技大学,2022.

[75] GE Z,ZHANG Y,WANG F,et al. Virtual－real fusionmaintainability verification based on adaptive weighting and truncated spot method[J]. Maintenance and Reliability,2022,24(4):738－746.

[76] 李文勋．基于物联网应用的 RFID 天线设计技术[D]．北京:北京邮电大学,2013.

[77] 蔡杰,刘涛,郭纪锋. 智能化在武器装备保障中的应用与展望[J]. 舰船科学与技术,2022,44(19):175-177.

[78] 师娇,刘宸宁,冷德新. 面向未来作战的装备智能化保障模式研究[J]. 兵器装备工程学报,2020,41(6):136-139.